高等学校烹饪与营养教育专业应用型本科教材

西餐制作工艺

XICAN ZHIZUO GONGYI

李 晓 乔 兴/主 编

中国轻工业出版社

图书在版编目（CIP）数据

西餐制作工艺 / 李晓，乔兴主编．—北京：中国轻工业出版社，2025.7

高等学校烹饪与营养教育专业应用型本科教材

ISBN 978-7-5184-3029-1

Ⅰ．①西… Ⅱ．①李… ②乔… Ⅲ．①西式菜肴－烹饪－高等学校－教材 Ⅳ．①TS972.118

中国版本图书馆CIP数据核字（2020）第093980号

责任编辑：方　晓　　责任终审：劳国强　　整体设计：锋尚设计

策划编辑：史祖福　　责任校对：李　靖　　责任监印：张　可

出版发行：中国轻工业出版社（北京鲁谷东街5号，邮编：100040）

印　　刷：艺堂印刷（天津）有限公司

经　　销：各地新华书店

版　　次：2025年7月第1版第4次印刷

开　　本：787×1092　1/16　印张：22.25

字　　数：480千字

书　　号：ISBN 978-7-5184-3029-1　定价：69.00元

邮购电话：010-85119873

发行电话：010-85119832　010-85119912

网　　址：http://www.chlip.com.cn

Email：club@chlip.com.cn

251184J1C104ZBW

高等学校烹饪与营养教育专业应用型本科教材
编审委员会

本书编写人员

主　编：李　晓　乔　兴

副主编：张　浩　张振宇　谢文涛　朱照华

参　编：潘熠林　郑　洪　史汉麟　李　杰　卢　波　张海豹

主　审：辛松林

序

1986年7月，我从华西医科大学（现四川大学）公共卫生学院营养与食品卫生专业硕士研究生毕业并留校，但自己要求跨部（从卫生部至商业部）改派至四川烹饪高等专科学校工作。主要原因是在医科大学工作从事营养学、食品卫生学的学术学科性教学和科研，更多是与疾病或缺乏症（或中毒）相关，而自己想致力于与非疾病大众相关的烹饪（餐饮）的营养、食品卫生与安全实践的应用型教学和科研。1987年参加商业部《烹饪营养学》《烹饪卫生学》的撰写及教材体系建立工作，1989年编著出版了我国第一部《烹饪营养学》专著。

三十多年过去了，我国经济、社会、文化、科学都飞速发展，大众面临的营养及食品安全问题发生了巨大变化，餐饮业更是高速发展，烹饪教育由专科到本科，中餐向产业工业化、菜品多元化、烹饪智能化、市场国际化发展。餐饮业市场细分且竞争加剧，而竞争的实质是人才的竞争。因此，烹饪与营养教育专业人才培养的质量，既对企业提供人才支撑，促进企业转型升级，也对高职（专科）和中专有示范作用，而教材对人才培养质量具有重要作用。

希望这套教材对全国烹饪与营养教育专业人才培养起到基础性作用，推动中国餐饮业的标准化、科学化、产业化和国际化。

是为序。

四川旅游学院院长

卢一

2020年5月1日

于成都青城山小鲜读味楼

前言

《西餐制作工艺》教材的编写主要针对本科院校烹饪与营养教育专业西餐课程教学和培训的需要。与同类型西餐工艺的专科教材对比，专科教材更多强调岗位业务知识和实践操作技能，更注重实践技能的训练，理论以“够用”“实用”为度，比较侧重“做什么”和“怎么做”的问题；本科教材以教学、科研和成果转化为主要职能，强调课程的整合、学科的完整和综合，注重跨学科知识的迁移。比较侧重“是什么”和“为什么”的问题。因此，本次本科教材的编写中，更侧重突出西餐工艺的知识结构体系的完整性和科学性，更注重深层次原理的讲解和研究。同时，也针对西餐的发展和创新做了进一步的拓展和阐述。

在西餐制作工艺的专业课程教学中，首先需要构建学生的西餐专业理论基础，其次在课程实践教学环节，注重培养学生勤劳勇敢、吃苦耐劳的精神，锻炼学生的专业核心能力，包括专业实践能力、应用能力、创新能力，以满足毕业后行业工作需求。

作为本科院校西餐专业教材，本书吸收了国外西餐教育的先进经验，注重课程人才培养目标的定位和建设，注重职业能力的培养，要求学生以严谨的态度和科学的学习方法，培养自身规范的操作流程和良好的职业习惯。在章节设置中，阐述了岗位目标、知识结构、技能应用等需要掌握和达到的标准和要求。

本教材主要从四个方面对西餐制作工艺进行了全方位的介绍，主要包括：西餐基础知识（第一章、第二章），西餐烹调原理（第三章、第四章），西餐菜肴制作（第五章、第六章），技能拓展工艺（第七章）。本教材的教学内容注重知识结构的广泛性、实践性和应用性，注重与西餐行业及企业需求相对应。

西餐基础知识章节中，重点阐述西餐的起源、现代西餐的发展、厨房质量卫生安全保障体系、厨房设备用具的使用、各类食材原料的应用等，使学生掌握西餐基础应用知识，培养良好的职业道德，树立专业的职业精神。

西餐烹调原理章节中，重点阐述西餐调味的历史发展和特点，现代西餐调味酱汁的结构与应用，西餐烹调方法的分类与应用，强化西餐烹饪基础知识和原理的学习和理解，为西餐菜肴制作学习和实践打下坚实基础。

西餐菜肴制作章节中，根据西餐行业岗位分工设置教学内容和菜肴体例安排，每个菜肴中包括了课前阅读、学习目的、知识拓展、双语教学、任务小结、知识点测试等，寓教学方法于教材之中，为教师课堂教学讲授留有空间，便于学生课前独立预习、独立学习，课后独立思考，查找资料，更好地坚实基础知识，增强实践技能。

技能拓展章节中，根据现代西餐发展流行趋势，设置宴会设计、堂烹工艺、分子烹饪、技能应用与创新等教学内容，培养学生独立自主的技能，强化应用、应变和创新能力，为在实际工作中独立完成任务，更好地发挥创造能力和创新能力打下基础。

本教材在编写过程中，得到了国内外西餐行业协会和企业的大力支持，参考了大量相关的文献、著作、教材和资料，吸取了国内外专家、学者的研究成果和先进理念；同时《西餐制作工艺》作为四川旅游学院烹饪与营养教育专业的核心课程，本教材的出版也得到了四川旅游学院烹饪学院李想院长、辛松林副院长和中国轻工业出版社的大力支持、指导和帮助。同时感谢上海潘熠林首席技师工作室、加拿大牛肉国际协会、Potatoes USA、美国加州葡萄干管理委员会对本教材的大力支持。在此，一并表示诚挚的谢意。

本教材章节中的多项内容成果来源于川菜发展研究中心项目《青桃泡菜研发及在西餐中的应用研究》（立项编号：CC20Z15）；四川省科技厅重点研发项目《八月瓜西餐果酱生产工艺及应用的研究》（立项编号：2018NZ0030），特此感谢。

本教材是所有编者集体智慧的结晶，由李晓、乔兴担任主编；张浩、张振宇、谢文涛、朱照华担任副主编，辛松林担任主审。具体编写分工如下：

四川旅游学院烹饪学院乔兴编写第一章、第二章；四川旅游学院烹饪学院李晓编写第三章、第四章；四川旅游学院烹饪学院张浩编写第五章、第六章第四节至第七节；辽宁现代服务职业技术学院谢文涛编写第六章第一节；南宁职业技术学院朱照华编写第六章第二节；四川岷山饭店The river house西餐厅行政总厨卢波编写第六章第三节；桂林旅游学院休闲与健康学院李杰编写第六章第八节；中国饭店协会西餐休闲餐委员会副主席、法国埃科菲厨皇协会北京分会会长史汉麟编写第七章第一节；四川旅游学院烹饪学院张振宇编写第七章第二节至第四节；成都锦江宾馆锦悦法餐厅厨师长郑洪编写第七章第五节；上海潘熠林首席技师工作室潘熠林和加拿大牛肉国际协会共同编写第七章第六节；由Potatoes USA提供部分资料，上海潘熠林首席技师工作室潘熠林编写第七章第七节；由美国加州葡萄干管理委员会提供部分资料，上海潘熠林首席技师工作室潘熠林编写第七章第八节。

本教材第六章实训菜肴的“双语对应”英文翻译由乔兴负责并完成；第七章第二节至第四节的“双语对应”英文翻译由张振宇负责并完成；第七章第五节的“双语对应”英文翻译由李晓负责并完成；第七章中第六节至第八节的“双语对应”英文翻译由潘熠林负责并完成。

本教材由张海豹负责资料整理、收集，由李晓、乔兴负责总体框架设计和编写大纲的拟定，由李晓负责统稿、总纂及定稿工作。

由于编写时间仓促，书中难免存在疏漏和不足之处，敬请专家、同行和广大读者批评指正，不胜感谢。

李晓

2020年4月

目 录

第一章

西餐工艺基础

岗位目标

通过本章内容学习，了解西餐的发展简史、关键人物，通过具体案例，学习西餐实验室的制度规范，掌握西餐实验室中烹饪设备与器具的使用方法与维护，食品安全操作规范，以便逐步完善自身的西餐基础知识和技能，掌握刀工工艺训练科目，最终能在后期的烹饪工艺中熟练运用西餐刀工技能。

希望学生通过学习西餐前辈的严谨负责、精益求精的专业精神，结合自己，找准定位，确立发展目标，刻苦钻研，不断提高自身的综合素质。

必备知识

1. 欧洲餐饮业兴起的原因；
2. 西餐基础工具的使用；
3. 西餐主要设备和器具的使用；
4. 烹饪实验室卫生标准；
5. 西餐烹饪原料初步认知。

选修知识

1. 了解欧洲以外的西餐发展概要；
2. 现代食品服务业的内涵；
3. 西餐中新型设备和器具的使用；
4. 特殊西餐烹饪食材；
5. HACCP食品安全管理体系在餐饮业的应用。

第一节 西餐概述

开始从事西式餐饮业是一个令人兴奋的时刻，在国内，随着经济的不断发展和人们生活水平的提高，人们对餐饮的兴趣和对新食物的好奇心比以往任何时候都更强烈，每年各大城市都会有更多的新餐馆开业。欧美国家的许多餐厅每天从早到晚都能够看到厨师们忙碌的身影，连锁餐厅数量在全国也不断扩张。厨师曾经被误解为简单重复的体力工作者，在当下已经被尊为有匠心精神的艺术家。西式餐饮业的发展每年在全球都会产生大量的人才需求。许多人都被富有挑战性和刺激性的职业所吸引，但是，许多人只看到了食品服务的迷人一面，却不明白这只是其中的一小部分。公众并不经常看到他们多年的练习、漫长的工作时间以及每一次成功背后的巨大压力。

所以，在开始实践学习之前，最好先了解一下所从事的职业。本章简要介绍了现代食品服务的相关知识，包括它如何到达今天的位置以及它的发展方向。

（一）现代餐饮业发展简史

在西式餐饮业中，了解我们从事职业的过往有助于理解为什么我们要做我们所做的事情，我们的技术是如何发展和改进的，以及我们在未来的烹饪岁月里如何发展和创新。

现在的烹饪方式是数百年来无数厨师所做工作的结果。烹饪既是科学，是文化，也是艺术。烹饪技术不是基于一些厨师很久以前制定的任意规则。相反，它们是基于对不同食物的选择，以及当食物以不同的比例组合时在不同温度下的反应的理解等。那些在我们之前已经准备好的厨师做了很多这样的工作，所以我们不必再去重复。

这并不意味着现代厨师没有创新和实验的空间或者说不应该挑战旧思想。多年来我们的确积累了大量的知识，我们可以聪明地利用已经学到的知识。此外，如果不知道那些以前的思想是什么，怎么能挑战以前的思想呢?知识是创新的最佳起点。

1. 西方古代烹饪的起源

西方古代烹饪体系的构建已经存在了上千年，但是现代的西餐烹饪行业在18世纪中叶后不久才开始。这时，法国的食品生产由公会控制。餐饮业者、糕点制造者、烘焙者和猪肉屠宰者需要许可证。为了给客人提供一顿饭，一个旅店老板必须从那些有许可证的经营部门购买各种菜单项，客人几乎没有选择的权利。

17世纪杰出的人物仍然是弗朗索瓦·皮埃尔·德拉·瓦特（François Vatel）（1618—1678年），弗朗索瓦·瓦特担任了路易斯二世·波旁·孔德（Louis II Bourbon-Condé）的厨师。太阳王来访时，他提供了丰富的自助餐，包括鱼、肉和蔬菜。

2. 西式餐厅的显现

在17和18世纪，高级美食得到了发展，其起源可以从名为La Varenne的美食专家的食谱中找到。他是今天被称为第一本“真正的法国食谱”的作家。

继克里斯托弗·哥伦布（Christopher Columbus）发现美洲大陆之后，从美洲进口的新产品极大地改变了欧洲的饮食习惯。在此之后被低估的蔬菜受到青睐，不常见的甜食在饭后开始受到赞赏。

1765年，一个叫Boulanger的巴黎人开始在他的商店招牌上做广告，他说可以提供标准的炖菜，他的店称为炖菜餐馆或滋补品店。他供应的一道菜是奶油少司羊腿。炖菜制造商协会在法庭上对他提出质疑，但是Boulanger声称，他不是在酱汁里炖羊腿，而是在酱汁里烹饪羊腿。在打破公会的规则时，Boulanger无意中改变了法国食品服务的公会垄断历史进程。

自1789年法国大革命以来，西式餐饮业的新发展受到了极大的刺激。在此之前，法国贵族的家中雇用了大量知名厨师。随着大革命和君主制的结束，许多厨师突然失业，在巴黎及其周围开餐馆的人为他们提供了就业机会。此外，革命废除了当时的公会。在法国大革命开始时，巴黎大约有50家餐馆，十年后，大约有500家。

3. 西式专业烹饪的起点

另一个改变，在18世纪厨房的重要发明是炉子和锅，它给了厨师一个比明火更实用、更可控的热源。

18世纪烹饪界发生的所有变化，第一次导致了家庭烹饪和专业烹饪之间的差异。我们可以试着理解这一区别的另一个方法是在法国大革命后期的厨师玛丽·安东尼·凯莱梅（Marie Antoine Carême，1784—1833年）的工作。

凯莱梅曾是法国国王和国家元首的厨师。他可能是第一位真正的名厨，他以制作精致、优雅的菜肴展示品和糕点而闻名，他是现代婚礼蛋糕、糖艺的鼻祖，还发明了冰雕和黄油雕刻。但作为一名作家和食谱发明者，凯莱梅的实践和理论工作在很大程度上是将烹饪从中世纪带到现代。凯莱梅强调程序和秩序，他的目标是创造更多的轻松和简单的餐食。贵族的复杂菜肴，称为大餐，与中世纪没有太大的区别，只是更为简单和轻松。凯莱梅的努力是朝着现代的简单迈进，但他的目标是纯粹的结果。他添加调味料和其他配料，不是为了添加新的口味，而是为了突出主要配料的味道。他的酱汁的设计是为了增强（而不是掩盖）酱汁食物的味道。凯莱梅是一位体贴的厨师，每当他改变一个经典的食谱时，他都会仔细地解释他这样做的原因。

（二）西餐关键发展人物

1. 埃斯科菲（Escoffier）

乔治·奥古斯特·埃斯科菲（1847—1935年）是那个时代最伟大的厨师，如今他仍被厨师和美食家奉为20世纪烹饪之父。他的两个主要贡献是：第一，简化了古典菜肴和经典菜单；第二，埃斯科菲提倡烹饪秩序和多样性，强调每套菜单中都精心挑选一两道菜，这些菜以其精致和质朴的味道和谐地融合在一起，让人赏心悦目。埃斯科菲的书籍和食谱仍然是专业厨师重要的参考。今天学习的西式基本烹饪方法和准备工作都是以埃斯科菲的工作为基础的。他的《烹饪指南》一书仍在广泛使用，他根据主要成分和烹饪方法将食谱安排在一个简单的系统中，大大简化了从卡雷姆（Carême）时期传下来的复杂的烹饪系统。埃斯科菲的第二个主要成就是对厨房的组织架构进行了重组，使工作场所更加精简，更适合制作他设计的菜肴和菜单。他建立的组织体系如今仍在使用，特别是在大型酒店和提供全方位服务的餐馆中。

2. 保罗·博古斯（Paul Bocuse）

在法国，厨师在民众中享有电影明星般的荣耀和名声。他们认为，美食绝不仅是果腹之物，而且也是一项需要坚决捍卫的文化传统。数百年来，法国奉烹饪为“生活宗教”，佳肴无数，高手如云。保罗·博古斯便是久负盛名的一位。41年来，他的餐厅每年都被西方餐饮界权威杂志《米其林指南》评为最高级别“三星级”。对于一位厨师来说，这无疑意味着巨大的财富和荣誉。1948年，

21岁的博古斯还是个年轻的小伙子。虽然出生于厨师世家，从小对烹饪耳濡目染，博古斯还是认真地拜了几位名厨为师，本本分分地学手艺。在费尔南·普安的店里做学徒时，店里的菜单都是老板娘手写的，天天换花样，什么菜能上菜单，完全取决于费尔南当天从市场买回的食材，这种做法给博古斯留下深刻印象。那时候流行的是埃斯科菲风格的传统烹饪方式——浓重、油腻、辛辣，用传统方式做出的菜上常常盖着一层厚厚的酱汁，以至于吃不出菜的味道。博古斯形成了自己独具创意的新式烹调风格，与传统烹饪方式不同，博古斯的新式烹调注重保持菜品的原汁原味，让食物更清淡，更新鲜，也更美观。

1959年，博古斯从去世的父亲手中接过世代经营的餐厅，他把餐厅的名字改为“保罗·博古斯”——和他自己同名。为了烹制更新鲜的菜肴，博古斯一直是里昂中心市场的常客。每天早晨，他都亲自到市场买菜，即使餐厅被评上“米其林三星”之后，这个习惯依旧不变。

博古斯的新式烹调法前所未有地动摇和重塑了法国的烹饪文化，越来越多的厨师跟随他采用新式烹调法，博古斯作为新秀在美食界的名气越来越大。1987年开始，博古斯创办了法国博古斯世界烹饪大赛，选拔优秀厨师。每两年，来自世界各地的厨师都会齐聚法国里昂，参加厨师比赛。决赛历时两天，赛程共计5h，各国选手需要利用组委会事先确定的主料完成多道菜式，获奖者将获得两万法郎的奖金。通过大赛，博古斯为他的餐厅选拔了一大批优秀的厨师和经理人，委托他们负责经营6家餐馆。而他自己，这个潇洒的法国老头，则开始享受周游世界、品尝美食、推广文化的逍遥生活。如今，博古斯世界烹饪大赛已被视为国际美食界的“奥林匹克”盛会。

保罗·博古斯同期创建了自己的酒店与厨艺学院，这个学院位于法国美食之都里昂市。该校成立于1990年，现任主席是雅高集团的创始人兼合作主席吉拉尔·贝里松。该校建在19世纪庄重的维耶城堡内，每年接收来自35个国家和地区的300余名学生来此深造，系统学习法国的传统酒店与厨艺学。

（三）烹饪新技术的运用

1. 现代技术

今天的西式厨房看起来和埃斯科菲的厨房大不一样，尽管我们的基本烹饪原则是相同的。同时，由于现代厨师的创新和创造力，我们所吃的菜也逐渐发生了变化。凯莱梅和埃斯科菲为之做出了巨大贡献的简化和精炼过程正在进行，使古典烹饪适应了现代的条件和口味。

2. 新设备开发

我们把煤气炉、电灶、烤箱和电冰箱等基本设备视为理所当然。但直到不久以前，这些基本工具还不存在。现代烹饪设备以及电动食品切割机、混合机和其他加工设备容易控制的热量大大简化了食品的生产。

研究和技术继续为厨房生产复杂的工具。这些产品中的一些，例如可倾式平底灶和蒸汽压力锅，可以做很多工作，在许多厨房里都很受欢迎，其他人可以快速有效地完成其他厨房任务。现代化的设备使许多食品服务部门改变了生产方法。有了精密的冷却、冷冻和加热设备，就可以提前大量地准备一些食物。一些大型的多单元操作在一个中央供应站为他们的所有单位准备食物。大量的食物需要包装、冷藏或冷冻，然后加热，或按单位顺序集成烹调。

3. 新食品开发和应用

现代的冷藏技术和快速运输导致了饮食习惯的革命性变化，各种肉类、鱼类、蔬菜和水果等新鲜食品在一年中首次出现。异国风味的佳肴现在可以从世界任何地方运来，新鲜且处于最佳状态。冷冻、罐装、冷冻干燥、真空包装和辐照等保鲜技术的发展，增加了大多数食品的供应量，并使一些曾经稀有而昂贵的食品变得便宜。食品保存技术还有另一个作用，即现在可以在装运前，而不是在食品中，对食品进行部分或大部分的制备和加工。于是，便民食品应运而生，方便食品在整个食品市场中的份额继续上升。更具争议性的技术是基因工程技术，它涉及人为地改变食物的基因结构，使其具有一些令人满意的特性，如抗病性、抗旱性或抗虫害性。

（四）当今西餐发展概述

提起当今西餐的发展，不得不谈到慢食运动在西方社会的发展，特别在欧洲地区，慢食在创立后的多年里不断壮大。

这场运动被批评为精英主义和势利主义，主要关注于享乐，反对技术和全球化。批评者说，在当今世界上，反对全球粮食贸易和拒绝工业农业做法是不现实的。

近年来，慢食扩大了它的关注范围，解决了部分种族贫困和饥饿问题，以及更为致命的问题——当地食物传统的消失，食物的来源以及食物的味道不断减少。在人们对慢食的兴趣激增的同时，对环境和气候变化的担忧也越来越多，多个国家鼓励可持续的、无害生态的农业和对土地的管理。20世纪中叶以后，随着旅行变得更容易，以及来自世界各地的新一波的外来移民到达欧洲和北美，人们对地方菜肴的认识和口味也在增长。厨师们不仅对欧洲其他地区的传统烹饪技术有了更多的了解，而且对亚洲、拉丁美洲和其他地方的烹饪也有了更多的了解。许多最具创意的厨师都受到了这些烹饪的启发，并使用了他们的一些技术和配料。例如，许多北美和法国的厨师正在寻找使他们的烹饪风味更清淡、表达更优雅的方法，他们已经在日本的烹饪中找到了灵感。在美国西南部，许多厨师已经将墨西哥的影响转变成一种优雅而独特的烹饪风格。在整个北美，传统菜肴和地区特色结合了移民定居者的烹饪传统和丰富的本土原料。多年来，批评人士经常争论说，大多数北美餐厅的菜单都提供同样单调、普通的食物。然而，近几十年来，美国和加拿大的厨师重新发现了传统的北美菜肴。

在一道菜中使用来自多个地区或国际的烹饪原料和技术被称为融合烹饪。早期准备融合菜式的尝试经常会产生糟糕的结果，因为这些菜肴并不符合任何一种文化，而且过于混杂。尤其是在20世纪80年代，融合烹饪是绝对颠覆性的想法。厨师们常常把原料和技术结合在一起，而对他们如何搭配在一起并没有好的感觉，结果有时是一片混乱。但是那些花时间深入研究他们所借鉴的烹饪和文化的厨师们给烹饪和餐馆的菜单带来了新的兴奋点。

今天，厨师们充分利用了他们能得到的所有原料和技术。在这本书的标准配方部分，有来自世界许多地区的经典菜肴，为了帮助你理解这些菜谱和它们的烹饪方法，文中制作部分采取了中英文对照。

（五）西餐厨房的组织形式

厨房组织的目的是分配或分配任务，使他们能够有效率和适当地完成工作，这样所有的工人都知道他们的责任是什么。厨房的组织方式取决于几个因素。

第一，菜单。制作的菜肴显然决定了必须要做的工作。事实上，菜单是整个操作的基础。第二，公司类型，旅馆或公共食堂。其中公共食堂包括了学校、医院、疗养院和其他医疗保健机构的员工餐厅及行政餐厅，航空配餐，军事食品服务，私人俱乐部，餐饮和宴会服务，快餐店等。第三，外卖或外卖食品设施，包括超级市场全方位服务的餐厅。

西式厨房中的管理头衔多样且层级分明，厨师长（Chef）是负责厨房的人。在一些大的场所，这个人被称为行政厨师。行政总厨（Executive chef）是一个经理，负责食品生产的所有方面，包括菜单计划，采购，成本计算，计划工作时间表，雇用和培训。如果一个餐饮业务规模大，有多个部门（例如，正式餐厅、休闲餐厅和餐饮部门），或者在不同地点有多个单位，则每个厨房都可以有一个主厨。主厨向行政主厨汇报。

副厨师（Sous chef）直接负责生产，并担任行政总厨或厨师长的助理。因为行政总厨的职责可能需要大量的时间在办公室工作，所以副厨师长负责实际生产和对员工的监督。

部门厨师（Section chef），负责特定的生产领域。以下是最重要的驻地大厨。例如酱汁厨师（Saucier），准备调味料、炖菜和热开胃菜，然后把食物炒熟。蔬菜厨师准备蔬菜、汤、淀粉和鸡蛋。大型厨房可以将这些职责划分为蔬菜厨师、油炸厨师和汤厨师。扒房厨师（chef de rôtisserie），准备烤肉及其肉汁、烤肉和其他需要订购的物品。一个大厨房可以有单独的扒房厨师，来处理烤肉物品。扒房厨师也可以准备油炸肉和鱼。西点厨师（Patissier），准备糕点和甜点。

思考题

1. 简述现代西餐管理层级的构建。
2. “现代法餐之父”都有哪些行业贡献？
3. 当今西餐烹饪工艺的发展趋势是什么？

第二节　厨房卫生与安全

专业的卫生操作是一种对工作质量感到自豪的态度。对质量的要求反映在专业厨师的外表和工作习惯上。不整洁的打扮（包括个人卫生）以及马虎的工作习惯都给人以不职业的态度。

更重要的是，恶劣的卫生设施和安全会造成很多隐患。糟糕的食品处理程序和不干净的厨房带来疾病和不愉快的体验，甚至受到相关食品部门处罚和法律制裁。食物腐坏会增加食物成本；糟糕的厨房安全更易导致员工受伤。

在这一章中，你将会学习到食源性疾病和在厨房工作受伤的原因，并且你将学习预防它们的方法。当然，预防是最重要的学习。能够背诵致病细菌的名称不如能够防止它们在食物中生长。

学完本章以后，你应该能够解答以下问题。

1. 描述预防食物中毒和食物传播疾病的关键节点注意事项：例如个人卫生、食物处理和储存技术、清洁和消毒技术以及害虫控制。

2. 展示安全的工作习惯，防止以下伤害：例如割伤、烧伤、机器和设备的操作注意事项。

3. 如何在烹饪实验中防范火灾和降低系统性风险。

（一）食品危害

预防食源性疾病是每个食品服务人员面临的最重要挑战之一。为了预防疾病，食品操作人员必须了解食物霉病的来源。大多数食源性疾病是食用被污染的食物的结果。在本节中，我们首先讨论哪些物质可以污染食物，并导致疾病。之后，我们考虑这些物质如何进入食物以污染食物，以及食品工作者如何防止污染，并避免使用受污染的食物。

食物中任何能引起疾病或伤害的物质都称为危险物质。食品危害有四种类型:生物危害、化学危害、物理危险、过敏原。

值得注意的是，大多数食源性疾病是由食用受异物污染的食物引起的。有些疾病不是由污染物引起的，而是由食物中自然发生的物质引起的。这些包括植物毒素（分类毒），如有毒蘑菇中的化学物质，以及某些自然食物成分，有些人对此过敏。本节考虑所有这类食物的危害。要考虑的最重要的生物危害是微生物。微生物是一种微小的，通常是单细胞的有机体，只能通过显微镜才能看到。能引起疾病的微生物被称为病原体。虽然这些生物有时发生在大到足以用肉眼看到的程度，但它们通常是不可见的。

大多数食源性疾病都是由细菌（表1-1）引起的，因此本章中我们的大部分注意力都集中在它们身上，但其他类型的疾病也可能是危险的。许多保护食品免受细菌侵害的措施也有助于防止其他三种微生物。

1. 食品细菌概述

细菌无处不在，在空气中，在水里，在地下，在我们的食物上，在我们的皮肤上，在我们的身体里。科学家有各种各样的方法来分类和描述这些细菌。作为食品工作者，我们感兴趣的是一种对它们进行分类的方法，这种方法可能不那么科学，但对我们的工作更实用。

（1）无害细菌 大多数细菌都属于这一类，它们对我们既没有帮助也没有危害，我们在食品卫生方面并不太多关注。

（2）有益细菌 这些细菌对我们有帮助。例如，许多细菌生活在肠道中，在肠道中它们对抗有害细菌，帮助食物消化，并产生某些营养素。在食品生产中，细菌使许多食品的生产成为可能，包括奶酪、酸奶和泡菜。

（3）不良细菌 这些细菌是造成食物变质的原因。它们会引起酸败、腐烂和分解。这些细菌可能会或可能不会引起疾病，但它们提供了一个内置的安全因素：它们通过酸的气味、黏性或粘黏的表面以及变色来宣布它们的存在。只要我们使用常识，遵循“怀疑时就扔掉”的规则，我们就相对安全地远离这些细菌。

（4）致病细菌或病原体 这些是导致大多数食源性疾病的细菌，也是我们最常接触的细菌。保护食物不受致病菌侵害的唯一方法是使用适当的卫生措施和卫生的食物处理和储存技术。

中毒是由细菌在食物中生长时产生的毒素引起的，而不是由细菌本身引起的。感染是由细菌（或其他有机体）进入肠道系统并攻击身体引起的。疾病是由细菌在体内繁殖时自身引起的。毒素介导的感染也由细菌进入身体并生长引起。疾病是由细菌在体内生长繁殖时产生的毒素引起的，大多数食物中毒是由于毒素介导的感染。细菌通过分裂成两半而繁殖。在理想的生长条件下，它们每15～30min就能翻一番，这意味着一个细菌可以在6h内繁殖到100万。细菌需要食物才能生长，含有足够蛋白质的食物最适合细菌生长。这些食物包括肉、家禽、鱼、奶制品和鸡蛋，以及一些谷物和蔬菜。

细菌需要水来吸收食物。干燥的食物不支持细菌生长。盐或糖含量很高的食物也是相对安全的，因为这些成分使细菌无法利用现有的水分。

细菌在温暖的环境中生长得最好。在5～57℃（41～135℉）之间的温度促进了病原菌的生长，这个温度范围被称为食物危险区（在加拿大，40～140℉或4～60℃是温度危险区，直到现在，这些温度也是美国的标准）。

一般来说，产生疾病的细菌是一种中性的病菌。既不是太酸性的，也不是太碱性的。物质的酸碱度通过称为pH的测量来指示。刻度范围从 0（强酸性）到 14（强碱性），pH为7是中性的，纯水的pH为7。

有些细菌需要氧气生长，这些被称为好氧细菌。有些细菌是厌氧的，这意味着它们只有在没有空气存在时才能生长，如金属罐中，肉毒杆菌中毒是最危险的食物中毒形式之一，是由厌氧细菌引起的。第三类细菌可以随氧或无氧生长，这些细菌被称为兼性细菌。食物中大多数引起疾病的细菌都是兼性的。

当细菌被引入到一个新的环境中时，在它们开始生长之前，它们需要时间来适应它们的周围环境，这一时间称为滞后阶段。如果其他条件良好，滞后阶段可能持续1h或更长时间。如果不是因为滞后阶段，就会有比现在更多的食物中毒。这种延迟使得在室温下食用食物的时间很短，所以要及时对其进行加工。

2. 防止细菌

因为我们知道细菌是如何和为什么生长的，我们应该能够阻止细菌生长。因为我们知道细菌是如何从一个地方进入一个地方的，我们应该能够防止它们进入我们的食物。

食物防细菌有三个基本原则，这些原则是本章其余部分中讨论的所有卫生技术背后的原因。

（1）防止细菌传播 不要让食物接触任何可能含有产生疾病的细菌的东西，并保护食物免受空气中的细菌的侵害。

（2）阻止细菌生长 消除鼓励细菌生长的条件。在厨房里，我们最好的武器是温度。防止球菌生长的最有效方法是将食物保持在5℃以下或57℃以上。这些温度不一定能杀死细菌，它们会大大减缓细菌的生长。

（3）杀死细菌 大多数致病细菌如果受到77℃的温度30s，或更短的时间及更高的温度会死亡。这使我们能够通过烹饪和消毒菜肴和设备使食品安全。“消毒”一词是指杀死致病细菌。某些化学物质也会杀死细菌，这些可用于消毒设备。

表1-1　部分常见食品细菌概述

致病细菌	形成原因 / 特点	细菌的来源	通常涉及的食物	预防措施
肉毒杆菌	肉毒杆菌中毒是由肉毒杆菌产生的毒素引起的，肉毒杆菌会攻击神经系统，即使只吃少量的有毒食物，通常也是致命的。这种细菌是厌氧的，不会在高酸性食物中生长 大多数疫情是由不当的罐装技术引起的，通过煮沸20min可以去除毒素	蔬菜或其他食物上的土壤	家用低酸蔬菜罐头（在商业罐头食品中非常罕见）	只能使用商业罐装食品 任何膨胀或损坏、有异味的罐头不要尝，直接丢弃
金色葡萄球菌	由金色葡萄球菌产生的毒素引起，可能是最常见的食物中毒，以恶心、呕吐、胃痉挛、腹泻和虚脱为特征	通常是食品工人	奶制品、马铃薯沙拉、蛋白沙拉、火腿、荷兰酸辣酱和许多其他高含量的奶油冻和甜点、蛋白质食品等	养成良好的卫生习惯和工作习惯。在生病或感染时，不要处理食物。清洁和消毒所有设备，保持食物低于5℃或高于57℃
大肠杆菌	这种细菌引起疾病，或是中毒或是感染，严重腹痛、恶心、呕吐。腹泻和其他症状是由大肠杆菌中毒引起的。作为一种感染，大肠杆菌引起肠道炎症和血型腹泻。虽然疾病通常持续1～3d，但在某些情况下，它可能导致长期疾病	人类和一些动物，特别是牛的肠道，还有受污染的水	未经高温消毒的生的或未煮熟的红肉；受污染的乳制品；有时是饮水，准备好的食物，如马铃薯泥和奶油派	食物彻底煮熟，尤其是红肉，生熟分开，避免交叉污染；保持良好的卫生习惯
沙门菌	沙门菌引起的食物感染表现出与葡萄球菌中毒相似的症状，但是这种疾病可能持续更长的时间，大多数家禽携带这种细菌	受污染的肉类和家禽；食品工人的粪便污染	肉类、家禽、鸡蛋、家禽填充物。未经加工的食品和污染水域的贝类	保持良好的个人卫生，正确储存和处理食物；加强对昆虫和啮齿动物的控制；处理生家禽后，洗手并消毒所有设备和切割表面；使用经认证的贝类
链球菌	以恶心、痉挛、胃痛和腹泻为特征的感染。细菌很难被消灭，因为它们并不总是被烹饪杀死的。链球菌的症状是发烧和喉咙痛	土壤、新鲜肉类、人类携带者；咳嗽、打喷嚏、感染的食品工人	肉类和家禽；再加热或未冷冻的肉汁和酱汁 任何被咳嗽、打喷嚏或受感染的食品工人污染的食品，未进一步烹饪即食用	保持食物在57℃及以上或者5℃及以下，被感染者不要处理食物；保护展示的食物（沙拉条、糕点车等）不受顾客打喷嚏和咳嗽的影响
志贺菌	有不同种类的志贺氏毒素造成。这种疾病的症状是:腹泻、腹痛、发烧、恶心、呕吐；抽筋、发冷和脱水。如果不治疗，这种疾病可以持续4～7d或更长时间	人体肠道、苍蝇和被粪便污染的水	沙拉和其他生的或冷的熟食、乳制品、家禽	良好的个人卫生；良好的卫生食品处理规范；控制苍蝇；使用卫生来源的食物

续表

致病细菌	形成原因 / 特点	细菌的来源	通常涉及的食物	预防措施
李斯特菌病	由单核细胞增多性李斯特菌引起。这种疾病有许多症状，包括恶心、呕吐、腹泻、头痛、发烧、寒战、背痛、脑部和脊髓周围组织的炎症。在怀孕妇女中，这种疾病可能会导致自然流产。这种疾病可能在被污染的食物被食用后几天甚至几个月内不会出现，如果治疗不当，它可能会无限期地持续下去。免疫系统不好的人可能会致命	土壤、水和潮湿环境；人类和动物，特别是家禽	未经高温消毒的乳制品；生菜和肉类；海鲜；即食食品；这些食品受到污染，未煮熟	使用良好的食品处理方法避免交叉污染；使用巴氏杀菌乳制品；保持设施清洁干燥
蜡样芽孢杆菌	由蜡样芽孢杆菌引起，症状包括恶心、呕吐、胃痉挛或疼痛。这种疾病通常持续不到1d	土壤、灰尘和谷物	谷物和淀粉，包括糕点和含淀粉增稠剂的食物；肉类、牛奶、蔬菜和鱼	温度控制：烹饪食物到适当的内部温度；快速适当地冷却食物
弯曲杆菌病	由空肠弯曲杆菌引起，这种疾病通常持续2～5d，或长达10d，并导致腹泻、发烧、恶心、呕吐、腹痛、肌肉痛和头痛	肉类和乳制品；动物及家禽	未经高温消毒的乳制品；生家禽；受污染的水	烹饪食物到适当的内部温度；使用巴氏杀菌乳制品；安全地处理食品，以避免交叉污染；避免使用受污染的水
弧菌	由两种弧菌引起的。症状包括腹泻、恶心、呕吐、胃痉挛和头痛。严重的病例可能包括寒战、发烧、皮肤溃疡、血压下降和败血症（血液中毒）。这种疾病持续1～8d，对免疫系统较差的人来说是致命的	贝类，尤其是墨西哥湾的贝类	生的或未煮熟的贝类	避免生吃或食用未煮熟的贝类；避免交叉污染
耶尔森氏菌	由小肠结肠炎耶尔森氏菌引起。该病持续数天至数周，以发热和严重腹痛为特征，有时头痛、喉咙痛、呕吐、腹泻	家猪、土壤、污染水、啮齿动物	肉类，尤其是猪肉；鱼、牡蛎、未经高温消毒的牛奶、豆腐；未经处理的水	把肉，尤其是猪肉，煮到适当的内部温度；避免交叉污染；适当的卫生程序和食品处理；避免水污染

3. 真菌

霉菌和酵母菌是真菌的例子。这些微生物主要与食物腐败有关，而不是由食物传播的疾病。大多数霉菌和酵母菌，甚至那些造成腐败的食物，对大多数人来说并不危险。事实上，一些是有益的，例如，那些引起蓝纹奶酪纹理和面包面团发酵的酵母菌。然而，有些霉菌会产生毒素，使易感者产生过敏反应和严重疾病。例如，某些霉菌会在花生和其他坚果、玉米、棉籽、牛奶等食物中产生一种称作黄曲霉素的毒素，这种毒素会导致一些人患上严重的肝病。

除了与细菌和其他生物体有关的生物危害之外，有些危险是自然存在于食物中的，并不是污染的结果。这些危害包括植物毒素、海鲜毒素和过敏原。

4. 植物毒素

简单地说，有些植物对人类是天然有毒的。避免植物产生毒素的唯一办法是避免食用它们所生长的植物以及用这些植物制造的产品。

在某些情况下，毒素可以通过吃了这种植物的奶牛的奶（如鼠尾草和蛇根）或者植物中采集花蜜的蜜蜂（如山月桂花）中转移到牛奶中。

最有名的植物毒素是在某些野生蘑菇中发现的。有许多种类的毒蘑菇，食用它们引起的症状从轻微的肠道不适到痛苦的死亡。有些蘑菇毒素会破坏神经系统，有的攻击并破坏消化系统，有的攻击其他内脏器官。

其他要避免的有毒植物有大黄叶、水毒芹、杏梅和茄子。

5. 海产品毒素

有些毒素出现在吃了含有毒素的藻类的鱼或贝类中，因为这些毒素并没有被烹饪所破坏。

有些鱼天然含有毒素。最有名的鱼类毒素是河豚中存在的，生河豚在日本被认为是美味佳肴，但必须由经过训练的厨师来制作，这些厨师经过训练，去除产生毒素的腺体而不破坏它们，这样它们就不会污染鱼的肉。这种毒素会攻击神经系统，可能是致命的。其他一些鱼类，如海鳗，含有天然毒素，应该注意避免。

（二）化学和物理危害

使用不当或有缺陷的设备会导致一些化学中毒。下列毒素（铅除外）会很快出现症状，通常在食用有毒食物后30min内出现。相比之下，铅中毒的症状可能需要数年才能出现。为了预防这些疾病，不要使用导致这些疾病的材料。

其他化学污染可能是由于食品接触商业食品服务机构使用的化学品而造成的，例如清洁剂、抛光剂和杀虫剂。通过保持这些物品与食品的物理隔离来防止污染；不要在食物周围使用；正确标记所有容器；彻底冲洗使用过的设备。

物理污染是指食品被有毒物质污染，但可能造成伤害或不适。包括破碎容器中的玻璃碎片，由于打开不当的罐子里的金属屑，干豆分类不好的石头，洗得不干净的蔬菜上的泥土、昆虫或昆虫的部分，还有头发。正确的食品处理是必要的，是避免物理污染的必要条件。

（三）过敏原

过敏原是一种引起过敏反应的物质。过敏原只影响一些人。据说这些人对这种特殊物质过敏。并不是所有的过敏原都是生物性的，但最重要的是要避免这些过敏原导致的不良反应，所以我们将在本节一起讨论它们。

食物一旦被食用，或者在某些情况下仅仅被触摸，就会发生过敏反应，或者直到食用食物数小时后才会发生过敏反应。食物过敏反应的常见症状包括瘙痒、皮疹或荨麻疹、呼吸短促、喉咙紧绷、眼睛和脸肿胀。在严重情况下，过敏反应可能导致无意识或死亡。

有些人过敏的食物包括小麦制品、大豆制品、花生和其他坚果、鸡蛋、牛奶和乳制品、鱼和贝类。非生物性过敏原包括食品添加剂，如腌制肉类中使用的亚硝酸盐和亚洲食品中常用的味精。

因为这些产品很普通，对大多数人来说是完全安全的，所以很难避免使用它们。为了方便对这些食物敏感的人，食品服务人员，尤其是所有餐厅员工，必须充分了解所有菜单项中的成分，并能够根据需要通知客户。如果任何员工在客户询问时不知道食品是否可能含有过敏原，该员工应告知客户，然后找到知道的人或敦促客户订购其他物品。

（四）实验室学生实验守则

（1）自觉遵守实验室的各项规章制度，进入实验室前必须正确穿戴干净的工作服、工作帽、汗巾、围腰、佩戴胸卡；严禁穿便衣、背心、短裤、裙子、拖鞋、凉鞋上课。

（2）进入实验室后，应按实验室课程表的安排到指定实验室教室上课，严禁到处乱串；严格遵守上课时间，服从实验指导教师和管理人员的安排；实验完成后不能在实验室楼内逗留。

（3）遵守纪律，服从管理，礼貌待人；爱护实验楼内的环境清洁，不随地吐痰、扔脏物和废物；实验楼内严禁吸烟。

（4）初次进入实验室必须先了解工具、设备的使用方法、操作过程和维护常识，经过实验室的工具和设备的使用、维护培训，合格后才能进入实验室，否则后果自负。

（5）实验时要爱护工具设备，严格遵守操作规程，科学进行实验。严格遵守实验室安全卫生管理制度和仪器设备操作规程，保持实验室安全、整洁、有序的工作环境。若有损坏，必须及时向指导教师报告，并到办公室进行登记，根据情节按赔偿制度处理。

（6）实验过程中应耐心细致地观察、记录和踏实认真地操作；实验完毕，首先关闭好炉灶的电、气开关，然后清理好工具、设备；最后完成所在实验室的清洁卫生，经实验员同意方能离开。

（7）禁止将实验室设备、工具、原材料等物品私自带出实验楼，违者按偷窃论处。

（8）注意用气、用电、用水的安全，严禁擅自打开各楼层通道上的配电箱，严禁在无任何火灾、危情的时候使用、玩耍消防设备，严禁到实验楼顶休息。

（9）实验楼内严禁嬉笑、打闹。发生打架、斗殴事件，应将当事者转交有关部门进行处理。

（10）进入实验楼后应缓慢而行，规范持刀，防止刀具伤人。

（11）学生在实验操作中不准边吃边做，更不允许拿到实验室外品尝，若不听劝告将视其情况取消其实验资格。

（12）学生在操作中应注意节约原材料，对浪费的学生，根据情节轻重予以处罚。

（13）学生在操作实验中应爱护各种设施、设备。

（五）西餐实验室卫生要求

（1）值日小组将原料领取发放后，要及时把配料盘和周转箱用清洁球、洗涤剂清洗干净后还回保管室。

（2）每个小组实验完毕后将所有的工具用洗涤剂清洗干净（不锈钢盘、调味罐、塑料菜墩、盘子、平底锅、炒勺、少司锅、不锈钢盆、码斗里外擦洗干净）无油渍。用毛巾擦干，整齐摆放在操作台上，按照原来的位置摆放。

（3）灶台用热洗涤剂水、钢丝球将四周表面擦洗干净无油渍；用白醋将条扒炉灶和平扒炉灶擦洗干净，无锅垢；炸炉用完后将油倒出，用洗涤剂将油锅、油网及炉灶四周擦洗干净；将接油盆取出倒去污油水，用洗涤剂水清洁球擦洗干净；将煲仔炉炉盘及表面用清洁球、洗涤液擦洗干净。最后，用毛巾将所有器具的水渍擦干净。

（4）各小组把各组的墙面用洗涤剂水、清洁球擦洗干净。

（5）小组卫生完毕后请实验员老师检查，检查合格后方可离开。

（6）值日组负责清洗池、地面及全面卫生，用洗涤剂、除油剂、刷子将地刷洗后，再冲洗干净，最后用拖布将水打扫干净。经实验员老师检查合格后方可离开。

（六）西餐实验室消防安全制度

（1）工作人员要熟悉消防器材的使用方法，要忠于职守；严格检查实验室内外安全（做到防火、防盗、防破坏、防潮、防爆、防腐蚀、防污染）。

（2）消防器材要求严格管理，任何人不得损坏，挪作他用；注意定点存放，过期及时更换，使其常处于有效状态；严禁在无任何火灾、危情的时候使用、玩耍消防设备。

（3）实验室严禁吸烟；外来人员进入实验室必须登记；严禁擅自动用楼内的一切设备；严禁携带各种物品和食品及其他无关的用具入内；学生带工具刀入内，必须装入刀鞘，严格按规定要求执刀。

（4）实验室上课教师要有足够的消防安全常识和意识，不得擅自离开教学岗位，以防意外事件的发生。离开时要关好门、窗、水、电、气，发现问题及时上报。

（5）实验中如出现设备异常要果断处理（断气、断电、断水），及时汇报实验室管理人员，并报维修人员及时维修。

（6）实验员每天实验结束后要认真检查负责区域的水、电、气开关情况以及设备状况，待管理人员复查，并在《检查记录登记表》上签字后，方可离开。

（7）所有进入实验室人员必须严格遵守消防安全制度，如有违反以上守则，造成设备、设施损坏或安全事故者，根据情节轻重，按有关规定提出处理意见并经系和学校批准后，分别给予批评教育、经济处罚、行政处分直至追究法律责任。

? 思考题

1. 西餐厨师服装着装规范，汗巾佩戴方法是什么？
2. 细菌对于烹饪活动的危害有哪些？

第三节　厨房工具与设备

一、厨房常用设备

要成为一个优秀的厨房管理者，对厨房设备的全面了解至关重要。现代烹饪技术持续发展，越来越专业化和技术先进的工具也随之产生，从而减少了厨房厨师的反复体力劳动。

这些设备中有许多操作使用复杂，只有仔细的指导和实践才能有效和安全地操作它。其他手工工具则不需要做过多备注，但需要大量实践来培养良好的使用技巧。

今天的厨房里有大量的专用设备在职业生涯中会遇到，如万能蒸烤箱、面食机、汉堡成型机、面包机、饮料机、油炸机等。在这个技术时代，几乎每一年都有新的工具带来各种烹饪工作的简化。

（一）烹饪设备（Cooking equipment）

1. 平排炉（Rangetops）（图1-1）

尽管它的许多功能已被其他工具（如蒸锅、蒸汽水壶、倾斜的平底锅和烤箱）所取代，但它仍然是厨房中最重要的烹饪设备。

图1-1 平排炉

炉灶类型：

（1）明火平排炉 使用电子元件打火，煤气通过线圈进行点燃加热，可通过手动旋转阀门调节火力大小。该炉灶短期使用后可以关闭。

（2）厚铁平板炉灶 覆盖有重型铸钢的燃烧器，厚的炉顶需要更长的预热时间。通过将锅移动到顶部的不同位置来调整烹饪温度。环形顶部范围是一种具有可拆卸环的平板，可以从火中获得更高的热量。

（3）电磁炉灶 它的工作原理是用磁力搅动钢铁炊具中的分子，使炊具变热。因此，使用的能量更少，厨房保持干净清爽，该设备不需要预热。这种炉灶的缺点是只能使用铁或钢锅。传统的铝或铜炊具不能进行加热。一些炊具制造商已经通过生产夹在不锈钢层之间的铝质锅和平底锅来满足新的需求。这样，铝的良好导热性能得以保存，并适应了这项新技术。

注意事项：

（1）打开燃烧器前，确保燃气引燃器已点燃。如果燃烧器不亮，关闭燃气，让燃气在尝试再次点燃引燃器或燃烧器之前通风。

（2）为了获得最大热量，调整进气，使气体火焰呈蓝色，顶端为白色。

（3）不要让平顶炉灶保持高温，这可能导致顶部损坏，除非在其上烹饪食物。

2. 烤箱（Ovens）（图1-2）

烤箱和平排炉是传统厨房中两个主要部件，烤箱是一个封闭的空间，食物在里面被加热，通常是通过热空气传导热力到食材中。

图1-2 烤箱

许多食物可以用烤箱文火煨炖，或在烤箱里煮，可以节约厨师对菜肴的加热时间。

3. 多层烤箱（Deck oven）（图1-3）

传统的烤箱只需在密闭空间中加热空气即可工作。最常见的烤炉是单独的一部分。堆叠式多层烤箱是由单独的架子或甲板组成的单元，这些架子或甲板重叠排列在另一个上面。平底锅直接放在烤箱台面上，而不是放在金属丝架上。每层甲板的温度可调。

注意事项：

（1）彻底预热烤箱，但不要超过必要的时间，以避免过度的能源使用。

图1-3 多层烤箱

图1-4 旋转烤炉

图1-5 组合蒸柜

图1-6 红外线炉

（2）为了避免高能量损失和中断烹饪，在加热过程中，不要经常打开箱门。

（3）为食物留出足够的空间，以便进行热循环。

（4）打开煤气炉前，确保指示灯亮起。

4. 旋转烤炉（Revolving oven）（图1-4）

旋转烤炉，也称卷轴烤炉，其内部是一个大型的房间，在一个像摩天轮的附件上有许多架子或托盘。这种烤箱消除了热点或不均匀烘烤的问题，因为这种方式使食物在整个烤箱中旋转。旋转烤炉用于烤架和整只食材的烤制操作。

5. 组合蒸柜（Steamer oven）（图1-5）

组合式蒸柜，也称为组合式蒸煮炉，作为一个高湿度的烤箱，在烤肉时往烤箱里注入水分有助于减少收缩和防止肉质变柴。

6. 红外线炉（Infrared oven）（图1-6）

红外单元包含石英管或产生强烈红外热的板。这些烤箱主要用于冷冻食品的再造。它们在短时间内将大量食物带到食用温度，热量均匀可控。

7. 比萨烤炉（Wood-burning oven）（图1-7）

古代的炉子是由重砖石、砖或黏土制成的，并通过在炉子内生火来加热。在这种类型的烤箱中，砖吸收了火的强烈热量，在火熄灭并除去灰烬很久之后就开始烹饪食物。面包和比萨等食物直接在烤箱烘焙，就像现代的多层烤箱一样。燃烧木材的烤炉再次得到了广泛的应用，主要是在以烤肉、比萨饼和类似物品为特色的特色餐厅。这会使食物吸收一些诱人的木香味。

此时烤箱内的初始温度可能高达480℃。比萨饼可以在这个温度下烤；对于肉和面包来说，则需要较低的温度。

8. 微波炉（Microwave oven）（图1-8）

在这些烤箱中，安装了高频率的微波发生器产生微波辐射，在食物内部产生分子共振，从而产生热量，使食物加热成熟。微波炉在现代厨房工作中具有加热快，占地面积小等优点，已广泛运用在餐厅经营中。

9. 旋转烤箱（Barbecue oven）（图1-9）

烤肉轮通过在电热或燃气加热元件前缓慢转动肉和其他食物来烹饪。虽然它们特别适用于鸡肉和其他家禽，但烤肉店可以用来烹制任何肉或其他食物，形式上既有封闭式旋转烤箱，也有开放式

图1-7 比萨烤炉

图1-8 微波炉

图1-9 旋转烤箱

图1-10 油炸锅

图1-11 翻转式烹调炉

图1-12 万能蒸烤箱

图1-13 焗炉

图1-14 扒炉

或非封闭式装置，尺寸从小到大不等。因为加热热源在烤箱侧方，脂肪和肉汁不会像烤架那样滴落在火焰中。托盘收集的烤肉汁，可用于制作高汤和酱料。

10. 油炸锅（Deep fryer）（图1-10）

标准的油炸锅由气体或电力驱动，并配有恒温控制装置，使油脂保持在预设温度。自动油炸机在预设时间后自动从脂肪中去炸食物。在当下，有一种空气压力油炸锅是用压力油炸食物的，即使使用较少的油脂量和较低的温度，在压力下食物油炸的效率也会增强。

11. 翻转式烹调炉（Hold oven）（图1-11）

翻转式烹调炉，又称倾翻式火盆和倾翻式煎锅，是一种用途广泛、效率高的设备，常用于大型宴会和团餐制作。它可以用来做煎锅、炒锅、火盆、焖锅、汤锅、蒸锅，也可以用作水蒸锅或蒸锅。它有一个倾斜机构，可以将液体从里面倒出，一般使用煤气或电力作为能源进行加热。每次使用后，需要将底部锅面立即清洗，再将水渍彻底擦拭干净。

12. 万能蒸烤箱（Combination oven）（图1-12）

功能最为完备的烤箱，分为立式和卧式两种。区别于传统烤箱，使用均匀热风全方位对食材加热，能有效避免传统烤箱受热不均匀，加热慢等不足，同时可调节蒸汽含量，针对不同菜肴制作要求来进行设定。可运用在蒸制、烤制、保温、醒发等烹饪活动中。

13. 焗炉（Salamander）（图1-13）

在现代餐厅中被广泛使用的一种加热设备，在该设备的顶部格栅平面进行加热，可以对食物表面上色和烤制，常用于面包和焗饭的快速上色。

14. 扒炉（Grills）（图1-14）

西餐中大部分菜品的加热成熟都是由扒炉加热制熟，例如牛排、鱼排、串烧、鸡排、猪排等菜肴。扒炉根据表面加热形状分为条扒和平扒。

要点回顾

1. 最基本的炉灶类型是什么？
2. 标准烤箱和对流烤箱有什么区别？列出每种类型烤箱操作的四条准则。
3. 烤箱、烤架和烤盘有什么区别？
4. 标准油炸锅的四个操作指南是什么？
5. 清洗油炸锅的一般程序有哪些？

（二）加工设备（Processing equipment）

1. 搅拌机（Mixer）（图1-15）

立式搅拌机是各种食品混合和加工工作的重要工具，适用于烘焙和厨房，台式搅拌机的容量范围为5～20L。大多数搅拌机有三种工作速度。搅拌器有三个主要的附件，桨叶可使用在一般搅拌中，钢丝鞭用于搅拌奶油、鸡蛋和制作蛋黄酱，面团臂用于搅拌和揉制酵母面团。

图1-15　搅拌机

注意事项：

（1）打开机器前，确保搅拌缸和混合附件牢固就位。

（2）确保使用正确尺寸的搅拌缸。

（3）机器启动时，切勿将手插入碗前关闭机器，搅拌机电机功率大，可能导致严重受伤。

（4）在改变速度前关闭机器，复位到空挡后再改变搅拌速度。

2. 食品切割机（Food cutter）（图1-16）

食品切碎机或旋转切碎机，是一种用于一般食品切碎的设备。各种附件的使用，使它成为一个通用工具。食物放在一个旋转的碗里，碗把食物带到一对在盖子下快速旋转的刀上。切好的食物的粗细度取决于食物留在机器里的时间。

图1-16　食品切割机

注意事项：

（1）使用前务必确保机器完全组装好。

（2）关闭盖锁旋钮，否则机器将无法打开。

（3）机器运行时，切勿接触到碗盖下方。

（4）均匀切菜时，将食物一次全部放入碗中。

（5）刀片要锋利，钝刀会碰伤食物。

以下是设计用于安装食品切碎机和立式搅拌机的许多附件常见举例：

（1）食品粉碎机主要用于研磨肉类，尽管其他含水量高的食材也可以研磨。食物被强迫通过进料管进入螺丝，螺丝把食物推过盘子上的小孔，这时食物被一个旋转的刀片切断，孔的大小调节研磨的细度。组装研磨机时，确保旋转刀片正确连接，切割边缘朝外。

（2）粉碎机由一个漏斗组成，将食物放入旋转的转子。转子会把食物切成碎片，然后把它放进一个接收容器里。可调整切片板以切割各种厚度。

（3）连接迫使食物通过一个网格形刀片，把它们切成完美的小方块，可使用不同尺寸的叶片。

3. 切片机（Slicer）（图1-17）

切片机是一种很有价值的机器，因为它切割食物比手工切割更均匀。这使得它对于部分控制和减少切割损失很有价值。大多数现代切片机的刀片都是倾斜的。切片从这些刀片脱落，断裂和折叠比垂直刀片少。使用手动机器时，操作员必须前后移动滑架，以便对食物进行切片。自动机器用电动机移动车架。

注意事项：

（1）仔细观察处理时间。切菜时间太短了，多切1s就可以用于凉拌卷心菜汤。

（2）使用前确保机器已正确组装。

（3）关闭机器后，打开盖子前，让刀片完全停止。

（4）保持刀刃锋利，钝的刀刃反而会碰伤食物。

4. 食品加工机（Food processor）（图1-18）

早在家用型产品问世之前，商用厨房就使用了食品加工机。专业型产品比最大的家用型产品大2～4倍。它们由一个重型底座中的电机组成，顶部是一个带有S形刀片的圆柱形工作碗。加工机被用来剁碎食物，包括生肉或熟肉，并混合或乳化诸如酱汁和调味黄油之类的东西。用特殊的圆盘附件代替标准刀片，它们还可以切片和切碎蔬菜等固体食物。在基本设计中，食品处理器类似于垂直切割机/搅拌机，应该遵守相同的注意事项。

5. 搅拌机（Blender）（图1-19）

搅拌机由底座中的电机组成，顶部是带旋转刀片的容器。然而，由于搅拌机的容器又高又窄，它更适合于混合和澄清液体，而不是切碎固体食物。在商业厨房里，搅拌机被用来混合、搅拌和乳化液体，如汤、酱汁和面糊。它也被用于酒吧和咖啡馆准备某些饮料。容器由不锈钢、玻璃或塑料制成。容器底部的叶片组件可以拆卸，以便彻底清洁。

6. 手持搅拌机（Handed blender）（图1-20）

手持搅拌机，也称为棒式搅拌机或浸入式搅拌机，由搅拌机的刀片组成，在长棒的底端或顶部的电机轴上有一个防护罩。使用浸入式搅拌机，可以将热的或冷的食物在任何容器中搅拌成糊状，而无需将它们转移到搅拌机罐中。这使得在烹饪锅里混合热的食物成为可能。最大的棒式搅拌机足够长，可以在大的蒸汽锅里把食物搅成糊状。

图1-17　切片机

图1-18　食品加工机

图1-19　搅拌机

图1-20　手持搅拌机

二、厨房常用工具

（一）锅具（Pots and pans）

1. 汤锅（Stockpot）（图1-21）

一种大的、深的、直边的锅，用于制备原料和炖煮大量液体。带龙头的汤锅可以在不干扰固体成分或提升汤锅的情况下排出液体。尺寸：8～200L。

2. 少司锅（Saucepot）（图1-22）

一个中等深度的圆罐。类似于汤锅，但较浅，使搅拌或混合更容易。用于烹制汤、酱汁和其他液体。尺寸：6～60L。

3. 焖锅（Brazier）（图1-23）

其外形有直边的、圆的、宽的、浅的、重型锅。用于炖肉。尺寸：11～30L。

4. 平底锅（Saucepan）（图1-24）

类似于一个小的、浅的茶壶，但是有一个长手柄而不是两个环形手柄。可能有直边或斜边。用于一般的炉灶烹饪。尺寸：1～15L。

5. 直边平底煎锅（Saute pan，straight-side）（图1-25）

类似于一个浅的、直边的平底锅，但更重。用于褐变、油炸和煎炸。由于它的表面积很广，所以当需要快速还原时，炒锅可用于烹饪酱汁和其他液体。尺寸：深度为65～130mm（2～5in），直径为160～400mm（6～16in）。

6. 斜边平底煎锅（Saute pan，slope-side）（图1-26）

用于肉、鱼、蔬菜和鸡蛋的一般油炸和煎炸。倾斜的一边可以让厨师在不使用抹刀的情况下翻转和扔东西，而且当使用抹刀时，他们可以更容易地找到食物。尺寸：顶部直径160～360mm（6～14in）。

7. 铸铁平底锅（Cast-iron skillet）（图1-27）

非常重，厚底煎锅。用平底锅煎炸时，稳定、均匀的热量是必要的。

8. 双层锅（Double boiler）（图1-28）

有两部分的锅。下部类似于汤锅，装有开水。上面的部分存放的食物必须在低温下煮熟，不能

图1-21　汤锅

图1-22　少司锅

图1-23　焖锅

图1-24　平底锅

图1-25　直边平底煎锅

图1-26　斜边平底煎锅

图1-27　铸铁平底锅

图1-28　双层锅

直接加热煮熟。顶部尺寸：4～36qt（4.5～41L）。

9. 薄烤盘（sheet pan）（图1-29）

一种浅的长方形平底锅深为25mm（1in），用于烘焙蛋糕、面包卷和曲奇，也用于烘焙或烘焙某些肉和鱼。尺寸：全盘，460mm×660mm（18in×26in）；半盘，460mm×330mm（18in×13in）。

10. 烘焙烤盘（Bake pan）（图1-30）

深约50mm（2in）的长方形平底锅。一般用于烘焙。有多种尺寸可供选择。

11. 烤盘（Roasting pan）（图1-31）

长方形平底锅，比烤盘深且重。用于烤肉和家禽。

12. 煮鱼锅（Fish poacher）（图1-32）

用来水煮整条鱼的烹饪炊具，为了保证鱼肉形整不烂，容器内带有抓手隔断，方便烹饪整鱼时拿取。

13. 炒锅（Wok）（图1-33）

有两个环形把手的圆底钢锅。用于炒菜，尤其在中式菜肴中。炒锅最好与具有高热量输出的特殊燃烧装置和宽环形支架一起使用，以保持炒锅在烹饪过程中的稳定。

（二）测量装置（Measuring devices）

1. 秤（Scales）（图1-34）

大多数配方成分都是按重量计量的，所以精确的秤很重要。配料秤用于测量配料，也用于为服务产品配货。传统的部分秤是弹簧操作的，通常有一个刻度盘来指示重量。

2. 量杯（Measuring cups）（图1-35）

量杯有1、1/2、1/3和1/4号量杯。它们既可用于液体测量，也可用于测量干的物体。

3. 量匙（Measuring spoon）（图1-36）

用于测量非常小的体积：1汤匙、1茶匙、1/2茶匙和1/4茶匙。它们最常用作称量香料和调味品。

图1-29 薄烤盘

图1-30 烘焙烤盘

图1-31 烤盘

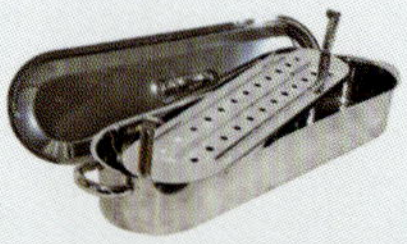

图1-32 煮鱼锅

图1-33 炒锅

图1-34 秤

图1-35 量杯

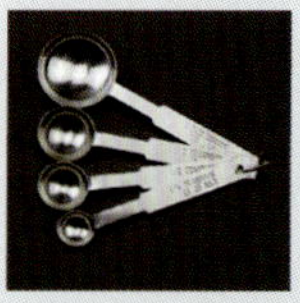

图1-36 量匙

4. 汤勺（Ladle）（图1-37）

可以测量和分装液体。尺寸（单位：OZ）在手柄上。

5. 温度计（Thermometer）（图1-38）

肉类温度计显示肉类的内部温度。在烹饪前插入，烹饪时留在产品中。即时读数温度计在插入食品后几秒钟内给出读数。很多厨师把它们放在夹克口袋里，就像一支笔一样，随时准备使用。油温温度计和糖果温度计测试炸油和糖浆的温度。它们的读数高达200℃。专用温度计还可用于测试烤箱、冰箱和冷冻恒温器的精度。

图1-37　汤勺

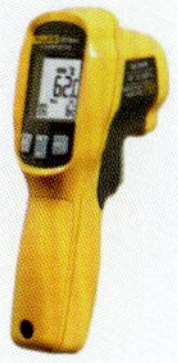

图1-38　温度计

（三）刀和小型设备（Knives&Small equipment）

刀刃所用的金属是一个重要的考虑因素，因为这种金属刀刃必须能够承受和保持非常锋利的边缘。

多年来，碳钢一直是人们的最爱，因为它可以被磨成非常锋利的刀刃。它的缺点是容易腐蚀和变色，特别是与酸性食物和洋葱一起使用时。而且，它也会使一些食物变色（例如煮熟的鸡蛋），可能会留下金属味。由于这些缺点，它已经让位给高碳不锈钢。传统的不锈钢合金不会生锈或腐蚀，但它们比碳钢更难磨。不锈钢主要用于低成本、轻型刀具。高碳不锈钢是一种相对较新的合金，结合了碳钢和不锈钢的最佳方面。它的边缘几乎和碳钢一样，不会生锈、腐蚀或变色。用这种材料制成的刀非常珍贵，而且相对昂贵。如今，大多数高品质刀具都是由高碳无污渍钢制成的。

刀的种类及其用途如下。

1. 厨师刀（Chef's knife）（图1-39）

厨师刀是厨房里最常用的刀，一般用于切菜、切片、切丁等。刀刃在跟处宽，并逐渐变细。叶片长度260mm（10in），是最普遍的一般工具。较大的刀用于重型切割和切碎。较小的刀片用于更精细的工作。这是厨师最重要的工具，所以你必须学会处理它，并且好好保管它。

2. 日本厨师刀（Japanese cook's knife）（图1-40）

日本厨师刀作为传统厨师刀的替代品，宽刃刀越来越受欢迎。叶片通常为130mm（5in）或180mm（7in）长。

3. 沙拉刀（Salad knife）（图1-41）

沙拉刀是一把160～200mm（6～8in）长的窄尖刀。主要用于食品加工、生菜、水果的切割和制备等。也可以用来雕刻烤鸡和烤鸭。

4. 削皮刀（Paring knife）（图1-42）

削皮刀是50～100mm（2～4in）长的小尖刀。用于蔬菜和水果的修剪和削皮。

5. 骨刀（Boning knife）（图1-43）

骨刀长约160mm（6in）的薄而尖的刀片。用于生肉和家禽的去骨。坚硬的刀片用于更烦琐的工作。柔性刀片用于更轻的工作和切鱼片。

6. 切片刀（Slicer）（图1-44）

切片刀刀刃细长，可弯曲的刀片长达360mm（14in）。用于熟肉的雕刻和切片。

7. 锯齿切片刀（Serrated slicer）（图1-45）

这种刀像切片刀，但有锯齿状的边缘。用于切面包、蛋糕等。

8. 屠刀（Butcher knife）（图1-46）

屠刀是在肉店里用来切生肉的一种重的、宽的、稍弯曲的刀片。

9. 牛排刀（Steak knife）（图1-47）

牛排刀是一种弯曲的尖刀，用于精确切割牛排。

10. 切割刀（Cleaver）（图1-48）

切割刀具有又重又宽的刀刃，用于切割骨头，切肉刀不要与形状相似的中国厨师刀混淆，因为它重量较轻。

11. 牡蛎刀（Oyster knife）（图1-49）

牡蛎刀刀刃钝而坚硬，用于打开牡蛎。

12. 蛤蜊刀（Clam knife）（图1-50）

蛤蜊刀是短而硬的宽刃小刀，用来打开蛤蜊。

13. 蔬菜削皮刀（Vegetable peeler）（图1-51）

蔬菜削皮刀是一种有槽的旋转刀具，用于蔬菜、水果去皮。

14. 中式菜刀（Chinese cook's knife）（图1-52）

中式菜刀是中式烹饪常用刀具，呈矩形，具有刀膛宽、刀背厚、刀刃锋利等特点。

15. 磨刀棒（Steel）（图1-53）

磨刀棒是刀套件的重要部分。用于打磨和维护刀刃。

图1-39 厨师刀

图1-40 日本厨师刀

图1-41 沙拉刀

图1-42 削皮刀

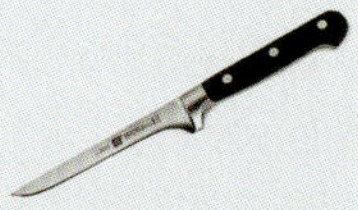

图1-43 骨刀

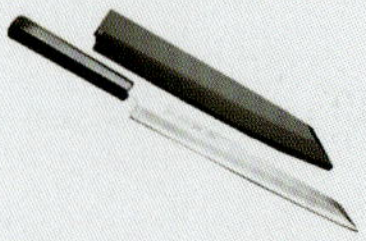

图1-44 切片刀

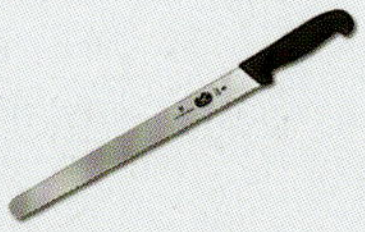

图1-45 锯齿切片刀

图1-46 屠刀

图1-47 牛排刀

图1-48 切割刀

图1-49 牡蛎刀

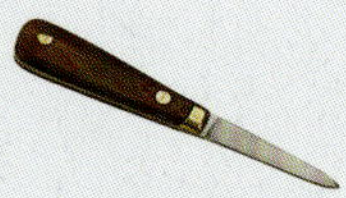

图1-50 蛤蜊刀

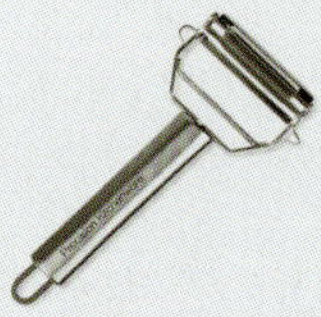

图1-51 蔬菜削皮刀

图1-52 中式菜刀

图1-53 磨刀棒

16. 切菜板（Cutting board）（图1-54）

切菜板有不同材料制成的，硬橡胶板或塑料板制成的切菜板被认为更卫生，但有一些证据表明细菌在塑料和橡胶上的存活时间比在木头上的存活时间长。切菜板必须保持非常干净，而且必须定期消毒。色标复合板的设计有助于减少交叉污染，因为每种颜色用于不同种类的食品（例如，绿色蔬菜、红色肉类、蓝色海鲜）。

（四）手工工具和小型设备（Hand tools）

1. 切球机（Ball cutter）（图1-55）

切球机的刀刃是一个小的半球体，用来把水果和蔬菜切成小球。

2. 叉子（Cook’s fork）（图1-56）

一种带有长柄的叉子，用于举起和转动肉及其他物品。叉子必须足够结实以承受重物。

3. 直铲或调色刀（Palette knife）（图1-57）

直铲是一种长而有弹性的圆形刀片，主要用于蛋糕上，也用于搅拌。

4. 三明治摊铺刀（Sandwich spreader）（图1-58）

三明治摊铺刀是一种短而粗的抹刀，用于将填料铺在三明治上。

5. 刮刀（Offset spatula）（图1-59）

刮刀是一种宽刃、弯曲的刀具，使用在手接触不到的弧形表面。作为刮刀来清洁搅拌缸和烤盘。

6. 橡胶刮刀（Rubber spatula）（图1-60）

在国外，这种刮刀的柔性橡胶或塑料尖端的长柄，用来刮碗和锅，也可用于拿取打发的蛋白和搅打奶油。

7. 馅饼刀（Pie server）（图1-61）

馅饼刀是指楔状的并带有一定弧度的铲刀。用来从平底锅中铲起馅饼或比萨。

8. 切面刀或刮刀（Bench scraper）（图1-62）

切面刀具有一块宽而硬的金属，一侧有一个木柄，用来切面团和刮工作台。

9. 糕点轮或轮刀（Pastry wheel）（图1-63）

切面刀柄上的圆形旋转刀片像一个滚轮。用来切成卷的生面团、糕点和烘焙的比萨饼。

图1-54　切菜板

图1-55　切球机

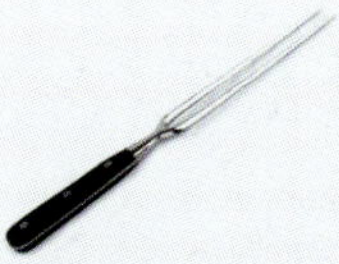
图1-56　叉子

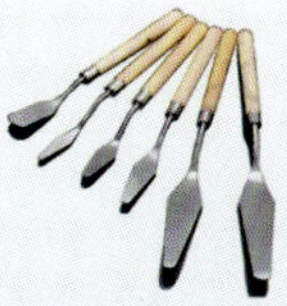
图1-57　直铲

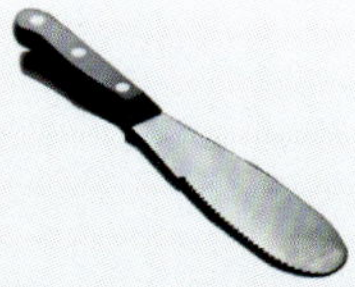
图1-58　三明治摊铺刀

图1-59　刮刀

图1-60　橡胶刮刀

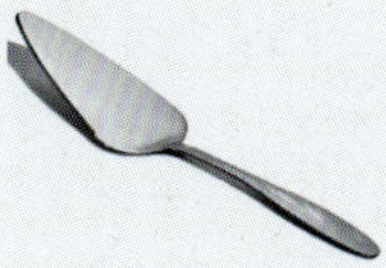
图1-61　馅饼刀

图1-62　切面刀

图1-63　糕点轮

10. 撇油器（Skimmer）（图1-64）

撇油器是一个长柄上有孔的圆盘，稍呈杯状。用来撇去液体上的泡沫，以及取出汤、汤料和其他液体中的固体部分。

11. 钳子（Tongs）（图1-65）

钳子是用来拾取和处理食物的弹簧式或剪刀状工具。

12. 搅拌器（Wire whip）（图1-66）

搅拌器的外形是不锈钢丝制成的环系在一个手柄上。搅拌器有两种：粗重的搅拌器是直的，硬的，并且有相对少的电线，用于一般的混合、搅拌和打浆，尤指较为浓稠的液体；另一种是钢琴弦搅拌器，有许多灵活的线，用于搅打鸡蛋、奶油和荷兰酱，也用于混合稀的液体。

13. 粗目滤网（China cap）（图1-67）

粗目滤网是尖形过滤器。用于过滤汤、少司和其他液体。尖尖的形状使厨师能够通过一个小开口排出液体。

14. 过滤器/滤网（Strainer）（图1-68）

滤网是一种圆底的杯状工具，由筛网或穿孔金属制成。用于过滤面食、蔬菜等。

15. 鼓形筛网（Drum sieve）（图1-69）

鼓形筛网是由一个圆形金属框架支撑的筛式网。用于面粉和其他干燥剂的筛分，也用于软食物的过滤。

16. 滤锅（Colander）（图1-70）

滤锅由不锈钢或铝制成。用于沥干清洗或煮熟的蔬菜、沙拉蔬菜、面食和其他食物。

17. 制泥器（Food mill）（图1-71）

制泥器是一种有手动旋刃的工具，旋转产生压力，迫使食材粉泥通过打孔的圆盘，变化的圆盘使食材产生不同程度的粗度或细度。用于搅打食物。

18. 去皮器（Zester）（图1-72）

去皮器是一种用来把柑橘皮上的有色部分削成细条状的小手工工具。

图1-64 撇油器

图1-65 钳子

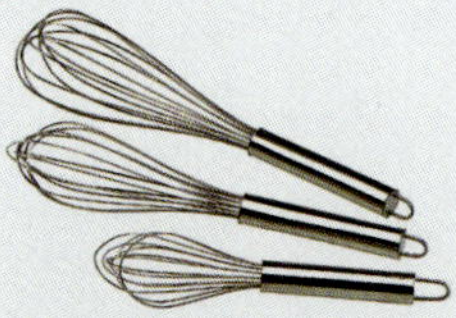

图1-66 搅拌器

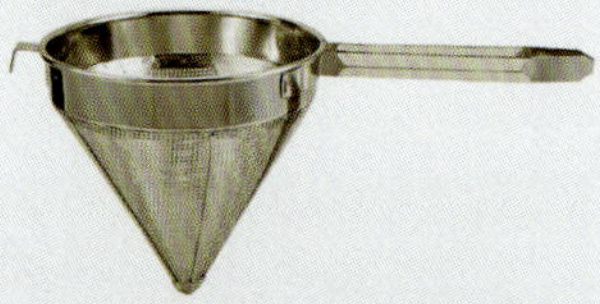

图1-67 粗目滤网

图1-68 过滤器 / 滤网

图1-69 鼓形筛网

图1-70 滤锅

图1-71 制泥器

图 1-72 去皮器

图 1-73 槽刀

图 1-74 蔬菜刨

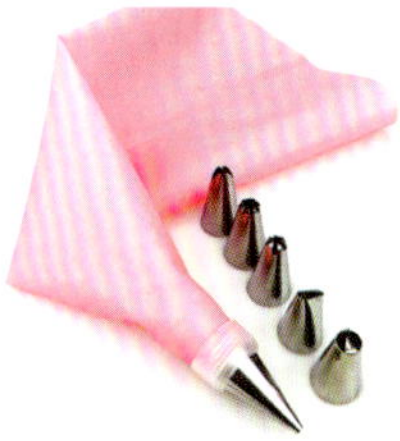
图 1-75 裱花袋

图 1-76 糕点刷

19. 槽刀（Channel knife）（图1-73）

槽刀是主要用于装饰工作的小的手工工具。

20. 蔬菜刨（Mandoline）（图1-74）

蔬菜刨是一种手动切片器，由安装在扁平金属或木框架中的刀片组成。折叠支腿将蔬菜刨放置在工作台上，以45°角使用，允许调整刀片以控制切片的厚度。传统蔬菜刨有扁平刀片和锯齿状刀片。额外的刀片可以与扁平刀片结合使用，以切割细丝和条，锯齿刀是用来切薄片或华夫饼片的。为了安全的使用，配套工具中还提供了一个可拆卸的防护罩，用来保护手指。

21. 裱花袋（Pastry bag）（图1-75）

裱花袋是圆锥形的布或塑料袋，其开口端可安装尖形的金属管口。用于蛋糕糖衣、鲜奶油、马铃薯泥和软面团的成形和装饰。

22. 糕点刷（Pastry brush）（图1-76）

糕点刷用于在物品上刷鸡蛋水、釉料等。

? 思考题

1. 用来制作烹饪锅的金属是如何影响烹饪质量的？
2. 什么设备被用来测量大多数配方成分？用来测量食物体积的五种设备是什么？
3. 厨师刀有哪些部分？什么金属被用来制造高质量的刀片？
4. 专业厨房最常用的刀是什么？说出并描述其他重要刀具及其用途。

第四节 烹饪原料及调味品

一、烹饪原料特点

烹饪原料由蛋白质、脂肪、碳水化合物和水，加上少量的其他化合物，如矿物质（包括盐）、维生素、色素（着色剂）和风味元素组成。了解这些成分在加热或与其他食物混合时的反应是很重要的。这样就可以更好地纠正烹饪错误，并预测烹饪方法、烹饪温度或配料比例变化的影响。

（一）碳水化合物

淀粉和糖是碳水化合物，这两种化合物以多种形式存在于食品中。它们存在于水果、蔬菜、谷物、豆类和坚果中，肉和鱼也含有少量碳水化合物。对于厨师来说，热引起的碳水化合物的两个最重要的变化是焦糖化和糊化。焦糖化是糖的褐变，炒蔬菜的褐变和面包皮的金色是焦糖化的形式。淀粉吸水膨胀时会发生糊化，这是酱汁增稠和面包和糕点生产的主要原理。酸能抑制糊化，如果含有酸，用面粉或淀粉增稠的酱汁就会变稀。

（二）果蔬纤维

果蔬纤维是一组复杂物质的名称，它们赋予植物结构和硬度，纤维不能被消化。烹饪中水果和蔬菜的软化部分是纤维的分解。糖使纤维更加紧实，加糖煮的水果比不加糖煮的水果保持形状更好。小苏打（和其他碱）使纤维变软。蔬菜不应与小苏打一起烹饪，因为它们会变成糊状并失去维生素。

（三）蛋白质

蛋白质是肉类、家禽、鱼类、鸡蛋、牛奶和奶制品的主要成分，在坚果、豆类和谷物中含量较少。蛋白质由称为氨基酸的长链组成。这些链通常形成紧密的线圈，随着蛋白质被加热，线圈逐渐放松。此时，蛋白质变性。

对于烹饪来说，变性的一个重要事实是，当蛋白质线圈放松时，它们相互吸引并形成键。这种键合称为协同键合。凝固的蛋白质形成一个牢固的键网，并变得牢固。随着温度的升高，蛋白质会收缩变性，变坚硬，失去更多的水分。蛋白质暴露在过热下会使它们变硬、变干，大多数蛋白质完全凝固或在71～85℃下煮熟。

许多蛋白质类食品，如肉类，含有少量碳水化合物，当蛋白质加热到154℃左右时，蛋白质链中的氨基酸与碳水化合物分子发生反应，并发生复杂的化学反应，结果使其变成褐色，并产生丰富的碳水化合物。这种反应称为美拉德反应，它是肉变褐色时发生的反应。由于它需要高温，美拉德反应只发生在食物的干燥表面上。由于它的含水量，肉的内部不能得到这种热量。

结缔组织是存在于肉中的特殊蛋白质。含有大量结缔组织的肉是坚硬的，但有些结缔组织在用水分缓慢煮熟时会溶解。因此，适当地烹调坚硬的肉会使它们更嫩。酸，如柠檬汁、醋和番茄制品，对蛋白质有两种作用：加速凝结；有助于溶解一些结缔组织。

（四）脂肪

脂肪存在于肉类、家禽、鱼类、鸡蛋、奶制品、坚果、全谷物中，在较小程度上还存在于蔬菜和水果中。脂肪也作为烹饪介质和油炸食品一样重要。脂肪在室温下既可以是固体也可以是液体。液态脂肪称作油，当固体脂肪被加热时，它们就会熔化，或者从固体变成液体。不同固体脂肪的熔点各不相同。

当脂肪被加热时，它们开始分解。当温度足够高时，它们会迅速恶化并开始冒烟。发生这种情况的温度被称为烟点，它随脂肪的类型而变化。在油炸过程中，稳定的高烟点脂肪是一个重要的考虑因素。许多风味化合物溶解在脂肪中，因此脂肪是风味的重要载体。当脂肪熔化并从食物中消失时，一些风味以及一些维生素也随之消失。

（五）矿物质、维生素、色素和风味成分

矿物质和维生素对食物的营养质量很重要。色素和风味成分对食物的外观和味道很重要，可能决定食物是否足够开胃。所以保留这些元素是很重要的。其中一些成分溶于水，另一些则溶于脂肪。所有这些成分都可能在烹饪过程中被从食物中滤出或溶解掉。

维生素和色素也可能被热量、长时间烹饪以及烹饪过程中存在的其他元素破坏。因此，尽可能保存食物营养、味道和外观的烹饪方法很重要。这一点在本书其余部分解释烹饪技巧时都会有说明。

（六）水

几乎所有的食物都含有水。干粮可能只含有1%的水分，但鲜肉、鱼、蔬菜和水果主要是由水分组成的。水有三种状态：固体（冰）、液体和气体（水蒸气或蒸汽）。在海平面上，纯液态水在0℃处变为固体或冻结，在100℃处变为蒸汽。当水分子转化为蒸汽并将能量释放到大气中时，水被称为沸腾。

在较低的温度下，水也可以从液体变成气体。当水在任何温度下变成气体时，这个过程称为蒸发。蒸发的速度越慢，温度越低。蒸发是食物干燥的主要原因。食物表面在烹饪过程中的干燥可以使它们变成褐色。许多矿物质和其他化合物溶于水，所以水可以作为风味和营养价值的载体。当水携带盐或糖等溶解化合物时，其冰点降低，沸点升高。

（七）味道

味道是使菜肴吸引食客的重要因素。然而，舌头上的味蕾只能感知四种基本味道：咸的、甜的、苦的和酸的。我们所认为的风味是味觉和香味的结合。当缺乏嗅觉时，例如当你感冒时，食物似乎没有什么味道。当你品尝每一道菜时，你遇到的第一道味道是主要成分。其他的风味，我们可以称之为佐料味，佐料味是增强主要原料的原味。

小牛肉本身没有强烈或明显的味道。与牛肉或鹿肉等肉类不同，小牛肉的味道温和而微妙。在这个食谱中，小牛肉是用文火炖的，所以它的味道比用烤肉、炒肉或炖肉来煎的还要温和。因此，在选择调味料和其他佐料的时候，我们要避免强烈的味道掩盖小牛肉的微妙味道。用白小牛汤作为烹饪介质，加强了原味。我们可以用水，但这样做会降低味道。对于我们来说，棕色的汤太浓了，会完全改变这道菜的特点。白鸡汤可能是一种可以接受的替代品，但它也不会加强小牛肉的味道。洋葱和香草束的加入会带给它更多的深度和丰富的味道。

1. 鲜味

尽管欧洲和北美的传统认可四种基本口味——咸、甜、苦和酸，但当局最近已经确定了第五种口味，即鲜味，长期以来被亚洲文化所认可。鲜味是舌头上的感官感受器对某些氨基酸起反应引起的感觉。因为氨基酸是蛋白质的组成部分，所以这种味道在蛋白质含量高的食物中很浓。事实上，鲜味通常被翻译为“肉味”。牛肉、羊肉、某些奶酪和酱油鲜味含量特别高。食品添加剂味精用作调

味剂，可以使人在食用时保持良好的口感。风味增强剂在一些亚洲菜肴中，产生强烈的鲜味。

动物油脂在烹饪中的合理使用也可使鲜味在口腔中变得更加复杂，不仅如此，在大多数西式酱料中，复合油脂与肉类产生的含氮浸出物，通过烹饪加热，使香味和鲜味变得诱人。有时，在烹饪活动中，有经验的厨师为了提升食材和酱汁的鲜味，经常放入酸味物质增强菜肴鲜味，例如柠檬汁等。如果厨师能将一道菜的鲜味表达得很出色，形成主次分明的味感层次，又相互融合，那么这位厨师的调味技艺就很高超了。

2. 风味构建

组合口味没有固定的规则，但是刚才讨论的例子提出了一些一般原则。当开发或修改一个食谱时，应考虑以下几点：

第一，每一种配料都应该有它的使用目的。从主料的风味、色泽、形态等方面考虑，配料应该如何与其搭配。

第二，烹饪原料中的食材可以通过风味对比，发挥构建整体风味的作用。例如小牛肉因其肉质风味清淡，辅佐的酱汁也应保持清淡的风味，才能构建统一的风味。

第三，柠檬的酸味特别适合解除奶油的油腻，使风味跳跃形成对比，需要注意的是，在两种成分形成对比时，要确保它们的平衡。与此同时，不仅要考虑到单一食材的风味特点，还要考虑到其他配菜的风味之间是否协调，是否可以构成一个统一的风味体系。

（八）调味品

1. 香料

草本植物是某些植物的叶子，通常生长在温和的气候中。香料是植物和树木的芽、果、花、皮、种子和根，其中许多生长在热带气候地区。这种区别常常令人困惑，但要知道哪种调味料是香料，哪种是草药，不如熟练地使用它们那么重要。

最终，你应该能够在不看标签的情况下，通过香气、味道和外观来识别货架上的每一种香料。

香料使用指南：

（1）熟悉每一种香料的香气、味道和对食物的影响。看一张香料图表，并不能代替对实际产品的熟悉。

（2）将干燥的药草和香料存放在阴凉的地方，盖紧，存封在不透明的容器中。加热、光照和潮湿会使药草和香料迅速变质。

（3）不要使用陈腐的香料和香草，不要购买超过6个月的使用量，否则香料的风味表现力不足，直接影响菜肴风味。

（4）更换旧香料后要小心，新鲜的香料风味更加浓郁，所以更换后针对菜肴的标准配方可能要作出调整。

（5）使用优质的香料和香草。在这里省钱是不划算的，成本差额只是百分之一的一小部分。

（6）整个香料比磨碎的香料释放香味需要更长的时间，因此要留出足够的烹饪时间。

（7）用一块粗棉布（称为香囊）松散地捆绑整片香草和香料，以便于去除。

（8）当有疑问时，添加的数量要比你认为需要的少。你可以一直添加更多香料，但很难减少已添加的。

（9）除了咖喱或辣椒，香料不应该占主导地位。通常，它们甚至不应该是明显的。如果你能在奶油菠菜中尝到肉豆蔻味，那么肉豆蔻可能太多了。

2. 调味料

前面关于风味形成的讨论涉及所有添加风味或改变菜肴风味的成分。这些成分包括主要成分和辅助成分或次要成分。本章的其余部分主要涉及香草和香料以及常见的洋葱、大蒜和芥末等调味品。

为了重复最重要的调味概念，主要成分是主要的风味来源。使用优质的主要成分，小心处理所有食物，并采用正确的烹饪程序。记住，香草和香料仅起到辅助作用。准备不好的食物不能靠最后一分钟添加草药和香料来挽救。

虽然厨师并不总是这样使用术语，但可以说，调味和调味料之间有区别。调味意味着增强食物的自然风味，而不会显著改变其风味。盐是最重要的调味成分。调味料意味着添加食物的新味道，从而改变原有的味道。调味料和调味剂之间的区别通常是程度的不同。例如，盐通常只用于调味，而不是调味料。但是，在薯片或椒盐脆饼中，盐是非常主要的，它可以被认为是一种添加的调味剂。另一方面，肉豆蔻通常使用它的独特风味，但一点点就可以使奶油少司的味道焕然一新，而大多数人无法察觉。

3. 调料品

菜肴调味最重要的时间是烹饪过程结束时。大多数食谱的最后一步，都是“使用调味料调味”，给予菜肴某种单一味道。这意味着你必须先尝一尝，再评估产品。然后你必须决定应该做什么。为了提升味道，通常是在炖菜中加点盐或在酱汁中加点新鲜柠檬汁。评估和纠正口味的能力需要经验，这是厨师最重要的技能之一。烹饪开始时也加入盐和其他调味料，尤其是对于较大体积的食材，最后加入的调味料一般难以被吸收或混合，而是仅仅停留在食材表面。在烹饪过程中加入一些调味品，有助于提升菜肴整体味道。

4. 调味剂

根据烹饪时间、烹饪过程和调味成分的不同，调味剂通常以复合味道呈现，可以在烹饪活动的开始、中间或结束时添加。烹饪结束后，只需加入少量调味剂即可。这些包括新鲜（不是干的）香草、雪利酒或烈性白兰地，以及准备好的芥末和伍斯特少司等调味品。大多数调味剂都需要加热来释放它们的味道和混合的时间。整个调味料需要的时间最长，磨碎的香料释放香味更快，因此不需要很长的烹饪时间。煮得太久会失去味道。大多数香料，无论是在香料中还是在主要成分中，都是挥发性的，这意味着加热时它们会蒸发。

我们可以得出结论，香草和香料应该和食物一起烹饪足够长的时间来释放它们的味道，但不能长到失去它们的味道。如果烹饪时间短，一般可以在烹饪开始或中间添加香料。如果烹饪时间长，通常最好在烹饪中或接近结束时加入调味剂。

（1）盐是最重要的调味品 食盐有细颗粒，它可能含有碘。作为饮食添加剂，食盐也可能含有其他添加剂，以防止结块。盐之花在厨房里很珍贵，因为它很纯净。与食盐不同，它不含添加剂。由于它的颗粒粗大或呈片状，溶解速度不如食盐快，但用手添加到食物中时更容易提升菜肴味道，所以许多厨师喜欢在他们的烹饪中使用盐之花。

海盐的种类和类型十分多样。它们有许多颜色，从灰色到绿色到红色，从各种矿物质到其他杂质。此外，它们的粗颗粒给它们一个令人愉快的口感。海盐比其他盐更贵，主要用作高档食材的风味调和。

（2）胡椒的种类与风味 胡椒有白色、黑色和绿色三种。这三种浆果实际上是同一种，但加工方式不同。（黑胡椒未成熟；白胡椒成熟，去壳；绿胡椒粒未成熟，在颜色变暗前保存。）

整粒黑胡椒粉和碎黑胡椒粉主要用于调味和调味原料、酱汁，有时也用于红肉。磨碎的白胡椒粉作为一种调味品在食品服务及烹饪调味中扮演重要角色。它的味道与黑胡椒粉稍有不同，而且它能与许多食品很好地混合（少量）。它的白色使它在浅色食材中看不到。青胡椒价格相当昂贵，常见于特殊的食谱和豪华的餐厅。新鲜包装的青胡椒很容易腐烂，在冰箱中只能保存几天。

（3）柠檬汁在烹饪中的运用 柠檬汁是一种重要的调味汁，特别是用来增进酱汁和汤的味道。

（4）洋葱、大蒜、葱的使用 洋葱、大蒜、葱和洋葱家族的其他成员，以及胡萝卜和芹菜，几乎用于厨房的所有地方。多用于食材的去腥、增香等。

（5）酒在西餐调味中的运用 葡萄酒、白兰地和其他含酒精的饮料用于调味酱汁、汤和许多主菜。白兰地应煮沸或燃烧，以消除酒精含量高的问题。餐桌上的葡萄酒通常需要烹饪操作来加工成酱汁或单独食，也可与其他成分一起以产生所需的风味。另一方面，强化葡萄酒，如雪利酒和马德拉酒，可以在烹饪结束时作为调味品添加，产生独一无二的风味。

（6）芥末在调味中的运用 一般烹饪时，我们所使用的的芥末是由碾碎的芥末种子、醋和其他香料混合而成的。它被用来调理肉类、调制酱汁，同时也出现在客人餐桌上来给菜肴调味。在很多西餐芥末调味料中，欧洲风格的芥末酱如第戎芥末酱（法国）或杜塞尔多夫芥末酱（德国）在专业厨师制作少司时的效果最好，而美国风格的芥末酱常出现在客人的餐桌上，由客人直接给菜肴调味。有的时候，有些菜肴要求芥末酱呈现出粗颗粒状的口感风味。

? 思考题

1. 西餐厨师如何利用风味平衡的理念将各种配料组合成一道菜？
2. 调味料和调味品有什么区别？
3. 在食品中正确添加香料的原则是什么？

第二章
西餐原料加工

岗位目标

通过本章内容学习，了解西餐的原料知识，学习西餐原料的种类、特点和加工方法，掌握西餐蔬菜、水果、肉、禽、鱼、虾蟹等食材的选料标准，熟练掌握西餐常用食材的加工要求和初加工规范，逐步完善西餐各项基础技能训练科目，最终能在后期的烹饪工艺中熟练运用西餐刀工等基础技能。

希望学生通过认真学习，继承发扬中华民族吃苦耐劳、勤劳勇敢的精神，认真学习西餐基本技能，以严谨的态度和科学的学习方法，培养自身规范的操作流程和良好的职业习惯，符合食品质量安全职业标准。

必备知识

1. 西餐基础工具的使用；
2. 西餐主要设备、器具的使用；
3. 烹饪实验室卫生标准；
4. 西餐烹饪原料初步认知。

选修知识

1. 了解欧洲以外的西餐发展概要；
2. 现代食品服务业的内涵；
3. 西餐中新型设备、器具的使用；
4. 特殊西餐烹饪食材；
5. HACCP食品安全管理体系在餐饮业的应用。

第一节 果蔬原料加工

一、果蔬原料初加工

（一）果蔬原料简介

蔬菜的分类有很多种方法。有些方法比其他方法更有助于烹饪，根据蔬菜的植物学来源将它们分组并不总是有帮助的。例如，马蹄和番茄都是水果，但它们的处理和烹调方式不同，会呈现出不同的定义和风味。

以下蔬菜的分类部分是基于厨房蔬菜的使用方式。例如，被列为根和块茎的蔬菜来自几个不相关的家庭，但它们都具有相当坚实、均匀的质地，并且处理方式相似。这不是一个科学的分类，而且这并不是蔬菜分组的唯一方法。

葫芦科类：黄瓜、冬/夏南瓜、山楂（有些来源把茄子归入葫芦科，但这是不正确的，见下文）。

种子和豆荚：豆类、豌豆、玉米、秋葵。

其他嫩的水果蔬菜：鳄梨、茄子、甜椒和辣椒、番茄（茄子、番茄和辣椒都是茄科植物，它们之间没有关系）。

根和块茎：甜菜、胡萝卜、芹菜根、防风、萝卜、芸薹、菊芋、马铃薯、甘薯、薯蓣。

卷心菜家族：卷心菜、西蓝花、花椰菜、芽甘蓝、大头菜、白菜。

洋葱家族：洋葱、葱、韭菜、大蒜、鸡尾洋葱。

绿叶蔬菜：菠菜、甜菜、莴苣、菊苣、瑞士甜菜、梭子菜、豆瓣菜、羽衣甘蓝、甘蓝、孢子甘蓝（最后三种也是卷心菜家族的成员）。

茎、芽：洋蓟、芦笋、芹菜、茴香、蕨类、竹笋。

本节列出了西餐厨房常用的新鲜蔬菜，包括许多亚洲和拉丁菜系中常见的果蔬，列出了评估和修整果蔬的提示。蔬菜按字母顺序排列，而不是按科学分类排列，让它们更容易找到。

1. 洋蓟（Artichoke）

洋蓟是蓟属植物中未开放或未成熟的花。它们的大小和颜色各不相同，但通常是从圆形到有点细长，从浅绿到中绿色，有时带有紫色。特别是小洋蓟可能很嫩，可以全吃，除了去掉叶子的顶端外，很少修剪。

选用标准：寻找紧凑、紧密的叶子；手感沉重；很少或没有棕色的瑕疵。

初加工工艺：洗净，切去顶部（2～3cm），切去茎和下部叶，用瓜球切割器刮去堵塞物。烹调前或烹调后清除堵塞物，立即蘸上柠檬汁防止变色。

2. 芦笋（Asparagus）

春天从植物根部长出的矛状新芽或新茎。当新芽生长时，尖的矛尖会发芽。白芦笋和绿芦笋是同一种植物，但白芦笋芽上覆盖着泥土，保护它们不受阳光照射，所以它们不会变绿。在欧洲，白芦笋比绿芦笋更常见。虽然北美白芦笋通常比欧洲白芦笋苦，但其味道比绿芦笋温和。紫芦笋煮熟后变成深绿色，又嫩又甜。

选用标准：寻找紧闭的尖端；坚固的，没有枯萎的茎。对于白芦笋，只买冷藏了一段时间的产品；没有填塞的白芦笋易变成纤维状。

初加工工艺：折断木质的下端。去掉下面的鳞片，鳞片上可能有沙子，或者剥去茎的下部。把顶端剪成均匀的长度，然后把它们捆成捆以便烹调。白芦笋的整个茎部都应该剥皮。紫芦笋不需要剥皮，只需修剪底部即可。

3. 鳄梨（Avocado）

卵形果实，皮坚韧、嫩、苍白。果肉绿色，中心有一个大的种子。鳄梨有几个品种：

（1）墨西哥或加利福尼亚鳄梨，主要是哈斯鳄梨，它们的果皮粗糙，呈深绿色，成熟时变黑。它们有丰富的黄油果肉，含油量高。

（2）西印度或佛罗里达鳄梨，它有更光滑的果皮且一直保持绿色。它们更多汁，油含量更低。

选用标准：寻找新鲜的外观；手感沉重；没有污点或瘀伤。

初加工工艺：室温下成熟，2 ~ 5d。纵向切成两半，去掉果核，再去皮（果皮容易从成熟的水果上脱落）。立即蘸上或用柠檬汁摩擦，以防褐变。

4. 竹笋（Bamboo shoots）

竹类植物的幼芽，刚从地上长出来时收获，大致呈圆锥形，有坚韧的褐色表皮，内部呈乳脂状，脆而嫩。

选用标准：寻找实心的、大而结实且没有软点或裂缝的嫩芽，没有酸味痕迹。

初加工工艺：去皮至乳白色或淡黄色的锥形核，切片，用盐水煮至嫩，然后按食谱要求切取。

5. 蚕豆（Broad bean）

蚕豆起源于西半球，是旧大陆的豆子。大豆荚里有4 ~ 6颗豆子，表皮绿色，内有白色海绵状横膈膜。扁平的豆子有点像柠檬，味道微妙，像坚果。

选用标准：选择小豆荚，颜色为鲜绿色，不要太大；黄化的豆荚可能太成熟了；豆荚上的一些斑点是正常的。

初加工工艺：剥去豆子的壳，去皮。

6. 豆荚（Bean pod）

虽然许多类型的大豆都是为了脱壳而种植的，但大部分都是干的，除了博洛蒂豆、南欧豆或豇豆、黑眼豆外，鲜有新鲜的。

选用标准：寻找结实、新鲜、适度饱满的豆荚，含有结实但不坚硬的种子；避免黄色或褐色的豆荚，因为它们可能太成熟。

初加工工艺：去壳，洗净；食用前煮熟；生豆可能对人体有害。

7. 脆豆（Beans-green）

新鲜的绿豆和其他品种，与壳豆属于同一科，只是它们的豆荚很嫩，可以食用。绿豆是最常见的。一些绿色品种，在很小和很嫩的时候采摘，被称为青豆（Haricots verts），其他品种包括黄豆、紫豆和扁平的意式绿豆。

选用标准：寻找结实、直的豆子，少有干瘪；色泽均匀，无瑕疵；嫩脆；封闭的种子应小而不大、鼓包。

准备工作：清洗；剪断或折断末端；去除斑点；保留整个或切成所需长度。

8. 甜菜（Beetroot）

一种嫩的球根，有点甜。顶部也可以像其他绿色植物一样烹调。甜菜除常见的红色外，还有多种形状和颜色，包括黄色、粉色、橙色或砖红色和白色。有红色和白色条纹。形状包括圆形、细长椭圆形和圆柱形。

选用标准：寻找结实、圆润、大小均匀、表皮光滑的甜菜。如果有的话，顶部应该是新鲜的或刚刚枯萎的，但不能是黄色或变质的。大而粗糙的甜菜通常是木质的。

初加工工艺：切掉顶部，留下2～3cm（1in）的茎附着在甜菜上；留根以避免烹饪过程中失去颜色和汁液；擦洗干净；蒸、煮或烘烤后剥皮。

9. 青菜（Bok choy）

卷心菜科亚洲成员，与卷心菜有亲缘关系。但茎较粗，肉质较重，绿色部分较光滑，颜色较深，叶和茎嫩、脆、多汁。多个品种均形成紧密、细长的束状花序，最常见的品种为大头状花序或白茎束状花序，上海白菜较小，茎色淡绿色，可使白菜更成熟，中心茎或核心较长，叶子间可能有黄色的小花。

选用标准：所有品种外观新鲜、绿色，无萎蔫、变色。

初加工工艺：纵向切成两半，用自来水冲洗，把茎弯处的泥土去掉；切下一片薄片或切下芯，修剪底部；根据需要切割；小品种可整份煮熟。

10. 西蓝花（Broccoli）

卷心菜科的一种绿色蔬菜，由肉质茎上的一簇紧密的绿色小花蕾组成。淡绿色的西蓝花比西蓝花更接近花椰菜，应该像花椰菜一样处理。西蓝花是一个相对较新的杂交品种，茎细，小花松散（花蕾头），但茎上也有嫩叶，茎稍有螺纹而不光滑。与花椰菜相比，花椰菜味道更浓，有几种花椰菜在形状和味道上都与西蓝花相似，但茎更光滑，肉质更丰富。

选用标准：在普通的西蓝花中寻找深绿色、紧密闭合的花蕾；西蓝花应该是深绿色，叶子脆而不枯。

初加工工艺：洗净，必要时用盐水浸泡30min，以驱虫；把大的茎分成小的部分；为了更快地烹调，把粗的茎分成两部分，或者把顶端从茎上切下来。

11. 孢子甘蓝（Brussels sprouts）

这种卷心菜像一个小卷心菜头，成串的叶子沿着一根粗茎成排生长，味道比绿卷心菜略浓。有红色（红卷心菜的颜色）的豆芽甘蓝，但并不常见，可能是因为它们的味道和质地对大多数人来说不那么有吸引力。

选用标准：寻找明亮的绿色，紧密的头；统一的大小。

初加工工艺：修剪底部，去掉发黄的外叶（但不要切太多的底部，否则会损失太多的叶子）；为更均匀地烹饪，用刀尖刺穿底部；冲洗干净，如有必要，用冷盐水冲洗30min，以去除昆虫。

12. 卷心菜（Cabbage）

卷心菜是一种大的叶簇，叶密集、圆（根据品种不同，头也可以扁平或细长）。卷心菜和芥菜属于同一科，这种关系可以在淡淡的辣味中得到印证。

选用标准：对于绿色和红色的卷心菜，要寻找头部硬实，手感沉重的；颜色新鲜；脆的叶子，有细棱。萨伏伊卷心菜不是那么重，选择深绿色，有皱褶的叶子。

准备工作：去除粗糙或变色的外叶。取出芯并冲洗，或切成四分之一，然后取出芯。

13. 胡萝卜（Carrot）

橙色的根茎是最广泛使用的蔬菜之一。独特的胡萝卜也有其他颜色，包括黄色、红色和紫色。

选用标准：寻找明亮的橙色；具有脆、直、形状良好的轴；光滑的表面。大胡萝卜有时是木头味的。

初加工工艺：修剪顶端和底端；用手工削皮器削皮。

14. 花椰菜（Cauliflower）

白色或米白色，由紧密的小花簇（小花）组成，从中心茎上分枝，卷心菜科。

选用标准：选择白色的花椰菜，而不是黄色或褐色；具有细粒，紧密闭合的芽；新鲜绿色，修剪良好的叶。

初加工工艺：去掉叶子，修剪茎的坚硬部分；切掉变色部分；清洗，如有必要，在盐水中浸泡30min以去除昆虫；分离成小花，使中心茎的一部分与每个小花相连，以尽量减少修剪损失。

15. 芹菜（Celery）

浅绿色的茎，在根端形成一束或一簇，是最常见的蔬菜之一。

选用标准：寻找直的，紧凑的，修剪整齐的束；具有新鲜的绿色。

初加工工艺：切断根端，分开茎，好好擦洗；保留叶子和坚硬的外茎；茎的棱状外缘可以去皮，以去除细丝。

16. 根芹（Celeriac）

根芹，又名洋芹，因其外形地上部分类似芹菜而得名，食用部分为球形、白色的肉质根部。

选用标准：选择坚实厚重的根茎，大的根茎中部通常较为松软。

初加工工艺：洗好，去皮，根据需要切割。

17. 板栗（Chestnut）

板栗原产我国，是最早食用的著名坚果之一。它们有一个薄的、坚硬的、深棕色的外壳和一个柔软的、含淀粉的果肉，周围包裹深色的内层皮肤。

选用标准：寻找丰满、坚固的坚果，外壳没有任何瑕疵。

初加工工艺：使用前必须将果壳和果皮去掉，用削皮刀在每个坚果的扁平面上切一个X，在180℃（350℉）下烤15min，或用开水烫一下，趁热去皮。

18. 玉米（Corn）

玉米是一种谷物，全球主要的经济粮食作物，玉米的外表面覆盖着一层多叶的外壳，果实均匀排列生长。作为蔬菜种植的玉米品种比一般谷物品种含糖量高。

选用标准：寻找新鲜、潮湿的外壳，不干燥；没有虫害；核填充良好，质嫩，呈乳白色。

初加工工艺：剥去外壳，去掉丝，切掉底部的残根，根据需要切成2～3段。如果是放在玉米棒上，或者是从玉米棒上切下来，需冷藏并尽快使用。

19. 黄瓜（Cucumber）

黄瓜是葫芦科的一员，和南瓜一样，它有一层薄薄的绿色表皮和一层松脆、温和、多汁的米白色果肉。黄瓜分为切片和腌制两种，普通的绿色切片黄瓜，表皮深绿色，最常用于食品加工。细长的温室黄瓜，又称无核无泡黄瓜，是另一种常见的切片黄瓜。腌制黄瓜，又称Kirbys，用来做莳萝泡菜。它们比切片的要干一些，味道也比切片的好。它们的绿色表皮比切片黄瓜的颜色浅一点，表面凹凸不平。

选用标准：寻找坚硬、脆、深绿色、形状良好的蔬菜；黄色表示黄瓜过熟。

初加工工艺：清洗；修剪末端；如果表皮坚硬或已打蜡，则剥皮。

20. 茄子（Eggplant）

茄子与番茄、辣椒和马铃薯属于同一科，它们有紫色、白色或浅绿色的皮，果肉坚硬但有海绵状的灰白色，含有微小的可食种子。在世界范围内，有几十个品种。在西方，最常见的是大的、长方形的、紫皮的品种。小的、细长的品种有时被称为意大利茄子。白皮的品种是圆形的、卵形的或细长的。日本茄子有小的、长的和细长的，有紫色而不是绿色的茎。亚洲的茄子种类包括小的圆形茄子，有着绿色的果皮，另一种泰国茄子不大于豌豆。这些品种的果肉味道相似，质地或密度从软到硬不等。

选用标准：茄子要结实，不要松软；常见的紫色品种要有光泽，深紫色；重而丰满；没有瑕疵或软点。

初加工工艺：洗净，剪去茎末，若表皮粗糙，可去皮，使用前切块，去皮后几分钟内不煮熟，可蘸柠檬汁或抗氧化剂溶液，以防变色。

21. 蔬菜茴香（Fennel）

从生或成束的茎形呈球茎基部，肉质鳞茎白色，略带绿色，茎色较深，香气和香味有淡淡的甘草味。蔬菜茴香被称为佛罗伦萨茴香，以区别于种子用茴香和草本植物。这种蔬菜有时被错误地称为茴香，这是一种不同的植物。

选用标准：选择明亮且呈浅绿色的球茎，很少或没有棕色斑点；新鲜绿色的顶部，没有枯萎或变质；紧凑，手感沉重。

初加工工艺：修剪茎和羽毛状的叶子；从基部分成两半；如果茴香很大，非常坚硬，就把芯切掉。

22. 蕨菜（Fiddlehead fern）

一种蕨类植物的早期嫩枝，通常是鸵鸟蕨，刚从地上长出来时就被收获。它由一个紧密卷曲的茎组成，茎上排列着最细小的叶子。它通常像嫩芦笋一样被处理和烹调。

选用标准：选择翠绿色的嫩枝，坚固有弹性，不萎蔫。

准备工作：修剪切口；冲洗干净。

23. 大蒜（Garlic）

大蒜是洋葱家族中的一种辛辣的植物，在根端形成一束束蒜瓣，覆盖着一层纸状的皮。

有很多品种，皮白色或略带紫色，有些比其他品种更刺鼻，蒜瓣相对较少，比其他品种更温和。

选用标准：表皮可以是白色或粉红色；没有棕色斑点、软点或斑点；干燥；没有绿芽。

初加工工艺：根据需要分离蒜瓣，或用手后跟敲打整个球茎进行分离。

24. 绿叶菜、卷心菜（Greens）

这些结实的、味道鲜美的绿色蔬菜几乎总是被烹调，因为它们不适合生吃，除非非常幼嫩。甘蓝品种有卷曲或皱褶的深绿色叶子（除了观赏品种，可能有红色或其他颜色）。

选用标准：挑选时避免棕色、黄色或干燥的叶子；寻找深绿色、湿润的嫩叶。

初加工工艺：如果叶子很硬，就把它们从茎上剥下来；把任何变色的部分都切掉；冲洗干净。

25. 豆薯（Jicama）

一种大而圆的块茎，皮薄而呈褐色，果肉清脆、温和、多汁，呈乳白色。

选用标准：寻找光滑，几乎有光泽的外皮，没有瑕疵。

初加工工艺：去皮；根据需要切割。

26. 大头菜（Kohlrabi）

大头菜类似于根茎类蔬菜，但实际上是膨大的茎。它是卷心菜科的一员，呈现出浅白色的果肉，质地和风味上类似于西蓝花茎的内部。果皮坚韧，必须去除。

选用标准：选择表皮均匀的浅绿色；直径5～8cm；脆而坚实，没有木质。

初加工工艺：像萝卜一样削皮。

27. 韭菜（Leek）

洋葱科的一个细长的成员，有独特的风味。野生韭菜，叶宽而扁平，茎类似于大葱，有刺激性的味道。

选用标准：新鲜的绿色叶子；5～8cm的白色部分脆嫩，不含纤维。

初加工工艺：切去根部和绿色的顶部；将白色部分深深地切掉，轻轻地将各层分开，并仔细清洗，去除嵌入的泥土和杂物。

28. 生菜（Lettuce）

西餐前菜中最主要的一类绿色蔬菜，主要食用茎和叶的部位，口感脆嫩多汁。

选用标准：新鲜的绿色叶子，茎脆嫩，不含纤维。

初加工工艺：切去根部；将杂乱的叶子切掉，轻轻地将各层分开，并仔细清洗，去除嵌入的泥土和杂物。

29. 纽扣蘑菇（Mushroom）

蘑菇是真菌的子实体，也就是真菌产生孢子供繁殖的部分。

选用标准：选择坚固的白色盖子，封闭的梗；茎应该相对较短；应选用没有黑点，瘀伤或霉菌的蘑菇。

初加工工艺：修剪茎的底部；烹饪前，用冷水快速清洗；为了确保蘑菇保持白色，需要加入少量的酸（柠檬汁、醋、抗坏血酸）到冲洗的水中。

30. 秋葵（Okra）

秋葵是锦葵科的一种豆荚或果实，长而尖，豆荚内有柔软的种子和黏稠的汁液，味道非常温和。常见的品种是绿色的。红皮品种，烹调时变绿。

选用标准：选择嫩的、饱满的豆荚，不干燥或干瘪；脊应柔软；种子应该柔软，呈白色，颜色均匀。

初加工工艺：清洗，修剪末端；切片或保留完整形态。

31. 干葱（Onion dry）

一种辛辣的、多层的球根，是厨房里最常见的食材。洋葱有很多的品种，从白色、黄色和红色的珍珠洋葱，到黄洋葱，再到红色和白色的大洋葱。颜色越浅通常被认为越甜。

选用标准：选择干净、坚硬、形状良好的洋葱；没有绿芽；外皮应该干燥。

初加工工艺：切断根和茎的末端；剥皮；清洗。

32. 大葱（Scallions）

未成熟的鳞茎洋葱，与茎一起出售。大葱几乎都是白色的洋葱品种，尽管有些品种是红色的。

选用标准：大葱应该有新鲜、翠绿色的顶部；白色部分较长为宜。

初加工工艺：切掉绿色顶端的根和枯萎的末端；剩下的部分因烹饪用途而异。

33. 西芹（Parsley）

西芹又称欧芹，是厨房里最常见的新鲜草本植物，它是蔬菜中用量最大的品种之一。主要有卷叶欧芹和平叶欧芹两个品种。

选用标准：选择鲜绿色，叶子不腐烂。

初加工工艺：洗净，沥干；取出黄叶和大茎；分成小枝装饰，或切碎叶子。

34. 欧洲萝卜（Parsnips）

欧洲萝卜又称欧洲防风，是一种长而呈圆锥形的根状蔬菜，看起来像胡萝卜，只是更细，顶部更宽，其表皮呈棕褐色，内部呈黄褐色，具有独特的甜味。

选用标准：选择坚实、光滑、形状良好的防风。

初加工工艺：冷藏两周会产生甜味；修剪末端和果皮，冲洗干净待用。

35. 豌豆芽（Pea shoots）

豌豆芽是豌豆藤的嫩尖，有叶子。

选用标准：选择新鲜的、绿色的嫩叶。

初加工工艺：洗净；修剪茎的末端，特别要去除硬茎。

36. 绿豌豆（Peas-green）

豆科植物幼嫩的种子。

选用标准：选择结实、新鲜、适度饱满的豆荚；豌豆在收获后很快失去甜味，本地种的刚收获的豌豆最好；冷冻豌豆可能比储存一段时间的新鲜豌豆更甜。

准备工作：去壳和清洗（由于去壳需要人工，所以豌豆不常被食品服务部门购买）。

37. 甜椒（Pepper-Sweet）

甜椒和辣椒都是辣椒科的成员。它们有肉质的壁和中空的内部，茎下有一个有核的果核。有青椒、红椒、黄椒、橙椒、紫椒等品种。

选用标准：色泽亮丽，外形美观，无软斑、皱缩。

初加工工艺：清洗。纵向切成两半，去掉果核、种子和白色筋膜；要切碎或切块的辣椒可以修剪内部肋骨；或者留下整个（如填充辣椒）并从末端切掉果核；在西餐中辣椒通常被烤熟并剥皮，以备烹饪中使用。

38. 辣椒（Pepper-hot）

辣椒中含有一种叫辣椒素的化合物，这使得它们产生辣味。辣椒在世界范围内有很多品种。辣椒的热量取决于辣椒中辣椒素的含量，并以单位来衡量。一个温和的热辣椒平均2500 ~ 3000个单位，而强烈的热辣椒平均200000个单位。常用的新鲜辣椒有：墨西哥辣椒、塞拉诺辣椒、波布拉诺辣椒、加利福尼亚辣椒、泰绿辣椒和卡宴辣椒。

39. 白马铃薯（Potatoes-white）

西餐中常见的淀粉类块根，也是西餐中的主食，其产量高且制作方式多样，可制作成马铃薯泥、马铃薯饼等。

40. 甘薯（Potatoes-sweet）

甘薯通常是球茎，呈锥形或有尖端。其风味香甜，富含淀粉。甘薯有两大基本品种，一类是肉色辛辣的白色或淡黄色，另一类是肉色橙黄的。

选用标准：选择干净、干燥的表面；坚实，没有皱缩或瑕疵；规则的形状是可取的，因为较少浪费时间在修剪上。

初加工工艺：先擦洗、煮沸或蒸干，然后去皮；烹调前可以去皮，但必须浸在抗氧化剂中以防褪色。

41. 小圆萝卜（Radish）

芥末类的清脆多汁的根茎蔬菜，有胡椒味。在北美和西欧，萝卜这个词通常指小的、圆的或锥形的、红皮的和白肉的品种，以及非常大的、长的亚洲大萝卜。

选用标准：选用质硬、嫩、脆的萝卜，形状、色泽俱佳。

初加工工艺：切断根部和茎端，清洗。

42. 酸模（Sorrel）

一种嫩的多叶绿色蔬菜，有酸涩的味道，少量使用，通常用于调味。叶子类似菠菜。

选用标准：选择新鲜完整的叶片为宜。

初加工工艺：拔下粗茎；如果是沙质的，用水冲洗即可。

43. 黄豆（Soybean）

黄豆成熟后可干燥，并作为谷物收获和加工。常作为菜肴配菜使用。

选用标准：同豆类。

初加工工艺：洗净，在豆荚中煮至豆子变软，脱壳。

44. 菠菜（Spinach）

菠菜具有嫩绿色叶子，主要有卷叶和平叶两种。

选用标准：选择新鲜、脆、深绿色的叶子；以没有腐烂、黏液或严重瘀伤的叶子为佳。

初加工工艺：把茎和受损的叶子去掉，用大量的水多冲洗几次，上下提起菠菜并沥干水分。

45. 西葫芦（Squash-zucchini）

葫芦科的几种嫩皮成员中，绿皮西葫芦是最受欢迎的品种。它们可以是黄的、深绿色的或淡绿色的。还有许多其他不太常见的品种。

选用标准：选择坚实、沉重的西葫芦，表皮嫩，没有瑕疵。

初加工工艺：清洗或擦洗干净；修剪末端。

46. 冬瓜（Squash-winter）

冬瓜是葫芦科的成员，果皮厚，种子硬，空心，比夏南瓜淀粉多，水分少，有各种大小和形状的品种。

选用标准：重而结实；硬皮；没有瑕疵。

初加工工艺：洗净；切成两半；刮去种子和纤维；切成小块。

47. 南瓜花（Squash-Blossoms）

夏季南瓜的黄色花朵。雌花附着在南瓜的末端，可用来做酿馅的包裹蔬菜，或是简单的油炸。

选用标准：南瓜花应为鲜黄色，不枯萎。最好在收获后一两天内使用。

初加工工艺：将花瓣轻轻打开，用清水仔细冲洗。

48. 洋姜（Sunchoke）

洋姜是种有节的棕色块茎，果肉酥脆，呈乳白色。

选用标准：选择紧实的块茎，有干净的棕色表皮，没有柔软或绿色的斑点，也没有嫩芽。

初加工工艺：将棕色表皮洗净，去皮待用。

49. 牛皮菜（Swiss chard）

一种与甜菜有关的绿叶植物。牛皮菜叶在味道和外观上都与甜菜叶相似，但甜菜的中心茎较宽。分为红梗、白梗、黄梗等。

选用标准：新鲜、不枯萎，叶片脆嫩。

初加工工艺：彻底清洗，修剪茎的末端，中心茎可以像芦笋一样单独煮熟。

50. 番茄（Tomatoes）

它是西餐中最广泛使用的蔬菜之一，番茄有各种颜色，例如红色、粉色、黄色和绿色，都有不同的口味。

选用标准：果实形态完整，但不坚硬，没有瘀伤、瑕疵、裂缝或变色。

初加工工艺：带皮一起使用：洗净，去核；去皮：放入沸水中10～20s（成熟的番茄所需时间较少），立即在冰水中冷却，剥去皮并去核。

（二）果蔬初加工工艺

1. 新鲜果蔬洗涤原则

（1）使用清水彻底清洗所有蔬菜。

（2）未去皮的根茎类蔬菜，如烤马铃薯，要用硬菜刷擦洗干净。

（3）用几次冷水清洗绿色多叶蔬菜，把蔬菜从水里提出来，这样沙子就可以沉到底部。

（4）轻轻覆盖保鲜纸，进行冷藏。

2. 果蔬浸泡原则

（1）除少数例外，不要长时间浸泡蔬菜，否则味道和营养物质会流失。

（2）如有必要，卷心菜、西蓝花、芽甘蓝和花椰菜可在冷盐水中浸泡30min以消灭昆虫。

（3）柔软的蔬菜可以在冷水中短暂浸泡，以恢复脆度。

3. 果蔬的剥落和切割原则

（1）大部分蔬菜尽可能薄地削皮。

（2）把蔬菜切成均匀的小块，以便烹调均匀。

（3）蔬菜去皮切块要尽可能接近烹调时间，防止因氧化而干燥和失去维生素。

（4）对于机械削皮，将蔬菜分类，使其大小均匀，以尽量减少浪费。

（5）用酸（如柠檬汁或抗氧化剂溶液）处理容易变褐的蔬菜（马铃薯、茄子、洋蓟、甘薯），或在水下保存直到可以使用。

4. 烹调时果蔬颜色变化控制

烹调蔬菜时，要尽量保持自然的颜色，可以说，蔬菜的视觉质量和其风味或营养价值一样重要。色素是赋予蔬菜颜色的化合物。色素以不同的方式对加热、酸和烹饪过程中可能存在的其他元素起反应。

（1）白色蔬菜　被称为花青素（Anthoxanthins）的色素是马铃薯、洋葱、花椰菜和白卷心菜以及芹菜、黄瓜和西葫芦等蔬菜白色部分的主要色素化合物。白色颜料在酸性水中保持白色，在碱性水中变黄。为了使花椰菜等蔬菜保持白色，在烹饪水中加入少许柠檬汁或酒石酸。短时间的烹调，特别是在蒸笼中烹调，有助于保持颜色，过多烹调或放置太久会使白色蔬菜变成暗黄色或灰色。

（2）红色蔬菜　含红色色素，只在少数蔬菜中发现，主要是红卷心菜和甜菜。红色色素对酸和碱有很强的反应。酸会使它们变成更亮的红色，碱液使它们变成蓝色或蓝绿色。因此，红甜菜和红卷心菜在用少量酸烹调时，颜色最好。

（3）绿色蔬菜　绿色蔬菜中的色素称叶绿素，存在于所有绿色植物中。绿色蔬菜在厨房中很常见，因此了解这种色素所需的特殊处理方法很重要。蒸煮是烹调绿色蔬菜的首选方法。蒸煮能快速烹调食物，减少营养成分和风味的溶解，并且不会分解精致的蔬菜。

为保护绿色蔬菜的颜色，需遵循以下原则：

①不加盖子烹调，使植物酸逸出。

②尽可能短时间烹调。适当烹调的绿色蔬菜是嫩脆的，而不是糊状的。

③小批量烹调，而不是长时间放在蒸桌上。

（4）黄色和橙色果蔬　黄色和橙色果蔬所含有的色素称为类胡萝卜素，存在于胡萝卜、玉米、冬瓜、芦丁、甘薯、番茄和红辣椒中。这些色素非常稳定，几乎不受酸或碱的影响。长时间烹调会使颜色变暗，然而，短时间的烹调不仅能防止颜色变暗，还能保留维生素和风味。

二、果蔬原料刀工工艺

（一）植物原料刀工训练

1. 切（Cut）

切是使用非常广泛的加工方法。这种刀法的要领是：刀和原料呈垂直状态，右手握刀，左手按稳原料，用大拇指、食指抵住刀侧，均匀地控制刀的后移，从上向下操作。这种方法主要用于加工一些无骨的原料。切，可分为直切、推切、拉切、锯切、滚切等方法。

（1）直切操作要领　用刀笔直地切下去，一刀切断，切时既不前推，也不后拉，着力点在刀的中部。这种刀法主要适宜切一些脆硬性的原料，如各种蔬菜。

（2）推切操作要领　用刀由上往下压的同时，有往前推的动作。由刀的中前部下刀，最后的着力点在刀的中后部。这种刀法适宜切较厚的脆硬性原料，如马铃薯、萝卜等；也适宜切略有韧性的原料，如较嫩的肉类。

（3）拉切操作要领　用刀由上往下压的同时，有向后拉的动作。由刀的中部入刀，最后的着力点在刀的前部。这种刀法适宜切较细小或松脆性的原料，如黄瓜、葱头、芹菜、番茄等。

（4）锯切操作要领　用刀由上往下压的同时，先向前一推，再向后一拉，这样反复数次，最后切断。由刀的中部入刀，最后的着力点仍在刀的中部。这种刀法适宜切较厚的并带有一定韧性的原料，如各种熟肉、肠子等。

（5）滚切操作要领 用刀由下往上压直切下去，切一刀滚动原料一次，着力点在刀的中前部。这种刀法适宜切圆形或长圆形质地脆硬的原料，如萝卜、马铃薯等，主要用来加工滚刀块。

2. 片（Slice）

左手按稳原料，右手拿刀，刀与原料平行或呈锐角和钝角。这种方法适宜加工无骨的原料或大型带骨的熟料。由于原料的性质不同，在刀法上可分为平刀片、反刀片、斜刀片。

（1）平刀片 刀与原料呈平行状态的片法叫平刀片。

（2）反刀片 刀口向外，与菜板呈135°～180°角。用直片或推拉片的方法从原料的上面片下。

（3）斜刀片 又叫抹刀片，刀口向里，与菜板呈0°～45°角，用拉片的方法从原料的上面片下。

3. 末（Brunoise）

3mm见方的颗粒。

4. 小丁（Small dice）

6mm见方的颗粒。

5. 中丁（Medium dice）

10mm见方的颗粒。

6. 大丁（Large dice）

20mm见方的颗粒。

7. 丝（Julienne）

3mm×3mm×60mm的条。

8. 条（Batonnet）

6mm×6mm×75mm的条。

9. 粗条（French fry）

（8～12）mm×（8～12）mm×75mm的条。

10. 滚刀（Roll cutting）

长条形原料滚动下刀，切成多角形块状。

（二）植物原料切末训练

利用厨刀的前部先将原料切成丝，切丝时可以采取两种方法：一是用刀尖回拉，二是将刀向下压切。切丝后，将原料转90°角，再用整个刀身将原料切成碎末。原料形状不同，采取不同的切末方法。

1. 洋葱切末

（1）训练目的 熟练掌握洋葱、冬葱等原料的切末技术。

（2）训练工具 菜板，沙拉刀或厨刀。

（3）训练原料 洋葱或冬葱。

（4）训练步骤

①剥去洋葱老皮；

②按洋葱的纹理方向纵向切成两半；

③切口向下置于菜板上；

④用刀顺纹理方向切成薄片（注意：切片时根部不切断）；

⑤左手按住根部，右手持刀，平刀片3～4刀；

⑥用刀垂直将洋葱切碎；

⑦左手按住刀尖作支点，右手轻轻上下按动刀柄，进一步切碎。

2. 胡萝卜切末

（1）训练目的　熟练掌握胡萝卜等原料的切末技术。

（2）训练工具　菜板，沙拉刀或厨刀。

（3）训练原料　胡萝卜。

（4）训练步骤

①胡萝卜削去外皮；

②先切平一面，便于操作；

③切口向下放置于菜板上；

④斜切成薄片；

⑤把薄片斜叠在一起切成丝；

⑥将丝切碎；

⑦左手按住刀尖作支点，右手轻轻上下按动刀柄，进一步切碎。

3. 蒜切末

（1）训练目的　熟练掌握蒜等原料的切末技术。

（2）训练工具　菜板，沙拉刀或厨刀。

（3）训练原料　蒜。

（4）训练步骤

①剥去蒜外皮；

②纵向切成两半；

③把蒜拍成碎块；

④再用左手按住刀尖作支点，右手轻轻上下按动刀柄，进一步切碎。

4. 欧芹切末

（1）训练目的　熟练掌握欧芹等原料的切末技术。

（2）训练工具　菜板，沙拉刀或厨刀。

（3）训练原料　欧芹。

（4）训练步骤

①欧芹洗净；

②将叶片择下（梗作他用）；

③将叶片捏成团；

④用左手按住刀尖作支点，右手轻轻上下按动刀柄，将其切碎。

5. 细香葱切末

（1）训练目的　熟练掌握细香葱等原料的切末技术。

（2）训练工具　菜板，沙拉刀或厨刀。

（3）训练原料　细香葱。

（4）训练步骤

①将几根葱的前端并齐；

②切成适合的长度；

③再把葱段对齐；

④左手按住葱段，右手持刀将其切成碎。

（三）果蔬原料切块训练

按照菜肴制作的不同要求，有时需将植物原料切块，一般将块切成方块和散块，即规则块和不规则块两种。方块要求各边为等长的方块，而散块则大小均匀即可，不要求切得十分整齐。

1. 胡萝卜、洋葱、马铃薯、萝卜、根芹等原料切块

（1）训练目的　熟练掌握胡萝卜、洋葱、马铃薯、萝卜、根芹等原料的切方块技术。

（2）训练工具　菜板，沙拉刀或厨刀。

（3）训练原料　胡萝卜或洋葱、马铃薯、萝卜、根芹等原料。

（4）训练步骤

①削去原料外皮；

②切掉四边使其成为长方形；

③切成要求厚度的片；

④将片切成条状；

⑤最后切成方块。

（5）注意事项　方块分为小方块和大方块两种。

小方块一般边长1～2cm，大方块一般边长3～5cm。

2. 番茄等原料切块

（1）训练目的　熟练掌握番茄等原料切散块技术。

（2）训练工具　菜板，沙拉刀或厨刀。

（3）训练原料　番茄等原料。

（4）训练步骤

①原料去皮；

②横向切成两半；

③去番茄籽；

④切口向下放置于菜板上，切成厚片；

⑤旋转90°，再切成均匀的散块。

（四）植物原料切丝训练

根据纹理，切丝分为顺切丝和横切丝两种。顺切丝指顺着原料的纹理方向切成丝，适用于西芹、大葱、洋葱、胡萝卜等原料；横切丝指顺着原料的纹理方向横向切成丝，适用于生菜、卷心菜、菠菜等叶类植物原料。

1. 大葱等原料切丝

（1）训练目的　熟练掌握大葱等原料切丝技术。

（2）训练工具　菜板，沙拉刀或厨刀。

（3）训练原料　蒜苗或韭菜、西芹、大葱等原料。

（4）训练步骤

①将大葱洗净，除去外表皮；

②将其切成3 ~ 5cm长的段；

③用刀将葱段从中间对剖；

④将对剖后的葱段叠加压平；

⑤按照纹理的方向切成0.1 ~ 0.2cm粗的细丝。

2. 洋葱等原料切丝

（1）训练目的　熟练掌握洋葱等原料的切丝技术。

（2）训练工具　菜板，沙拉刀或厨刀。

（3）训练原料　洋葱。

（4）训练步骤

①剥去洋葱的外皮；

②切除两端，纵向将其切为两半；

③切口向下放置；

④沿着纹理的方向将其切成洋葱片；

⑤洋葱片自动散开后就成了细丝。

3. 胡萝卜等原料切丝

（1）训练目的　熟练掌握胡萝卜等原料切丝技术。

（2）训练工具　菜板，沙拉刀或厨刀。

（3）训练原料　胡萝卜。

（4）训练步骤

①胡萝卜洗净，去外皮；

②切成3 ~ 5cm长的段；

③用刀或擦板将其切成0.1 ~ 0.2cm厚的薄片；

④将薄片叠加起来；

⑤按照纹理的方向切成0.1 ~ 0.2cm粗的细丝。

4. 生菜等原料切丝

（1）训练目的　熟练掌握生菜等原料的切丝技术。

（2）训练工具　菜板，沙拉刀或厨刀。

（3）训练原料　生菜。

（4）训练步骤

①将生菜洗净；

②切成适宜的大片；

③将菜叶叠加起来；

④顺着纹理的方向横向切成细丝。

（五）植物原料切片训练

胡萝卜原料切片

（1）训练目的　熟练掌握胡萝卜等原料的切片技术。

（2）训练工具　菜板，沙拉刀或厨刀。

（3）训练原料　胡萝卜等原料。

（4）训练步骤

①胡萝卜洗净，去皮；

②根据成菜要求，直接切成圆片。或先切成长方形的块，再切成薄片。

（六）植物原料其他形状的刀功训练

1. 橄榄形

根据形状，可将其分为小橄榄、长橄榄、粗橄榄三种形状。橄榄形主要适于根类原料或变态茎的植物原料，常用的品种如马铃薯、胡萝卜等。马铃薯的切法为：马铃薯洗净→切去两端→将马铃薯纵向切成两瓣或四瓣→取其中一块→用小刀从上端呈弧线形削至底端，使其成为五或七个面的橄榄形状。

2. 蘑菇花

旋花主要适用于白蘑菇。以菌帽的顶点作为中点→左手持原料，右手持刀→将小刀的刀尖顶在中点上，用腕力压动刀刃，顺时针方向在菌盖上依次刻沟槽。

3. 球形

利用专门的挖球勺从果肉中挖出圆形的小球。

4. 沟槽形

利用专门的刮槽刀，在原料的表面刮出均匀的V形小槽，然后再切成圆片或半圆形片。

? 思考题

1. 蔬菜的初加工制熟都有哪些注意事项？
2. 淀粉类食材如何保护食材本色？能否举例说明？

第二节　禽类原料加工

一、禽类原料知识

禽类烹饪原料也称食用鸟类原料，是指在人工饲养条件下的家禽肉、蛋、副产品及其制品的总称。世界上鸟类资源极为丰富，全世界有9000余种。禽类烹饪原料按其是否经过加工，可分为天然禽类原料，即鲜活禽体和鲜蛋原料；加工性禽类原料，即禽体制品和禽蛋制品。

1. 鸡（Chicken）

鸡肉是常用的肉类原料。鸡肉肉质细嫩、滋味鲜美，适合多种烹调方法。按照部位可划分为：鸡翅（Wing）、鸡胸（Breast）、小腿（Drumstick）、盘腿（Cross leg）。

2. 鸡蛋（Egg）

鸡蛋是西餐的常用原料，既可以作为菜肴主料，又可以作为菜肴的辅料。

3. 鸭（Duck）

鸭肉的质地细嫩柔软，皮下和肌间脂肪丰富，鲜香浓郁，但略带腥味，需使用合理的初加工方法去除腥味。

4. 鹅（Goose）

与鸡和鸭相比，鹅肉纤维较粗，肉质较老，腥膻味重。多用于烤制、炖制等烹调方法。

5. 鹅肝（Foie gras）

鹅肝是西餐烹饪中的顶级原料。选择生长期在3～4个月的小鹅，用特制的玉米饲料强制填食，使鹅的肝脏中聚集大量的脂肪，一般可达500～1000g。宰杀后的肝脏，呈乳白色或淡黄色，肝肉紧实且细致光滑。可用于开胃菜制作。

6. 火鸡（Turkey）

火鸡根据生长期的不同可以选择多种烹调方法，烤火鸡是西方国家在感恩节和圣诞节中必吃的主菜，可用于烤、焖、烩类菜肴的制作。

二、禽类原料初加工

1. 鸡腿修形

（1）训练目的　熟练掌握煎、扒类鸡腿的刀工技术。

（2）训练工具　菜板，厨刀或剔骨刀。

（3）训练原料　鸡腿。

（4）训练步骤

①沿鸡腿骨的方向，用刀将鸡腿肉切开至1/3处；

②切断关节，取出大腿；

③用刀砍断小腿骨，余留1.5～2cm的腿骨；

④取出其余小腿骨；

⑤修整鸡腿形状。

（5）注意事项

①鸡小腿骨部的刀口要整齐；

②余留的腿骨，需部分露出鸡腿外。

2. 鸡腿分档取料

（1）训练目的　熟练掌握烧、烩类鸡腿的刀工技术。

（2）训练工具　菜板，厨刀。

（3）训练原料　鸡腿。

（4）训练步骤　沿鸡腿关节处切开，将鸡腿分为两部分即可。

3. 带骨鸡胸的刀工训练

（1）训练目的　熟练掌握鸡胸的刀工技术。

（2）训练工具　菜板，厨刀或剔骨刀。

（3）训练原料　鸡胸。

（4）训练步骤

①切去第一、二两节鸡翅，保留与鸡胸相连的鸡翅；

②顺着鸡胸骨下刀，将鸡胸部肉与胸骨分离开来；

③切断鸡胸骨与鸡翅相连的关节；

④取下鸡胸和翅；

⑤整理。

4. 不带骨鸡胸的刀工训练

（1）训练目的　熟练掌握鸡胸的刀工技术。

（2）训练工具　菜板，厨刀或剔骨刀。

（3）训练原料　鸡胸。

（4）训练步骤

①顺着鸡胸骨下刀，将鸡胸部肉与胸骨分离开来；

②去除鸡胸肉的外表皮，剔除多余的油头；

③将鸡胸从侧面入刀，将上下片、边缘部分连接，形成口袋形。

思考题

1. 禽类食材分档取料的工艺步骤有哪些？

2. 禽类的胸肉刀工处理事项有哪些？

第三节　畜类原料加工

一、畜类原料知识

通过本节教学，让我们认识常用的畜类原料的种类和肉质特点以及畜类副产品的结构和肉质特点，并能正确地进行初加工，同时树立保护野生动物的观念，不滥用畜类原料。通过学习，需要掌握猪、牛两种有代表性的畜类动物的肉质特点和烹饪运用特点及初加工方法。

畜类原料概述

1. 猪（Pork）

按商品用途不同将其分成三大类：瘦肉型猪，其瘦肉率高于60%，肥膘厚低于3.5cm；脂肪型猪，其瘦肉率低于40%，肥膘厚高于4.5 cm；肉脂兼用型猪，其瘦肉率在40%～60%之间，肥膘厚度在3.5～4.5 cm之间。

选用标准：应选用肉质细嫩，肉色较淡的猪肉。

初加工工艺：按照部位可分档取料。

2. 牛（Beef）

按用途不同将其分为肉用牛、乳用牛及兼用型牛。

选用标准：肉质紧实，脂肪分布均匀。

初加工工艺：按照部位可分档取料。

3. 羊（Mutton）

主要有绵羊和山羊两种类群。

选用标准：有适当的肌间脂肪，呈纯白色，质坚脆；膻味轻，则品质优良。

初加工工艺：按照部位可分档取料。

4. 兔（Rabbit）

兔的品种很多，用于烹饪的主要是肉用兔和皮肉兼用兔。兔瘦肉比例高。兔肉微带草腥气味，肌肉色浅呈粉红色，肉质柔软。

选用标准：肉质细嫩，无血污。

初加工工艺：按照部位可分档取料。

5. 鹿肉（Venison）

有几种鹿在农场饲养用作肉食，饲养鹿肉的一个重要优点是，除了全年供应外，厨师可以保证它肉质细嫩。

选用标准：肉质细嫩，无血污。

初加工工艺：按照部位可分档取料。

6. 可食用内脏

（1）肝脏（Liver）　畜类的肝属小牛肝最珍贵，因为它细嫩且味道美好，被许多厨师所熟悉。牛肉肝比小牛肝颜色深，味道浓，硬度高，也可以煎或烤，经常被用于炖。猪肝在西餐中也有使用，但它主要用于制作肉酱和香肠。

（2）肾脏（Kidney） 小牛、羔羊的肾也较受欢迎，尤其是在更高档的餐馆里。它们通常是用油炸和烧烤的方法烹制的。猪肾在西餐中则不常用。如果肾脏被脂肪包裹，用手把脂肪拉开，用刀从肾内导管露出的区域切下。

（3）胸腺（Sweet bread） 胸腺又称甜面包，是小牛和幼年牛肉动物的胸腺（随着动物的成熟，腺体逐渐消失），它们被认为是美味佳肴，通常价格昂贵。小牛胸腺味道温和，质地细腻，通常是炖或用黄油炒制。

（4）大脑（Brain） 脑是很受欢迎的东西，它的味道和质地都很细腻。小牛的脑是最常用的。大脑很容易烂，应该尽快煮熟。它们也很脆弱，必须小心处理。

（5）心脏（Heart） 心脏，通常选用小牛肉的，它非常的坚韧且瘦，可以用于炖，也可以磨碎后加入剁碎的肉中做成砂锅菜和肉饼。烹饪前，修剪粗糙的纤维和纹理内部和顶部。

（6）舌头（Tongue） 熟牛舌是一种很受欢迎的冷切片肉。它可以是新鲜的，腌制的，或烟熏的。小牛舌和羊舌也可用。在切片之前，去掉舌头的皮，修剪舌头底部的软骨。

（7）牛尾（Ox tail） 牛尾肉含有美味的肉类和丰富的胶原蛋白，它们非常适合制作汤品和炖菜。若要断开牛尾关节，可用厨刀或屠刀在关节处切块。

（8）牛肚（Stripe） 牛肚是肉用动物肌肉发达的胃壁。虽然羊肚和猪肚有时也用，但牛肚是目前最广泛使用的。 蜂窝状牛肚，是最广泛使用的一种。然而，其他种类也有使用。在法国，另一种牛肚被称为板肚，很受欢迎，它是光滑的而不是蜂窝状的。准备时，先将牛肚中的脂肪块拔出或切掉，然后将牛肚热烫。

（9）肠（Intestines） 肠最常见的用途是做香肠肠衣。

二、畜类原料初加工

畜类原料刀工训练

1. 肉排刀工

（1）训练目的 熟练掌握西餐肉排的刀工技术。

（2）训练工具 菜板，厨刀，肉锤或拍刀。

（3）训练原料 牛柳300g。

（4）训练步骤

①将肉去筋、骨、油头等；

②切成150～250g的肉块；

③将肉的横切面向上放置；

④用纱布包裹；

⑤用肉锤或拍刀将其拍打成1.5cm左右的厚片；

⑥将肉的边缘修整、收拢整齐。

2. 制肉排

肉排通常指带肋骨的肉（有时将不带骨的也称为排）。它主要适合畜类原料的外脊等肉质柔软细嫩有弹性的部位。

（1）训练目的 熟练掌握西餐肉排的刀工技术。

（2）训练工具 菜板，厨刀或剔骨刀，剪刀或肉锯。

（3）训练原料 猪里脊300g。

（4）训练步骤

①畜肉的脊背部分从中间锯开，分成左右两半；

②沿脊骨的方向，用刀将脊骨与肉分离；

③用剪刀或肉锯将脊骨锯断，使之与肋骨分离；

④距离肋骨前缘3～5cm处下刀，切去肋骨连接肉，使前端肋骨充分露出来；

⑤剔净残留的肉末使肋骨光洁；

⑥将刀插入肋骨之间，切下带肋骨的肉并整理。

? 思考题

1. 如何鉴别畜类原料肉质的新鲜程度？
2. 牛排是如何进行分级的？

第四节 海产原料加工

一、海产原料知识

畜类动物的类型不多，通常只有常见的几种，但是畜类动物的切割和加工的方式却复杂多样；正好相反的是，鱼类的加工方式不多，但是鱼类的品种却成百上千，数不胜数。因此，学生们需要加强学习各类海产品的生理结构、加工操作方法和烹饪原理，以便能够系统地运用烹饪方法进行烹调。

（一）鱼类原料概述

世界上有数百种鱼类被食用，一般分为淡水鱼和咸水鱼。淡水鱼和咸水鱼在风味上有显著差异。

1. 比目鱼（Flounder）

比目鱼肉质温和、味道细腻，它呈椭圆形，两只眼睛都放在头的一侧。

类型：精瘦型。

特点：肉质洁白，薄片细腻，味道温和，甜美可口。

重量：0.5～1kg。

2. 鲽鱼（Sole）

类型：精瘦型。

特点：鲽鱼比比目鱼窄，更细长。肉类似比目鱼，但质地更坚硬。鲽鱼是最珍贵的鱼之一。

重量：0.5～1kg。

3. 大菱鲆（Halibut）

类型：精瘦型。

特点：大而宽的比目鱼。白色，结实，肉质细嫩。

重量：0.5～11kg。

4. 红点鲑（Arctic char）

类型：脂肪型。

特点：与鲑鱼和鳟鱼相似。肉与鲑鱼相似，但脂肪较少；与鳟鱼相比，其脂肪较多。

重量：通常约1.8kg，最重可达11kg。

5. 黑海鲈鱼（Black sea bass）

类型：精瘦型。

特点：小黑皮鱼，肉质坚硬、细腻、甜白。

重量：通常约1.5kg。

6. 蓝鱼（Bluefish）

类型：脂肪型。

特点：肉质鲜美，油腻，生时呈蓝色，熟时呈灰色。蓝鱼产量丰富而廉价。

重量：0.5～4.5kg。

7. 智利鲈鱼（Chilean sea bass）

类型：脂肪型。

特点：鱼肉白色，呈油性，片状大，质地坚硬，风味温和。

重量：通常在9kg左右。

8. 鳕鱼（Cod）

类型：精瘦型。

特点：鱼肉为瘦肉，色白，味美，是北美最广泛使用的食用鱼之一。

重量：1～11kg。

9. 石斑鱼（Grouper）

类型：精瘦型。

特点：品种多，形状、肤色各异，质地、风味与红鲷相似，白色坚硬，皮肤坚韧。

重量：通常2.3～7kg。

10. 黑线鳕（Haddock）

类型：精瘦型。

特点：与鳕鱼相似，但一般较小。

重量：通常0.5～2.3kg。

11. 鲱鱼（Herring）

类型：脂肪型。

特点：小而鲜美的油性鱼。大多数出售给食品服务和零售店的鲱鱼是腌制或熏制的，而不是新鲜的。熏制的鲱鱼有时被称为腌制鲱鱼。因为它们脂肪含量高，所以不易保存，购买时要仔细检查是否新鲜。

重量：通常200 ~ 300g。

12. 鲭鱼（Mackerel）

类型：脂肪型。

品种：西班牙和波士顿鲭鱼是最常见的小品种。王鲭鱼较大，通常切成鱼排。

特点：肉肥，鱼肉坚实，风味浓郁，色泽略暗。

重量：0.2 ~ 2.3kg。

13. 安康鱼（Monkfish）

类型：精瘦型。

特点：鱼体大而丑陋，但只尾巴可以供我们使用。肉为白色，非常坚硬，质地细腻，有点像龙虾。味道丰富。能够在汤和炖菜中保持良好的状态，但如果烹调的过程中水分少而且没有脂肪，很容易干透。

重量：通常为1.5 ~ 10kg。

14. 鲷鱼（Porgy）

类型：精瘦型。

特点：小的，椭圆形的鱼。口味鲜甜。

重量：通常约为1kg。

15. 三文鱼（Salmon）

类型：脂肪型，溯河产卵。

品种：大西洋、奇努克、红眼、科霍、丘姆。

特点：鱼肉具有鲜明特征，从粉红色到红色都有，大部分是罐装或熏制的。

重量：通常为2 ~ 11kg。

16. 沙丁鱼（Sardine）

类型：脂肪型。

特点：油腻，香味浓郁，每片鱼片多排多骨，鱼卵（卵囊）特别珍贵，新鲜沙丁鱼捕捞季节性强，通常在每年的2 ~ 6月。

重量：通常重量较轻，为体重最小的海洋经济鱼类之一。

17. 金枪鱼（Tuna）

类型：脂肪型。

品种：黄鳍金枪鱼和蓝鳍金枪鱼的肉呈红色，煮熟时呈灰色。长鳍金枪鱼（通常罐装，而非新鲜）的肉呈粉红色，煮熟时呈灰白色，也有其他品种。

特点：红色肉质的品种通常用作生鱼片或寿司。烹调时，通常切成鱼排，烤熟。不宜煮得太熟，否则口感偏柴。

重量：取决于品种，一般为30 ~ 100kg。

18. 鲇鱼（Catfish）

类型：根据产地不同，胖瘦不同。

品种：和鲢鱼类似，无鳞。

特点：肉质坚硬，风味丰富，表皮下有一层脂肪，通常在油炸或平底煎炸前去皮，养殖的鲇鱼比野生鲇鱼更温和，通常更瘦。

重量：通常为0.5～3.6kg。

19. 鳗鱼（Eel）

类型：脂肪型。

特点：一种细长的蛇形鱼，皮肤光滑。口感温和，偏油腻，必须在烹调前适当储存。

重量：通常为0.9～1.8kg。

20. 鳟鱼（Trout）

类型：脂肪型。

品种：湖鳟、河鳟、溪鳟、虹鳟、钢头鳟，本地品种多。

特点：肉质柔软、质地细腻、风味浓郁。肉的颜色一般为白色、粉红色或微红色。

体重：湖鳟鱼2～4.5kg，其他鳟鱼0.2～1.4kg。

（二）软体和甲壳类海产原料概述

软体动物是软体海洋动物，分为三大类：第一，双壳类动物，有一对铰接的壳（如蛤和牡蛎）。第二，单瓣，只有一个壳（如鲍鱼和海螺）。第三，头足类动物（如章鱼、鱿鱼和乌贼）。

1. 牡蛎（Oyster）

（1）牡蛎壳粗糙、不规则，底壳略呈碗状，上壳扁平。

（2）牡蛎的肉极其柔软细腻，含水量高。

（3）牡蛎一年四季都有，甚至在夏季也有，但在秋季、冬季和春季，牡蛎处于最佳状态。

2. 蛤蜊（Clam）

北美洲东海岸的蛤蜊主要有硬壳和软壳两种，西海岸也有一些本地品种。

（1）硬壳蛤或圆蛤　根据大小不同，它们的名字也不同。

（2）软壳蛤蜊　由于蛤蜊壳之间伸出的长管，有时称为长颈蛤蜊。它们的壳很薄，不能完全闭合。

3. 贻贝（Mussel）

最常见的贻贝类似于黑色或深蓝色的小蛤蜊。它们的壳没有蛤蜊壳重。它们的肉在颜色上是黄色到橙色的，煮熟后具有韧性。贻贝在世界各地都有收获，也被广泛养殖。

来自新西兰和东南亚的青口贻贝个头较大，壳色较浅，呈灰色或棕褐色，边缘呈绿色。青口贻贝的价格通常较高。

4. 扇贝（Scallop）

（1）扇贝几乎总是脱壳出售　我们通常吃的部分是闭壳内收肌。如果壳里有活扇贝，脱壳时要把收肌附着在橙色的新月形珊瑚上。

（2）扇贝主要有两种　海湾扇贝和海扇贝。

（3）扇贝呈乳白色，有甜味。

5. 鱿鱼（Squid）

鱿鱼通常在菜单上以意大利名字卡拉马里（Calamari）来称呼，它们是身体柔软的动物，有点像章鱼，但它们有10个触须，其中2个比其他的长。鱿鱼必须去皮和去内脏。可以食用的是中空的身体和触须。鱿鱼有点难嚼，鱿鱼被切碎，要么快速油炸，要么在调味液或少司中炖约45min。

6. 章鱼（Octopus）

章鱼（这个名字的意思是“八英尺”）的大小从不足一盎司到很多磅不等。所有大小的章鱼都质地坚硬，甚至有嚼劲。但是较大的章鱼通常被认为太难吃了。由于它的质地，章鱼需要机械嫩化（比如用木槌敲打）或长时间在高汤里慢煮。

像鱿鱼一样，章鱼的清洁方法是切断触须，丢弃头部和喙，并清除体腔。将表皮从身体的囊和触须上拔下：可能需要将章鱼煮几分钟来松弛表皮。表皮呈红灰色。煮熟时呈紫红色。

7. 龙虾（Lobsters）

北方龙虾可能是所有贝类中最珍贵的一种。它有一条柔软的大尾巴、四对腿和两个大钳子。它的壳呈深绿色或蓝绿色，但烹调时会变成红色。

8. 软壳虾（Shrimp）

它是一种小型甲壳类动物，看起来有点像没有爪子的小龙虾。一般来说，只有尾巴是上市和食用的。虾有很多种，取决于它们在哪里被捕获，但具体的品种通常对厨师来说并不重要。虾是按每磅的计数分类的，计数越高，虾就越小。

9. 阿拉斯加帝王蟹（Alaskan king crab）

最大的一种螃蟹，重2.7～9kg，肉可以大块切除，特别适合在餐馆里食用，价格昂贵。

10. 阿拉斯加雪蟹（Alaskan snow crab）

比帝王蟹小。常用作较便宜的替代品。

11. 软壳蟹（Soft-shell crab）

实际上是一只正在蜕皮的蓝蟹，在新壳变硬之前收获。它被炒或油炸，然后吃掉壳和所有的东西；只有鳃和头被切除。软壳蟹在烹调前必须清洗干净。

二、海产原料初加工

海产类原料刀工训练

1. 鱼排（Fish steak）的刀工

将初步加工后，无头、尾、鳞、内脏的鱼放菜板上，刀与脊骨呈90°角，切成均匀的块，每块鱼都带有鱼的后背骨。

（1）训练目的 熟练掌握鱼排的刀工技术。

（2）训练工具 菜板，厨刀或剔骨刀。

（3）训练原料 鲈鱼400g。

（4）训练步骤

①鱼刮鳞，去鳄和内脏，清洗干净；

②在鱼鳄下和鱼尾处，各横切一刀；

③顺着鱼脊骨方向入刀，将鱼肉与鱼骨分离；

④整理剔下的鱼肉。

2. 鱼块（Fish stick）的刀工

将鱼排切成均匀的块即可。

3. 牡蛎的刀工

将牡蛎外壳清洗干净。如需要鲜食牡蛎，用右手握住牡蛎刀，左手扶住牡蛎的贝壳根部，将牡蛎刀插入牡上贝壳连接的闭壳肌，尽量不切破蚝肉。贴着闭壳肌滑动牡蛎刀，使相连的蚝肉松动，保留下贝壳即可。

4. 贻贝的刀工

将贻贝放在淡盐水中，使其吐出内部的泥沙。将贻贝外壳冲洗干净，用蛤刀将其壳敲开。

5. 墨鱼的刀工

将墨鱼浸在水中，挤去墨鱼的眼球，使墨汁流出，拉除头部，抽出脊背骨，从背部将墨鱼撕开，挖去内脏，揭去墨鱼表面的黑皮。

6. 虾的刀工

切除虾的爪尖和触须。用刀从头部开始将虾剖成两半，去掉虾线。根据菜肴的制作要求去皮、壳或保留皮、壳。

7. 蟹的刀工

去掉蟹壳以及内脏等，用水彻底冲洗干净（最好用淡盐水冲洗）。

? 思考题

1. 在西餐中鱼类食材的初加工原则有哪些?
2. 请举例说明在西餐烹饪活动中，是如何利用海产品除净肉外的骨和壳?

第三章
西餐调味工艺

岗位目标

通过本章内容学习，熟悉并掌握西餐调味的基础知识，熟悉西餐调味的知识结构体系，掌握西餐原料、香料、香草之间的联系与应用，掌握西餐五大基础酱汁的知识和制作工艺，掌握西餐调味的原则和要领，逐步形成对西餐厨房工作的流程化管理和工作的能力；最终为进一步学习西餐套餐菜肴制作和设计打下基础。

希望学生通过认真学习，养成良好的职业习惯，以培养精益求精的工匠精神为目标，严格遵守食品安全卫生标准，形成良好的职业素养，熟练掌握加工步骤，熟悉并掌握专业烹饪英语知识，提高自身的综合素质。

必备知识

1. 西餐工艺基础知识；
2. 烹饪原料学知识；
3. 烹饪专业英语知识；
4. 餐饮食品质量与安全知识。

选修知识

1. 中西方餐饮文化和习俗了解；
2. 西餐厨房设备安全与制度。

第一节　基础汤工艺

基础汤（Stock），是一种风味浓厚的，融合了各种食材香味、质地和味道的液体汤料，简称为高汤。常见的制作方法是将肉骨、禽骨、鱼骨和各类调味蔬菜及调味品，按照适当的比例，放入液体中，经过小火慢炖，萃取出丰富的味道、香气和颜色制作而成。

大多数的基础汤汤体清亮，香味浓郁，营养价值丰富，是经典法餐烹饪的重要组成部分。主要用于制备各种汤菜、酱汁，也作为各类烧菜、焖菜的烹饪汤料。在法语中被称为Fonds de cuisine，简称Fond；用英文表示为：Foundation of Cooking——烹饪的基础。如果说少司（Sauce）是法国菜的灵魂，那么基础汤（Stock）就是少司的基础和根基。

一、基础汤的类型

法国烹饪中的基础高汤是按汤的颜色和主料种类来严格分类的。

从颜色区分把基础高汤分为：白色基础汤（Les Fonds blancs—White stock）和褐色基础汤（Les Fonds bruns—Brown stock）两大类；

从主料种类区分为：小牛基础高汤（Fond de veau—Veal stock），鸡基础高汤（Fond de volaille—Chicken stock），牛基础高汤（Fond de bœuf—Beef stock），或者基础清汤（Consommé simple）或者清炖牛肉汤（Bouillon de pot—au—feu—Beef broth），鱼高汤（Fond de poisson—Fish stock），贝类高汤（Fond de crustacés—Shellfish stock），蔬菜高汤（Fond de légumes—Vegetable stock）等。

法国烹饪讲究呈现食材的本味，牛肉基础汤只能有牛肉的浓香本味，鸡基础汤只能有鸡肉的自然风味。而白色牛肉和鸡肉基础汤与褐色牛肉和鸡肉基础汤都是属于中性的风味和味道，因此可以用来不受局限地制备各种食材的少司酱料。

（一）五大基本类型

西餐基础汤按照使用主料和成品色泽及应用的不同，可以分为以下五大基础类型（表3-1）。

表3-1　西餐五大基础汤

类别	基础汤	特点	变化类型
第一类	白色基础汤 （White stock）	汤汁风味柔和，热汤时的汤色近似浅白色	清炖肉汤 （Broth or Bouillon）
第二类	褐色基础汤 （Brown stock）	汤汁带有烤肉风味，汤色近似深棕红色	1. 浓缩牛骨肉冻 （Glace—glaze） 2. 再制牛骨高汤（Remouillage）
第三类	鱼精汤 （Fish fumet）	汤汁带有海鲜鱼肉风味，呈浅白色，非澄清的半透明状	1. 煮鱼高汤（Court bouillon） 2. 浓缩鱼精汤（Essence）
第四类	贝类高汤 （Shellfish stock）	汤汁带有海鲜虾贝肉的风味，呈橙红色或红色，非澄清的半透明状	
第五类	蔬菜高汤 （Vegetable stock）	根据蔬菜类型不同，汤汁的汤色和风味各有差异	

1. 白色基础汤（White stock）

白色基础汤类是将未经烘烤的禽骨、牛骨或鱼骨与适合的调味蔬菜及香料，放入冷水中，用小火慢煮而成的高汤。因为制汤时肉骨中大量的水溶性蛋白质结缔组织被溶解出来，如骨胶（Gelatin）等，使汤体黏稠，汤色清亮，近似无色，故称“白色基础汤”。有的厨师会在开始制作白色基础汤之前，先将骨头焯水去除异味。

通常根据肉骨主料的差异，可以将白色基础汤细分为：白色小牛肉基础汤、白色牛肉基础汤、白色鸡肉基础汤、白色猪肉基础汤、蔬菜高汤等。白色牛肉基础汤因为具有温和、清淡的风味，被称为中性汤料。

2. 褐色基础汤（Brown stock）

褐色基础汤是将禽骨、牛骨、小牛骨或鱼骨等骨头烤制后，加水和香料熬制而成。制作流程是先将骨头烤成深棕褐色，加各类调味蔬菜和香料，加水后用小火慢煮成棕褐色高汤，又称为“布朗基础汤”。因为使用了烤香的骨头，褐色基础汤具有浓厚的“烤肉”风味。

通常根据肉骨的不同种类，将褐色基础汤分为：褐色小牛肉基础汤、褐色鸡肉基础汤、褐色鸭肉基础汤、褐色鸽肉基础汤、褐色羊肉基础汤和褐色野味基础汤等。由烤小牛骨头制成的褐色小牛肉基础汤是最常用的褐色基础汤。

3. 鱼精汤（Fish fumet）

鱼精汤，是指将鱼骨加少量的油用小火慢炒至出水，发白后，加入调味蔬菜、香料、香草和水慢煮而成的鱼高汤。

4. 贝类高汤（Shellfish stock）

贝类高汤，是指将虾、蟹等贝类的外壳加少量的油用小火煎炒至呈深红色时，加入调味蔬菜、香料、香草和水慢煮而成的贝类高汤。

5. 蔬菜高汤（Vegetable stock）

蔬菜高汤是指将各种蔬菜刀工切配后，加入调味蔬菜、香料袋和水慢煮而成的蔬菜高汤。

（二）变化类型

1. 煮鱼高汤（Court bouillon）

煮鱼高汤，英文是Short broth。煮鱼高汤是一种快速焯煮肉类食材的肉汤，最常见的是焯煮鱼类或海鲜。有时也用于焯煮蔬菜、鸡蛋、内脏、鸡冠和肉质细腻的肉类。通常是用调味蔬菜、香料、柠檬、葡萄酒或酒醋和粗盐一同制成的。

2. 浓缩鱼精汤（Essence）

浓缩鱼精汤实际上和鱼精汤是一个类型，不过在制作中，使用了香味更浓的食材，如西芹和羊肚菌等，进一步浓缩而成。

3. 浓缩牛骨肉冻（Glace—glaze）

浓缩牛骨肉冻是一种浓缩后的浓稠牛骨基础高汤。制作方法是将牛骨基础高汤进一步浓缩，成为类似果冻状或糖浆状的稠度，味道也变得高度浓缩，风味更浓厚。浓缩牛骨肉冻常用作给基础少司，或者给其他菜肴辅助增香提味。

浓缩牛骨肉冻通常可以由各类不同的基础汤制成。常见的浓缩牛骨肉冻是牛骨肉冻Glace de

vinade，是由褐色小牛肉基础汤浓缩而成的。

4. 再制牛骨高汤（Remouillage）

烹饪的实质是，合理利用食材，有效地进行食材和风味的搭配和平衡，制作出营养健康的风味美食。在法餐烹饪中，制作基础高汤的原料很昂贵，厨师们在制作了各类基础高汤后，为了节约成本，增强利用率，会将之前煮牛肉高汤用过的食材（牛骨及蔬菜）再次熬煮成高汤，这种再次熬制而成的高汤被称为再制牛骨高汤（Remouillage），英文是Re-wetting。

在法语中，Remouillage的意思是“重新润湿”。在烹饪术语里，Remouillage是指将第一次制作基础汤后剩下的剩余骨头和调味蔬菜等再次加水浸润后熬制成的基础汤。由于第一次熬汤时，已经从骨头和蔬菜中萃取了很多的风味和骨胶（Gelatin），所以第二次熬煮的基础汤味道不会很浓，但是骨头中仍然保留着一定的营养成分、风味和骨胶，常常可以通过浓缩后制作成浓缩牛骨肉冻。也可以在制作新鲜的基础汤时代替水作为液体原料使用。

5. 清炖肉汤（Broth or Bouillon）

清炖肉汤Bouillon，英文Broth，是指将肉加水，用小火慢煮后所得的肉汤。清炖肉汤实际上也是一种基础汤。Broth清炖肉汤常用作西餐汤菜（尤其是清汤）的底汤，也可用于各种烩菜和烧焖菜肴。

清炖肉汤（Broth）和基础高汤（Stock）的区别在于：

（1）主料不同　Broth是以各种肉类为主料，如鸡肉、牛肉、猪肉或肉的边角余料等为主，蛋白质丰富，肉汤的风味尤其鲜美，风味浓郁，成本昂贵；而Stock是以骨头为主料，如牛骨、鸡骨、鱼骨等，骨料丰富，尤其是皮、软骨和结缔组织等胶质较多，骨胶丰富，熬制的汤汁胶质多，增稠效果好，浓缩后可以形成浓厚的肉胶冻，适合制作各种少司酱汁。

（2）基础风味不同　Stock实质是半成品调味料，不能单独成菜，所以不能加盐调味；而Broth是成品汤菜，需要加盐调味。

（3）内涵不同　Stock制作好后需要过滤，汤汁清澈，汤中没有其他的杂质，经冷藏（3℃）或冷冻后保存，需要用时取出作少司酱汁，或作烧烩菜肴的汤料；Broth是汤菜，上菜时汤中可以加入各种的固体食材，以组成汤菜上菜呈现。

二、法国烹饪调味的基础演变

法国烹饪的调味历史演变就是法餐的发展历程，法餐的发展可以追溯到中世纪的饮食（Medieval cuisine）。这是欧洲从5世纪到16世纪之间的一段时间。中世纪食物的选择和加工方式，以及上菜的方式，为现代欧洲烹饪奠定了基础。

中世纪的烹饪受到宗教的影响很大。当时的罗马天主教会要求在肉不能供应时，需要斋戒几天，这激发了厨师们的灵感，他们发明了许多以鱼和蔬菜为特色的菜肴。另一种影响是在罗马天主教教皇的准许下十字军东征，由西欧的封建领主和骑士们发动了对地中海东岸国家近200年的持续性宗教战争，使西欧直接接触到了当时更为先进的拜占庭文明和伊斯兰文明。

这种接触，为欧洲的文艺复兴开辟了道路。他们带着来自阿拉伯世界的各种烹饪影响回来了。如从东方带回了大量的香料和无花果、杏仁、果子露、蜜饯等食物的制作方法。人们在烹调食物时往往会加入各种进口的调味品，尤以胡椒、肉桂、姜和藏红花居多。在对进口香料的喜好这一点上，与古罗马的烹调有相似之处；不过，两者在调味品的种类、风味及菜肴上还是有很大差异。

对于贵族或某个宗教团体，那就比农民有更多的选择。在宴会上吃肉显示了贵族阶层的社会地位。香料和糖在富裕的家庭里被大量使用。宴会是有钱的主人炫耀财富的机会。在这个时期，食物的呈现是至关重要的。展示的内容越丰富、越漂亮，效果就越好，厨师们会使用一些可食用的东西，比如蛋黄、藏红花、菠菜和向日葵来着色。当时最不受约束的晚餐之一是烤孔雀或烤天鹅，将烤好的天鹅冷却后，连同所有的材料加工后，又被缝回天鹅的皮肤和羽毛中，用小木棒把天鹅的脖子举起来，就好像它是活的一样，看起来完好无损。脚和鼻子镀金，以完成展览。在那个时代，法国菜形式被称为Service en confusion（混乱的服务），意思是上菜无序，在同一时间提供各种食物。由各种五香腌制的肉组成食物，如腌猪肉、腌家禽、腌牛肉和腌鱼。

随着1533年凯瑟琳·德·美第奇（Catherine de Medici）嫁给法国国王亨利二世，法国的烹饪开始受到文艺复兴时期的意大利烹饪的影响，也促成了法国高级烹饪（Haute Cuisine）的形成和发展。凯瑟琳带来的许多意大利主厨、厨师和糕点师，开始做各种各样的菜，例如，通心粉和千层面。此外，他们还尝试了大蒜、松露和蘑菇等原料的使用。她的厨师们分享了他们制作面包、蛋糕和糕点的技巧，以及如何准备、加工新鲜蔬菜。

凯瑟琳还将各种新的食材和菜肴介绍到法国，为法国菜单增添了许多风味。据说，她把朝鲜蓟、卷心菜、松露、鱼子酱、蘑菇、无花果、白豆和意大利葡萄酒带到法国人的餐桌上，还有当时的意大利菜，包括菠菜、可丽饼、蛋黄酱、马卡龙和白汁酱等。传说凯瑟琳非常喜欢吃菠菜，她坚持每餐都要吃菠菜。如今，许多含有菠菜的法国菜被称为“佛罗伦萨风格”——佛罗伦萨蛋（Œufs à la florentine）或佛罗伦萨鸡肉（Poulet florentine）

凯瑟琳建议将甜味和咸味分开（在中世纪，甜味菜肴和咸菜肴味共用一个盘子）。法国厨师们开始试图提升食物的天然风味，而不是用香料“闷死”食物。很快，肉被盛在它自己的汁液中，鱼被盛在用鱼高汤制作的酱汁中。

随着凯瑟琳的到来，法国菜慢慢地从由习惯丝绸之路上的香料应用如肉桂、姜、丁香和肉豆蔻等开始转向了法国本土的香草应用，如迷迭香、鼠尾草、牛至、罗勒等。

但是直到17世纪中叶，法国烹饪的调味模式都还是以在菜肴中加入大量的香料为标志，因为这些香料既昂贵又稀有，是奢侈和财富的真正同义词。但是这种对香料的夸张使用使得菜肴难以下咽，在那个时代，人们几乎不关心菜肴的风味，所谓美食的目的就是炫耀。

17世纪中期，凯瑟琳的表妹玛丽·德·美第奇（Marie de Medici）嫁给了法国的亨利四世（Henry IV），她的厨师皮埃尔·弗朗索瓦·德·拉·瓦伦（Pierre François de La Varenne）的灵感也来自她的意大利厨房。

作为现代法国烹饪的奠基人和法国历史上最有影响力的厨师，1651年，拉·瓦伦写了著名的《弗朗索瓦大厨》（*Le cuisinier françois*）一书，这本书成为法国烹饪史上现代法国美食的开篇巨作，打破了自中世纪到16世纪以来法国烹饪革新形成的意大利式法国烹饪传统。由此在17世纪见证了一场烹饪革命，将法国烹饪带入了现代。从中世纪的烹饪中继承下来的浓重的香料味道被抛弃了，取而代之的是重视食物的自然风味。而外来的香料如藏红花、肉桂、孜然、姜、肉豆蔻、豆蔻、摩洛哥豆蔻等，除了胡椒以外，都被法国本地的香草如欧芹、百里香、月桂叶、细叶芹、鼠尾草、龙蒿等取代，还引进了花椰菜、芦笋、豌豆、黄瓜和洋蓟等新鲜蔬菜。

拉·瓦伦敦促厨师选择与食材相辅相成的调味料，必须尊重食材的味觉和视觉的完整性，而不是采用以前那样的做法去掩盖它们的本味。烹调肉类时要特别小心，以最大限度地保持原味。蔬菜必须鲜嫩。随着交通的改善，鱼要求必须是非常新鲜的。他从肉和鱼菜中去掉了我们认为是“甜”的香料，如豆蔻、肉桂和肉豆蔻，而把它们留作甜点。

作为一位伟大的现代法国烹饪奠基人，拉·瓦伦被公认发明了很多现代法国烹饪基础技能。如：

（1）拉·瓦伦发明了油面酱代替面包屑使菜肴汤汁增稠。他还编写了大量的食谱，比如今天还在使用的蘑菇馅料（Duxelles），由切碎的蘑菇、青葱和白葡萄酒制成。

（2）来自意大利的五大基础少司之一的白汁少司（Béchamel）的雏形Salsa colla或Colletta酱汁，一种至今仍在应用的，以牛奶为基础的基础少司，也被他记录在书中。

（3）拉·瓦伦推出了第一道用鱼类贝类制作的海鲜浓汤（The first bisque）。

（4）用黄油代替猪油；由拉·瓦伦发明的，用黄油分层的澄清黄油技术制成的乳化酱汁，也使得白黄油酱（Beurre blanc）和煮芦笋配荷兰酱汁等被第一次品尝到。

（5）第一次发明制作使用的香料束（Bouquet garni）技术，基础高汤（Fonds de cuisine—stocks）技术和浓缩高汤（Reductions）技术。

（6）使用蛋清（Egg whites）制作澄清清汤技术（Clarification）。

（7）制作千层酥派（Mille-feuille）的技术。

（8）清炖肉汤（Broth）也作为另一个伟大的创新出现，通常是牛肉汤为主，也可以是牛肉、羊肉、家禽等清炖肉汤，通常熬汤时都要放入一束香料束。

（9）据说拉·瓦伦的第一份厨房见习工作就是在玛丽·德·美第奇的厨房里进行的，经过了十年的厨房工作磨炼，他成为尼古拉斯·沙隆·杜·布莱侯爵（Nicolas Chalon du Blé）的厨师长，从而成功编撰了《弗朗索瓦大厨》一书。

拉·瓦伦编撰的《弗朗索瓦大厨》一书标志着法国烹饪与古老的中世纪烹饪传统的彻底决裂。现代法国高级烹饪发展开始了。

三、基础汤的预制准备

在西餐烹调中，专业厨师常常用“Mise en place”来表达对食材的预制准备，这是一个法文用语，英文为“To put in place”，字面含义是指把相关的材料物品，组合放置在适当的地方。

对于一个合格的专业厨师来说，这不仅仅是单纯地放置和组合所有食材，锅碗瓢盆、盘子以及出餐时所需的各种餐具。Mise en place实际代表一种工作的理念。作为一名合格的厨师，需要有大局意识，具有全局思维，懂得做好提前的规划和分工，对每个工作项目和任务可能出现的每一种状况都有预见，并做好预制准备。

针对厨房里的预制准备Mise en place，首先需要考虑到各个工作岗位的生的原料的收集、整理、制备和加工，以保证在烹饪时这些材料都处于备料烹饪的状态，其次确保烹饪操作所需的所有设备和工具都完全处于正常的运行状态，以便于高效地开展操作流程，而不会出现正准备烹调时才发现有食材没有清理准备，或有工具设备没有预制，临时打断操作流程，去找或重新准备的情况。这样可以极大程度地减少手忙脚乱，使我们更专注在烹饪上。

在西餐基础汤的预制准备中，常常会用到以下的加工技术。

（一）调味蔬菜（Mirepoix）

“Mirepoix”一词最早出现在19世纪初的烹饪书籍中。1814年，餐馆老板安托万·波维里耶（Antoine Beauvilliers）指出用胡萝卜、洋葱和香料束（Bouquet garni）来给菜肴调味。19世纪30年代的厨师之王玛丽·安东尼·凯莱梅（Marie Antoine Carême）也是这样来应用的。

Mirepoix中文音译为“密尔博瓦”，又被称为调味蔬菜，这是一个专业的法文烹饪词组，通常是指由带有香味的芳香蔬菜如洋葱、胡萝卜和西芹等组成的调味蔬菜组合。选择洋葱和芹菜是因为它们的本味清香，不会压制菜肴中主料的风味，有助于提味；胡萝卜因其口味甜香，能够对菜肴起到辅助增香、提味的效果。常用于基础汤、汤菜、烧焖菜和烩菜等烹饪方法的调味，也可作为少司酱汁、肉类、禽肉类、鱼类以及蔬菜类菜肴的配菜或馅料等。

因为调味蔬菜主要用于增香提味，通常不食用，所以加工时可以不用去皮，尤其是洋葱可以不用去皮，还会带来特有的色泽和风味。

在传统法式烹饪中，调味蔬菜不仅局限于这三种蔬菜的组合，通常本味清香的其他蔬菜也常被用来和调味蔬菜搭配，起到辅助调味的作用，如韭葱（Leek）常用来和调味蔬菜搭配，或者代替洋葱使用。其他根茎蔬菜如欧洲防风萝卜（Parsnip），在制作白色基础汤时，汤汁不能有胡萝卜的红色，这样就可以用欧防风萝卜代替胡萝卜使用，以保持白色基础汤的浅白色泽。有时也可以在调味蔬菜组合中加入培根和火腿增香提味。大蒜、番茄、红葱、蘑菇、胡椒和姜等也常常根据菜肴的风味需要加入使用。

西餐中常用的Mirepoix分为以下三种类型。

1. 标准调味蔬菜（Standard mirepoix）

1. 原料（500g）

洋葱250g，胡萝卜125g，西芹125g。

2. 制作方法

根据菜肴烹制时间的长短，将调味蔬菜切成适当的形状。

3. 技术要点

①标准调味蔬菜适用于常见的西餐基础汤和汤菜制作。在此基础上，若加入番茄膏或新鲜番茄，则常被用于西餐褐色基础汤、汤菜、烧汁和各种烩、焖类菜肴的增色、调味中。

②调味蔬菜的刀工成形，取决于菜肴烹调方法和时间，若加热时间较短，如制作海鲜类基础汤，只需将Mirepoix切成小片或小丁，便于出味；若制作褐色基础汤，加热时间在1h以上，则可以将Mirepoix切成大块，便于长时间烹煮。

③标准调味蔬菜比例通常是洋葱：胡萝卜：西芹=2：1：1。

2. 白色调味蔬菜（White mirepoix）

1. 原料（500g）

洋葱125g，西芹125g，欧洲防风萝卜125g，韭葱125g。

2. 制作方法

根据菜肴烹制时间的长短，将调味蔬菜切成适当的形状。

3. 技术要点

①白色调味蔬菜适合用于制作西餐中色泽较浅、风味清香的白色基础汤和汤菜。在制作鱼精汤和白色基础汤时，可以加入蘑菇提味。

②白色调味蔬菜比例通常是洋葱：西芹：欧洲防风萝卜：韭葱=1：1：1：1。

③若没有欧洲常用的韭葱，也可以用国内的大葱代替使用，风味亦佳。

3. 马蒂尼翁蔬菜（Matignon）

1. 原料（500g）

洋葱125g，胡萝卜125g，西芹125g，蘑菇60g，培根或火腿60g，黄油30g。

2. 制作方法

将洋葱、胡萝卜和西芹去皮后切成均匀的小丁，蘑菇切小丁，培根或火腿切碎。锅中加黄油烧化，放入培根炒香出油，加蔬菜用小火炒软，出水后备用。

3. 技术要点

①与密尔博瓦调味蔬菜（Mirepoix）不同，马蒂尼翁蔬菜是一种可以食用的调味蔬菜，通常可以作为西餐菜肴的配菜装盘呈现。因为需要食用，所以蔬菜都需要去皮，切成统一均匀的形状。可以在马蒂尼翁蔬菜中加入火腿或培根增香提味。

②马蒂尼翁调味蔬菜的比例通常是胡萝卜：洋葱：西芹：韭葱：蘑菇：培根或火腿=2：1：1：1：1：1。

③在应用中，通常将马蒂尼翁蔬菜与黄油一同用小火炒出水，可以根据需要加入大蒜、香叶和百里香增香，成菜时加盐、胡椒粉及少许糖调味，最后放入白葡萄酒或马德拉酒浓味。

④对于素食的食客可以不用火腿或培根，被称为瘦马蒂尼翁蔬菜（Maigre lean）；而加入了火腿或培根被称为油马蒂尼翁蔬菜（Gras—Fat）。

⑤在应用中，通常将做好的马蒂尼翁蔬菜放在菜盘中垫底，上面放做好的肉、禽或鱼菜；也可以作为酿馅蔬菜使用，也可以作为主菜的配菜放在菜盘的右边呈现。

（二）香料束（Bouquet garni）

香料束，这是一个专业的法文烹饪词组，用英文表示为“Bouquet of herbs”。通常是指由新鲜的蔬菜和香草，如新鲜的百里香、香叶、欧芹梗、西芹茎、韭葱叶组合捆扎成的蔬菜束。香料束常常被用于西餐的基础汤、少司酱汁、汤菜等调味制作中，有增香提味的作用。使用完后从加工的菜品种取出来，摒弃即可。

香料束

1. 原料（1束、用于4L调味汁制作）

新鲜百里香1枝，欧芹梗4枝，香叶1片，韭葱叶2片，西芹茎1小段，厨用棉线。

2. 制作方法

①将百里香、香叶和欧芹梗放在一起，用韭葱叶和西芹茎包紧。
②用厨用棉线将包紧的蔬菜束捆扎紧实，成香料束。
③将厨用棉线留出一小长段，以备烹制加工后便于取出。

3. 技术要点

①韭葱叶可以选用大的葱叶中段，洗净葱叶中的杂质。
②可以根据菜肴的特色，在香料束中添加其他的香草。如香薄荷（Savory）、鼠尾草（Sage）、迷迭香（Rosemary）等。
③通常在菜肴烹制接近完成时取出香料束，以便于少司酱汁的制作。

（三）香料袋（Sachet d'épices）

香料袋，这是一个专业的法文烹饪词组，用英文表示为“Bag of spices”。通常是由碎小的香料和香草组合而成，如欧芹梗、干制的百里香香草碎、香叶、胡椒碎等，将这些香料用很细的纱布捆扎成香料袋。香料袋常用于西餐少司酱汁、汤菜和烩菜等的调味制作，在烹制中取用方便，有进一步增香提味的作用。使用完后从加工的菜品种取出来，摒弃即可。

香料袋

1. 原料（1袋，用于4L调味汁制作）

干制百里香香草碎2g，欧芹梗4枝，香叶1片，粗胡椒碎2g，大蒜碎5g，细眼纱布，厨用棉线。

2. 制作方法

①将所有的香料放入细眼纱布的中心。
②用厨用棉线捆扎成香料袋。

3. 技术要点

①可以根据菜肴的特色，在香料袋中添加其他的香草，以增香提味。如丁香（Cloves）、莳萝（Dill）、龙蒿（Tarragon）、小豆蔻（Cardamom）、肉桂（Cinnamon）等香料。
②与香料束一样，香料袋制作时，也可以将棉线留出一小长段，以备烹制加工后，便于取出。

（四）焦香洋葱（Oignon brûlé）

焦香洋葱，这是一个专业的法文烹饪词组，用英文表示为“Burnt onion”。通常是指将洋葱去皮后，从中间对半切开，将切口面煎至焦香上色的状态。焦香洋葱通常用于制作一些特制的汤类，如法式清汤等，以便使汤呈现出棕褐色的汤色。

焦香洋葱

1. 原料

大洋葱1个。

2. 制作方法

①将洋葱去皮，从中间对半切开，分成两部分。

②将洋葱的切口面放于热煎锅中，煎至棕褐色、焦香时离火即成。

3. 技术要点

①洋葱煎制时，锅中不放油，直接将洋葱的切口断面煎香上色即可。

②煎至洋葱至棕褐色时，香味最浓。

（五）丁香洋葱（Oignon piqué）

丁香洋葱，这是一个专业的法文烹饪词组，用英文表示为“Pricked onion”。通常是指将洋葱去皮后，在洋葱上钉入小的整粒丁香，插入一片香叶的加工方法。

丁香洋葱

1. 原料

大洋葱1个，整粒丁香3～4颗，香叶1片。

2. 制作方法

①将洋葱去皮后，在洋葱表面上钉入小的整粒丁香。

②在洋葱表面用刀切出一个约2cm的切口，插入一片香叶即成。

3. 技术要点

①洋葱表面钉入丁香，方便菜肴烹制结束后取出。

②丁香洋葱常用于西餐白汁少司（Béchamel sauce）和一些汤菜的制作中，提味增香。

四、基础汤的加工要点

（一）选用新鲜肉骨和肉类

肉类基础汤和鱼类基础汤的主料以骨头和剔下的肉类边角余料为主。浓缩蔬菜高汤和浓缩鱼精汤主要以蔬菜为主料。虽然无论新鲜或冰冻的骨头都可以做基础汤，当然还是以新鲜的骨头原料为佳。

1. 选用新鲜的骨头

新鲜的骨头，肉汁呈正常的粉红色，肉骨无异味，断面骨髓呈新鲜的奶白色，骨头坚硬不散碎。若使用冰冻过的骨头，则应先解冻。由于肉的成本较高，现在很少有人以肉为原料制作高汤。

2. 多选用动物幼崽的骨头

基础高汤一般多选用动物幼崽的骨头，一般少用成年动物的骨头，如牛肉基础高汤，多推荐用牛犊（Veal）的牛骨来做牛基础高汤，因为成年牛的牛骨味道较重，相比而言牛犊的风味柔和一些，而且牛犊骨头中有大量未硬化的软骨，其中含有大量的骨胶和胶原蛋白，可以增加基础高汤的浓稠度。随着动物年纪的增长，软骨变成一般的硬骨，且较难溶解于水中。

骨头中的软骨组织是制作骨胶（Gelatin）的上乘原料。在动物幼崽的骨头中，含有大量的软骨组织和结缔组织，经过长时间小火慢煮后，会分解出大量的骨胶，骨胶为基础高汤提供了浓厚的汤体和香味，是高质量基础高汤成品的重要保障。制作精良的基础高汤冷却后，会变得黏稠甚至呈固体状。

牛膝骨（Knuckle bones）是位于关节的骨头，含有大量的软骨；牛足、鸡翅、鸡脚等含结缔组织多的骨头，这些都是基础汤的上佳食材。制作海鲜基础汤，以选用脂肪较少的白肉海鱼鱼骨为佳。

3. 充分漂洗骨头

无论是选用新鲜的骨头还是冰冻过的骨头，都应该在流动的水下，充分冲洗干净，去尽血污、杂质和异味。

4. 焯水或预烤上色

在制作白色基础汤时，尤其是使用冰冻过的骨头，需要将骨头先焯水，以去除血污和杂质，做法是将洗净的骨头放入汤锅中加冷水淹没，用中火煮沸约1～2min，取出骨头洗净，倒出煮汁，将汤锅洗净后，再放入骨头，重新加足量冷水煮制，以保证汤汁的清鲜。

在制作褐色基础汤时，先将骨头洗净，沥干水分，放入已经预热的高温烤炉中，烤成均匀的棕褐色，再加调味蔬菜，烤香上色，加香料束和水，小火慢煮而成。

（二）刀工成形

西餐基础汤中的肉骨主料通常切成8～10cm长的段，以便在小火慢煮时，更容易分解出肉骨的鲜味、骨胶和营养成分。大多数的骨头可以在进货时告知商家提前加工成适当的规格，便于厨房操作。

调味蔬菜的刀工成形规格没有具体限制，主要根据不同基础汤的品种要求和熬煮时间来控制。如果基础汤需要熬煮2h以上，则调味蔬菜通常以切成4～5cm为佳。而像鱼精汤（Fish fumet）和煮鱼高汤（Court bouillon）这类熬煮时间较短的汤类，调味蔬菜应该切得小一些，方便出味。

（三）液体食材

水是基础汤制作中的主要食材。基础汤制作时，经过初加工后的骨头应该放在冷水中，经小火慢煮，以便充分出味。再制牛骨高汤（Remouillage）就是制作上乘品质基础汤的最佳汤料。

同时葡萄酒也常用于基础汤制作中，尤其在鱼精汤制作时，葡萄酒中的酸性物质可以用来帮助析出鱼骨中的鲜味成分，明显增加鱼汤的鲜味。

（四）原料组合比例

加入基础汤中的食材，首先必须干净卫生，其次自身的风味特点也必须与基础汤完美配合。基础汤在制作中，所有食材应该按照配方和比例严格制作，不能把基础汤的汤锅作为剩余食材（Leftovers）的垃圾桶，即把任何剩余的骨头、蔬菜都无原则地投入汤锅中，这样会损害基础高汤的风味和汤体，无法保障基础汤的品质。

在制作中，正确地控制水量和原料的比例，对熬制出优质的基础汤，有至关重要的作用。

1. 肉类或禽类基础汤（Meat or poultry stock）

原料（成品约1L）：肉骨和肉类的边角料1kg，冷水1.5L，调味蔬菜120g，香料束1束或香料袋1个。

2. 海鲜基础汤（Fish stock）

原料（成品约1L）：白肉海鱼骨1.5kg，冷水1.2L，白色调味蔬菜120g，香料袋1个。

3. 海鲜鱼精汤（Fish fumet）

原料（成品约1L）：白肉海鱼骨（切小段）1.5kg，冷水1L，白色调味蔬菜120g，蘑菇80g，白葡萄酒250mL，香料袋1个，盐6g。

4. 蔬菜高汤（Vegetable stock）

原料（成品约1L）：非淀粉的各类蔬菜0.5kg，冷水1.5L，香料束1束或香料袋1个。

（五）香料

在基础汤制作中，通常用标准的香料束或香料袋增香提味，也可以根据骨头自身的风味，添加不同的其他香料，以达到进一步提味增香的作用。如在制作鸭肉基础汤时，香料束中可以加入迷迭香、香菜籽、龙蒿、鼠尾草等；在制作小羊肉基础汤时，香料束中可以加入薄荷、杜松子、孜然粉、迷迭香、香菜籽等增香提味。

五、基础汤制作工艺流程

骨头预制加工 → 调味蔬菜加工 → 香料加工 → 基础汤制作 → 过滤 → 冷却 → 保存

（一）骨头预制加工

根据不同的主料和菜肴分类，可以将基础汤的骨头分为三种不同的预制加工方式：骨头焯水（Blanching bones）、骨头烤香上色（Browning bones）、骨头煸炒出水（Sweating bones）。

1. 骨头焯水（Blanching bones）

制作白色基础汤时，可以先将骨头焯水，尤其是使用冰冻过的骨头，更需要焯水，以保障做出来的白色基础汤汤汁清澈，无异味。制作方法是将洗净的骨头放入大汤锅中，加冷水淹没骨头，至超过骨面10cm，上火加热，煮至水微沸时，撇去浮沫，至水滚沸时，滤出骨头，倒去锅中沸水，将骨头用清水再次洗净，成焯水后的骨头。

2. 骨头烤香上色（Browning bones）

制作褐色基础汤时，将骨头洗净沥干。预热烤炉至220℃。将骨头放入烤盘中，送入预热好的烤炉内烤制，中途适当翻动，以便受热均匀。至骨头烤成均匀的棕褐色，取出后加入预制好的调味蔬菜，与骨头一同用200℃再烤15min，至蔬菜烤成均匀的棕褐色，将骨头和蔬菜一同放入大汤锅内，去除烤盘内多余的油脂，在烤盘内加入少量冷水，上火煮沸，熔化锅底的粘锅肉质和焦糖酱，将煮融的浓缩焦糖肉汁倒入汤锅内，加冷水淹没骨头和调味蔬菜，以备制作。

3. 骨头煸炒出水（Sweating bones）

制作鱼精汤时，将鱼骨和调味蔬菜用油煸炒，至鱼骨上的肉发白，蔬菜变软，出水出香味后，加水和其他香料，用小火煮制。注意不宜长时间加热煮制，避免鱼骨煮出多余的涩味，通常鱼精汤煮制不超过45min。

（二）调味蔬菜加工

根据基础汤类型选择适合的调味蔬菜。标准的调味蔬菜：洋葱、胡萝卜和西芹，用于制作褐色基础汤；白色的调味蔬菜：洋葱、韭菜、西芹和欧防风萝卜，去掉了胡萝卜，用于制作白色基础汤，以保持白色基础汤的浅白色汤质。

根据烹饪时间，控制调味蔬菜的刀工成形大小和形状。对于烹饪时间超过1h的基础汤，需要将调味蔬菜切成中型或大型的块状。对于煮制不超过1h的基础汤，则将调味蔬菜切成小丁或薄片即可。

（三）香料加工

根据香料的类型，准备香料束或香料袋。

用一小块细眼纱布包住制作香料袋的碎小香料，然后将细眼纱布包裹固定，绑成一捆，用细绳捆扎成香料袋；或者将新鲜香草如西芹茎、韭葱叶、欧芹梗、新鲜百里香和香叶等香草整理收集在一起，捆成一束，用细绳捆扎一或两次，然后牢固地绑成香料束。

（四）基础汤制作

1. 选择适合的汤锅

在日常应用中，餐馆经常使用带蒸汽夹层加热的大汤锅来制作大批量的基础汤。用于制作基础汤的大汤锅，通常锅身的高度远大于锅的口径宽度，这样有助于将风味浓缩在整个锅内。汤锅的容积应该在容纳了所有原料和液体后，液体顶部离锅外沿至少有10cm的空间。注意检查锅底，锅底应该平整，以保证受热均匀。

2. 撇去浮沫和浮油

在基础汤沸腾过程中，需要用撇沫器或滤汤勺从表面撇去泡沫和浮油，以保持基础汤清洁。在汤的熬制过程中，若没有及时清除汤中的杂质、浮沫和浮油，保存时，这些杂质会加快汤的酸败速度，缩短基础汤的保存时间。

3. 注意煮制时间

（1）鱼精汤制作（Fish fumet）　因为在制作鱼精汤时，鱼骨和调味蔬菜先用油煸炒出水，所以风味比白色基础汤更突出，另外加入的白葡萄酒和蘑菇也会进一步增香提味，鱼骨头比动物骨头或家禽骨头更细腻，出味更快，所以煮制时间更短：45min至1h即可制成优质的基础汤。当烹饪时间很短时，可以把香料袋和冷水一起加入熬制。

（2）贝类基础汤（Shellfish stock） 贝类基础汤制作方法和鱼精汤一样，只不过将鱼骨换成虾、蟹等的甲壳。制作方法是用油炒龙虾壳、虾壳和小龙虾壳，将甲壳炒成深红色，加入调味蔬菜和鲜番茄，一同炒香出水，上色后加香料袋和冷水一同煮制。煮制时间与鱼精汤一样，贝类基础汤仅需煮制45min至1h即可。

（3）蔬菜高汤（Vegetable stock） 如果将蔬菜切成小块或切成薄片，则蔬菜高汤可以在30～60min内煮制完成。这样既可以保证蔬菜浓厚的清香味，也可以避免蔬菜因加热过度出现多余的苦涩味。

也可以根据需要，像制作鱼精汤一样，用油煸炒蔬菜出香味，至炒软后加水；或者像做褐色基础汤一样，把蔬菜烤成棕褐色，再加水煮制，得到不同风味的蔬菜高汤。

（五）细心过滤，析出汤汁

基础汤熬制完成后，需要精心过滤。餐馆经常使用带有水龙头的汤锅将基础汤从锅中过滤出来，而不用搅动其他骨头和蔬菜汤料，避免汤汁浑浊。

若没有带水龙头的汤锅，则需要用汤勺舀出汤汁，注意不要搅动到骨料。再将汤汁用衬有多目的细眼棉布（200～300目）的漏勺小心地过滤后，盛入汤桶中以便冷却。过滤后余下的骨头和调味蔬菜，可以整理出来制作再制牛骨高汤（Remouillage）。

（六）迅速冷却

将盛有基础汤的汤桶放入冰水中浸泡，不时用汤勺搅动，快速冷却至4℃，密封冷藏（3℃）保存。

（七）保存

不立即使用的基础汤在制成后应尽快冷却并储存。用冰水水浴冷却基础汤后，将其转移到适当的存储容器中，用保鲜膜密封后，贴上标注有基础汤名称和制作日期的标签。所有的基础汤都应存放在冷藏（3℃）冰箱或冷冻冰柜中。

六、基础汤的质量控制

基础汤的质量控制通常有四大核心要素：风味、色泽、香味和清澈度。优质的基础汤，应该达到汤色纯正，汤面无浮油和浮沫，香味浓郁无异味的效果。

1. 风味

基础汤的核心要素是风味，风味的来源是熬制时加入的各种肉类和骨头，调味蔬菜和香料束只是辅助提味，不宜喧宾夺主。因此制作基础汤时，应当注意保持汤的整体风味的平衡，根据配方标准和流程制作，使整体的汤质醇浓，主料香味突出，而辅料提香浓味，但不能压制主料。如鸡汤应该有鸡肉的鲜味，而蔬菜和香料的风味宜淡，不突出，不影响鸡汤整体风味。

2. 颜色

基础汤的颜色体现了基础汤的风味。通常白色基础汤的颜色不是纯白色，而是淡黄色或金黄色，代表了白色基础汤主原料的自然本味，根据原料不同，基础汤的颜色又各有差异；而褐色基础汤的颜色通常是棕褐色，代表着丰盛的肉骨被烤成焦香的浓厚风味，若是肉骨烤得火候不足，颜色不够，则基础汤的焦香风味不浓，香味不够；而若肉骨烤得过火、焦煳，则基础汤的苦味较浓，尤其是在做成烧汁或者浓缩牛骨肉冻时，苦味更盛，影响风味，因此基础汤的颜色至关重要，影响到基础汤的品质。

白色基础汤通常汤汁清澈，热时色泽呈淡金黄色。白色牛肉基础汤呈浅金黄色；白色鸡肉基础汤呈金黄色；褐色小牛肉基础汤呈深琥珀色或棕褐色；煮鱼高汤呈浅茶色；鱼基础汤呈浅黄色；鱼精汤呈淡黄色；浓缩鱼精汤呈棕红色；烧汁呈棕褐色；再制牛骨高汤呈深金黄色。蔬菜高汤的色泽通常根据蔬菜种类的不同而各有差异（表3-2）。

表3-2　基础汤的类型与颜色

类型	白色牛肉基础汤（White beef stock）	白色鸡肉基础汤（White chicken stock）	褐色小牛肉基础汤（Brown veal stock）	什锦基础汤（Court bouillon）	鱼肉基础汤（Fish stock）	鱼精汤（Fish fumet）	精汤（Essence）	烧汁（Demi glace）	高汤（Remouillage）
色泽	浅金黄色	金黄色	棕褐色	浅茶色	浅黄色	淡黄色	棕红色	棕褐色	深金黄色

3. 质地

基础汤的质地（Texture），其实就是我们通常所说的汤体（Body）的浓稠度，汤体的厚度，也代表了汤体的风味。若汤体浓厚，则汤中胶原蛋白和胶质多，汤汁黏稠，风味香浓；若汤体稀薄，则汤中的胶原蛋白和胶质少，汤汁清淡。

如清炖肉汤（Broth）放入的是大量的牛肉、鸡肉或猪肉等肉类，含有丰富的蛋白质，价格昂贵，汤汁中的肉香味浓厚饱满，适合制作高档的法式清汤和特色汤菜，但是肉中的胶原蛋白和胶质不足，汤汁相对不够浓稠，不适合做浓缩的少司酱汁；而基础汤（Stock）中放入大量的骨头、幼崽软骨、膝骨、牛足、鸡脚、肉皮等，虽然风味不如肉类，但是价格相对便宜，富含胶原蛋白和胶质，汤汁熬制成后黏稠香浓，特别适合制作各类少司酱汁。

4. 清澈度

除了鱼精汤和浓缩蔬菜高汤以外，大多数的基础汤都需要保持温热时清澈的状态。这与制作中的火力控制以及撇除浮沫和浮油的操作都有关系。汤在沸腾时，汤中的油脂会随着沸水的剧烈上下滚动而产生水油乳化反应，油被分散在水中，形成乳状液，汤汁变得浑浊，同时融入汤中的蛋白质和杂质也会聚集融入汤中，影响汤的清澈度。因此，法餐中的基础汤熬制要求小火慢煮，汤面微微冒泡，分多次撇去汤面的浮油和浮沫。

当然，若需要制作成品相当清澈的基础高汤，也可以用清汤的办法。通常用4L冷的高汤加入4个搅匀的蛋清，一同加热，可以制作出澄清的基础高汤，但是风味会有所损失。

七、浓缩高汤料

浓缩高汤料是由食品制造商制作，用来替代基础汤的浓缩酱料，通常呈粉末状或膏体状。使用时可以将浓缩高汤料加水代替基础汤使用；或者加入自己做的风味清淡的基础汤中，进一步提味。

优质的浓缩高汤料是使用与相同基础汤同样的基础食材制成的。但是，一些质量不高的高汤料在配料标签上列出了高钠成分，超过了肉类、禽类或蔬菜。建议在应用中使用质量最好的浓缩高汤料以获得最佳效果。为了保证获得最佳的基础汤风味，可以将浓缩高汤料和边角余料的肉类和蔬菜料结合使用，一同小火慢煮，这样做出的基础汤风味更佳。

八、煮汤时间控制

基础汤制作中，通常先用大火将汤煮沸，再转小火保持汤面微沸，随时撇除汤面的浮沫和浮油，根据不同的骨料和基础汤要求控制煮制时间。

（1）白色牛肉基础汤通常需要用小火熬煮8～10h。

（2）白色小牛肉基础汤、褐色小牛肉基础汤和野味类基础汤通常需要用小火熬煮6～8h。

（3）白色禽类基础汤通常需要用小火熬煮3～4h。

（4）海鲜基础汤和海鲜鱼精汤通常需要用小火熬煮35～45min。

（5）蔬菜高汤通常根据蔬菜类型和刀工成形需要用小火熬煮45min至1h。

九、基础汤的保存

基础汤可以采用快速冷却，分袋密封包装后，写明名称和制作日期，冷藏（3℃）或冷冻保存。经快速冷却后密封冷藏（3℃）的基础汤，保存期通常在3～4d。到期后，将未使用完的基础汤再次煮沸后冷却，保存期可以延长3～4d。若采用直接冷冻保存的方式，基础汤可以保存一个月。

第二节　基础汤制作

一、常用基础汤制作

（一）白色鸡肉基础汤（White chicken stock）

1. 原料（成品1L）

老母鸡、鸡骨架、鸡翅、鸡脚等1kg，冷水1.5L，洋葱100g，胡萝卜100g，西芹80g，韭葱200g，香料束1把，厨用棉线等。

2. 制作方法

①将老母鸡去尽内脏和血污，洗净后，用厨用线捆扎定型；鸡骨切成8～10cm的大块；胡萝卜、西芹、韭葱洗净后分别切成大块；洋葱切

成两半，把丁香钉入洋葱表皮。将香叶、百里香、欧芹梗、韭葱叶、西芹茎等用棉线扎成香料束。

②将鸡骨和老母鸡放于流动的冷水中冲洗，去尽异味和血水后，放入大汤锅中，加足量的冷水淹没鸡骨和老母鸡，用中火煮至汤面微沸，去除浮沫后，转小火继续煮2～3min，撇去浮沫。

③将鸡骨和老母鸡滤出，在流动的水下冲洗干净，汤锅洗净，再次将鸡骨和老母鸡放入汤锅内，加入冷水淹没鸡骨，用中火煮至汤面微沸，去除浮沫后，转小火继续煮制。

④放入胡萝卜、洋葱、西芹、韭葱和香料束，汤锅不加盖，用小火慢煮约2～2.5h，中途注意撇去浮沫和浮油（根据需要，可以补加适量沸水以免煮干）。

⑤将白色基础汤迅速用多目细眼纱布和滤筛过滤，注意不要搅动汤体。滤出的白色基础汤应该澄清透明，而不是乳白色状。可再次撇去浮油，迅速冷却后冷藏（3℃），或密封冷冻保存。

3. 技术要点

①若主料老母鸡和鸡骨都很新鲜，就不用焯水，可以直接煮制；若使用的是冰冻过的老母鸡和鸡骨，则可以在焯水后，倒去煮汤，另外加冷水熬煮。

②煮汤过程中，始终注意小火慢煮，切忌大火一直煮制，以保证汤清味浓。

③煮汤过程中，应随时撇去汤面的浮沫和浮油，避免产生异味。

④在很多亚洲菜式中，熬煮白色鸡汤时，习惯加入生姜、大葱、香茅等调料增香，有的还会根据当地的风味习惯加少量花椒或辣椒来提味；在熬煮野味的白色禽类汤时，有的加入几颗杜松子和香草提味，如龙蒿、迷迭香等，但是要注意用量，不要压制了汤的本味。

⑤汤煮好后可以立刻使用；若不需要立刻使用，则应该迅速将汤冷却降温，密封冷藏（3℃）存放。

4. 质量标准

汤呈无色或浅白色，汤清味醇浓，蔬菜味清香，肉香味浓厚。

5. 变化类型

①白色小牛肉基础汤（White veal stock）：将鸡骨和老母鸡用小牛骨代替，熬煮6～8h即成。

②白色牛肉基础汤（White beef stock）：将鸡骨和老母鸡用牛骨代替，熬煮8～10h即成。

6. 应用范围

白色鸡肉基础汤除了常用于制作五大基础少司中的白汤浓汁少司（Velouté）以外，还常常用于制作其他变化少司，如德式少司（Allemande sauce），布莱特少司（Poulette sauce），奶油鸡肉蘑菇少司（Suprême sauce），曙光少司（Aurore sauce），匈牙利少司（Hongroise sauce）等。

（二）褐色小牛肉基础汤（Brown veal stock）

1. 原料（成品1L）

植物油20mL，小牛碎骨、小牛膝骨、小牛蹄、边角料瘦牛肉等1kg，小牛的胸脆骨、颈肉、腹肉等100g，冷水1.5L，洋葱100g，胡萝卜100g，西芹40g，韭葱40g，大蒜10g，鲜番茄200g，番茄酱20g，香料束1把，细眼纱布，厨用棉线等。

2. 制作方法

①将牛肉、牛骨等加工成小块；胡萝卜、洋

葱、西芹、韭葱、番茄等切成小丁；大蒜拍碎。将香叶、百里香、欧芹梗、韭葱叶、西芹茎等用棉线扎成香料束。

②将烤盘和烤炉预热至220℃，取出烤盘，放上小牛骨块和小牛肉块，烤约20～30min，中途适当翻动牛骨和肉块，至牛骨和肉块成均匀的棕褐色。

③再把切好的调味蔬菜胡萝卜丁、洋葱丁和大蒜分散铺在骨头上（注意不是搅拌），再次送入烤炉烤15min，使蔬菜烤香出水。

④将小牛骨、牛肉块和调味蔬菜一同放入大汤锅中。去除烤盘内多余的油，倒入少量冷水，上火煮沸，煮融烤盘底留下的焦糖浆（Déglacer），倒入牛骨汤锅内，继续加入冷水（或白色小牛肉基础汤，或者再制牛骨高汤），淹没牛骨，用中火煮沸，转小火保持微沸，慢火煮制。

⑤撇去汤面的浮沫和浮油，放入香料束、番茄和番茄酱。将牛骨汤用小火慢煮约4h，中途注意撇去浮沫和浮油（根据需要，可以补加适量沸水以免煮干）。

⑥将褐色基础汤迅速用多目细眼纱布和滤筛过滤，注意不要搅动汤体。将褐色基础汤过滤，撇去浮油即可；或迅速冷却后，密封冷藏（3℃）保存。

3. 技术要点

①选用大小适中的烤盘烤牛骨。如烤盘过大，则烤出的牛骨汁液容易被烤焦煳，产生苦味；若烤盘过小，则牛骨和牛肉不易均匀上色。

②烤牛骨时，若牛骨中的油脂较重，烤盘内可以不加油，直接放上牛骨烤制。用高温烤牛骨，中途要适当翻面，避免牛骨和牛肉烤焦。

③去除烤盘内烤出的过多油脂，以避免成品汤汁中的浮油过重，影响品质；但是可以留下少量油脂，来炒制胡萝卜和洋葱等蔬菜，以便增香浓味。

④胡萝卜和洋葱可以用高温烤制上色，或炒制上色，增加香味；但是西芹和韭葱的水分较重，则不宜烤上色，通常炒香即可。

⑤浓缩烤盘内焦糖浆的这一步骤是法式西餐的专业术语，被称为“Deglaze”，是指用水或各种葡萄酒来熔化锅底的各种肉类或蔬菜烹制后留下的香味物质，俗称“浇锅底”，有保持菜肴原汁原味风味的特色。

4. 质量标准

汤色呈深棕褐色，汤汁浓稠发亮，牛肉味浓郁，蔬菜味清香，多用于肉类菜肴和少司酱汁的制作中。

5. 变化类型

①褐色野味基础汤（Brown game stock）：制作方法和布朗小牛肉基础汤相同，用相同分量的鸭骨和边角料鸭肉代替小牛骨和边角料小牛肉，香料中再添加入茴香籽和杜松子即可。

②褐色小羊肉基础汤（Brown lamb stock）：制作方法和褐色小牛肉基础汤相同，用相同分量的小羊骨和边角料小羊肉代替小牛骨和边角料小牛肉，香料中再添加入适量的薄荷、杜松子、孜然粉、迷迭香、香菜籽等即可。

③褐色猪肉基础汤（Brown pork stock）：制作方法和褐色小牛肉基础汤相同，用相同分量的猪骨和边角料猪肉代替小牛骨和边角料小牛肉，香料中再添加入适量的红椒片、香菜籽、牛至、芥末籽等即可。

④褐色鸡肉基础汤（Brown chicken stock）：制作方法和褐色小牛肉基础汤相同，用相同分量的鸡骨和边角料鸡肉代替小牛骨和边角料小牛肉即可。

⑤褐色鸭肉基础汤（Brown duck stock）：制作方法和褐色小牛肉基础汤相同，用相同分量的鸭骨和边角料鸭肉代替小牛骨和边角料小牛肉，香料中再添加入茴香籽和杜松子即可。

（三）鱼精汤（Fish fumet）

1. 原料（成品1L）

海鲜鱼骨（龙利鱼、比目鱼、牙鳕鱼等）1kg，黄油40g，红葱30g，洋葱80g，西芹40g，韭葱40g，蘑菇80g，冷水1L，干白葡萄酒150mL，干制百里香香草碎2g，欧芹梗4枝，香叶1片，粗胡椒碎2g，大蒜碎5g，细眼纱布，厨用棉线。

2. 制作方法

①将鱼骨洗净，用厨用剪刀剪成小块，放入流水中冲漂，去尽血污后沥水。

②将红葱、洋葱、西芹、韭葱和蘑菇等切成小丁。用干制百里香香草碎、欧芹梗、香叶、粗胡椒碎、大蒜碎、细眼纱布和厨用棉线等制成香料袋。

③将红葱、洋葱、西芹、韭葱和蘑菇用黄油炒软、至出水后（不变色），加鱼骨炒匀，至鱼骨上的肉发白时，倒入冷水、干白葡萄酒煮沸。

④转小火保持汤面微沸，撇去浮沫，放入香料袋，不加盖慢煮约20～25min，中途随时去除浮沫和浮油。

⑤将鱼精汤用细眼滤筛过滤，注意不要搅动汤体。撇去浮油即可；或迅速冷却后，密封冷藏（3℃）不超过24h。

3. 技术要点

①鱼精汤以选用脂肪少的白肉鱼鱼骨制作为佳，如龙利鱼、大比目鱼、牙鳕鱼、无须鳕和海鲂等，这些鱼的脂肪少，腥味少，做出的鱼汤汤汁清澈，味鲜香。若选用脂肪含量多的鱼骨，则汤汁灰暗，腥味重。

②制作中，水量以刚好淹没鱼骨为佳。煮制时间不宜过长，以免煮出鱼骨的涩味。

③鱼骨和调味蔬菜都应切成小丁，一起烹制，以便快速充分出味。

4. 质量标准

汤色清澈，海鲜味浓，蔬菜味清香。

5. 变化类型

虾蟹类基础汤：制作方法和鱼精汤相同，用相同分量的虾蟹类外壳代替海鲜鱼骨料，如大虾壳、龙虾壳、毛蟹壳等。将虾蟹壳用热油炒上色，加调味蔬菜料炒香，加番茄酱炒匀，加水和香料束煮沸，小火煮约40min即可。

二、其他基础汤制作

（一）蔬菜基础汤（Vegetable stock）

1. 原料（成品1L）

非淀粉类蔬菜600g，冷水1.3L，干白葡萄酒250mL，干制百里香香草碎2g，欧芹梗4枝，香叶1片，粗胡椒碎2g，大蒜碎5g，细眼纱布，厨用棉线。

2. 制作方法

①将非淀粉类蔬菜洗净，切成10cm的长段。用干制百里香香草碎、欧芹梗、香叶、粗胡椒碎、大蒜碎、细眼纱布和厨用棉线等制成香料袋。

②将蔬菜、冷水和香料袋放入大汤锅中，中火煮沸后，转小火保持汤面微沸，慢火煮制，撇去浮沫。
③煮约40min，至蔬菜香味浓郁时，将汤过滤后冷却。

3. 技术要点

①通常根据菜肴要求，选用不同的蔬菜制作蔬菜汤，如韭葱、大葱、番茄、蘑菇等，用于各种蔬菜原料的加工和素食菜品制作中。
②用慢火煮出蔬菜的清香味，时间在40min至1h左右。

4. 质量标准

汤呈蔬菜汤自然色，汤汁清亮，蔬菜味清香。

5. 变化类型

烤制蔬菜基础汤：将蔬菜加少许水放入200℃的烤炉内，烤制15min，出香味后加水和香料袋煮制即成。

（二）煮鱼高汤（Court bouillon）

1. 原料（成品1L）

冷水1.25L，白葡萄酒醋60g，洋葱丁250g，胡萝卜丁120g，西芹丁120g，干制百里香香草碎2g，欧芹梗4枝，香叶1片，粗胡椒碎2g，大蒜碎5g，细眼纱布，厨用棉线。

2. 制作方法

①将蔬菜洗净切成小丁。用干制百里香香草碎、欧芹梗、香叶、粗胡椒碎、大蒜碎、细眼纱布和厨用棉线等制成香料袋。
②将蔬菜丁、白葡萄酒醋、冷水和香料袋放入大汤锅中，中火煮沸后，转小火保持汤面微沸，慢火煮制，撇去浮沫。
③煮约1h，至蔬菜香味浓郁时，将汤过滤后冷却。

3. 技术要点

①煮鱼高汤是一种风味清香的半成品汤汁，主要作用是对各种动植物原料去异味、增香味。通常原料氽煮的时间不长，不能代替其他各类基础汤用于菜肴的调味烹制。
②煮鱼高汤多常用于快速氽煮各类海鲜、肉类、蔬菜和蛋类菜肴品种。如氽煮龙虾、煮水波蛋等。

4. 质量标准

汤汁清亮，蔬菜味清香，略带酸咸味。

第三节　冷菜酱汁工艺

一、西餐冷菜概述

西餐的用餐人群对菜肴的种类和上菜的道数有着不同的习惯，这些习惯通常来自不同的年龄、不同的宗教信仰、不同的地区、不同的职业、不同的饮食爱好和不同的就餐目的等。传统欧美人士就餐讲究菜肴的道数，尤其在正餐上，通常是三至四道菜品，在隆重的场合可能是五道或更多。但现代的欧美人士平时对就餐时菜肴的道数不会过于讲究，比较随意，只有在正式的交际场合中才重视菜肴的道数。

通常，比较正式的西式正餐由三道菜肴组成，第一道菜肴是开胃菜（Appetizer），也称为头盘，第二道菜肴是主菜（Main course），第三道菜肴是甜点（Dessert/Sweet）。如果开胃菜点了两道，即一道冷头盘和一道热头盘或汤菜，再加上主菜和甜点，便组成了四道菜肴的一餐。

因此，常见的西餐菜单菜肴构成如下。

通常是：开胃菜（Appetizer）、汤（Soup）、副菜（Entrée）或鱼菜（Fish）、主菜（Main course）、甜品（Dessert/Sweet）。

有时在副菜和主菜之间安排一道雪芭（Sorbet），以调剂口味，清洁口腔，从而更好地品尝主菜；有时也在主菜和甜品之间加一道芝士，以增加营养，辅助消化。

开胃菜类型较多，但是通常人们的概念就是沙拉类菜肴，而事实上西餐开胃菜包括冷头盘、热头盘、辅菜等，以及各种批、冻、酱等。西餐开胃菜的作用与中餐的冷菜相仿，既是开胃菜肴又是佐酒小菜，有承上启下的作用，是对主菜的铺垫。这里我们把常见各式西餐餐前小吃和开胃菜统称为西餐冷菜。分别阐述如下。

（一）西餐冷菜类型

开胃菜包括以下类型。

1. 冷头盘（Cold appetizer）

如烟熏三文鱼（Smoked salmon）；海鲜咯嗲类（Seafood cocktail）；肉肠类（Sausage）；风干火腿类（Ham）；生食海鲜类如生蚝（Oysters）等。

2. 热头盘

酥皮派（Puff pastry: vol au vents）；卷饼（Turnovers）；班戟（Crêpes，Blini）；炸肉丸（Meatball）；面食类（Pasta: Tortellini，Ravioli）；米饭类（Grains）。

3. 肉制品

肝酱批（Pâté）；肉酱类（Terrine）；肉卷（Galantine）。

4. 沙拉（Salad）

5. 蔬菜配菜，蒸、煮、铁扒等（Vegetables）

6. 其他餐前小吃类（Hors-d’œuvre portion size）

（二）餐前小吃（Hors-d’œuvre）与开胃菜（Appetizer）

餐前小吃Hors-d’œuvre是法文词组，英文表达为：“Outside the meal”。餐前小吃是指在欧洲烹饪中，用餐前的一种小的开胃菜。有些餐前小吃是冷的，有些是热的。餐前小吃可以作为正餐的一部分出现在餐桌上，也可以在客人就座前出现，如在招待会或鸡尾酒会上。在以前，主菜之间也可以供应餐前小吃。

餐前小吃与开胃菜很多时候在应用范围和场合中的使用容易交叉和重合，所以人们也很容易把二者混淆，这里简单列举二者的不同与特点。

1. 形状尺寸不同

餐前小吃通常外形比较小，可以直接一口或两口吃掉，餐前小吃食用时通常用手指取食，无须使用刀叉、餐盘。而开胃菜则必须在正餐进餐时使用刀叉来食用。

2. 上菜应用的时间不同

餐前小吃一般是正餐前由主办方或餐厅免费提供。而开胃菜是顾客在菜单上点的，在正餐开始时上的第一道菜，属于非免费菜品。

3. 应用范围不同

餐前小吃应用范围更加广泛，多应用于正餐前、各类酒会、自助餐和茶歇等。

4. 餐前小吃的类型

（1）开胃小吃类餐前小吃（Amuse-bouche）包括各种小巧的竹签串烧（Skewers）、竹签烤肉（Sebabs）、各种凉拌的冷盘小吃菜式（Crudité platters）。

（2）开那批类餐前小吃（Canapé），如各种面包类开那批（Bread）、酥派类开那批（Pastry）、饼干类开那批（Crackers）。

二、西餐冷菜酱汁

在各种各样的西餐餐前小吃和开胃菜中，人们最熟悉的就是沙拉类菜肴，沙拉也是选用食材最简单、制作最方便的菜肴。沙拉（Salad）是指由各种可食性的，生的或煮熟的小块食物混合制成的菜肴。通常以蔬菜或水果食材为主，也包括几乎任何类型的即食食品。大多数沙拉通常可以在室温或低温下食用的，但是如德国南部的德式马铃薯沙拉，可以温热食用。

沙拉酱（Salad dressings）和各式蘸酱（Dips）是沙拉菜肴的调味汁，也可以用来作为各式西餐冷菜菜肴的调味酱，是常见的西餐冷餐酱汁，应用广泛。

蘸酱（Dips）是用来搭配生食的蔬菜、饼干、面包、薯片或其他快餐零食的酱汁或调味品。通常这些食物都是作为餐前小吃应用的，顾客在使用蘸酱时是站立的，进食时不设座位，便于顾客自由走动和相互交流。许多的沙拉酱都可以作为蘸酱使用。

常见西餐冷菜酱汁和蘸酱分为以下五类：

醋油汁类（Vinaigrettes）

蛋黄酱类（Mayonnaise）

乳制品调味酱和蘸酱（Dairy-based dressings and dips）

熟制调味酱和蘸酱（Cooked dressings and dips）

蔬菜或水果类调味酱和蘸酱（Vegetableor fruit-based dressings and dips）

1. 醋油汁类沙拉酱（Vinaigrettes）

醋油汁是一种将油和醋混合成乳化液状态的沙拉酱。这种乳化液的液态沙拉酱是由两种互不相容的食材混合后制成的。制成后的沙拉酱状态稳定，质感均匀。通常有两种类型的醋油汁沙拉酱：基础醋油汁（Basic vinaigrette）和乳化醋油汁（Emulsified vinaigrette）。

（1）基础醋油汁（Basic vinaigrette） 基础醋油汁是一种临时状态的乳化液，通常是某一种类型的油和某一类型的醋，通过快速搅拌或剧烈混合，使醋和油融为一体的酱汁。但是，随着时间的流逝，乳化液中各种不同密度的成分会逐步分离。

为了保持乳化液酱汁的持久性，需要在酱汁添加乳化剂，从而制得稳定的乳化醋油汁。可用于稳定酱汁乳化作用的乳化剂有蛋黄、芥末、玉米淀粉、马铃薯淀粉和葛根粉等。这些物质会吸引醋油汁中的油和醋，将两种成分黏合在一起。

（2）乳化醋油汁（Emulsified vinaigrette） 醋油汁中油与醋的标准比例是将三份油与一份醋进行混合。制作醋油汁的技巧是，与手动搅拌制作醋油汁相比，使用电动搅拌器或搅拌机可以更快地制成基础醋油汁，而且电动制作的醋油汁，其乳化稳定的状态比手动制作的更长。为了保证最好的风味效果，制好的基础醋油汁在每次使用前，需要再次将醋油汁的所有食材充分混合，这样效果最好。

优质醋油汁的制作原则是在醋的辛酸刺激和油的丰厚滑润口味中，找到口感和风味的平衡点。虽然醋油汁只是几个简单食材原料的混合搭配，但是它形成的风味一样特色鲜明，令人印象深刻。

尽管醋油汁的制作方法简单，原料食材也不复杂，但是制作中，对于食材原料的选择也非常讲究，因为若使用各种调味料和香料，可以带来不同的特色风味，形成不同的特色醋油汁。

①橄榄油：制作醋油汁时，最经典的首选油脂是香味浓郁的橄榄油。橄榄油被认为是一种健康的烹调油，有多种等级，有一个非常显著的特点是它含有高达近80%的单不饱和脂肪酸（油酸）。与维生素、氨基酸一样，脂肪酸也是人体所需的重要营养素。此外，特级初榨橄榄油还含有丰富橄榄多酚、角鲨烯等活性物质。

特级初榨橄榄油（Extra virgin olive oil），这是最优质的橄榄油，是通过不加热就将橄榄压榨一次而制成的。它具有果味、草味或胡椒味，呈浅黄色至鲜绿色，且酸含量极低。“特级初榨”即采摘到的橄榄果实，筛除损坏果后，第一次经过常温冷榨出来的，全程不加热、也不添加化学制剂，在恒温27℃之内，充分保留食材的风味和养分，带有浓厚的植物芬芳。同时，特级初榨的酸度不超过1%。酸度越低，抗氧成分越充足，更有益人体。

初榨橄榄油（Virgin olive oil），即用特级初榨剩下的橄榄渣，再榨成第二浸的橄榄油。做法跟（Extra virgin）一样，天然冷压，无化学添加剂。但由于各种原因造成些许氧化以及香味不足。

橄榄油、纯橄榄油（Olive oil），在初榨橄榄油之后，油橄榄还要进行第三次压榨，添加化学剂后除臭、除色，进行油体的调整、精炼，再提纯油脂，所以纯橄榄油的“纯”，其实是提纯，本质并不纯正天然，由于味淡色哑，厂家常常会添加少量Extra virgin、Virgin olive oil等，这样得到的纯橄榄油，没有橄榄的味道，色泽好看，风味则无。

果渣油（Pomace oil），最低级橄榄油的代名词，以榨油余下的榄渣为本，加化学剂后加热作最终提炼，味道更淡，色泽更哑。此等级已经脱离压榨橄榄自然产出油汁应有的营养价值，在很多国家，这种油是不允许加入食品的。

橄榄油中单不饱和脂肪酸占据绝对优势，比含有更多多不饱和脂肪酸的大豆油和玉米油更耐热，就算在高温下产生反式油酸，也比大豆油和花生油少。一般初榨的橄榄油，冒烟点（Smoky point）在200℃左右，而植物油的冒烟点可以达到230℃。初榨橄榄油未经过精炼，其中游离脂肪酸多，颜色呈现黄绿色，其中有叶绿素这种促进氧化的光敏物质，故而不太适合高温、长时间加热，最好还是用来做凉菜，或仅仅轻微加热的菜肴。而非初榨的橄榄油，稳定性比大豆油还要强，适合用来制作各种普通炒菜。

特级初榨橄榄油如果储存在阴凉处，保质期为一年，但还是越新鲜越好。为了获得最佳风味，请将橄榄油装在深色瓶中，加盖或塞好塞子，并避免直接加热。 如果从大罐或大瓶倒出，则将当天或每周所需的量倒入较小的瓶子中。将较大的罐头或瓶子盖严实后，存放在阴凉的食品储藏室或地窖中。

②其他油类：尽管橄榄油是醋油汁的传统选择，但也可以使用许多其他类型的油类。西餐冷餐酱汁中经常使用的其他类型油类是核桃油、榛子油和葵花籽油。有时还会将橄榄油和其他类型的油混合在一起使用。也可以在油中加入各种香草和芳香调料来提味使用。油类的选用应该以具有优良的品质、良好的风味和营养价值为标准。

③醋：醋油汁中醋的选择范围很广泛，可以选择各种不同类型的醋。其中最常用的西餐醋的类型是红葡萄酒醋（Red-wine vinegar），白葡萄酒醋（White-wine vinegar），苹果醋（Cider vinegar）或商用意大利香脂黑醋（Commercial balsamic vinegar）。商用意大利香脂黑醋是酱黑色的，有甜酸味。醋中也可以加入各种香草和芳香调料来提味。大多数的醋在醋油汁中的风味都比较柔和平衡。醋油汁通常以制作时所用的酸性调料来命名。例如，如果在制作中使用的是红葡萄酒醋，则将醋油汁命名为红葡萄酒醋油汁。

④其他酸味调料：在沙拉酱的制作中，有时会用柠檬汁、青柠汁、酸橙汁或橙汁来代替醋使用。尽管各种类型的柑橘汁酸度不同，但也为醋油汁增加了清新的水果风味，也不失为一种特色。

⑤芥末酱：在所有类型的芥末酱中，法国第戎芥末酱是醋油汁中最常用的芥末酱。芥末酱是制作乳化醋油汁时最常用的乳化剂。

可以将预制好的芥末酱加入醋油汁中，干的芥末粉与芥末酱一样在醋油汁中有乳化作用。无论是预制的或是干粉状的芥末酱，都可以用在醋油汁的制作中，不仅起到增强稳定乳化的作用，还可以为醋油汁增加香浓、刺激的风味，用途广泛。

⑥香草：新鲜香草可以提升醋油汁的风味。但是，如果在制作醋油汁时，香草提前过早加入，就会变色，并改变风味。 因此，应在最后一分钟加入香草。醋油汁制作中，比较适宜的香草有龙蒿、百里香、莳萝、细香葱、意大利香叶芹、薄荷、罗勒，或选用普罗旺斯的什香草，这是一种传统上在法国的普罗旺斯地区生产，由多种干制香草混合制成的混合香草，包括罗勒、百里香、马郁兰、迷迭香、鼠尾草、茴香籽和薰衣草等。

⑦盐和胡椒粉：盐在油醋汁的制作中，起到保持风味平衡的作用。俗话说，盐咸醋才酸，若酱汁或菜肴的盐味不足，则加入的醋的酸味没有根基，会给人很刺激，然而是飘的感觉，不落地，这样的醋酸味是空的，不好吃，不平衡。由于不含添加剂，因此经常在醋油汁中使用粗盐。还可在醋油汁中加入白胡椒或黑胡椒。在实际应用中，要注意的是，尽管我们在醋油汁制作时，已经加入了盐和胡椒粉，但是在调拌沙拉时，仍然有必要用醋油汁去单独调拌下生菜，以鉴别醋油汁和菜肴搭配时，盐和胡椒粉的量是否放足了。

⑧糖：制作醋油汁时，有时会加入一小撮蜂蜜或糖（或其他甜味剂）来和味，以调节醋的酸度。

蜂蜜也是乳化醋油汁中的常用食材，蜂蜜和芥末酱常常是一个不错的组合搭配，会产生出香浓、刺激、甜酸的味道。

尽管醋油汁通常被用作沙拉酱，但它们还有许多其他用途。根据醋油汁的调料成分的变化，可以用于以下用途：

炙烤肉类和鱼类菜肴时，增加风味和水分；

作为煮熟的蔬菜类菜肴的调味酱；

生的或熟的蔬菜蘸酱。

2. 蛋黄酱类沙拉酱（Mayonnaise）

蛋黄酱是一种冷的、浓稠的奶油状乳化酱汁，它是用油和蛋黄混合制成的。蛋黄酱在食品工业和餐饮业中用途很广。不仅可以单独作为调味品使用，还可以加入其他配料，变化成其他类型的调味料进行应用。例如，与醋油汁混合，可以制成沙拉和其他冷菜的奶油沙拉酱。在蛋黄酱中加入罐装金枪鱼，制作金枪鱼沙拉。与煮熟的鸡蛋混合调匀，制作鸡蛋沙拉等。

商用蛋黄酱使用很方便，保质期也很长，适合多种用途，但在味道或浓度上无法与制作得当的新鲜蛋黄酱相比。

与商业品种的蛋黄酱相比，新鲜制作的蛋黄酱通常味道更浓，稠度也更松散。尽管蛋黄酱的制作配方中仅需要几个简单的食材，但在将油与蛋黄混合时仍需小心。一开始制作时，加油要慢，要少，但搅动蛋液要迅速而有力，需要一滴一滴地加油，令油与水能充分地混合。这样做会使大滴的油被剧烈地打散成微小液滴，散布或悬浮在醋或柠檬汁所提供的水中，迅速与鸡蛋的蛋黄液混合，这些液滴是开始形成乳化液的基础。

由于油与水是互不相溶的液体，水油难以混合形成稳定的乳化液，为使产品稳定，必须进行乳化。乳化不仅要靠强烈搅拌使分散相微粒化，均匀地分散于连续相中，且需要乳化剂存在。蛋黄就是起乳化剂的作用，其乳化能力可能是由蛋黄中的卵磷脂和蛋白质结合而成的卵磷蛋白形成的。其不仅可以降低油水两相间的表面张力，有利于分散相微粒化，同时也因乳化剂分布在微粒表面，在单个油珠外面形成一层外衣，以此不使油滴聚集到肉眼可见的油液中去（呈水油分离状态），防止了微粒的合并，由此以油滴作为内部相，以水作为外部相，形成水包油乳化型，使油滴细微化而分散在水中，令油和水这两种不相容的物质稳定结合而不分离，从而蛋黄酱形成稳定的乳化液。

如果加油的速度太快而液滴太大，则不会形成乳化液，并且蛋黄酱会分离。搅打的速度适中，若搅打过快，会将过多的气泡带入，形成三相体系，影响乳化液的稳定。若搅打过慢，达不到充分混合的目的。当制作到大约进程的1/4程度时，蛋黄液开始形成稳定的乳化奶油状态，则可以继续持续搅拌，不断加入剩余的油。需要注意的是，无论是用打蛋器手动操作还是使用电动搅拌器或食物多功能处理器制作，都应在刚开始时非常缓慢地添加油，然后在结束时更加稳定地添加油。

在蛋黄酱的制作中，可以加入盐、柠檬汁、酒醋或水之类的液体以调节口味和稠度，增加电荷斥力，促进乳化的稳定性。需要在加油前加入这些调味液体，以确保乳化液的稳定性。当蛋黄酱形成软峰时，就制作完成了。如果需要调剂稠度，可通过额外加入一些水来稀释浓度。制作好的蛋黄酱成品中，可以添加各种风味调味料，例如切碎的香草，酸黄瓜或水瓜柳等调味料。

因为蛋黄是生的，所以制作蛋黄酱时必须注意卫生安全，小心存放以防止污染。商用厨房通常使用经过巴氏消毒的鸡蛋来防止迅速变质和沙门菌中毒的可能性。

如果在蛋黄酱的制作过程中，发现蛋黄液和油开始分离（被称为Breaking），则可以通过将另外单独打好的巴氏杀菌蛋黄逐渐掺入分离的蛋黄混合液中来补救，从而解决问题。在分离的蛋黄液中慢慢引入蛋黄，同时不断搅拌直至蛋黄混合液重新变稠、变均匀即可。

3. 乳制品调味酱和蘸酱（Dairy based dressings and dips）

乳制品有时也可以用作沙拉酱和蘸酱的基础调料。比如软奶酪可以作为调料来蘸一下调味，常见的类型是奶油奶酪（Cream cheese）。

如果为了获得更浓的稠度和风味，也可以使用各种奶制品，例如酸奶油、鲜奶油、酪乳或酸奶。

乳制品的沙拉酱或蘸酱可以加柠檬、胡椒、香草、红葱或各类洋葱、水瓜柳、橄榄、松露、坚果、甜椒、酸黄瓜、朝鲜蓟调味。有时也可以加入水果蓉或蔬菜蓉来改变沙拉酱或蘸酱的颜色，同时还可以增加风味。

4. 熟制调味酱和蘸酱（Cooked dressings and dips）

有些冷菜需要用热的酱汁调味。如美式的凉拌卷心菜和马铃薯沙拉都是用这种熟制调味酱制作而成。这种熟制的调味酱因为几乎不含油而变得应用更加广泛。它主要是用牛奶、醋、面粉或玉米淀粉，鸡蛋或蛋黄酱等制成。熟制调味酱还可以加入芥末酱、培根或其他调味料，但相对于以蛋黄酱为基底调制的其他沙拉酱调味料，它们可能酸味更浓厚，易于解腻开胃。

另一种类型的蘸酱是亚洲类型的，以搭配饺子为主，口味清淡、温和。这种蘸酱通常以酱油、海带或蔬菜汤为基底，可以加醋或酒调味，口味独特。

这种熟制调味酱通常也会用于制作热拌生菜沙拉。制作方法通常是将糖、醋、洋葱、煎香的培根、盐和胡椒粉等放入锅中煮融，制成沸腾的醋油汁，再将热的醋油汁倒在冷的沙拉生菜上，这样沙拉生菜就会被烫蔫儿，拌匀后沙拉就做好了。这种热制冷菜通常可以加入煎培根或烤蔬菜等食材增香。其他类型的菜肴如热拌西蓝花，将煮熟的西蓝花加上由热橄榄油和大蒜制成的热制调味酱拌匀制成。经典的菊苣生菜沙拉也可以这样操作，在菊苣生菜上面淋上用橄榄油、醋和培根制成的热制调味酱，拌匀后制成，风味独特。

5. 蔬菜或水果类调味酱和蘸酱（Vegetable or fruit based dressings and dips）

以蔬菜或水果为基础制作的调味酱或蘸酱可以是煮熟熟制的或未煮熟的类型。这种蔬菜酱或水果酱可以制成蓉泥状或块状。在许多情况下，这些调味酱和蘸酱还可以用来作为少司调味。

（1）莎莎酱（Salsas） 通常未经熟制加工的莎莎酱是将番茄或其他有浓厚酸味或辣味的水果或蔬菜切配处理后，加上酒醋、柠檬或葡萄酒等酸性调料制作而成的。莎莎酱的风味浓郁，特别是还可以加入小辣椒、香料和各类香草提味。

（2）牛油果酱（Guacamole） 牛油果酱是墨西哥风味的蘸酱，是由牛油果蓉泥制成的，通常将柠檬或酸橙汁、番茄、香菜、洋葱和小辣椒混合调味制作而成。

（3）橄榄酱（Tapenade） 橄榄酱是由黑橄榄、水瓜柳、油浸银鱼柳、大蒜、香草、柠檬汁和橄榄油制成的蘸酱，最初来自法国的普罗旺斯地区。

（4）茄泥芝麻酱（Tapenade） 茄泥芝麻酱是将烤茄子制成蓉泥，加橄榄油、芝麻酱、柠檬汁和大蒜调味制作而成，起源于中东，现在一般用作蘸酱或涂抹酱。

第四节　冷菜酱汁制作

一、冷菜乳化酱汁制作

（一）冷的不稳定乳化少司

1. 基础醋油汁（Basic vinaigrette）

基础醋油汁是西餐冷少司中最基础的少司之一，是用油、醋和其他调味料通过搅拌调匀制作而成的。少司酱汁中通常因为没有加入乳化剂，所以呈现不稳定的乳化状态，时间长了油和醋会逐渐分离。

1. 原料（成品1L）

葡萄酒醋250mL，植物油750mL，芥末酱20g，盐和胡椒粉适量。

2. 设备器具

不锈钢汁盆，少司锅，少司保鲜盒，西餐刀，砧板，电子秤，量杯，细孔滤网，汁勺，蛋抽，果汁搅碎机，冰箱等。

3. 制作方法

①将芥末酱、盐和胡椒粉加入葡萄酒醋搅匀。

②分次倒入植物油，边加油边搅拌，拌匀后立刻准备使用或冷藏。

③上菜前，将酱汁的调料再次搅匀，淋汁即成。

4. 技术要点

①醋油汁调制时，通常习惯先将固体调料放入液体调料中，用蛋抽充分搅匀后，再加油搅拌，以便使固体调料充分溶解在液体调料中，风味更融合。

②醋油汁可以用蛋抽手动搅拌制作，也可以用台式搅拌机、果汁搅碎机或多功能搅碎机来制作。通常用机器搅拌出来的醋油汁乳化和稳定效果比手工的效果要好很多，醋油能持续较长时间不分离。

③通常醋油汁的原料比例是油：醋=3：1。但是在实际调制中，要根据原料风味差异和不同品牌醋的酸味差异来灵活调节使用。例如不同成熟度的柠檬、青柠檬和黄柠檬、红葡萄酒醋和香脂黑醋等原料的酸味差异各不相同，在调制中，要调试酱汁口味，找出最佳的平衡点，才能做出可口的酱汁。

④基础醋油汁中除了基本的盐、胡椒粉、油、醋等调味料以外，还可以根据需要加入其他辅助调味的原料来提味增香，如蛋黄、芥末酱、烤香的大蒜碎、水果蓉或蔬菜蓉、肉汁等，需要的是调试把握调料组配出的平衡点，准确控制酱汁风味。

⑤制作好的醋油汁通常可以立刻使用，或者密封后冷藏。为了保证风味和品质，通常保存时间不超过3d，在使用前需要将酱汁再次充分搅匀。

5. 质量标准

咸酸适口，开胃不腻。

6. 变化类型

风味醋油汁（Flavored oils and vinegars）：在基础醋油汁的基础上，加入各种香草调料、香料、蔬菜、水果等调料，可以制成各种风味的醋油汁，既可以用于沙拉、面食、米饭、水果等菜肴的调味少司，也可以用于菜肴的装饰摆盘，应用广泛。

2. 红葡萄酒醋油汁（Red wine vinaigrette）

1. 原料（成品1L）

红葡萄酒醋250mL，橄榄油750mL，红葱碎20g，糖10g，细香葱碎3g，罗勒碎3g，欧芹碎3g，芥末酱10g，盐和胡椒粉适量。

2. 设备器具

不锈钢汁盆，少司锅，少司保鲜盒，西餐刀，砧板，电子秤，量杯，细孔滤网，汁勺，蛋抽，果汁搅碎机，冰箱等。

3. 制作方法

①将红葡萄酒醋、红葱碎、糖、芥末酱、盐和胡椒粉等放入不锈钢汁盆中搅匀，分次加入橄榄油搅成乳稠状酱汁。

②最后撒入细香葱碎、罗勒碎、欧芹碎调匀即成。

③立刻上菜使用或密封后入冰箱冷藏。

4. 技术要点

①先放固体调料，再放液体调料，最后放油性调料搅匀。

②若不立刻使用，需要冷藏存放，可以不加香草调味，通常在上菜前加香草，以保持清香味。

5. 质量标准

咸酸适口，香草味清香，适口不腻。

6. 变化类型

①白葡萄酒醋油汁（White wine vinaigrette）：将红葡萄酒醋替换成白葡萄酒醋制作而成。

②柠檬香蒜醋油汁（Lemon garlic vinaigrette）：将红葡萄酒醋替换成180mL柠檬汁，加入6g大蒜碎和1g迷迭香碎制作即成。

3. 苹果酒醋油汁（Apple cider vinaigrette）

1. 原料（成品1L）

苹果酒300mL，苹果酒醋120mL，青苹果碎1个，植物油450mL，龙蒿香草碎4g，蜂糖浆10g，盐4g，胡椒粉0.3g。

2. 设备器具

不锈钢汁盆，少司锅，少司保鲜盒，西餐刀，砧板，电子秤，量杯，细孔滤网，汁勺，蛋抽，果汁搅碎机，冰箱等。

3. 制作方法

①将苹果酒倒入少司锅中，用小火慢煮浓缩至120mL时，离火晾冷。

②将浓缩苹果酒汁、苹果酒醋、青苹果碎、盐和胡椒粉放入不锈钢汁盆中拌匀，逐渐加入植物油搅匀成乳化酱汁。

③最后加龙蒿香草和糖浆调味即成。

④立刻上菜使用或密封后入冰箱冷藏。

4. 技术要点

①小火浓缩苹果酒，增加香味。

②香草通常最后放入，保持清香味。

5. 质量标准

甜酸适口，果香味浓，清爽不腻。

4. 香脂黑醋醋油汁（Balsamic vinaigrette）

1. 原料（成品1L）

红葡萄酒醋125mL，香脂黑醋125mL，橄榄油750mL，糖3g，细香葱碎3g，罗勒碎3g，欧芹碎3g，芥末酱10g，盐和胡椒粉适量。

2. 设备器具

不锈钢汁盆，少司锅，少司保鲜盒，西餐刀，砧板，电子秤，量杯，细孔滤网，汁勺，蛋抽，果汁搅碎机，冰箱等。

3. 制作方法

①将红葡萄酒醋、香脂黑醋、糖、芥末酱、盐和胡椒粉等放入不锈钢汁盆中搅匀，分次加入橄榄油搅成乳稠状酱汁。

②最后撒入细香葱碎、罗勒碎、欧芹碎调匀即成。

③立刻上菜使用或密封后入冰箱冷藏。

4. 技术要点

①先放固体调料，再放液体调料，最后放油性调料搅匀。

②若不立刻使用，需要冷藏存放，可以不加香草调味，通常在上菜前加香草，以保持清香味。

5. 质量标准

酱汁甜酸微咸，适口不腻。

5. 青酱醋油汁（Pesto vinaigrette）

1. 原料（成品1L）

红葡萄酒醋250mL，橄榄油750mL，青酱120g，盐和胡椒粉适量。

2. 设备器具

不锈钢汁盆，少司锅，少司保鲜盒，西餐刀，砧板，电子秤，量杯，细孔滤网，汁勺，蛋抽，果汁搅碎机，冰箱等。

3. 制作方法

①将红葡萄酒醋、青酱、盐和胡椒粉放入不锈钢汁盆中拌匀，逐渐加橄榄油搅成乳化酱汁。

②调味后即成。

③立刻上菜使用或密封后入冰箱冷藏。

4. 技术要点

①青酱（Pesto）是将新鲜罗勒叶、烤香的松子、大蒜碎、盐、橄榄油、帕玛森（Parmesan）芝士粉等放入搅碎机中充分搅碎后制作的绿色香草酱，适合面食、米饭等菜肴的调味和装饰。

②青酱醋油汁也可以作为各式面食、马铃薯、蔬菜、米饭、沙拉菜肴的调味汁。

5. 质量标准

色泽青绿，咸鲜味浓，芝士、蒜碎和香草香味浓郁。

（二）冷的稳定乳化少司

1. 马乃司少司（Mayonnaise sauce）

1. 原料（成品1L）

植物油950mL，鸡蛋黄4个，葡萄酒醋或柠檬汁80mL，芥末酱5g，糖3g，盐和胡椒粉适量。

2. 设备器具

不锈钢汁盆，少司锅，少司保鲜盒，西餐刀，砧板，电子秤，量杯，细孔滤网，汁勺，蛋抽，果汁搅碎机，冰箱等。

3. 制作方法

①将鸡蛋黄、芥末酱、少许葡萄酒醋等一同放入不锈钢汁盆中，用蛋抽搅匀。

②逐渐加入植物油，边加油边搅拌。

③至蛋液浓稠、上劲时，加入葡萄酒醋调匀，继续加油搅拌。

④至再次搅稠后，又加葡萄酒醋调匀。重复步骤2～3次，直至把油加完。

⑤待油加完后，加盐和胡椒粉调味，密封冷藏。

4. 技术要点

①马乃司少司是西餐冷菜少司中的基础母少司之一，在马乃司少司中加入其他调味料，可以变化出无数的西餐冷菜调味变化少司。通常传统的马乃司习惯用1个蛋黄配240mL油来调制。

②为了保证食品安全，专业的主厨会使用经过巴氏消毒的鸡蛋黄来加工马乃司少司。

③制作马乃司少司的技术要点很多。首先加油时不能加得太多、太快，无论是用机器搅拌还是手工用蛋抽搅拌制作，开始加油时，都应该少量滴入式地加油，这样可以使蛋黄充分和油脂乳化，蛋黄酱就更容易调稠。

④容器以玻璃器皿或不锈钢容器为佳，忌用铝、铁和铜制器皿。

⑤若制作时，蛋黄酱澥掉不浓稠了，可以另取一个蛋黄，重新搅拌，待把蛋液搅稠后，将原来调稀的蛋液倒入新搅稠的蛋黄酱中，继续加油搅拌即可。

⑥存放时要加盖密封，避免高温、冷冻和强烈震动，以防脱油。一般以3℃冷藏为佳。

5. 质量标准

色泽乳白，有光泽，呈稠糊状，酸、咸适度。

2. 塔塔少司（Tartare sauce）

1. 原料（成品1L）

马乃司少司800mL，酸黄瓜碎450g，水瓜柳碎80g，熟鸡蛋碎120g，洋葱碎50g，欧芹碎30g，香叶芹碎30g，龙蒿碎30g，细香葱碎30g，李派林喼汁2g，美式辣椒仔（Tabasco）2g，盐和胡椒粉适量。

2. 设备器具

不锈钢汁盆，少司锅，少司保鲜盒，西餐刀，砧板，电子秤，量杯，细孔滤网，汁勺，蛋抽，果汁搅碎机，冰箱等。

3. 制作方法

①制作马奶司少司。

②将水瓜柳等辅料分别切碎备用。

③将马奶司、酸黄瓜等辅料和调料等一同放入不锈钢汁盆中，搅匀、调味即成。

④立刻上菜使用或密封后入冰箱冷藏。

4. 技术要点

①各种蔬菜辅料应分别切成粗碎。

②酱汁调好后，可以密封冷藏，效果更佳。

5. 质量标准

色泽乳白，咸酸开胃，香草味香浓。

3. 千岛少司（Thousand island dressing）

1. 原料（成品1L）

马乃司少司500g，番茄少司250g，熟鸡蛋300g，酸黄瓜70g，水瓜柳15g，洋葱50g，法香菜25g，青椒60g，大蒜30g，柠檬汁、盐和胡椒粉适量。

2. 设备器具

不锈钢汁盆，少司锅，少司保鲜盒，西餐刀，菜板，电子秤，量杯，细孔滤网，汁勺，冰柜等。

3. 制作方法

①将熟鸡蛋、酸黄瓜、水瓜柳、洋葱、青椒、大蒜和法香菜等切碎。

②将上述原料加入马乃司少司中，拌匀后加番茄少司、柠檬汁、盐和胡椒粉，搅匀即成。

4. 技术要点

①千岛汁色彩鲜艳，呈粉红色，汁中有许多的调料颗粒，乍看上去犹如海洋中的数千个岛屿，因此而得名。

②千岛汁是英式少司，广泛应用于西餐冷、热菜中，尤其适合与海鲜菜肴搭配。如：面拖黄鱼、炸虾球等。

5. 质量标准

色泽粉红，咸香酸甜，清爽解腻，四季皆宜。

4. 凯撒酱汁（Caesar dressing）

1. 原料（成品1L）

橄榄油750mL，巴氏消毒过的鸡蛋黄50g，柠檬汁70mL，罐装银鱼柳120g，第戎芥末酱20mL，大蒜碎8g，帕玛森芝士粉80g，李派林喼汁10克，盐和胡椒粉适量。

2. 设备器具

不锈钢汁盆，少司锅，少司保鲜盒，西餐刀，砧板，电子秤，量杯，细孔滤网，汁勺，蛋抽，果汁搅碎机，冰箱等。

3. 制作方法

①将银鱼柳、芥末酱、大蒜等用搅碎机搅碎成酱，加入鸡蛋黄、少许柠檬汁、芝士粉、盐和胡椒粉拌匀，逐渐加入橄榄油搅匀。

②最后加入柠檬汁、李派林喼汁、盐和胡椒粉调味即成。

③立刻上菜使用或密封后入冰箱冷藏。

4. 技术要点

①可以用搅碎机制作凯撒酱汁，更加方便快捷。

②银鱼柳比较咸，所以要根据银鱼柳的咸味来确定盐的用量。

5. 质量标准

咸中带酸，芝士和银鱼柳的香味浓厚，适口不腻。

二、其他冷菜酱制作

1. 墨西哥番茄莎莎（Salsa fresca）

1. 原料（成品800g）

去籽番茄碎500g，洋葱碎100g，青椒丝80g，大蒜碎10g，香菜碎3g，牛至碎1g，青柠檬汁60mL，橄榄油30mL，墨西哥辣椒1个，黑胡椒粉0.5g，盐6.5g。

2. 设备器具

不锈钢汁盆，少司锅，少司保鲜盒，西餐刀，砧板，电子秤，量杯，细孔滤网，汁勺，蛋抽，果汁搅碎机，冰箱等。

3. 制作方法

①将所有原料混匀后，调味即可。

②迅速密封冷藏备用。

4. 技术要点

①在墨西哥烹饪中，Salsa fresca是一种新鲜的、未煮熟的沙拉，由切碎的番茄、洋葱、香菜叶、新鲜的墨西哥辣椒、盐和青柠檬汁制成。

②可以加入其他配料，如虾、维也纳香肠或鱿鱼、鳄梨、青柠檬汁或苹果醋、黄瓜、萝卜或芒果等硬的水果。由于墨西哥番茄莎莎含有的液体较少，可以作为墨西哥卷饼等菜肴的主要原料。

5. 质量标准

咸酸适口，番茄味厚，酸辣刺激，开胃解腻。

2. 罗勒青酱（Pesto）

1. 原料（成品920g）

烤香的松子150g，大蒜碎30g，罗勒叶350g，帕玛森芝士粉200g，橄榄油180mL，盐6.5g，黑胡椒粉4g。

2. 设备器具

不锈钢汁盆，少司锅，少司保鲜盒，西餐刀，砧板，电子秤，量杯，细孔滤网，汁勺，蛋抽，果汁搅碎机，冰箱等。

3. 制作方法

①将松子、大蒜、罗勒、帕玛森芝士粉放入搅碎机中搅打。

②逐步加入橄榄油，继续搅打，至光滑细腻的酱汁。

③加盐和胡椒粉调味。密封冷藏备用。

4. 技术要点

①可以用薄荷和欧芹代替罗勒制作薄荷青酱。

②可以在罗勒青酱中加入风干番茄增添风味。

5. 质量标准

酱汁细腻滋润，罗勒香草味浓厚，带芝士和松子清香味。

3. 红椒酱（Red pepper coulis）

1. 原料（成品1.5kg）

灯笼红椒2kg，红葱碎60g，橄榄油120mL，干白葡萄酒360mL，白色鸡肉基础汤360mL，盐适量。

2. 设备器具

不锈钢汁盆，少司锅，少司保鲜盒，西餐刀，砧板，电子秤，量杯，细孔滤网，汁勺，蛋抽，果汁搅碎机，冰箱等。

3. 制作方法

①将红椒烤软后去皮去籽，切成小丁。

②将红椒丁和红葱碎用油炒香，加入白葡萄酒煮干，加入鸡汤煮制到体积一半时放入搅碎机中搅打成细腻的红椒酱。

③加盐调味。立刻上菜使用或密封冷藏备用。

4. 技术要点

红椒也可以烧焦表皮或油炸至皱皮，再去除表皮。

5. 质量标准

酱汁细腻鲜红，滋润光亮，咸鲜微带甜辣味。

第五节 热菜酱汁工艺

在传统法式烹饪中，少司占据着重要的地位。因为西餐烹调多以大块或整形的原料食材进行烹制加工，在保证了原汁原味风味的同时，原料内部的入味效果不足，这就需要厨师专门调制各种酱汁来搭配食材。当客人用餐刀和餐叉切开食物时，浓香的酱汁和食物的本味搭配在一起，会带给客人最自然鲜美的滋味。因此，人们通常将少司烹饪称为西餐烹饪的灵魂。

一、少司的概念

少司是法文单词Sauce的译音，还可翻译为沙司、酱汁或调味汁，简称为“汁”。如：黑胡椒少司可以简称为“黑胡椒汁”。它是由厨师专门调制的西餐菜肴和糕点的调味汁。

与基础汤的加工一样，尽管在现代厨房中，人们已经开始习惯使用大众化的少司代用品，如工业化脱水干制的各种调味酱底，但是在高端西餐厅里，为了更好地推陈出新，把握和调节客人们挑剔的味蕾神经，主厨们必须亲自调制自己的独门少司秘方，这样才能做出自己的特色，不会产生千篇一律的风味，增强餐厅的品牌竞争力，甚至最后把做好的少司酱汁和菜肴用自己的名字来命名，这也是现代西餐烹饪的特色和发展趋势，这是单纯使用调味酱底不能做到的。

二、少司的作用

（一）确定并增加菜肴的风味

西餐少司通常都有不同的浓稠度，在和菜肴搭配时，能够很好地黏附在食物上，在不影响原料自身原味的基础上，给食物带来不同的特色风味，形成独特的经典菜式。例如，同样一道牛扒，配黑胡椒少司、红酒少司和班尼士少司，所带来的风味和味感体验是迥然不同的。

（二）保温提味，增加滋润度

西餐热菜上菜时，要求食材原料和装盘的盛器等都要热烫，正所谓“一烫当三鲜”。而西餐的热菜少司淋在原料上时，可以起到保温浓味的作用；同时针对各种西式冷菜，在菜肴上淋上酱汁也可以增加原料的口感，避免原料表面干皮，增加滋润度，提升菜肴的风味。

（三）增加菜肴的色泽和亮度

西餐少司的类型很多，根据颜色可以分为红色、白色、褐色、黄色、黄白色等，而且西餐少司制作中，根据品种不同通常都加入了增稠料、油脂或肉胶等，色泽鲜艳、明亮，淋在食材上或菜盘中，对食物都可以起到很好的增亮提色作用，增进美观。

（四）点缀和装饰

因为西餐菜肴的装盘讲究可食性，菜盘中的所有食材必须要可以食用，而且作为西餐厨师，是以客人完全吃完自己的菜肴，菜盘中不剩余一点食材为荣耀，为自豪。所以西餐厨师在菜肴或糕点的装盘中，常常将各种色泽艳丽的少司作为装饰料，如烧汁、红椒汁、黄椒汁、香草汁、巧克力汁、草莓汁等，淋在盘中形成各种漂亮的图案，产生独特的装饰效果，达到独特的美化效果，诱人食欲。

三、西餐少司的构成

西餐少司通常由三种原料构成：

（一）液体原料

少司也可称为酱汁或汁，所以作为汁液的液体原料是构成少司的主要原料之一。常用的液体原料有基础汤、牛奶、奶油、液体油脂、柠檬汁、葡萄酒醋或水等。

（二）增稠原料

增稠原料也称为稠化剂或增稠剂，也是制作少司的基本原料之一。

一般来说，液体原料必须经过稠化后产生黏性和浓度，才能够黏附在菜肴的原料上，起到调味、增香和美化的作用，因此，少司的稠化技术是制作少司的关键。

（三）调味料和各种香料

少司调味料中，常用的调味料是盐和胡椒，这是食物调味的根本原则，俗话说“珍馐美味不离盐”，盐是所有调味料中的百味之本，控制好食物基本的咸鲜本味，掌握好基本的盐的用量和方法，用胡椒粒或胡椒粉去异、增香，再使用其他的调味料和香料，就可以制作出各具特色的风味菜肴了。

四、西餐少司的稠化剂

（一）油面酱（Roux）

油面酱是法文单词Roux的意译，也称为面捞、面粉糊等，简称为面酱，它是用油脂和面粉，在低温下用小火煸炒而成的糊状原料。具有较强的黏附性，可以对西餐少司、汤菜、烩菜等菜肴起到增稠浓味、调节色泽的作用。

1. 油面酱的种类

油面酱通常分为白色油面酱（White roux）、黄色油面酱（Blonde roux）、褐色油面酱（Brown roux）、黑色油面酱（Dark roux）四类。这四种不同的油面酱各有特性，使用方式也不相同。

通常来说，颜色越浅的油面酱比颜色越深的油面酱的增稠效果好，因为颜色深的油面酱在炒制时，由于高温的原因，破坏了更多的淀粉质，淀粉的糊化作用就越差一些，但是在一些特色的烹饪中，使用深色油面酱如黑色油面酱等，可以带来一种独特的烤香的坚果风味，也可以调节少司的色泽，所以它们的使用用途各不相同。

2. 油面酱的材料

制作油面酱的主料面粉选择比较随意，可以选用各种类型的白色面粉来加工。通常高筋面粉和低筋面粉因为面粉中所含蛋白质的比例和淀粉的比例不同而性质各有差异。相比较来说，同等重量的情况下，低筋面粉炒制后的增稠效果比高筋面粉要好一些，而中筋面粉炒制后的增稠效果则介于此两者之间，因此一般推荐使用中筋面粉来炒制油面酱。

制作油面酱的油脂通常选用澄清黄油较好，当然也可以使用普通的无盐黄油、植物油、煮化的鸡油或其他煮化的动物油脂。不同的油脂炒制出的面酱风味各不相同，通常我们将用黄油炒出的面酱称为油面酱。

3. 油面酱的制作方法

油面酱通常以重量计算，按照面粉：油=6：4的比例炒制。炒制中，注意用小火并不断用炒勺搅动，炒至面粉出水气，呈翻砂状，面酱光滑细腻有光泽，略带湿润状即可，不宜炒得过干或很油腻。炒制中，要避免过火炒焦，根据不同面酱色泽要求，掌握炒制时间和火候。若炒制的量大，可以将面酱放入烤炉内，烘烤加热，便于控制火候。

油面酱通常可以采用以下方法加工使用：

（1）将晾冷的油面酱和热的液体融合在一起搅化使用。

（2）将热的油面酱和晾冷的液体融合在一起搅化使用。

（3）将温热的油面酱和温热的液体融合在一起搅化使用。

通常不适合将冷的油面酱和冷的液体混合，因为这样油脂容易遇冷凝固；而热的油面酱和热的液体则容易引起锅中沸腾，产生很大的热气，不便于加工。

（二）油面糊（Beurre manié）

油面糊，也称为黄油拌面糊，它是由小片黄油与相等重量的面粉，用餐叉搅拌均匀的油面糊。通常用作红酒类少司的增稠剂，尤其在应急情况下用于快速调节少司的浓稠度。

（三）干面糊（Dry roux）

干面糊，是将面粉直接撒在烤盘内或撒在原料上，用烤炉烤香或在煎锅内炒香上色后，与液体原料一同形成增稠剂的原料。通常用于红烩类的菜肴，如西班牙少司，马玲古烩牛肉等的制作中。

（四）蛋黄奶油芡（Egg yolk and cream liaison）

蛋黄奶油芡，是利用蛋黄在65℃时受热后凝固的特性，在蛋黄中加入奶油，使蛋黄的凝固点提高到82～85℃，来加工浓稠菜品的。

制作时，要将蛋黄和奶油事先充分调匀，使用前再加入少量煮沸的汤汁稀释，最后缓缓倒入调好的少司或浓汤中，搅匀增稠的制作过程。在使用时，技术的关键是避免温度过高，超过85℃会使蛋黄过多凝固而分离。通常蛋黄奶油芡是在菜肴准备上菜前，才加入少司酱汁或汤汁中，主要用于奶油浓汤类菜肴和白汁类菜肴。

（五）水粉芡（Slurries）

水粉芡，是利用淀粉糊化后的增稠作用来使汤汁或少司增稠的，使用广泛。通常竹芋粉、藕粉、玉米淀粉、木薯淀粉、马铃薯淀粉和米粉等淀粉都可以使用，淀粉的增稠作用比面粉要快很多，通常用淀粉做出的汤汁或酱汁比较透明，质地细腻光滑，风味与油面酱差异较大。

（六）面包渣（Bread crumbs）

面包渣可以和汤汁融合胶化，产生增稠作用，一般用于酿馅菜肴的馅心制作，将面包渣和牛奶或奶油混匀后，加入肉馅中，起到定型、增稠的作用。

（七）大米（Rice）

大米可以放入沸水中煮制，产生如米汤状的薄芡增稠效果，通常用于要轻微起稠的菜肴或汤汁中，如蟹肉浓汤等。

（八）蔬菜泥或水果泥（Vegetable purée、Fruit purée）

利用含有淀粉类物质较多的蔬菜或水果，制作出的菜泥和水果泥，在吸水后可以使汤汁浓稠，常见的如马铃薯浓汤等各种蔬菜浓汤等。

五、西餐少司的种类

西餐少司的种类众多，分类方法和习惯也各不相同，通常可以根据温度、菜品用途、少司的色泽、口味、原料等进行分类。

首先，可以根据温度和用途将少司分为冷少司、热少司和糕点少司。其中冷少司主要用于西餐冷菜的制作，热少司主要用于西餐热菜的制作，糕点少司用于西点制作。

其次，可以根据颜色将热少司分为褐色类少司、红色类少司、白色类少司、黄白色类少司和黄色类少司等。

第三，可以根据原料将热少司分为牛肉类少司、鸡肉类少司、海鲜类少司、野味类少司、奶油类少司和黄油类少司等。

第四，可以根据少司的性质分为稳定的乳化少司和不稳定的乳化少司等；根据温度分为冷的稳定乳化少司类和冷的不稳定乳化少司类；热的稳定乳化少司类和热的不稳定乳化少司类等。

这里，根据现代西餐烹饪的习惯，将西餐少司分类总结如下：

（一）冷少司

西餐的冷少司主要是用油脂和醋等调料通过乳化作用混合制作而成，根据原料和制作工艺不同，分为两大类：

1. 冷的稳定乳化少司类：马乃司少司和它的变化少司

马乃司少司是用油、蛋黄和醋等调料混合制作的酱汁，使用蛋黄乳化剂，制作的少司酱汁具有一定的稳定性，可以较长时间保存。主要适用于各种沙拉菜肴的调味制作。

2. 冷的不稳定乳化少司类：醋油少司和它的变化少司

醋油少司是用油和醋等调料直接搅拌均匀后制作的少司酱汁，因为没有使用乳化剂，所以酱汁调好后，在存放一段时间后，酱汁中的油和醋会因为比重密度的差异而分层，适合现调现用。

（二）热少司

在法国大革命之后，对法餐发展做出了不可替代贡献的厨师是曾任英皇乔治四世和俄国沙皇亚历山大一世首席厨师的安东尼·凯莱梅（Marie Antoine Carême），他总结和简化了源自拉·瓦伦（La Varenne）时代的烹饪技法，写下了法餐经典著作《法餐烹饪艺术》（*L'art de la cuisine française*），进一步确定和规范了法餐的规则，简化了菜肴和酱汁，并进行了系统的归类，丰富了法餐烹饪技巧，使烹饪理论更加严谨。其中最重要的是他首次提出了法餐四大母少司的概念，在当时他确定的母少司为：德式少司（Allemande sauce），西班牙少司（Espagnol sauce），天鹅绒浓汁少司（Velouté sauce），白汁少司（Béchamel sauce）。这些酱汁作为法餐酱汁中最基础的酱汁，可以通过添加其他的食材衍生出各种各样的酱汁。这样一来就把以前单纯的艺术性烹饪（Haute cuisine）引入了科学的思考。正是因为如此，法餐在欧洲的地位也有了显著的提高。

到了19世纪末，法国烹饪的整体架构已经基本形成，建立在酱汁和高汤上的法国烹饪有了坚实的基础。从17世纪开始，法国烹饪已经走过了近300年的历史，对各种极具创意的烹饪理念进行总结变得极为重要。这个时候被称为法餐灵魂人物的法国厨神奥古斯都·埃斯科菲（Auguste Escoffier）出现了，他被誉为现代法餐发展领导者的传奇，他将来自安东尼·凯莱梅时代的大量烹饪技术总结在他的巨著《烹饪指南》（*Le Guide Culinaire*）中，这部著作整理并且定义了传统法餐，正因为如此，他将法餐发展到了一个前所未有的高度。其中最重要的莫过于他定义的五大母酱。此时的法餐母酱已与凯莱梅时代的母酱有所不同，它们分别为：褐色少司（Espagnole sauce），白汁少司（Béchamel sauce），天鹅绒浓酱（Velouté sauce），荷兰少司（Hollandaise sauce），番茄少司（Tomate sauce）。正是由这些极具生命力的母少司发展出了千变万化的法餐少司酱汁，所以说，少司酱汁是法餐烹饪的灵魂。

根据西餐热少司在烹调中的不同作用，热少司又可分成基础少司、半基础少司和调味少司。

1. 基础少司

基础少司又称为“母少司”（Mother sauce），它们是由法国厨神奥古斯都·埃斯科菲定义的，它们是几乎所有西餐调味少司的基础酱汁。在现代西餐烹饪中，很多西餐少司都是在这些母少司的基础上变化过来的，尽管现在看来它们都很传统，但是直到今天，它们在现代西餐厨房里仍然起着举足轻重的作用。

基础少司一般以基础汤、牛奶、熔化的油脂为基本原料制作而成，主要包括褐色少司、白汤浓汁少司、白汁少司、番茄少司和荷兰少司五大类。

西餐的五大基础少司包括：

（1）褐色少司（Brown sauce）或者西班牙少司（Espagnole sauce） 由褐色基础汤等加上淀粉汁或油面酱及调味品制成的少司。

（2）白汤浓汁少司（Velouté sauce） 由白色牛基础汤（白色鸡基础汤、白色鱼基础汤等）加上白色油面酱及调味品制成的少司。

（3）白汁少司或牛奶少司（Béchamel sauce） 由牛奶、白色油面酱及调味品制成的少司。

（4）番茄少司（Tomato sauce） 由白色牛基础汤加上番茄酱、番茄、黄色或褐色油面酱及调味品制成的少司。

（5）荷兰少司（Hollandaise sauce） 荷兰少司是由黄油加上蛋黄及调味品制成的少司，属于黄油类少司（Butter sauce）。

2. 半基础或过渡少司

西餐中一部分由基础少司变化过来的少司酱汁，是以五大基础少司为基本原料，加入调味品变化而成，称为半基础或过渡少司。这些少司起着过渡作用，在这些少司中再加入一些调味品后，可以更容易制成直接用于烹调调味的少司。

常用的半基础少司有：德式蛋黄奶油少司（Allemande sauce）、奶油鸡肉蘑菇少司（Suprême sauce）、白葡萄酒少司（White wine sauce）、褐色小牛肉浓缩汁（Jus de veau lié）、烧汁（Demi glace）等。

3. 调味少司

调味少司也称变化少司。实际操作中上，调味少司通常可以在烹调中直接为各种菜肴调味。调味少司以五大基础少司或半基础少司为原料，通过再一次调味变化发展而成。

调味少司数量极多，风格各异，是具有独特味道的特色少司。由于调味少司在味道、颜色等方面具有的特点不同，因此，菜肴通过它们调味后，也变得丰富多彩。

通常，五个基础少司经过调味后，就可以直接变化成调味少司，但是有些基础少司还要加工成半基础少司后，再经过调味才能演变成调味少司。

调味少司的种类繁多，至今仍在不断地发展。西餐常见的调味少司有：

（1）以牛奶少司为基础制成的调味少司 例如奶油少司（Cream sauce）、车打芝士少司（Chedder cheese sauce）等。

（2）以白色少司为基础少司制成的调味少司 例如白色鸡少司（White chicken sauce）、白色鱼少司（White fish sauce）、匈牙利少司（Hungarian sauce）、咖喱少司（Curry sauce）和曙光少司（Aurora sauce）、贝尔西少司（Bercy sauce）等。

（3）以褐色少司为基础制成的调味少司 例如罗伯特少司（Robert sauce）、马德拉少司（Madeira sauce）等。

（4）以番茄少司为基础制成的特色少司 例如克里奥尔少司（Creole sauce）、葡萄牙少司（Portugaise sauce）等。

（5）以黄油为基础制作的特色少司 例如马尔泰斯少司（Maltaise sauce）、毛士莲少司（Mousseline sauce）和疏朗少司（Choron sauce）等。

（三）糕点少司

西点制作中常见的各种甜品酱汁。

第六节 热菜酱汁制作

一、热菜酱汁制作

（一）褐色少司（Brown sauce）

褐色少司是英文Brown sauce的意译，也可以音译为布朗少司，在西餐烹饪中，“布朗少司”曾经一度被认为是和法式传统酱汁“西班牙少司（Espagnole sauce）”和“烧汁（Demi glace）”风味特色近似的少司酱汁，可以相互替代。而在今天，有更多的西餐厨师也常常把用褐色基础汤浓缩成的“褐色小牛肉浓缩汁（Jus de veau lié）”称为是布朗少司或者是烧汁。

因此，准确地说，布朗少司是一个整体的广义概念，泛指用褐色基础汤制作的色泽为棕褐色的少司酱汁。在传统法式西餐里，布朗少司分为西班牙少司、褐色小牛肉浓缩汁、烧汁三大基础类型，而在这些基础少司的基础上，加入其他的调料，就可以变化出更多的褐色少司类型。

1. 西班牙少司（Espagnole sauce）

在法语中Espagnole的意思是西班牙，因此该酱汁又称为西班牙少司，是法餐中一种以褐色牛肉基础汤和油面糊为主，加入调味蔬菜、香叶、百里香和番茄酱熬煮而成的棕褐色酱汁。

西班牙酱的名字来自于“年轻”的路易十三和安妮公主的婚礼，据考证其中认可度较高的传说是来自于路易十三的妻子，西班牙的安妮公主。她在自己的婚宴里坚持要在传统的法式酱汁中加入西班牙番茄，经过厨师研究改良后形成的褐色酱汁少司配方沿用至今。

1. 原料（成品1L）

牛碎骨和边角料牛肉500g，褐色小牛肉基础汤1.25L，培根60g，洋葱60g，胡萝卜50g，西芹50g，番茄300g，番茄酱40g，蘑菇50g，大蒜10g，香叶1g，百里香1g，欧芹2g，香叶芹2g，黄油70g，面粉70g，盐和胡椒粉适量。

2. 设备器具

燃气灶，少司锅，少司保鲜盒，西餐刀，砧板，电子秤，量杯，细孔滤网，炒勺，汁勺，蛋抽，冰箱等。

3. 制作方法

①将牛碎骨和边角料牛肉用烤炉烤成棕褐色。培根、洋葱、胡萝卜、西芹切成小丁。大蒜切碎。将香叶、百里香、欧芹、香叶芹等香草用

厨用棉线扎成香料束。

②少司锅放在中火上烧热，加入黄油烧化，放入培根炒香，加洋葱、胡萝卜、西芹炒匀，撒入面粉炒变色。

③放入大蒜碎、蘑菇碎、番茄碎和番茄酱炒匀。

④倒入褐色小牛肉基础汤，搅匀后煮沸，加入烤香的牛碎骨和边角料牛肉。

⑤转小火慢煮约2h，放入香料束继续慢煮约1h。

⑥至少司浓香，去除香料束，撇去浮沫和浮油，加盐和胡椒粉调味，过滤后，离火加无盐黄油搅化，加盖保温或迅速冷却，冷藏。

4. 技术要点

①西班牙少司是法国传统少司，属于褐色少司，常常和“褐色小牛肉浓缩汁”并称布朗少司，可以互换使用。

②西班牙少司是在褐色基础汤的基础上，加各种调味蔬菜、番茄酱、香料和油面酱一起慢煮浓缩而成的。因为使用油面酱做增稠料，酱汁呈不透明状，具有色泽棕褐，汁稠味厚的特点。

③西班牙少司在炒制调味蔬菜时，可以不提前加面粉炒制，而是单独制作褐色油面酱，在少司制作结束前30min加入浓缩煮制，以便调剂浓稠度。

④香料束不宜过早加入，通常在少司结束前1h加入效果最佳。

⑤西餐少司在保存中，若没有加盖密封，表面容易起一层硬壳使少司干皮，最好的办法是用盖子或保鲜膜将少司酱汁密封后保存，这样就不会有干皮的现象。

⑥在低于-18℃的情况下，淀粉的老化作用就大大放缓。因此做好的少司若不立刻使用，可以装袋密封，急冻后冷冻保存。

5. 质量标准

色泽棕褐，汁稠味厚，牛肉味香浓。

2. 褐色小牛肉浓缩汁（Jus de veau lié）

1. 原料（成品1L）

边角料小牛肉250g，褐色小牛肉基础汤1.25L，洋葱60g，胡萝卜50g，西芹50g，番茄酱15g，玉米淀粉30g，干红葡萄酒30mL，雪利酒30mL，黄油30g，盐和胡椒粉适量。

2. 设备器具

燃气灶，少司锅，少司保鲜盒，西餐刀，砧板，电子秤，量杯，细孔滤网，炒勺，汁勺，蛋抽，冰箱等。

3. 制作方法

①将洋葱、胡萝卜、西芹切碎。大蒜切碎。玉米淀粉加干红葡萄酒和雪利酒调匀。

②少司锅中加油烧热，放入边角料牛肉煎成棕褐色。

③加入洋葱、胡萝卜、西芹炒香上色，加入番茄酱炒匀。

④倒入褐色小牛肉基础汤煮沸，转小火慢煮浓缩煮出味，加入淀粉酒汁勾芡。

⑤汁稠时过滤，加盐和胡椒粉调味，加黄油搅化即成褐色小牛肉浓缩汁。

4. 技术要点

①边角料小牛肉和调味蔬菜也可以在烤炉内烤成棕褐色，再加入布朗基础汤中慢煮浓缩。

②切记不能将边角料牛肉、蔬菜和番茄酱烤焦。

③在少司浓缩过程中，要注意随时撇去浮沫和浮油，以保证酱汁鲜香无异味。

④与西班牙少司不同，褐色小牛肉浓缩汁是用

淀粉汁勾芡浓稠的，制作简便快捷，所以酱汁相对其他的褐色少司要更加清澈透明和光亮，口味也略微清淡一些。

⑤因为用淀粉汁增稠的缘故，褐色小牛肉浓缩汁不能长时间在火上久煮浓缩，否则淀粉容易分解而使汤汁的浓度变清淡。

⑥因为淀粉的老化特性，在2～4℃的情况下淀粉老化最快，而且淀粉老化是不可逆转的，不能通过再次蒸煮回到淀粉之前的状态。所以用淀粉勾芡的褐色小牛肉浓缩汁，为了保持最佳的浓稠度，通常适合于现制现用的场合和菜肴，不适合冷藏保存。

5. 质量标准

色泽棕褐，少司光亮适口，味咸鲜香浓。

3. 烧汁（Demi glace）

烧汁是一种半基础过渡类的褐色少司，具有色泽深褐，风味浓厚，浓稠似胶冻的特点。在法式传统西餐中，通常用于红肉类菜肴的调味淋汁中。烧汁的传统做法是将等量的褐色小牛肉基础汤和西班牙少司混合在一起，用小火慢煮浓缩至原来体积一半时，过滤而成的。

1. 原料（成品1L）

西班牙少司1L，褐色小牛肉基础汤1L，黄油15g，蘑菇150g，波特酒（Porto）100mL，盐和胡椒粉适量。

2. 设备器具

燃气灶，少司锅，少司保鲜盒，西餐刀，砧板，电子秤，量杯，细孔滤网，炒勺，汁勺，蛋抽，冰箱等。

3. 制作方法

①将蘑菇切片。

②将蘑菇用黄油炒香，煮至酒汁将干时，倒入西班牙少司和褐色小牛肉基础汤煮沸，转小火慢煮。

③浓缩至原来体积的一半，过滤后，加波特酒调味，迅速冷却，冷藏。

4. 技术要点

①烧汁是西餐少司制作中极其重要的基础酱汁，它是各种变化类褐色少司的母少司，应用广泛。

②也可以用雪利酒（Sherry）或马德拉酒（Madeira）代替波特酒调味增香。

5. 质量标准

色泽棕褐，风味浓厚，浓稠似胶冻。

4. 波尔多红酒汁（Bordelaise sauce）

1. 原料（成品1L）

红葱碎70g，香叶0.5g，百里香2g，黑胡椒粗碎2g，熟牛骨髓20g，欧芹2g，黄油15g，波尔多红酒2L，烧汁2L，柠檬汁、盐和胡椒粉适量。

2. 设备器具

燃气灶，少司锅，少司保鲜盒，西餐刀，砧板，电子秤，量杯，细孔滤网，炒勺，汁勺，蛋抽，冰箱等。

3. 制作方法

①将红葱碎、黑胡椒碎、香叶、百里香和波尔多红酒倒入锅中，用小火煮至酒汁将干。

②倒入烧汁煮稠，过滤后加牛骨髓粒、柠檬汁搅匀。

③加盐和胡椒粉调味，放入小块黄油搅化，撒欧芹碎即成。

4. 技术要点

①红酒少司以选用红葱做主料为佳。若用洋葱，则熬煮太久会出很多甜味，影响少司的整体风味。

②用小火煮出红酒过多的酸味，将香味熬煮出来。不宜用大火熬煮。

5. 质量标准

色泽深褐，酒香浓郁，汁稠发亮，味厚不腻。

5. 罗伯特少司（Robert sauce）

1. 原料（成品1升）

洋葱碎125g，澄清黄油65g，干白葡萄酒500mL，烧汁1L，第戎芥末酱5g，无盐黄油60g，盐和胡椒粉适量。

2. 设备器具

燃气灶，少司锅，少司保鲜盒，西餐刀，砧板，电子秤，量杯，细孔滤网，炒勺，汁勺，蛋抽，冰箱等。

3. 制作方法

①将洋葱碎用澄清黄油炒香，加入干白葡萄酒，用小火煮至酒汁将干。芥末酱用水调匀。

②倒入烧汁煮稠，过滤后加调匀的芥末酱搅匀。

③加盐和胡椒粉调味，放入小块无盐黄油搅化即成。

4. 技术要点

①罗伯特少司适合猪扒类菜肴。

②在罗伯特少司的基础上，最后加入酸黄瓜丝搅匀，则成为芥末少司。

5. 质量标准

色泽棕褐，咸酸适口，芥末和酒香浓郁，汁稠发亮，味厚不腻。

（二）白汤浓汁少司（Velouté sauce）

白汤浓汁少司的做法相对简单，先制成油面酱，再加入白色基础高汤（鸡高汤或者鱼高汤）调匀后煮沸，调味即成。因为酱汁有着天鹅绒般的色泽和质感，被命名为Velouté（英语velvet），又称天鹅绒浓汁少司。

在传统法式西餐中，把白汤浓汁少司（Velouté sauce）和白汁少司（Béchamel sauce）划分为两个不同的类型。白汤浓汁少司是用白色基础汤加金黄色油面酱及调味料调制而成；而白汁少司是用牛奶加白色油面酱及调味料调制而成。

在现代西餐烹饪中，则简化了分类的方法，把白汤浓汁少司和白汁少司统一归纳为白色少司（White sauce）。这里分别介绍如下：

1. 白汤浓汁少司（Velouté sauce）

1. 原料（成品1L）

澄清黄油70g，面粉60g，白色基础汤或鱼精汤1.25L，洋葱碎30g，蘑菇碎30g，新鲜百里香1枝，欧芹梗2枝，香叶1片，韭葱叶2片，西芹茎1小段，厨用棉线，黄油（增亮）20克，盐和胡椒粉适量。

2. 设备器具

燃气灶，少司锅，少司保鲜盒，西餐刀，砧板，电子秤，量杯，细孔滤网，炒勺，汁勺，蛋抽，冰箱等。

3. 制作方法

①将新鲜百里香、欧芹梗、香叶、韭葱叶、西芹茎等用厨用棉线扎成香料束。

②少司锅放于中火上烧热，加黄油烧化，放入洋葱碎和蘑菇碎炒香，加入面粉继续炒制。

③待面粉炒成金黄色时，离火保温。

④在热的油面酱中，分次加入温热的白色基础汤或鱼精汤，用蛋抽搅匀，上火煮沸，转小火煮约1h。

⑤待少司浓稠沾勺时过滤，加盐和胡椒粉调味，加入黄油搅化，保温，或迅速冷却，冷藏。

4. 技术要点

①白汤浓汁少司制作中，可以根据需要，加一些新鲜的边角料白色肉类原料增香。可以先将白肉原料用油煎至定型、不上色，再加入洋葱、蘑菇等蔬菜炒香。

②以小火炒制油面酱，注意控制颜色，以色泽金黄色为佳，香味和酱汁的色泽都很好，切忌焦煳。

③基础汤应分次加入面酱中。通常可以将温热的基础汤与热的面酱混匀搅拌，不能用冷的面酱和冷的基础汤、热的面酱和沸腾的基础汤来混合，否则影响成品质量。

④控制好少司酱汁的浓稠度，尽可能准确把握油面酱和基础汤的配方比例。通常以1L基础汤用量为例，若制作风味清淡的白色浓汤菜肴，通常可以用到90g的白色或金黄色油面酱；若制作浓度适中的白汤浓汁少司，通常可以用到105g的白色或金黄色油面酱；若制作浓度较大的、用于调制各种肉馅、肉丸的白汤浓汁酱，通常可以用到150g的白色或金黄色油面酱。

5. 质量标准

色泽乳白，酱汁浓稠，咸鲜清淡，适口不腻。

2. 奶油鸡肉蘑菇少司（Suprême sauce）

1. 原料（成品1L）

澄清黄油30g，白汤鸡肉浓汁1L，热的浓奶油250mL，蘑菇片250g，无盐黄油50g，盐和胡椒粉适量。

2. 设备器具

燃气灶，少司锅，少司保鲜盒，西餐刀，砧板，电子秤，量杯，细孔滤网，炒勺，汁勺，蛋抽，冰箱等。

3. 制作方法

①将蘑菇片用澄清黄油炒香，加入白汤鸡肉浓汁和浓奶油煮沸，转小火慢煮浓缩。

②待酱汁浓稠沾勺时过滤，加盐和胡椒粉调味，离火加无盐黄油搅化即成。

4. 技术要点

①蘑菇片炒香出水即可。

②小火煮制，酱汁以浓稠沾勺为佳。

5. 质量标准

色泽乳黄，奶油味浓，带蘑菇清香，适口不腻。

3. 白色束法汁（White chaud-froid sauce）

1. 原料（成品1L）

白色基础汤1L，黄油60g，面粉60g，明胶片40g，淡奶油1L，柠檬汁10g，盐和胡椒粉适量。

2. 设备器具

燃气灶，少司锅，少司保鲜盒，西餐刀，砧板，电子秤，量杯，细孔滤网，炒勺，汁勺，蛋抽，冰箱等。

3. 制作方法

①黄油炒面粉，制成白色油面酱，离火晾冷，分次加入热的白色基础汤，制成白汤浓汁。

②倒入淡奶油煮沸，转小火煮稠，加入化软的明胶，加柠檬汁、盐和胡椒粉调味。

③过滤后冷藏，待酱汁黏稠时，淋在原料上装饰即成。

4. 技术要点

①少司浓缩中，用小火加热，边加热边搅动，避免锅底焦煳。

②明胶片先用冷水浸软，再放入热的酱汁中搅化。

③注意控制酱汁的浓稠度。

5. 质量标准

色泽乳白，酱汁黏稠，味清淡适宜。

（三）白汁少司（Béchamel sauce）

Béchamel sauce，又称法式白汁少司，简称白酱，与白汤浓汁少司（Velouté sauce）一样，白汁少司也属于白色少司，是用牛奶和白色油面酱制作而成。制作中，先用黄油与面粉加热制成油面酱，加入牛奶后制成白汁少司。根据不同的用途可以加入适量的食材和香草进行调味和变化，比如黑胡椒、肉豆蔻、香叶等。

作为一款历史悠久的少司酱汁，法式白酱的发展经历了几百年的演变。16世纪文艺复兴时期，意大利的托斯卡纳地区出现了一种主要由奶油制成的浓稠酱汁叫作Salsa colla或Colletta，意思为“像胶水一样的酱汁”，这就是法式白酱的雏形。1533年，来自意大利的凯瑟琳王后嫁到法国，也带来了酱汁的配方。17世纪，1651年拉·瓦伦编著的著名的《弗朗索瓦大厨》书中就记录了Salsa colla酱的制作方法。而在其基础上，由路易十四的大管家路易·德·贝夏梅尔（Louis de Béchamel）对此进行了改良，将大量的奶油替换成油面酱，再加入牛奶制成，法国的贝夏梅尔白酱因此得名。

但是到了近代，人们指责这些传统的酱汁“一成不变”“高脂肪高热量”，都需要做适当的改变。在21世纪，大厨们开始了利用“萃取”的方法，从食材中提取风味：例如将香料、香草等放入牛奶中浸润，使牛奶吸收香料的风味，这样做出的法式白酱味道更加纯粹，口感更细腻，提升了风味。

1. 白汁少司（Béchamel sauce）

1. 原料（成品1L）

黄油60g，面粉60g，澄清黄油10g，洋葱碎15g，牛奶1.25L，香叶0.2g，百里香2枝，豆蔻粉1g，盐和胡椒粉适量。

2. 设备器具

燃气灶，少司锅，少司保鲜盒，西餐刀，砧板，电子秤，量杯，细孔滤网，炒勺，汁勺，蛋抽，冰箱等。

3. 制作方法

①将黄油放入少司锅中烧化，加入面粉炒匀，制成白色油面酱。香叶、百里香制成香料束。

②将洋葱碎用澄清黄油炒香，加入白色油面酱炒匀，离火后保温。

③在油面酱中分次加入温热的牛奶搅匀，上火煮沸，加入香料束，转小火慢煮约30min。

④至少司浓稠后过滤，加豆蔻粉、盐和胡椒粉调味即成，保温；或迅速冷却，冷藏。

4. 技术要点

①小火浓缩慢煮少司，煮制中，应该用木勺或蛋抽随时搅匀，避免锅底焦煳。

②煮制中，要随时撇去浮沫，以去除异味。

③车打芝士少司（Chedder cheese sauce）：在白汁少司基础上，加入120g的车打芝士碎搅匀即成。

④奶油少司（Cream sauce）：在白汁少司基础上，加入浓奶油125mL浓缩煮稠后即成。

5. 质量标准

色泽奶白，酱汁浓稠，咸鲜清淡，适口不腻。

2. 毛恩内少司（Mornay sauce）

1. 原料（成品1L）

白汁少司1.25L，蛋黄4个，淡奶油200mL，帕玛森芝士碎60g，古老耶（Gruyère）芝士碎60g，黄油60g，盐和胡椒粉适量。

2. 设备器具

燃气灶，少司锅，少司保鲜盒，西餐刀，砧板，电子秤，量杯，细孔滤网，炒勺，汁勺，蛋抽，冰箱等。

3. 制作方法

①将蛋黄和奶油调匀成蛋黄奶油芡。

②制作白汁少司，离火加入蛋黄奶油芡搅匀。

③上火煮沸后过滤，上菜前，加帕玛森芝士碎和古老耶芝士碎拌匀，加盐和胡椒粉调味，加黄油搅化即成。

4. 技术要点

①古老耶芝士通常在上菜前加入酱汁中，风味才最佳，不宜过早放入。

②也可以用法国汝拉（Jura）芝士或瑞士爱芒特（Emmenthal）芝士代替古老耶芝士，风味亦佳。

5. 质量标准

色泽乳白，少司浓稠，芝士奶油香味浓郁。

（四）番茄少司（Tomato sauce）

今天番茄是西餐中应用最广泛的原料之一，而番茄少司也是西餐中使用最普及的少司之一，但是番茄在西餐中的应用一开始并不是一帆风顺的。

番茄的起源中心是南美洲的安第斯山地带。墨西哥较早驯化栽培，1523年，番茄由墨西哥传到西班牙、葡萄牙，1550年前后传到意大利，1575年相继传到英国和中欧各国，当时作为观赏植物。16世纪时，英国公爵俄罗达格里从南美洲带回一株番茄苗，献给他的情人英国女皇伊丽莎白。从此，番茄便落土欧洲，但是当时人们认为这种色彩艳丽的果子不能食用，仍然没有人敢吃它。当时，英国医生警告人们说，食用番茄会带来生命危险。在16世纪，法国人也认为番茄是不可食用的，只有普罗旺斯人坚持对番茄的热爱才把吃番茄的热潮带到巴黎，在安东尼·凯莱梅的时代，番茄的使用也并未广泛普及，但一些加入了番茄的菜肴已经开始出现。比如有传奇色彩的菜肴马伦戈炖鸡（Chicken Marengo），就是用马伦戈战场上仅有的番茄、蘑菇等几样食材做成的。

在全世界各地的美食中，番茄少司的制作工艺和配方变化多样，各有特色。有的厨师喜欢用新鲜的生番茄做番茄汁的主料，有的喜欢用煮熟的罐装番茄，有的喜欢在调料中加入烤过的牛骨或猪骨提味，有的喜欢加入培根或烟熏火腿浓味，有的番茄汁只能用橄榄油来调制，等等。而法国厨神奥古斯都·埃斯科菲定义的番茄少司是用油面酱作为浓稠料加工而成。

1. 番茄少司Ⅰ（Tomato sauceⅠ）

1. 原料（成品1L）

黄油50g，培根100g，胡萝卜150g，洋葱150g，大蒜20g，面粉50g，蘑菇50g，鲜番茄1kg，番茄酱100g，白色基础汤1.5L，香叶1g，百里香1g，欧芹2g，香叶芹2g，细砂糖、盐和胡椒粉适量。

2. 设备器具

燃气灶，少司锅，少司保鲜盒，西餐刀，砧板，电子秤，量杯，细孔滤网，炒勺，汁勺，蛋抽，冰箱等。

3. 制作方法

①培根、胡萝卜、洋葱切小丁；大蒜切碎；番茄去皮、去籽、去蒂，切碎；将香叶、百里香、欧芹、香叶芹等香草用棉线扎成香料束。

②将培根用黄油炒香，加胡萝卜、洋葱、大蒜炒匀，加面粉炒上色。

③加入蘑菇、番茄、番茄酱炒匀。

④分次倒入热的白色基础汤，煮沸后加香料束。

⑤转小火慢煮约2h，至酱汁浓稠沾勺。

⑥去除香料束、撇去浮沫和浮油，加细砂糖、盐和胡椒粉调味，过滤后即成，保温或迅速冷却，冷藏。

4. 技术要点

①汁中加入细砂糖，有和味的作用，用量宜少，以不显现甜味为佳。

②若鲜番茄的质量好，则可以不用番茄酱，使用2kg鲜番茄制作。

③这种番茄汁多用于西餐菜肴的调味酱汁。

5. 质量标准

色泽棕红，汁稠发亮、味香浓，番茄味浓厚。

2. 番茄少司Ⅱ（Tomato sauce Ⅱ）

1. 原料（成品1L）

澄清黄油10g，培根15g，胡萝卜20g，洋葱40g，大蒜20g，面粉20g，罐装带汁番茄碎2L，番茄酱60g，白色基础汤70mL，烤香上色的猪骨500g，香叶1g，百里香1g，欧芹2g，香叶芹2g，细砂糖、盐和胡椒粉适量。

2. 设备器具

燃气灶，少司锅，少司保鲜盒，西餐刀，砧板，电子秤，量杯，细孔滤网，炒勺，汁勺，蛋抽，果汁搅碎机，冰箱等。

3. 制作方法

①培根、胡萝卜、洋葱切小丁；大蒜切碎；将香叶、百里香、欧芹、香叶芹等香草用棉线扎成香料束。

②将培根用黄油炒香，加胡萝卜、洋葱、大蒜炒匀，加面粉炒上色。

③加入罐装番茄碎、番茄酱、白色基础汤炒匀。

④加入烤香的猪骨煮沸后加香料束、转小火慢煮约2h，至酱汁浓稠沾勺。

⑤去除香料束和猪骨、撇去浮沫，放入果汁搅碎机中搅碎成蓉酱。

⑥加细砂糖、盐和胡椒粉调味即成，保温或迅速冷却，冷藏。

4. 技术要点

①这种番茄少司以使用罐装鲜番茄为主，主要用罐装番茄汁来熬煮番茄少司的浓度，突出原汁原味的番茄风味。

②制作好的番茄少司需要用搅碎机搅碎成蓉酱。

5. 质量标准

色泽棕红，酱汁细腻有光泽，味咸酸略甜，番茄味浓厚。

3. 番茄少司Ⅲ（Tomato sauce Ⅲ）

1. 原料（成品1L）

胡萝卜120g，洋葱120g，西芹60g，大蒜5g，橄榄油60g，黄油30g，鲜番茄碎1.5kg，欧芹5g，细砂糖、盐和胡椒粉适量。

2. 设备器具

不锈钢汁盆，少司锅，少司保鲜盒，西餐刀，砧板，电子秤，量杯，细孔滤网，汁勺，蛋抽，果汁搅碎机，冰箱等。

3. 制作方法

①少司锅中加黄油和橄榄油烧热，放入胡萝卜、洋葱、西芹、大蒜炒香上色。

②加鲜番茄碎炒匀，转小火慢煮约1h。

③至番茄味浓，酱汁浓稠时出锅。

④加欧芹碎拌匀，用盐和胡椒粉调味即成。

4. 技术要点

①这是用番茄碎直接熬煮出的原味番茄汁，适合各种米饭、面食菜肴的调味中。

②熬煮番茄酱时，要用小火，适当搅动，避免焦煳。

5. 质量标准

色泽棕红，番茄蓉酱浓稠，味咸酸略甜，番茄味浓厚。

4. 番茄少司Ⅳ（Tomato sauceⅣ）

1. 原料（成品1L）

洋葱90g，大蒜5g，橄榄油20mL，黄油30g，鲜番茄碎或罐装番茄碎1kg，罗勒碎25g，盐和胡椒粉适量。

2. 设备器具

不锈钢汁盆，少司锅，少司保鲜盒，西餐刀，砧板，电子秤，量杯，细孔滤网，汁勺，蛋抽，果汁搅碎机，冰箱等。

3. 制作方法

①少司锅中加橄榄油烧热，放入洋葱、大蒜炒香上色。

②加鲜番茄碎炒匀，转小火慢煮约1h。

③至番茄味浓，酱汁浓稠时出锅。

④加罗勒碎拌匀，用果汁搅碎机搅碎成蓉酱，用盐和胡椒粉调味即成。

4. 技术要点

①这是用番茄碎直接熬煮出的原味番茄汁，适合用于各种米饭、面食菜肴的调味中。

②熬煮番茄酱时，要用小火，适当搅动，避免焦煳。

5. 质量标准

色泽棕红，番茄蓉酱浓稠，味咸酸略甜，番茄味浓厚。

（五）黄油少司类（Butter sauce）

黄油少司类是西餐基础少司中的一大类型，制作方式多样，种类繁多，主要有用澄清黄油、水和蛋黄制作的乳化黄油少司；用浓缩酒醋汁和黄油制作的白黄油少司；用香草和软化的黄油搅匀制作的酒店管事黄油等。

荷兰酱是法国五大基础少司中颇负盛名的一款基础酱汁，因为它细腻丝滑的质感和漂亮的柠檬黄色泽和风味，深受大家喜爱。尽管这款酱汁的名字是荷兰，它却是公认的地道法国酱汁。最初这款酱汁被称为伊斯尼少司（Sauce Isigny），这是因为伊斯尼（Isigny）是法国诺曼底的一个著名小镇，以盛产黄油和奶油著称。但是因为第一次世界大战诺曼底的乳制品业受到影响，这款酱汁使用了进口的荷兰黄油，所以该酱被重新命名为“Hollandaise sauce”。而追溯法国烹饪史的发展，早在20世纪之前，荷兰酱（Hollandaise）这个词就已被用于这种调味酱料了。

拉・瓦伦在1651年的烹饪巨著《弗朗索瓦大厨》中就首次描述了类似荷兰酱的调味料。拉・瓦伦建议将芦笋与“用好的新鲜黄油，少许醋，盐和蛋黄融合成少司酱”制成酱汁一起食用。并且在食谱中简短地指示“注意酱汁不要凝结”。从这里就告诉我们酱汁已经经过加热烹煮，可能会用到蛋液搅拌的技术。拉・瓦伦对于这款蛋黄黄油酱的创作并没有给出具体的名称，而只是将这道菜命名为“芦笋配浓香少司”（Asparagus in fragrant sauce）。

而其后的法国御用大厨玛丽・安东尼・凯莱梅对前人总结的酱汁进行分类、定义和描述，他归类了数百种调味酱，其中包括那些经典且可立即辨识的酱汁配方，甚至要求在使用伊斯尼黄油时也称其为Hollandaise，从这里可以推断荷兰酱早在19世纪30年代就已被确立了。

尽管凯莱梅显然对荷兰酱很熟悉，但他并没有将其命名为他定义的四种母酱调味品之一。荷兰酱最后是被20世纪的厨神和烹饪作家奥古斯都·埃斯科菲定义为五种基础母酱之一，确立了现代法餐的调味理论体系。

1. 荷兰少司（Hollandaise sauce）

1. 原料（成品1L）

鸡蛋黄8个，熔化黄油或澄清黄油650mL，红葱碎25g，粗胡椒碎2g，苹果酒醋或白葡萄酒醋110mL，柠檬汁20mL，纯净水110mL，西班牙红粉适量，盐和胡椒粉适量。

2. 设备器具

不锈钢汁盆，少司锅，少司保鲜盒，西餐刀，砧板，电子秤，量杯，细孔滤网，汁勺，蛋抽，冰箱等。

3. 制作方法

①将红葱碎、粗胡椒碎和酒醋放在少司锅中加热煮制，待酒汁将干时离火。

②加入纯净水搅匀，过滤后放入不锈钢汁盆中。

③将鸡蛋黄加入浓缩的汁液中，采用水浴加热的方法，隔热水用蛋抽搅打蛋黄浆。

④至蛋黄浆浓稠起泡、体积增大后，分次加入热的熔化黄油或澄清黄油，边加油边搅拌。

⑤至黄油加完后，加入柠檬汁、西班牙红粉、盐和胡椒粉等调料调味即成。

⑥将少司趁热上菜或保温。

4. 技术要点

①荷兰少司是热的乳化黄油少司，可以用熔化的黄油或澄清黄油制作。用熔化的黄油制作而成的荷兰少司整体风味浓厚，口感柔和细腻，适合用于各种肉类、海鲜、蔬菜和蛋类菜肴；而用澄清黄油制作的荷兰少司则更稳定，质感偏硬一些，适合用于焗烤类菜肴的烹制。

②通常以1个蛋黄配60~85g黄油的比例来调制。

③控制蛋黄浆水浴加热搅打的温度。以水温65℃左右为宜。若制作中，盆底或盆边的蛋黄液开始凝固，则应该立刻从热水中拿开，迅速降温，以免蛋黄过熟失去乳化性。

④若调制时少司过于浓稠，可以加入柠檬汁或少量热水使之浓度稀释。

⑤荷兰少司切忌过夜存放，只需现制现用，因为少司中的蛋白质和油量丰富，在温热的环境下，容易变质。

⑥荷兰少司制好后，应趁热上菜，或者加盖保温存放，保温时间不能超过2h。

⑦毛士莲少司（Mousseline sauce）：上菜前，在荷兰少司中，加入180mL打发的浓奶油调匀即成。

5. 质量标准

色泽浅黄，有光泽，呈乳膏状，绵软细腻，咸鲜微酸。

2. 班尼士少司（Béarnaise sauce）

1. 原料（成品1L）

鸡蛋黄8个，熔化黄油或澄清黄油720mL，红葱碎100g，粗黑胡椒碎10g，龙蒿碎30g+30g，香叶芹碎20g+20g，白葡萄酒50mL，白葡萄酒醋或龙蒿酒醋100mL，纯净水90mL，盐和胡椒粉适量。

2. 设备器具

不锈钢汁盆，少司锅，少司保鲜盒，西餐刀，砧板，电子秤，量杯，细孔滤网，汁勺，蛋抽，果汁搅碎机，冰箱等。

3. 制作方法

①将红葱、粗黑胡椒、龙蒿、香叶芹香草等分别切碎。

②将龙蒿酒醋、红葱碎、粗黑胡椒碎、龙蒿碎30g和香叶芹碎20g一同放入厚底的少司锅中，用小火浓缩。

③煮至酒汁将干时，离火加入白葡萄酒和纯净水，过滤后放入不锈钢汁盆中，成浓缩香草汁。

④将鸡蛋黄放入浓缩香草汁中调匀，用蛋抽搅打成起泡的萨芭雍（Sabayon）蛋黄酱。把汁盆放入60℃的热水中，继续用蛋抽搅动。

⑤至蛋黄酱浓稠，体积增大时，分次加入热的黄油，边加油边搅动。

⑥待油加完，加入剩余的龙蒿碎30g和香叶芹碎20g，用盐和胡椒粉调味即成。

⑦将少司趁热上菜或保温。

4. 技术要点

①上菜前才加入剩余的龙蒿碎和香叶芹碎，以保持香草翠绿的色泽和清新的香味。

②班尼士少司制好后，应趁热上菜，或者加盖保温存放，保温时间不能超过2h。

③疏朗少司（Choron sauce）：在班尼士少司中，加入50g的煮稠的浓缩番茄少司即成。

5. 质量标准

色泽黄绿，呈乳膏状，香草味浓，软滑细腻，咸鲜微酸。

3. 白黄油少司（Beurre blanc）

1. 原料（成品1L）

小块黄油710g，红葱碎40g，粗胡椒碎2g，干白葡萄酒250mL，柠檬汁65mL，白葡萄酒醋100mL，浓奶油250mL，柠檬皮10g，盐和胡椒粉适量。

2. 设备器具

不锈钢汁盆，少司锅，少司保鲜盒，西餐刀，砧板，电子秤，量杯，细孔滤网，汁勺，蛋抽，果汁搅碎机，冰箱等。

3. 制作方法

①将浓奶油用小火浓缩至原来体积一半时离火。

②将红葱碎、粗胡椒碎、白葡萄酒、柠檬汁、白葡萄酒醋放入厚底少司锅内，浓缩至酒汁将干时，加入浓缩过的浓奶油搅匀，煮2～3min。

③分次加入小块黄油，边加油边搅动，至黄油加完，加入柠檬皮提味。

④用盐和胡椒粉调味，将少司过滤后即成。

4. 技术要点

①浓缩时用小火。红葱也可以先用适量黄油炒香后，再加其他调味料进行浓缩，以增进风味。

②离火加入黄油时，应慢慢地搅动。若温度过低，可以将锅重新置于小火上加热，待黄油熔化时离火，重复步骤，至黄油均匀熔完为止。

③白黄油少司主要应用于煮、蒸制类的海鱼类和蔬菜类菜肴，制作中还可根据需要，加入细香葱、香叶芹、薄荷叶、咖喱粉、红椒粉（Paprika）等调料提味。

5. 质量标准

少司色泽乳黄，黄油香味浓厚。

4. 酒店管事黄油酱（Maître d'hôtel butter）

1. 原料（成品500g）

黄油500g，欧芹碎60g，柠檬汁25mL，盐和胡椒粉适量。

2. 设备器具

不锈钢汁盆，少司锅，少司保鲜盒，西餐刀，砧板，电子秤，量杯，细孔滤网，汁勺，蛋抽，果汁搅碎机，微波炉，冰箱等。

3. 制作方法

①将黄油切成小块，放入碗中，送入微波炉内加热。

②至黄油变软后取出，用蛋抽搅匀。

③加入欧芹碎、柠檬汁、盐和胡椒粉调味，成软化的黄油酱。

④将黄油酱放于保鲜膜或油纸上，卷裹成直径3cm的长条，送入冰箱冷藏。

⑤或将黄油酱放入裱花袋中，挤成漂亮的花形，冷藏。

⑥使用前取出切片，上菜即成。

4. 技术要点

①搅拌黄油时，环境温度不宜过高或过低，以使黄油逐渐软化、呈软膏状为度。

②可以用食物搅碎机搅拌黄油，更快捷。

③少司做好后，可以放在保鲜膜或是锡箔纸上，卷成直径约3cm的长圆条，送入冰柜中冷冻。待凝结冻硬后取出，切成厚片，以备使用。

5. 质量标准

细腻软滑，咸中带酸，香味浓郁，风味独特。

二、糕点少司制作

1. 尚蒂伊奶油酱（Crème chantilly）

1. 原料（成品1L）

鲜奶油1L，香子兰粉少许，糖粉150g。

2. 设备器具

不锈钢汁盆，电子秤，量杯，汁勺，蛋抽，果汁搅碎机等。

3. 制作方法

①将鲜奶油倒入不锈钢汁盆内，加入香子兰粉拌匀。

②将不锈钢盆放于装有冰块的大盆中，隔冰水用蛋抽将奶油打发。

③至鲜奶油发泡、挺身时，加入糖粉拌匀即成。

4. 技术要点

①可以用不锈钢盆制作酱汁。奶油隔冰水打发，制作方便。

②奶油不宜过度打发，否则成品不饱满，无光泽。

5. 质量标准

酱汁松泡，香甜适口，奶香味足。

2. 英式奶油汁（Crème anglaise）

1. 原料（成品1L）

主料：牛奶1L，鸡蛋黄10个，香子兰荚1枝，糖粉200g。

风味变化：浓缩咖啡粉25g或可可粉50g或开心果100g，力娇酒50mL。

2. 设备器具

不锈钢汁盆，燃气灶，厚底少司锅，少司保鲜盒，电子秤，量杯，汁勺，蛋抽，细孔滤网，果汁搅碎机，冰箱等。

3. 制作方法

①少司锅中加牛奶和剖开的香子兰荚煮沸，保温。

②把鸡蛋黄放入不锈钢盆中，加糖粉后用蛋抽搅打至乳稠状。

③将热牛奶分次倒入②的蛋黄酱中，边倒边搅，至牛奶倒完成蛋奶浆。

④将蛋奶浆倒入少司锅中加热，边加热边搅动。

⑤至蛋奶浆浓稠、沾勺时，过滤后迅速冷却，冷藏即可。

4. 技术要点

①热牛奶要分次倒入搅匀的蛋黄中，边加边搅动，以免蛋黄过度受热。

②用小火煮制蛋奶浆时，边煮边搅拌，至微沸时离火，以免蛋黄过度受热，影响酱汁的质地。

5. 质量标准

酱汁乳黄，香甜适口，奶香味足。

3. 巧克力汁（Chocolate sauce）

1. 原料（成品1L）

巧克力碎340g，奶油500mL，黄油45g。

2. 设备器具

不锈钢汁盆，燃气灶，厚底少司锅，少司保鲜盒，电子秤，量杯，汁勺，蛋抽等。

3. 制作方法

①将巧克力碎和奶油放入不锈钢汁盆中，置于小火上水浴加热搅匀。

②至巧克力完全熔化后，离火加入黄油搅化即成。

4. 技术要点

①小火加热熔化巧克力酱，也可以用电磁炉加热，便于控制熔化的温度。

②熔化的巧克力汁细腻，无颗粒，浓稠适度。

5. 质量标准

酱汁浓稠适度，细腻绵软。

4. 马沙拉萨芭雍汁（Marsala sabayon）

萨芭雍（Sabayon）起源于浪漫水都威尼斯，它是将蛋黄、砂糖和马沙拉酒（Marsala wine）混合打发至浓稠后而成的甜品酱汁。可以搭配新鲜的无花果一起食用。

1. 原料（成品1L）

鸡蛋黄10个，糖60g，马沙拉酒80mL。

2. 设备器具

不锈钢汁盆，燃气灶，厚底少司锅，少司保鲜盒，电子秤，量杯，汁勺，蛋抽等。

3. 制作方法

①将蛋黄、砂糖和马沙拉酒放入不锈钢汁盆中搅拌均匀。

②再置于小火上，隔水水浴加热，搅拌打发。

③至整体浓稠如奶泡状，膨胀至原体积一倍状时即成。

④趁热上菜即可。

4. 技术要点

①隔水加热的温度不要太高，以免蛋黄过熟。

②制作好的萨芭雍汁适合配手指饼干或淋在各种水果上增加风味，适口宜人。

5. 质量标准

酱汁浓稠适度，细腻绵软，甜香宜人。

第四章

西餐烹调工艺

岗位目标

经过前期西餐烹调方法原理的学习，了解烹调方法实践运用的流程，通过本节相对应的烹调菜肴的实训操作，理论联系实际，加深对烹调方法技能、要领的理解和掌控。进一步熟悉并掌握西餐调味的知识结构体系；分清西餐菜肴和食材中的风味、本味、原味和调味之间的辩证关系；学会西餐食材原料、香料、香草的熟练应用。

进一步理解并掌握西餐烹调技法的原理、应用和变化；逐步形成对西餐厨房工作流程化管理和工作的掌控能力；最终为进一步学习西餐套餐菜肴制作和设计打下基础。

希望学生通过认真学习，养成良好的职业习惯，以培养精益求精的工匠精神为目标，严格遵守食品安全卫生标准，形成良好的职业素养，熟练掌握加工步骤，熟悉并掌握专业烹饪英语知识，提高自身的综合素质。

必备知识

1. 西餐工艺基础知识；
2. 烹饪原料学知识；
3. 烹饪专业英语知识；
4. 餐饮食品质量与安全知识；
5. 西餐调味工艺知识。

选修知识

1. 中西方餐饮文化和习俗了解；
2. 西餐厨房设备安全与制度；
3. 西餐特色原料与质量鉴别。

烹调方法是指将经过刀工成形和初步预制加工的原料食材，采用不同的加热烹制方式和调味手段，制作成菜的方法。

食物经过各种烹调方法的加热烹饪后，会发生形态、质感、风味和营养价值等方面的变化，这些变化可能带来美妙的风味，形成我们的美食基础；也可能带来不良的风味，如焦煳、干柴的质感。这一切的来源，都是因为在加热烹调中，食物的性质发生了变化。

食物在加热过程中发生的各种物理和化学变化很多，主要有温度（内能）、颜色、尺寸方面的变化，以及因温度改变而产生的物态变化。例如在基础汤熬制过程中，汤汁水分挥发，酱汁浓缩后浓稠；在食物加热时，内部的水分或汁液向外渗透，从而变干等，都是物理变化；食物在用干热加热法烹调时，含有糖的食物表面的糖受高温焦糖化变成褐色，富含蛋白质的食物，如肉类、蛋白质在烹调过程中变成棕色，这些都被称为美拉德反应，都是化学变化。

通常用干热加热法烹调的食物外表会有金黄色或深褐色的颜色。当食物变成褐色时，其表面的味道会变得更香浓，所以人们常说，在干热加热法烹饪时，食物若没有颜色，就没有风味。而在加热烹饪中，食物内部的颜色尽管不会像外部一样变化那么突出，也还是会有一定的改变。

在西餐烹调中，需要根据原料的不同质地、形状、风格和特色来选择不同的烹调方法。

第一节 西餐烹调概述

一、烹调方法的作用

（一）合理烹调，保证食品安全

通过合理的烹调方法和手段，可以对原料进行杀菌消毒，最大限度地保持食物的色、香、味、形与营养素，制作出既美味又营养的美食，从而保证食品的安全性和美食性。

如在使用干热加热法烹制食物时，可以采取一些措施和技巧，来保持食物中的水分和风味。在煎鱼肉时，可以在鱼肉表面拍上面粉，使表皮在煎制前保持干燥，煎制时迅速形成一层面壳，以保持内部的肉汁和鲜嫩的质感；在烧烤或焗烤肉类、蔬菜时，在烹饪前将食材先浸入油、腌肉汁、香料或香草中，以增加水分，保持滋润。也可以在炸制前，将面糊或面包屑涂抹在食物上，增加风味。切记，其实最好的保持食物原汁原味的方法就是避免过度烹饪。

（二）改变食材的风味，形成特色菜式

通过合理的烹调方式，可以改变原料食材内部的结构，产生不同的风味；同时由于各种调味料的巧妙组合配搭，形成经典的风味菜式。

当热量与食物表面接触时，食物的外层就会变硬。干热加热法常常会改变食物的质地，有时会形成一层独特的硬壳。如烤鸡的外皮烤制后会很酥脆，拍粉炸制后的鱼条外皮酥香，薯条的外皮也很香脆。而鸡蛋、肉、鱼和家禽等在烹调时都会因为蛋白质受热变性而变硬。其他食物如水分较多的蔬菜可能会变得更软。如洋葱的质地会由从硬脆变软。

（三）保持菜肴温度，提味增香

菜肴的风味特色与菜品的温度关系密切。热食菜肴的温度可以保持食材饱满的质感、艳丽的色泽，也便于菜肴中的香料成分散发出浓郁的香味，为菜肴平添亮色。

（四）使食物更容易消化吸收

食物中的碳水化合物、蛋白质和脂肪可以为我们提供能量，同时也提供各种维生素和矿物质，使我们保持健康。食物中的这些对我们健康有益的成分，就是食物的营养价值。

通过合理烹调，使原料中很多不易被人消化吸收的营养成分，如淀粉质、蛋白质、胶质等分解或转化，以利于人体的营养健康。

进行合理烹调的同时，也需要尽可能多地保存食物中的营养价值。给任何食物加热都会使其失去一部分的营养价值。食物煮的时间越长，它失去的营养价值就越大。比较来说，使用干热加热法烹调的食物，维生素和矿物质的损失相对较少。虽然烹饪加热会损失食物的一部分营养价值，但也会给食物增加一些新的东西。有些干热加热法在烹调过程中，会给食物增加一定的脂肪，这些增加的油脂通常会增加食物的热量和脂肪，不利于人体健康，需要在烹制中注意。

（五）提前预制和制备，批量化运作

专业的厨房可以使用预制制备的方法，进行流程化批量操作，方便厨房运作。如将各种肉类经过提前加工、腌制、酿馅或裹上面包屑等，再冷藏或冷冻备用；各种鱼虾类食物可以制备后，加工成冷冻状态，以备烹饪；将食物制备甚至用干热加热法预制后，冷却并安全储存，然后在食用之前完成最后的烹饪。这是一种常见的批量准备食物和宴会制作时的有效策略和方法，可以帮助厨师有效地利用设备、资源和时间。

二、烹调的热传递类型

西餐烹调中常见的热传递方式分为三种类型：热传导、对流和热辐射，在烹调中，通过这三种热量传递的方式单一或交互作用，最终使食物被烹调成熟，形成不同的风味菜肴。

（一）热传导

热传导也称“导热”，是热传递的三种基本方式之一，可以细分为：固体中的热传导、气体中的热传导和液体中的热传导三种。

热传导的实质是大量物质的粒子热运动互相撞击，使能量从物体的高温部分传至低温部分，或由高温物体传给低温物体的过程。它是固体中热传递的主要方式，在不流动的液体或气体层中层层传递，在流动情况下往往与对流同时发生。

在西餐烹调中，热传导主要表现为，热量通过火焰加热传递到锅具，然后由锅具传递至接触锅具的食物自身；其次是食物原料自身的热量，也有一个由外向里的逐渐传递过程。因此，在烹制中，小块食物加热到热透的时间短、成熟快；大块食物加热到热透的时间长、成熟慢。

西餐中常见的热传导烹调方法有：铁扒、串烧、煎、炒等。

（二）对流

对流是液体和气体中热传递的特有方式，气体的对流现象比液体明显。加大液体或气体的流动速度，能加快对流传热。

热对流是指热量通过流动介质，由空间的一处传播到另一处的现象。液体或气体中较热的部分和较冷的部分之间，通过循环流动使温度趋于均匀的过程。

在西餐烹调中，对流主要表现为，热量随着液体或气体的温差不同，较热的部分上升、较冷的部分下降，循环流动而产生了热量的传递和交换。在烤制和蒸制的菜肴中，因为热量较大，加上设备内部鼓风风扇的作用，使烤箱内的热空气或蒸柜中的水蒸气循环流动，达到了热量的均匀对流交换。操作中，要适当地翻动原料，以便受热均匀。

西餐中常见的对流烹调方法有：煮、汆、蒸、烩、焖、烤等。

（三）热辐射

热辐射是物体因自身的温度而具有向外发射能量的一种热传递方式。热辐射和热传导、对流不同，它能不依靠传热介质把热量直接从一个系统传给另一系统。热辐射以电磁辐射的形式发出能量，温度越高，辐射越强。

在西餐烹调中，热辐射是通过红外线辐射和微波辐射的方式来进行热量传递的一种方式。例如常用的面火焗炉是利用所加热的电器原件发出高温的红外线辐射使原料烹制成菜的方式；还有常用的微波炉，是通过微波特性使食物烹调成菜的。

三、西餐烹调的原则

在西餐烹调中，要制作出色、香、味、形、质及营养合理的菜肴，就必须准确控制菜肴烹制的火候。菜肴的烹制火候是指原料的成熟度与原料的种类、质地、刀工形状、烹制方法、火力大小、加热时间之间的关系。

（一）根据原料的种类和性质控制烹调火候

原料的种类不同，烹调方法就有差异，菜肴成菜的火候也不相同。如西餐中的牛肉（Beef）和小牛肉（Veal）。小牛肉是指牛犊出生后完全用全乳、脱脂乳或代乳料饲喂5～6个月，出栏体重达到150～180kg，经特殊的屠宰、分割、排酸而生产出来的牛肉。相对于牛肉，其肉质嫩滑、味道鲜美，肉色全白或稍带浅粉色，营养价值高，粗蛋白比一般牛肉高63%，脂肪低95%，富含人体所必需的各种氨基酸和维生素。因其脂肪含量低、肉质细腻，适合煎、扒、烩等不同的烹制方法。

而同一原料的不同部位性质不同，适合的烹制方法也不尽相同。如以牛肉为例：

1. 菲力牛排（Filet mignon）

菲力牛排是牛腰部的小块里脊肉，又称为牛柳肉（Tenderloin），具有肉质细嫩，无肥油的特点。因为油脂少，烹制过熟就缺乏肉汁和油汁，所以不适合长时间烹制，通常适合煎、扒、烤的烹调方法。通常Filet mignon 是指小块的菲力牛扒，大块的称为 Tenderloin steak。

2. 肋眼牛排（Rib's eye steak）

肋眼牛排是牛肋脊部位的肉，虽然没有菲力牛排嫩，但是取自牛的第6根到第12根肋骨附近的肋眼牛排肉，具有肉嫩多汁、大理石状油花脂肪丰富的特点，经过煎、扒或长时间低温烘烤后，肉质香嫩多汁，美味适口。

3. 牛腿肉（Beef round）和牛腩肉（Beef brisket）

这里的肉质结缔组织多，纤维粗长，适合长时间烹调，如焖、烩等。

（二）根据原料的不同形状控制烹调火候

根据原料刀工成形的形状不同，控制烹调火候的时间和程度。如同样一个部位的牛肉，在制作煎制牛扒时，切成1cm厚度、2cm厚度和3cm厚度的牛扒，烹调的时间和火力大小就不相同。

通常较薄的牛扒，采用大火快速煎制，定型后翻面，迅速确定成熟度；而较厚的牛扒，采用大火煎定型，转小火慢速控制成熟度，以免一直大火会煎焦表面，或一直小火会损失很多肉汁，牛扒就烹制得很老、咬不动。

在使用焖、烩等原料混合型烹调的方法时，应注意主辅料的规格尽量保持一致，以便于控制成熟时间。若有的原料形状大，可以先烹调，形状小的后放入烹调，保持成熟度的一致性。

（三）根据原料的数量控制烹调火候

根据原料的数量来控制烹调火候。例如，煎制单份的牛扒和煎制大批量牛扒的方法就不同。可以在煎盘中煎制小份牛扒，控制方便，便于少司浓缩加工；而大批量煎制牛扒时，则应该用扒炉，采用铁扒煎制的方法，甚至在煎定型后，又送入烤炉烤制，来控制牛扒整体的成熟度。

同样用于烩制的菜肴，量少的情况下可以直接在明火上用小火慢煮烹制，若大批量则可以将菜肴调好味后，密封送入烤炉烤制成菜。

（四）根据烹调方法的特点控制烹调火候

对于一些大型的或很新鲜的食材原料，则可以采用低温烹调的方式来保持原料原汁原味的风味。例如，大型的肉类原料，若采用高温烹调，大火快煮或高温烘烤，原料内部热量传导过程比较慢，而原料表面因高温会损失大量的蛋白质和肉汁，烹制的成品品质会有很多损失；而采用低温烹调，如慢火烘烤、低温慢煮等，会极大限度地保持原料本身的风味，达到肉嫩多汁的效果。

（五）根据饮食习惯控制烹调火候

西餐烹调中，应该根据人们的饮食习惯特点，准确控制烹制的火候，如煎制牛扒等。西方人习惯吃带有血汁的嫩牛排；而猪肉、鸡肉等禽类习惯烹制全熟，用于烹煮的海鲜水产，通常也习惯烹制成全熟。

第二节　西餐烹调预制加工

一、调味与腌制

西餐调味的目的是，在保持食材本味的基础上，给原料辅助增香提味、确定菜肴的风味，而不是要降低或掩盖食材的本味。西餐常用的调味原料是盐和胡椒粉，除此之外，还常常使用各种香草、香料来调味。在腌制原料时，还常常会用到各种油脂、酸性调料、调味蔬菜如洋葱、胡萝卜、大蒜等。在西餐烹调中，掌握正确的调味时机和调味方法对控制菜品的成菜质量有重要作用。

（一）盐和胡椒粉的应用

盐和胡椒粉是西餐常用的基本调味料，几乎所有的西餐菜肴都离不开这两种基础调味料。常言道："珍馐美味，离盐没味。"在西餐菜肴烹制前、烹制中和烹制后都应该根据要求合理用盐来调味。

有的厨师在菜肴烹制中，习惯在最后成菜前才用盐来调味，而忽视了烹制前的合理用盐调味，其实这样只能在最后给原料和酱汁定味，但是在针对大块食材烹调时，原料内部的基础咸味不足，也就无法带出内部的鲜味。

除了直接用盐和胡椒粉调味以外，西餐厨师还常常自制特色的香料盐来给食材调味，增加很多的菜肴特色。做法是选用各种新鲜的香草或香料，将香草或香料制成碎末，用烤炉低温烘干后，与盐和胡椒粉混合食用，这种方法制作出来的香料盐很有特色，在菜肴腌制调味中，使用广泛。

（二）西餐腌制技术应用

西餐腌制是将原料放入调好味的腌制酱中浸泡入味，促使原料增香、滑嫩或延长保存时间，以备烹制的加工技术。

西餐常用腌制料主要有油脂、酸性调料和各种香料。油脂在原料腌制中，有保持原料表面滋润、烹调时增加香味的作用；酸性调料包括各种酒类、醋类、酸奶、柠檬汁等，通过研究表明，有机酸在肉类的腌制中能改变肌原纤维蛋白和结缔组织蛋白的特性，有一定的嫩化作用，同时也有去异增香的作用；调味香料包括各种香草和调味蔬菜料，在腌制中适合对菜肴风味起到辅助增香的作用。

西餐原料腌制的时间要根据原料的特点来控制。肉嫩易碎的原料，如鱼类、禽肉类原料腌制时间较短；而肉质紧实的各种肉类时间则较长。另外，若腌制酱中，加入的酸性调料多，则腌制的力度较大，腌制时间短，如20～30min即可；而反之亦然。

西餐腌制技术通常分为干腌、湿腌、生料腌制、熟料腌制、即时腌制。

1. 干腌

干腌是指将各种香料、盐和胡椒粉一起调匀成较干的腌制酱料，然后涂抹在原料表面，送入冰箱冷藏腌制入味的方法。在烹调前一般可以去除腌制料，也可以带着腌制料一同烹制，加工制作而成。通常用于烧烤、焖、烩等烹调方法。

2. 湿腌

湿腌是指将各种香料、酒类、醋类、盐和胡椒粉等调料一同与原料混匀后，送入冰箱浸泡腌制的方法。湿腌制作时，要注意将腌制汁充分淹没原料，中途可以适当翻动，以确保腌制均匀。在菜肴烹制前，刷上腌制汁，去掉表皮的香草，以免焦煳。

3. 生料腌制

生料腌制是指将经加工成大块的生肉原料，加入各种未烹制的调味蔬菜、香料和酒类，冷藏浸泡腌制的方法。生料腌制有去异增香，软化肉质，延长保存时间的作用，通常采用真空密封腌制的方法，效果更佳。

4. 熟料腌制

熟料腌制是指将加工的大块肉类、禽类或野味原料，加入各种烹制出味后晾冷的调味蔬菜、香料和液体调料，冷藏浸泡腌制的方法。熟料腌制相对于生料腌制，应用范围要小一些，主要用于肉质较老、异味较重的野味原料，如野猪腿的腌制等。

5. 即时腌制

即时腌制是指将加工好的小块肉类、禽类、内脏、海鲜和蔬菜原料，加柠檬片、色拉油、香料和液体调料，浸泡腌制的方法，这种腌制方法时间较短，适应面广，常用于铁扒类、煎制类、炸类菜肴的腌制中。

此外，还可以将各种特色调料，如大蒜碎、面包粉、芝士碎、芥末籽、各种油脂等与盐和胡椒粉混合，制作成软膏状的腌制酱料，黏附在原料表面，然后烘烤成菜，增添菜肴的风味。

二、馅料制作

馅料制作是西餐热菜预制加工的一个基础技能。西餐馅料的应用很广泛，常常在各种卷类菜肴、肉酱类菜肴、烤制类菜肴中用到馅料。这种肉馅通常是由各种香草、蔬菜、水果及调味蔬菜等加工制作而成。

西餐馅料通常分为面包酿馅、米饭酿馅、肉酱蓉馅。

（一）面包酿馅

通常应用广泛，可以用于各种肉类、禽类、海鲜菜肴的酿制馅料。面包酿馅是将各种陈面包去除外皮，取面包心制成小碎块，加入炒香的调味蔬菜、香草和香料等调制而成的。可以根据菜肴需要，在面包酿馅中加入肉汤、鸡蛋来调节浓度，也可以加入香肠、海鲜、蘑菇等增加香味。

（二）米饭酿馅

米饭酿馅和面包酿馅一样，也可以用于各种肉类、禽类、海鲜菜肴的酿制馅料。通常将各种米饭制熟后晾冷，加香草、香料、鸡汤或鸡蛋等调制而成。

（三）肉酱蓉馅

肉酱蓉馅主要用于制作各种肉酱类菜肴，需要制作出的肉酱蓉馅料非常细腻。因为肉酱蓉馅在制作中工序较为复杂，为保证食物的安全，可以用冰镇保鲜的方法制作。通常做好的肉酱蓉馅可以用来制作各种鲜嫩的肉卷、肉酱类等菜肴。这里介绍几个肉酱蓉馅的制作方法。

1. 肉蓉馅Ⅰ（Meat forcemeat Ⅰ）

1. 原料（成品1kg）

小牛肉250g，猪肉250g，猪肥肉250g，红葱碎130g，鸡蛋黄3个，食盐5g，胡椒粉2g，奶油150mL。

2. 设备器具

不锈钢汁盆，少司锅，少司保鲜盒，西餐刀，砧板，电子秤，量杯，细孔滤网，汁勺，蛋抽，绞肉机，果汁搅碎机，冰箱等。

3. 制作方法

①将所有肉切成3cm的丁，加红葱碎、盐和胡椒粉冷藏腌制入味。

②将肉一起用绞肉机绞2～3遍制成肉酱蓉，送入冰箱冷藏。

③将肉酱蓉放入果汁搅碎机中，加入鸡蛋黄、奶油搅匀后调味。

④冷藏。

4. 技术要点

①猪肉、牛肉和肥肉都切成丁，便于加工。

②红葱碎可以事先用油炒香，晾冷后加入，口味更香。

③制作中，始终注意要多次冷藏，不能让肉酱蓉温度过高，否则容易变质。

2. 肉蓉馅Ⅱ（Meat forcemeat Ⅱ）

1. 原料（成品900g）

小牛肉500g，鸡蛋清5个，食盐3g，胡椒粉1g，奶油300mL。

2. 设备器具

不锈钢汁盆，少司锅，少司保鲜盒，西餐刀，砧板，电子秤，量杯，细孔滤网，汁勺，蛋抽，绞肉机，果汁搅碎机，冰箱等。

3. 制作方法

①将肉切成3cm的丁，加盐和胡椒粉冷藏腌制入味。

②将肉用绞肉机绞2～3遍制成肉酱蓉，送入冰箱冷藏。

③将肉酱蓉放入果汁搅碎机中，加入鸡蛋清、奶油搅匀后调味。

④冷藏。

4. 技术要点

①牛肉需要去筋和肥肉，再切成丁，便于加工。

②这个肉馅加入了鸡蛋清，适合于色泽洁白的纯色类肉酱菜肴制作。

③制作中，始终注意要多次冷藏，不能让肉酱蓉温度过高，否则容易变质。

3. 鱼蓉馅（Fish forcemeat）

1. 原料（成品1kg）

鱼肉500g，鸡蛋2个，食盐3g，胡椒粉2g，奶油500mL，欧芹15g，香葱15g，打泡的蛋白3个。

2. 设备器具

不锈钢汁盆，少司锅，少司保鲜盒，西餐刀，砧板，电子秤，量杯，细孔滤网，汁勺，蛋抽，绞肉机，果汁搅碎机，冰箱等。

3. 制作方法

①将鱼肉用绞肉机绞细。

②将鱼肉蓉放入果汁搅碎机中，加入鸡蛋清、奶油搅匀后调味。

③加入调料和香料，最后加入蛋白调匀，送入冰箱冷藏。

4. 技术要点

①鱼肉需要用绞肉机绞细。

②制作中，始终注意要多次冷藏，不能让肉酱蓉温度过高，否则容易变质。

三、拍粉加工

拍粉加工，是指西餐烹调中，在原料表面粘匀面粉和面包粉，进行炸制或煎制的方法。这是为了使原料表面增加香脆的外皮，增加风味。通常拍粉加工的流程是将原料分别粘面粉、沾匀鸡蛋液、再粘面包粉的过程，被俗称为“过三关”。

过三关拍粉前，原料要注意先用盐和胡椒粉调味。

过三关的面粉可以用淀粉代替，鸡蛋液通常可以加入少量的牛奶以便增加香味。通常习惯在2个鸡蛋中加入60mL牛奶。

面包粉选择干制的或者新鲜的均可。干制的面包粉制作的拍粉炸制菜肴口感更香脆，用新鲜的面包制作成大颗粒的拍粉，炸制的效果外观更蓬松。目前市场上还流行使用日本面包粉，炸制的口感和外形更加突出。

此外，还可以用各种其他的原料代替面包粉制作，带来不同的菜式风味，如将原料粘匀面粉，沾上蛋液后，再粘各种干果碎，如花生碎、松子、杏仁碎、椰丝、马铃薯丝、香料、蒜蓉酱、香草碎等，增加风味。

在过三关加工中，应该注意操作过程的干净、有序和流程化加工，注意最后粘匀面包粉的原料，在没有立刻使用，需要放置时，应该放在不锈钢的搁物架上，而不能全部重叠在一起放置，否则会使面包粉吸水变软，影响炸制效果。若的确需要重叠放置，可以在中间垫上油性纸。

四、原料的成熟度

西餐厨师要学会准确控制菜肴的烹制火候，尤其是煎、扒、烤制类菜肴的成熟度，这是一个非常重要的基本技能。控制原料成熟度的方法，除了常用的测温计以外，还需要掌握根据经验来判别的方法，简单总结为“望、闻、问、切”的办法。

1. 望

这里的“望”法，即看，观察原料烹制中的变化状态。以牛肉的煎扒为例。牛扒在煎制过程中，牛肉的内部和外表的颜色都会因为受热发生变化。在煎制中，根据牛扒表面色泽变化控制翻面的时机和煎制的时间。当牛肉表面开始逐渐湿润出汁时，就可以翻面了；而对于较薄的牛扒来说，若牛扒表面边缘的颜色开始变色时，则应该准备翻面了。

2. 闻

“闻”就是在烹制中，用闻的方法感知煎制的火候和香味。当原料煎制时间越长，接近成熟时，所散发出的香味就越浓厚。以铁扒和焗烤牛肉为例，在牛肉接近成熟时，会散发出浓厚的烟熏风味和一定的焦香味等，这时就要注意翻面或离火了。

3. 问

这里的“问”，是指测试原料的中心温度和质感变化，通常不同的原料，在成熟过程中，中心温度变化有所差异。对于大多数的肉类、鱼类或禽类原料，在烹制中达到一定的温度范围，就可以结束烹制，离火保温，以免过度加热，损失肉汁和质感。

原料在离火保温的过程中，内部的温度还在一直持续保持加热的状态，所以任何原料在离火后，都有一个后熟的过程。熟悉和准确运用后熟过程，是控制原料火候的技术关键。例如，通常需要五成熟的牛扒，而我们烹制中，可以将牛扒煎制成三成熟，通过后期沥汁和保温后熟，控制成熟火候到五成熟；若牛扒直接煎制到五成熟，在后期保温沥汁过程中，原料可能会过熟从而影响成菜的品质。

4. 切

“切”是指手指触摸法，即用手指直接触摸原料表面，感知肉的硬度和弹性，从而鉴别成熟度的方法，这是西餐中常用的方法。通常可以通过指压原料表面，感知中心和边缘的硬度和弹性不同，来控制成熟度。下面举例说明。

切成块的牛排等肉类食材因为肉块的大小、形状各不相同，所以烹制后的成熟度鉴别需要更加专业的方法。通常使用肉类温度计来测试肉块的中心温度，以此鉴别肉块烹制的成熟度。在操作时，将肉类温度计插入肉块切口的一侧，温度计尖端朝向肉块中心，不要碰到骨头或脂肪。当温度计的显示温度比预期温度低3℃时，即刻将牛排等肉类食材从火上移开，再使牛排等肉类食材保温静置休息，而在静置休息的过程中，肉块的中心温度还将继续升高，注意控制所预期的温度值。

西餐煎、铁扒、焗烤、焖制牛扒菜肴的成熟度，以牛扒煎制为例，一般表示为：

（1）极生牛扒（英语：Extra rare 或Very rare；法语：Cru）　全生牛肉，只是牛肉刚开始煎制，牛扒处于全生状态，此时牛扒外表略微定型，但内部100%还是生的。

（2）一成熟（英语：Rare；法语：Bleu）　牛肉开始煎制，用手指指压，牛扒中心和边缘是柔软状态，此时牛扒外表定型，但内部75%还是生的。

（3）三成熟（英语：Medium rare；法语：Saignant）　当牛扒边缘开始有弹性，中心是柔软状态，一般牛扒就是三成熟，此时牛扒外表定型，但内部开始成熟，肉汁丰富，切开断面能看见中心50%有生肉，周围肉色呈现粉红色。

（4）五成熟（英语：Medium；法语：À point /Rosé）　当牛扒边缘开始有硬度，中心是柔软有弹性的状态，一般牛扒就是五成熟，此时牛扒外表上色，但内部肉汁丰富，切开断面的中心25%有生肉，周围肉色呈现粉红色。

（5）七成熟（英语：Medium well；法语：Cuit） 当牛扒边缘发硬，中心是有弹性的状态，一般牛扒就是七成熟，此时牛扒外表呈棕褐色，内部有浅红色肉汁，切开断面的中心无生肉，肉色呈现浅红色，周围肉色呈灰白色。

（6）全熟（英语：Well done；法语：Bien cuit） 当牛扒中心是发硬的状态，一般牛扒就是全熟，此时牛扒外表发干呈棕褐色，边缘棱角分明，内部无肉汁，切开断面肉色呈现灰白色。

另外，全生的表示方法：英语：Raw；法语：Cru。焦煳的表示方法：英语：Overcooked；法语：Cramé。

牛肉烹制的火候程度（Degrees of steak doneness）如表4-1所示。

表4－1 牛肉烹制的火候成熟度（Degrees of steak doneness）

（煎Sauté ing、铁扒Grilling、焗烤Broiling、焖Braising）

牛肉烹制的火候成熟度（煎、铁扒、焗烤、焖）	断面中心肉色状态	断面中心状态	中心温度（最后成菜）		美国农业部推荐标准
极生 Extra-rare（Cru）	生肉红色，冷的	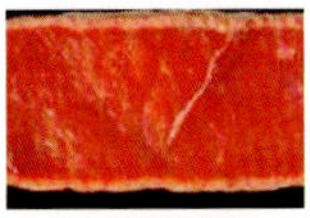	46～49℃	115～120° F	
一成熟 Rare（Bleu）	中心冷的，肉红色，柔软状态		52～55℃	125～130° F	125° F
三成熟 Medium rare（Saignant）	中心温热的，肉红色，柔软有弹性状态		55～60℃	130～140° F	135° F
五成熟 Medium（À Point）	中心热的，粉红色，有弹性状态		60～65℃	140～150° F	145° F
七成熟 Medium well（Cuit）	中心带少许粉红色		66～69℃	150～155° F	150° F
全熟 Well done（Bien cuit）	断面呈灰白色，发硬		71～100℃	160～212° F	160° F

另外，还可以采用手掌指压法来鉴别牛肉的成熟度。在鉴定时，用大拇指和其他手指的指端相互配合来感知硬度，从而相对应地比较牛排及肉类的硬度和弹性，以判断不同的成熟程度。如图4-1所示。

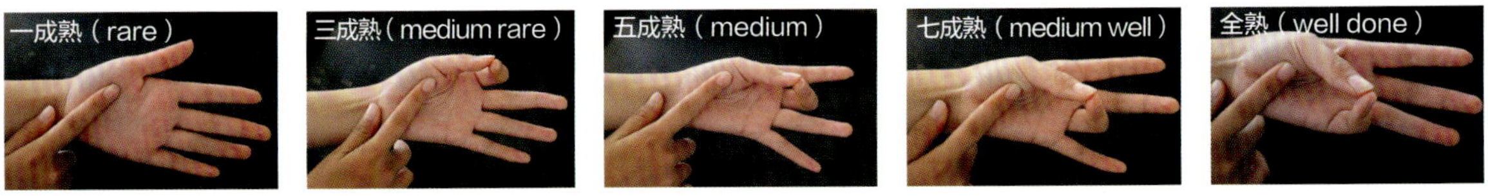

图4－1 手指压法判断牛排的成熟程度

第三节 西餐烹调方法工艺

西餐烹调方法通常习惯分为：干热加热法（Dry-heat methods）、湿热加热法（Moist-heat methods）和混合加热法（Combination of both dry and moist heat）三大类型。干热加热法又分为两种类型：以油为传热介质的干热加热法和以空气为传热介质（无油）的干热加热法。

以油为传热介质的干热加热法有：煎（Sautéing）、吉利煎（Pan frying）、炒（Stir frying）、炸（Deep frying）；以空气为传热介质（无油）的干热加热法有：铁扒（Grilling）、焗烤（Broiling）、暗火烤（Roasting）、烘焙（Baking）、罐焖（Poêléing）等。

湿热加热法有：汆煮（Deep poaching）、炖（Simmering）、沸水煮（Boiling）、纸包法（Cooking en papillote）、蒸（Steaming）等。

混合加热法有：焖（Brasing）、烩（Stewing）等。

通常，不同的特性和不同部位的原料，适合的烹调方法都各不相同。例如，肉质较嫩而加工成小份的肉扒，就适合煎扒类的干热加热法；肉质较嫩的大型或整形原料适合烤制的干热加热法；而肉质较老的肉类则比较适合于湿热法和混合加热法。

一、以油为传热介质的干热加热法

（一）煎（Sautéing）

1. 定义

煎是西餐常用的烹调方法，指把加工成形的原料，经调味后，在中火或大火上，锅不加盖，用少量油迅速加热烹调至规定火候的烹调方法。适合煎炒的食物通常很嫩而且形状很薄，可以在短时间内烹饪。煎制时如果选用黄油或橄榄油之类的油脂，可以为食物增添独特风味。

西餐“煎”制方法可以分为“清煎”和“拍粉煎”两种类型。

清煎（Simple sautéing）是指原料经过加工、调味腌制后，直接放在锅中或平扒炉上加少量油煎制的方法，通常适用于红肉等肉类原料和各种蔬菜原料，如牛肉、羊肉、野味和各种蔬菜等。

拍粉煎（Sautéing à la meunière）也被称为“磨坊主妇式煎制”，是指原料经过加工、调味腌制后，先在表面粘匀一层面粉，再放在锅中或平扒炉上用少量油煎制的方法，通常适用于质地细嫩的白肉类原料，如小牛肉、猪肉、禽类、鱼类等。

2. 特点

西餐煎制菜肴具有制作快捷，主料外表呈棕褐色或金黄色，外干香、内鲜嫩，少司风味浓厚的特点。

西餐中的煎制菜肴在成菜时所配的少司通常是由煎制时留下的原汁制作而成，保证了菜肴原汁原味的风味。

3. 工艺流程

选料 → 加工成形 → 主料煎制 → 沥汁保温、静置休息 → 少司制作 → 配菜加工 → 装盘成菜

4. 原料（成品4人份）

净肉扒（牛扒、鸡扒、鱼扒等）4份（150～200g/份），各种调味蔬菜料（胡萝卜、洋葱、西芹、

韭葱、大蒜等）适量，各种香草香料（香叶、百里香、欧芹、迷迭香等）适量，酒汁120mL，基础汤汁250mL，油适量，盐和胡椒粉适量。

5. 设备器具

不锈钢汁盆，厚底煎锅或平扒炉，西餐刀，肉夹或煎铲，砧板，电子秤，量杯，细孔滤网，汁勺，蛋抽，冰箱等。

6. 制作方法

（1）选料　根据成菜要求，选择适合的新鲜主料、配菜、香草和调料。

（2）加工成形　将肉扒整理加工成形，加各种香草香料，撒盐和胡椒粉腌制调味。

①肉扒初加工时，应该剔尽肉中的软骨、表面的筋络和肥油，整理成形，以便加热时火候均匀。

②肉扒烹制前加调味料腌制，以便入味均匀。

③煎制浅色肉类原料时，可以使用拍粉煎的方法，如白肉类、禽类和鱼类肉扒等。在煎制前给肉扒粘上一层面粉后再煎制，使肉扒表面形成一层浅黄色的脆皮硬壳，既可以增加肉扒的风味，又可以防止肉扒粘锅，便于烹制。

④西餐煎制时，需要根据锅具不同，选择不同的煎制方法。若使用不粘锅煎制时，锅中可以不加油或少加油煎制，制作方便；若使用厚底煎锅、煎盘或平扒炉煎制时，则需要提前炙锅，即将干净的煎锅加热烧至温度较高时，加入少量植物油铺匀锅底，防止粘连。

⑤炙锅：当准备在炉灶上煎炒食物时，应该首先将锅放在热源上加热升温，甚至不加任何油。中餐厨师们把这一步称为“炙锅”。锅一旦热透，滚烫后，就可以加少许冷的植物油润锅，再把升温的少量热量热油倒出，换用新的冷的植物油再次润锅，使锅底温度降低下来，锅底均匀地铺匀一层油膜，这样就可以马上开始烹饪了。这个技巧，中餐有经验的厨师称之为“旺火热锅冷油”技法，有了这个操作流程，通常煎炒食物，都不容易粘锅。如果你在冷锅里加冷油，再去煎炒食物，除非是使用不粘锅，否则食物通常就会粘在锅底，即使放再多油也没有作用，食物会吸收更多的油，这样会影响菜品的品质。

（3）主料煎制　根据原料种类和形状不同，控制煎制火候：中火热油煎制，或大火温油煎制。

①对于红肉类和形状较薄的肉扒，通常用大火温油煎制，使肉扒迅速煎至两面定型、表面呈棕褐色时，控制好所需的成熟度，保温。

②对于白肉类和形状较厚的肉扒，通常用中火热油煎制，使肉扒迅速煎至两面定型、表面呈金黄色时，降低火力，控制好所需的成熟度，保温。

③煎制时，通常将肉扒形态较好、用于装盘的一面先放入热油中煎制，待一面呈棕褐色或金黄色时，翻面煎至所需的成熟度。

④煎制肉类主料时，不宜频繁地翻动，否则主料表面不易煎香、上色；而对于如虾类、小块肉类或蔬菜类原料煎制时，可以快速翻动煎制，以免过火焦煳。

⑤煎制肉类主料时，可以根据批量多少和肉类大小、形状、厚度的不同，将肉类主料先在明火炉上煎制定型后，再批量放于煎盘中或烤盘内，一同送入烤炉内烤制。

⑥根据肉类的品种和客人的要求，控制煎制成熟度和火候。通常可以使用肉用温度计来判别肉类的煎制成熟度。

用于煎制的肉类原料因为大小、形状各不相同，所以烹制后的成熟度鉴别需要更加专业的方法。

通常使用肉用温度计来测试肉类原料的中心温度，以此鉴别肉类原料烹制的成熟度。在操作时，将肉用温度计插入肉类原料切口的一侧，温度计尖端朝向肉类原料中心，不要碰到骨头或脂肪。当温度计的显示温度比预期温度低3℃时，即刻将煎制的肉类原料从火上移开，再使肉类原料保温、静置休息，而在静置休息的过程中，肉类原料的中心温度还将继续升高，注意控制所预期的温度值。

（4）沥汁保温、静置休息 沥汁保温是西餐煎制方法中增加风味的关键技巧之一。原料在经过煎制后，表层的肉汁消耗殆尽，剩余的肉汁大部分集中在内部中心。通过一定时间的沥汁保温，使肉汁在原料内重新分布，同时还有一个后熟过程，便于形成融合的质感，增加风味。通常沥汁保温时间在3～5min。

（5）少司制作 肉类主料煎制完成后，取出保温，再倒出煎锅中多余的油脂，加入适量的调味蔬菜炒香，加入酒汁或汤汁，浓缩锅底的酱汁，制作少司。

①肉类主料在煎锅中煎制时，可能会留下粘锅的肉酱汁，可以加入葡萄酒或基础汤来煮融这些肉酱汁，起到增香浓味，保持原汁原味的作用。

②在酒汁浓缩至将干时，加入基础汤或奶油，用小火慢煮出味，最后用淀粉汁或油面酱煮稠。

③将少司酱汁过滤，根据成菜要求加入香草增香，再加入盐和胡椒粉调味，成细腻光亮的少司。

④根据成菜要求，在上菜前，少司中可以加入少许黄油搅化，以增加风味和浓度。

⑤根据成菜要求，可以将已经煎好的肉类主料放入少司中，沾匀酱汁，以便均匀入味。

（6）配菜加工 根据成菜要求，制作各种蔬菜或米面类配菜，调味保温。

（7）装盘成菜

①装盘时，根据成菜要求，可以将少司先淋在盘底，再放上肉类主料和配菜；也可以将少司淋在原料四周，起到装饰和点缀的作用。

②西餐煎制菜肴，通常需要达到色、香、味、形、质俱佳的效果。人们常说“No colour, no flavour”。若肉扒表面颜色过浅，则预示煎制时，油温过低或火候不足，香味不够。通常红肉和野味类主料煎制的成品要求表面呈棕褐色；白肉类主料如小牛肉、猪肉、禽类等煎制的成品要求表面呈金黄色；白肉的鱼类煎制时成品要求呈浅黄色；红肉的鱼类如三文鱼和金枪鱼等煎制时，成品要求呈深褐色。

③西餐煎制菜肴的质感要求外干香、内鲜嫩，若煎制后的菜肴外表棱角分明，表面发干，说明原料被煎制过火，质感太硬，缺乏风味。可能是因为煎制时间过长，或者提前煎制的时间过久，保温时间过长等原因造成的，需要调整火候。

7. 操作要领

（1）西餐“煎”与“炒”的烹调方法近似，它们之间最主要的差别在于主料的刀工成形、烹制方式和成菜装盘等。如表4-2。

表4-2 煎、炒烹调方法的差别

	煎（Sautéing）	炒（Stir frying）
原料成形	原料多为大的薄片或厚度适中的块状，易于成熟	原料通常为小块状，便于成熟，如丝、小丁、小片、小条、小块等
烹制设备	通常使用厚底煎锅或平扒炉	通常使用大煎锅或圆形薄底的大炒锅
烹制油量	烹制中，加少量油煎制	烹制中，加少量油炒制

续表

	煎（Sautéing）	炒（Stir frying）
主料烹制	主料煎制时，需要定时翻面，先将两面煎香、上色，再根据需要放入烤炉中加热至规定成熟度，取出保温	主料放入热油中快速炒制，翻动迅速，至主料散籽、发白，相互不粘连时，放入配料一同炒制
配料烹制	配料单独烹制，调味保温	配料与主料一同炒制，至断生成熟
少司制作	在煎制过主料的煎锅内，放入酒或汤汁浓缩锅底的酱汁，煮稠后加入调味料调味，制成少司	加入调味芡汁，快速加热增稠，至芡汁浓稠，均匀地粘裹在原料上
成菜方式	根据菜肴需要，将煎好的主料放入少司酱汁中加热，沾匀酱汁入味后，与配料和少司酱汁一同装盘成菜	将炒匀的菜肴装盘即成

（2）用于煎制的肉类主料，在加工过程中，可以去除外皮和骨头，用肉锤拍打均匀，以便煎制时成熟火候一致。

（3）西餐煎制类菜肴的少司变化类型很多，主要根据肉类主料的不同选用不同的少司制作。各种基础少司都常常用于制作西餐少司，如烧汁、番茄汁、白汤浓汁和白汁等。

（4）煎好的肉扒不要立刻上菜，通常需要放在肉架上沥汁保温，再装盘成菜。

（5）在煎制的过程中，往煎锅里放食物时，煎锅内的温度就会下降。放的食物越多，煎锅再次升温变热的时间就越长。煎锅再次加热升温所需要的时间称为恢复时间。食物煎制成功的关键与恢复时间有直接关系。升温恢复时间越短，意味着食物就会有越好的颜色和味道。所以，有经验的厨师常说“No colour，no flavour”。

（6）煎制中，不要急于把食物翻来翻去，除非因为火力过大快要过火或焦煳了，通常在食物煎制到一半时间时，再翻动。

8. 适用范围

清煎的方法适用面广泛，通常用于各种质地细嫩的原料，如牛肉、小牛肉、小羊肉、猪肉、禽类、鱼类、野味和各种蔬菜类原料等。

9. 菜肴示例

罗西尼牛扒（Tournedos Rossini）

罗西尼牛扒是以素有“意大利歌剧三杰”之一的意大利歌剧作家吉奥阿基诺·罗西尼（Gioacchino Rossini，1792—1868）的名字命名的。罗西尼是意大利天才的音乐家，他乐思丰富，作曲神速。他常年逗留于巴黎众多著名的餐馆内，终日盛宴不断，锦衣玉食，还常常与主厨探讨烹饪的精华，是一位知名的美食家。据说，这道菜就是当年他最喜欢的知名餐厅Maison Dorée里的主厨Casimir Moisson根据他的建议并在他的指导下专门为他量身定做的。“Turnedos”这个名称来自法语“ Tourner le dos”（将其背面翻过来），Rossini在等待准备这份独特的牛排时使用了这个词语用法。据说当年罗西尼坚持要厨师在餐厅里为他当面制备这道菜肴，以便他可以亲自监督牛扒烹制的火候和成熟度。在炙烤牛排时，罗西尼常常向厨师大喊：“Tournez-moi le dos!”——请帮我把牛扒翻面（很显然他是在鉴定牛扒炙烤的程度了），因此大厨后来用罗西尼和他的这句口头禅来命名这道菜，成就了又一代传奇。

课前阅读 课前查阅西餐牛肉的品质鉴别相关资料，复习褐色少司的制作要领。

学习目的 掌握西餐牛扒的加工技法，熟练掌握牛扒煎制成熟度火候的控制方法。学会制订合理的操作流程表和计划书（Work flow），包括时间安排、规划安排和沟通环节、卫生安全等。

1. 原料（成品 4人份）

主料 菲利牛柳4×150g。

辅料 鲜肥鹅肝200g，吐司片200g。

调料 褐色少司600g，黑菌汁50g，黄油60g，波特甜红葡萄酒50g，植物油80g，盐和胡椒粉适量。

2. 设备器具

份数盆，菜板，不锈钢煮锅，菜盘，厨房用纸，平底煎锅，锥形漏斗，汤盘，汤盅，煎铲，木搅板等。

3. 制作方法

①将牛柳去筋，切成150g/块，用线扎好呈圆形，鹅肝切成1 cm的厚片。

②将吐司片切成8cm的圆片，用黄油煎香呈金黄色，保温。

③牛扒加盐和胡椒粉调味，煎至所需成熟度，保温。

④去除锅内多余的热油，加波特甜红葡萄酒煮至原体积的1/3时，倒入烧汁和黑菌汁煮稠，加盐和胡椒粉调味后，加黄油搅匀，过滤成少司。

⑤鹅肝加盐和胡椒粉调味，入高温煎锅内煎制。定型、上色后，放于吸油纸上，保温。

⑥盘中放入吐司片垫底，上面依次放牛扒和鹅肝，淋汁后，用切好的黑菌薄片装饰即成。

4. 技术要点

①根据客人需求，煎制4种成熟度，注意控制好火候。

②用不粘锅煎鹅肝。每面约煎20s，注意控制好火候。

5. 质量标准

牛扒鲜嫩多汁，鹅肝肥而不腻，少司香鲜味浓，成菜美观。

6. 知识拓展

查阅法国鹅肝的品质如何鉴别，松露的种类有哪些，以及有什么加工要点的相关资料。

小结

通过对罗西尼牛扒菜肴的实际操作学习，复习西餐肉类食材的加工技法，西餐褐色少司的制作要领。重点练习西餐牛扒煎制技巧和成熟度控制方法，逐渐形成熟练、规范的西餐操作职业习惯和职业道德，养成良好的职业素质，发挥精益求精、认真细致的职业精神。

磨坊主妇式煎鱼柳（Sole Meunière）

Meunière直译为“磨坊主妇式”，在西餐烹饪中意译为“干煎”，指将肉类主料粘匀面粉，用黄油煎香而成。

课前阅读 课前查阅各式西餐鱼类的相关资料，复习西餐煎制烹调方法的制作要领。

学习目的 熟悉鱼类加工方法和特点，熟练掌握煎制方法的成熟度火候控制方法。学会制订合理的操作流程表和计划书，包括时间安排、规划安排和沟通环节、卫生安全等。

1. 原料（成品4人份）

主料 龙利鱼柳4条，面粉160g，黄油100g，色拉油100g。

辅料 柠檬2个，欧芹40g，马铃薯适量。

调料 柠檬1个，黄油80g，欧芹20g，盐和胡椒粉适量。

2. 设备器具

份数盆，菜板，不锈钢煮锅，菜盘，厨房用纸，平底煎锅，锥形漏斗，汤盘，汤盅，煎铲，木搅板等。

3. 制作方法

①将龙利鱼去鳍、去鳃、去内脏，取净鱼柳，拍扁后冷藏。

②将1/2的柠檬切成花形片，欧芹切碎。另1/2的柠檬去皮切成圆片。

③马铃薯削成橄榄形，用冷盐水煮熟，保温。

④用刀划破鱼皮，撒盐和胡椒粉，粘上面粉，放入热油中煎制。中途不断地将油淋于鱼肉表面，定型后翻面。

⑤鱼柳两面定型、上色后，取出保温。锅中加黄油烧化，呈浅褐色时，离火加入柠檬

汁、盐和胡椒粉，调匀后成榛子黄油（Beurre noisette）。

⑥将鱼柳放入热菜盘中，淋上榛子黄油，放上柠檬圆片，撒少许欧芹碎，配马铃薯和时鲜蔬菜即成。

4. 技术要点

①鱼肉煎制前粘面粉。若过早粘上面粉，会因面粉吸水影响酥香效果。

②煎制时应多淋油，使鱼肉受热均匀。油量以鱼肉的1/2为佳。

③煎制火候以皮面上色、香脆为佳。若鱼肉较厚，可在煎香后入烤炉烤几分钟，成熟即可。

5. 质量标准

鱼柳外干香、内细嫩，咸鲜香浓，酸香适宜。

6. 知识拓展

①什么是龙利鱼？龙利鱼和巴沙鱼有什么不同？

②主料除了龙利鱼，也可以换成鳕鱼、三文鱼等各种鱼类，注意控制成品火候。

小结

通过对磨坊主妇式煎制方法的实际操作学习，复习西餐煎制菜肴的制作方法。重点学习干煎烹饪方法的特点和制作要领，掌握这一类型制作方法菜肴的特点，逐渐形成熟练、规范的西餐操作职业习惯和职业道德，养成良好的职业素质，发挥精益求精，认真细致的职业精神。

（二）吉利煎（Pan frying）

1. 定义

吉利煎又称为盘煎，是西餐常用的烹调方法，指将加工好的原料，经腌制调味后，在原料表面分别粘上面粉、鸡蛋液和面包糠及香料等或者粘上调匀的调味面糊，再放入大煎锅中，用中等油量的热油煎至成熟的烹调方法。俗称："过三关"煎制或"吉利"煎制。

2. 特点

吉利煎的菜肴成品具有色泽金黄、外香酥内鲜嫩的特点。上菜时，成品表面刷上少量热的清黄油以增香浓味。

在吉利煎的菜肴烹制中，所使用的油量比煎制（Sautéing）的菜肴使用的油量多。油量还应该足够深，可以到达所烹饪食物的一半。例如，如果食物厚3cm，那煎锅中就需要放大约1.5cm深的油。与煎制一样，在食物吉利煎完成烹饪的过程中，只需要翻一次面即可。

在对比较厚的食物进行吉利煎制时，可以通过先将食物两面煎制到呈金黄色和酥脆时，再送入烤炉继续烤制，直到中心成熟为止。若将食物完全放在炉灶上继续煎制，很有可能在食物完全煮熟之前，外部表面已经被煎制过火或焦煳。

在吉利煎制过程中，必须将油加热到配方中指定的温度。通常可以用温度计检查温度。大多数食物在约170℃下进行吉利煎制效果最好。

如果将食物放入油温较低的冷油中煎制，则食物的外皮色泽会变得苍白，并吸收大量油脂，变得过于油腻。如果油温均匀恰当，则食物会变得酥脆，外表金黄，水分和汁液会被封在里面，呈现肉嫩多汁的质感。吉利煎适用于鲜嫩多汁的新鲜食物。如各种蔬菜、鱼、鸡肉、小牛肉和猪肉等。

西餐中“煎（Sautéing）”和“吉利煎（Pan frying）”很类似，主要区别如表4-3所示。

表4-3 煎和吉利煎的区别

	煎（Sautéing）	吉利煎（Pan frying）
烹制设备	通常使用厚底煎锅或平扒炉均可	通常使用厚底大煎盘或大煎锅
烹制油量	加少量油煎制	加中等油量煎制，油量淹没原料的1/2或2/3
成菜特点	色泽金黄或棕褐色，外干香内鲜嫩	色泽金黄，外酥香内鲜嫩
少司制作	在煎过主料的煎锅内，放入酒或汤汁浓缩锅底的酱汁，煮稠后加调味料制成少司	单独独立制作

3. 工艺流程

选料 → 加工成形 → 过三关 → 主料煎制 → 少司制作 → 配菜加工 → 装盘成菜

4. 原料（成品4人份）

去骨的净肉扒（牛扒、鸡扒、鱼扒等）4份（150～200g/份），面粉，鸡蛋液和面包粉等适量，各种香草香料（香叶、百里香、欧芹、迷迭香等）适量，少司350mL，中等油量的植物油适量，盐和胡椒粉适量。

5. 设备器具

不锈钢汁盆，不锈钢托盘，厚底大煎盘或大煎锅，厨房用纸，西餐刀肉夹或煎铲，砧板，电子秤，量杯，细孔滤网，汁勺，蛋抽，冰箱等。

6. 制作方法

（1）选料　根据成菜要求，选择适合的新鲜主料、配菜、香草和调料。

（2）加工成形　将肉扒整理加工成形，切成大的薄片，加各种香草香料，撒盐和胡椒粉腌制调味。

①肉扒初加工时，应该去除外皮，剔除筋络、肥油和软骨，切成一人份的大片，用肉锤拍打成大的薄片，整理成形，以便加热时能够快速成熟。

②将肉扒用厨房用纸擦干水分，以避免肉扒表面的面粉或面包粉吸水受潮，在煎制中溅出热油，造成事故。

③肉扒在粘面粉前加调味料腌制，以便均匀入味。

（3）过三关　将面粉、鸡蛋液和面包粉分别装入三个不同的不锈钢托盘中，按照从左到右的顺序依次摆好，再将肉扒分别粘匀面粉、蛋液、面包糠后，用刀背压出网格形。

①鸡蛋液可以事先调匀，鸡蛋液中可以加入适量牛奶或奶油增香，加入盐、胡椒粉调味。

②肉扒粘匀面粉和面包粉后，要抖去肉扒上多余的面粉或面包粉，以免煎制时油中掉落过多残渣，影响煎制的色泽和菜肴品质。

③过三关的沾蛋液和拍粉工序不宜加工过早，否则肉扒表面的面粉容易吸水受潮，影响煎制的效果，通常以在煎制前30min时制作为佳。

（4）主料煎制　将大煎盘放于中火上，加油烧热。将肉扒的网格面向下放入油中煎制。待网格面煎香、酥脆、呈金黄色时，翻面继续煎制。至成熟时取出，保温。

①吉利煎时油量较多，以淹没原料的1/2或2/3为佳。

②注意控制煎制火候，以中火热油煎制效果最佳。在准备煎制肉扒时，若油面开始起油烟了，则油温偏高，应该将锅离火降温后，再放入肉扒煎制。

③若煎制时，油量较少，不足以淹没原料的1/2或2/3，则煎制的肉扒上色效果差，不均匀，酥香度也会不足，而且肉扒容易粘锅和碎裂。

④在煎制一定数量的肉扒后，锅底的油脂中会留有较多的面包渣，应控油去除这些容易焦煳的面包渣，再次加新油煎制。

⑤对于吉利煎制的菜肴，通常只需要翻面一次煎制即可，否则容易使表面的面包粉焦煳。

⑥准确控制吉利煎菜肴的火候标准，要求成品外观呈金黄色，外酥香内鲜嫩。通常根据肉扒的大小和厚度来控制煎制的火力大小、时间长短和油温高低。

⑦一般肉扒越薄，煎制时间越短，成菜越快速；若肉扒越厚，则煎制时间越长，越不容易熟透，尤其是有些肉扒中间还酿有馅心的菜肴煎制时，通常先用热油将两面煎香、定型，呈浅黄色，再送入烤炉中，烤制成熟。

⑧在烤炉内烤制时，注意肉扒上不能加盖密封，否则容易产生水蒸气，使肉扒表面受潮湿润，影响香酥的口感。

⑨煎制好的肉扒应该放于厨房用纸上沥油，再立刻趁热上菜，不能长时间放置，否则也会影响酥脆的口感。若暂时不能上菜，可以放在干燥的保温环境中保温。

（5）少司制作　根据成菜要求，制作少司，保温。

（6）配菜加工　根据成菜要求，制作配菜，保温。

（7）装盘成菜　将肉扒主料、配菜和少司装盘，趁热上菜即成。

7. 操作要领

（1）西餐“吉利煎（Pan frying）”与“拍粉煎（Sautéing à la meunière）”的烹调方法近似，它们之间最主要的差别在于以下几个方面。如表4-4。

表4-4　吉利煎和拍粉煎的差别

	吉利煎（Pan frying）	拍粉煎（Sautéing à la meunière）
原料成形	原料多为大的薄片，易于成熟	原料多为大的薄片，易于成熟
烹制设备	通常使用大的厚底煎盘或厚底煎锅	通常使用厚底煎盘或厚底煎锅
烹制油量	烹制中，加中等油量的油脂煎制，油量淹没肉扒的1/2或2/3	烹制中，加少量油煎制，肉扒主要靠煎锅传热煎制
主料烹制	①主料煎制前，通常需要过三关粘匀面粉、蛋液和面包粉或者粘匀调味面糊煎制 ②需要定时翻面，先将两面煎香、上色，再根据需要放入烤炉中加热至成熟，取出快速上菜或保温	①主料煎制前，通常需要粘匀面粉后煎制 ②需要定时翻面，先将两面煎香、上色，再根据需要放入烤炉中加热至规定成熟度，取出保温
配料烹制	配料单独烹制，调味保温	配料单独烹制，调味保温

续表

	吉利煎（Pan frying）	拍粉煎（Sautéing à la meunière）
少司制作	单独制作少司	在煎制过主料的煎锅内，放入酒或汤汁浓缩锅底的酱汁，煮稠后加入调味料调味，制成少司
成菜方式	快速将肉扒主料、配菜和少司酱汁一同装盘成菜	根据菜肴需要，将煎好的主料放入少司酱汁中加热，沾匀酱汁入味后，与配料和少司酱汁一同装盘成菜

（2）西餐吉利煎的菜肴，根据成菜要求不同，可以在面包粉中加入不同的香草、香料或芝士等，制成不同风味变化的吉利煎菜肴，形式多样。

（3）西餐吉利煎的菜肴，根据肉扒煎制前粘裹的配料不同，菜肴的风味变化也很大。除了常用的面粉、蛋液和面包粉以外，还可以把面包粉换成各种特色风味炸料，如日式面包粉、花生粒、腰果粒、杏仁粒、熟芝麻、芝士碎等；还可以用调匀的鸡蛋液面糊或鸡蛋液淀粉糊等来粘裹肉扒后煎制，成菜风味变化多样。

8. 适用范围

吉利煎适合于肉质鲜嫩的原料，如：

①海鱼类：龙利鱼、欧洲产的黄盖鲽、菱鲆鱼、牙鳕鱼、火鱼、鳐鱼、鲜鳕鱼、梭鲈鱼、三文鱼等。

②禽、肉类原料：各种大的薄肉片、圆形肉扒、带骨小牛排等。

9. 菜肴示例

维也纳式牛仔吉利（Wiener schnitzel）

这是一道著名的奥地利菜式。据说是从当时的奥匈帝国属地米兰传进来的。当时的贵族崇尚在菜肴中撒入黄金做装饰，以示奢华；但是穷人们则没有这样的排场，于是他们利用面包粉代替黄金，炸成金黄色后食用，从而开发出一款风味绝佳的美食。如今，在维也纳当地的很多餐馆，还常常会挂出“维也纳美食”（Wiener Kuche）的招牌，以吸引游客，菜单上自然也离不开这道特色菜肴了。制作中，将小牛扒采用西餐常用的“过三关”技法，分别粘上面粉、蛋液和面包粉，煎炸而成的。

课前阅读

课前查阅西餐小牛肉的饲养和品质特点相关资料，复习西餐煎制烹调方法的制作要领。

学习目的 掌握西餐吉利煎和拍粉煎的制作方法的异同，熟练掌握小牛肉扒的制作要领和成熟度火候控制方法。学会制订合理的操作流程表和计划书，包括时间安排、规划安排和沟通环节、卫生安全等。

1. 原料（成品4人份）

主料 西冷牛柳4×150g，面粉150g，鸡蛋3个，植物油40g，面包粉300g。

辅料 熟鸡蛋3个，水瓜柳碎80g，欧芹碎40g，柠檬2个，银鱼柳碎120g，黑橄榄80g，马铃薯适量。

调料 烧汁200mL，盐和胡椒粉适量。

2. 设备器具

份数盆，菜板，不锈钢煮锅，菜盘，厨房用纸，平底煎锅，锥形漏斗，汤盘，汤盅，煎铲，木搅板等。

3. 制作方法

①生鸡蛋调散，加盐和植物油调匀。将小牛肉拍扁，依次粘上面粉、蛋液和面包粉。

②鸡蛋煮熟、去壳后切碎。欧芹和水瓜柳切碎。柠檬切成圆片。

③锅中加黄油和花生油烧热，放入牛扒煎香，呈金黄色时取出，保温。

④马铃薯去皮，切平两端，削成圆筒形，切成圆片，洗净后炸成浅黄色。上菜前用黄油煎成金黄色，加盐和胡椒粉调味后，撒欧芹碎成黄油煎薯片。

⑤盘中淋入烧汁，放上牛扒。用水瓜柳碎、蛋黄碎、欧芹碎、蛋清碎等装饰，配黄油煎薯片即成。

4. 技术要点

①将牛肉切成薄片再拍扁，便于成熟，不宜过厚，以免影响成菜风味。

②粘面粉、蛋液和面包粉的时间不宜太早，否则牛扒容易出水，影响酥香效果。

5. 质量标准

牛扒外酥内嫩，口感丰富，鲜香适口，造型美观。

6. 知识拓展

查阅资料，了解维也纳小牛吉利煎制和金牌鸡胸吉利煎制方法的区别和联系，在实际应用中，有哪些不同的技巧。

小结

通过对吉利煎制方法的实际操作学习，准确理解煎制方法的不同类型和特点。重点学习粘匀面包粉和其他芳香原料的制法特点和要领，逐渐形成熟练、规范的西餐操作职业习惯和职业道德，养成良好的职业素质，发挥精益求精，认真细致的职业精神。

（三）炒（Stir frying）

1. 定义

炒是亚洲菜肴中常用的烹调方法，指把各种鲜嫩的原料加工成小块形状，经腌制调味后，直接用少量油，以旺火、热锅、热油快速加热、调味成菜的一种烹调方法。

2. 特点

炒制菜肴的质感多为滑、鲜、嫩、脆。

"炒（Stir frying）"与西餐的"煎（Sautéing）"比较类似，都是用少量油快速烹制原料。所不同的是，煎制的原料形状通常要大一些，而炒制的原料形状要小而均匀；煎制时，原料翻动不频繁，通常1～2次，而炒制时需要频繁地翻动原料，确保食物在烹饪过程中受热均匀；煎制的肉类主料、蔬菜配料和少司酱汁通常是单独独立制作，而炒制菜肴的主料、蔬菜和芡汁通常混合一起烹调成菜。炒是亚洲菜的一种重要的烹调方法。

3. 工艺流程

选料 → 加工成形 → 配菜 → 炒制 → 调味 → 装盘成菜

4. 原料（成品 4人份）

去骨肉类或蔬菜100g×4，面粉或淀粉等适量，各种香草香料（香叶、百里香、欧芹、迷迭香等）适量，少司100mL，油脂少量，盐和胡椒粉适量。

5. 设备器具

不锈钢汁盆，薄底圆形炒锅或平底煎锅，西餐刀，木制炒勺或不锈钢炒勺，砧板，电子秤，量杯，汁勺，蛋抽，冰箱等。

6. 制作方法

（1）选料　炒制方法的原料选择范围很广泛，如各种肉类、禽类、鱼类、蔬菜等均可。通常以选用质嫩、易熟的原料为佳。

（2）加工成形　因为炒制方法烹制迅速，为便于快速成熟和火候一致，需要将炒制的原料精细加工，去除外皮、软骨和筋络等，再刀工切配成统一整齐的小块形状，如丝、丁、片、块、条等，以备烹制。

（3）配菜　因为"炒"是采用混合加热的方式，所以肉类主料的风味和质感与蔬菜配菜的质感要相匹配。若肉类主料成菜口感是以干香为主，而选用菜心、蘑菇等水分较多的蔬菜一同炒制，则干香的主料会在炒制中大量吸水而变得绵软，影响整体成菜的风味。

（4）炒制　根据成菜要求，将肉类主料腌制调味后，沥干水分，再放入热油中，用旺火快速翻动炒制。

①高温炙锅，以防原料粘锅。炒制的锅具通常不是不粘锅，所以在加油炒制前，需要先将干净的锅具用旺火烧烫，再加入冷油铺匀锅底，以防止炒制时原料粘锅。

②根据原料的数量、火力大小来控制炒制火候。若原料量多，可以用旺火、热锅、冷油的办法炒制，这样即使原料加入油中，温度降低后，也能迅速升温，炒制均匀；若用旺火、热锅和热油炒制，则容易因为油温过高，原料下锅后，没有来得及炒散，就过度受热，影响火候。

③炒制时要快速翻动，注意炒制手法和火候控制。通常在肉类主料散籽、发白、相互不粘连时，可以加入蔬菜配菜炒制。一般质地较硬的蔬菜先炒，质地较软的蔬菜后炒，以保证最后成菜时，所有原料火候均匀。

（5）调味

①炒制通常用勾芡的办法进行调味。

②芡汁通常可以事先将各种调味料混匀成酱汁，再倒入菜肴中加热浓缩煮稠即成，如各种酒类、酱油、肉汤、香草、淀粉、盐和胡椒粉等。也可以在炒制中，分别加入这些调味料，进行调味。

③芡汁加入后，快速煮稠，即可翻动均匀，出锅装盘。

（6）装盘成菜　将炒匀的菜肴趁热装盘，上菜即成。

7. 操作要领

（1）选料严谨，加工精细。如动物原料以无筋质嫩、品质较好的为佳；植物原料以新鲜、鲜嫩的部位为佳。

（2）炒制菜肴需要严格控制成菜的火候和品质标准。菜肴质感需要刚熟，不能有未熟、未断生的原料，需要色、香、味、形、质俱佳。

8. 适用范围

炒制与煎制的原料范围一致，适用范围广，通常用于各种质地细嫩的原料，如牛肉、小牛肉、小羊肉、猪肉、禽类、鱼类、野味和各种蔬菜类原料等。

9. 菜肴示例

印度尼西亚炒饭（Indonesian fried rice）

印度尼西亚菜肴中的代表菜肴就是特色炒饭，这道菜肴是在手抓饭的基础上发展来的。风味独特的咖喱米饭配上各种肉串和水果、蔬菜、鸡蛋，盛放在香蕉叶上，风格独特。可以用手沾水抓饭或是用勺来吃，以烹调手段简单，原料口味变化复杂为特色。

课前阅读　课前查阅东南亚和西式炒饭的风味和类型等相关资料，并思考其在本菜品中的应用。

学习目的　掌握西餐炒饭类菜肴的制作方法，熟练掌握各式炒饭和调味酱的运用方法。学会制订合理的操作流程表和计划书，包括时间安排、规划安排和沟通环节、卫生安全等。

1. 原料（成品 4人份）

主料　米饭800g。

辅料　鸡蛋200g，洋葱50g，牛肉200g，鸡肉200g，番茄100g，黄瓜100g，莲花白

50g，虾片50g，香蕉200g，鸡胸100g。

调料 色拉油150g，咖喱粉50g，姜黄粉25g，大蒜50g，香叶1g，面粉50g，沙爹酱100g。

2. 设备器具

份数盆，菜板，不锈钢煮锅，菜盘，厨房用纸，平底煎锅，锥形漏斗，汤盘，汤盅，煎铲，木搅板等。

3. 制作方法

①煮制米饭。

②用咖喱粉、沙爹酱、大蒜腌制牛肉、鸡肉，用竹签串好，煎熟。

③调制面糊炸香蕉段。

④锅内放色拉油炒洋葱丝、鸡胸丝、莲花白丝，放米饭，炒散后调味，放咖喱粉、姜黄粉。

⑤炒好的米饭放香蕉叶上，边上放肉串、香蕉、番茄、黄瓜片、虾片等。

⑥上面放一只煎蛋即可。

4. 技术要点

①注意米饭最好是隔夜饭，炒出来才容易散开。

②煎蛋要注意火候，要蛋清色白，蛋黄滑嫩。

5. 质量标准

咖喱鲜香，沙爹酱香浓，米饭清香，成菜美观。

6. 知识拓展

①了解中餐炒饭与西餐炒饭的区别。

②了解东南亚菜式还有哪些特色调味香料和调味酱的应用。

小结

通过对东南亚炒饭菜肴的实际操作学习，复习西餐炒制烹调方法的要领。重点学习西式炒饭的口感、风味和形态成品特色，逐渐形成熟练、规范的西餐操作职业习惯和职业道德，养成良好的职业素质，发挥精益求精、认真细致的职业精神。

（四）炸（Deep frying）

1. 定义

西餐炸制方法与西餐煎制方法类似，根据原料炸制前加工方式不同分为：清炸和脆炸两种类型。

清炸是指将加工后的原料，直接放入较多油量的热油锅中进行加热烹调，至成熟后调味成菜的烹调方法。如法式炸薯条、脆炸罗勒叶、香炸胡萝卜丝等。

脆炸是指将加工后的原料，经腌制调味后，粘裹上特制的炸浆或炸粉，放入较多油量的热油锅中进行加热烹调，至成熟后调味成菜的烹调方法。如脆炸洋葱圈、天妇罗炸大虾等。

这里主要介绍应用最广泛的脆炸方法。

2. 特点

西餐脆炸的菜肴具有色泽金黄或棕褐，外酥香内鲜嫩的特点。根据原料炸制前，粘裹的炸浆类型不同，可以将脆炸分为以下不同的类型。

（1）拍粉炸　在加工腌制后的原料表面直接粘上一层面粉或淀粉或专用炸粉，入热油中炸制的方法。成品具有外香脆、内鲜嫩的特点。

（2）挂糊炸　在加工腌制后的原料表面粘裹上较稠的糊状炸浆，入热油中炸制的方法。成品具有外香脆松泡、内松软细嫩的特点。

（3）吉利炸　在加工腌制后的原料表面分别粘上面粉、鸡蛋液和面包粉，入热油中炸制的方法。成品具有外酥香、内鲜嫩的特点。

（4）卷炸　将加工腌制后的原料，用特制的卷皮包裹制成卷后，入热油中炸制的方法。成品具有外香脆、内鲜嫩的特点。

3. 工艺流程

选料 → 加工成形 → 拍粉、挂糊、卷制加工 → 炸制 → 装盘成菜

4. 原料（成品 4人份）

去骨的净肉扒（牛扒、鸡扒、鱼扒等）4份（150～200g/份），面粉，鸡蛋液和面包粉等适量或各种炸浆适量，各种香草香料（香叶、百里香、欧芹、迷迭香等）适量，少司350mL，大油量的植物油适量，盐和胡椒粉适量。

5. 设备器具

不锈钢汁盆，不锈钢托盘，厨房用纸，少司锅，电炸炉或燃气炸炉，西餐刀，砧板，电子秤，量杯，粗孔滤筛，肉夹，汁勺，蛋抽，冰箱等。

6. 制作方法

（1）选料　根据成菜要求，选择适合的新鲜主料、配菜、香草和调料。

（2）加工成形　根据成菜要求，将肉扒整理加工成形，切成均匀的片、块或条状，加各种香草香料，撒盐和胡椒粉腌制。

①肉扒初加工时，应该去除外皮，剔除筋络、肥油和软骨。若是切成一人份的大片，可用肉锤拍打成大的薄片，以便加热时能够快速炸熟。

②将肉类主料用厨房用纸擦干水分，以避免表面的面粉或面包粉吸水受潮，在炸制中溅出热油，造成事故。

③肉扒在拍粉或粘裹炸浆前加调味料腌制，以便均匀入味，保障成菜风味。

④注意用于炸制的肉扒及各种蔬菜原料的刀工成形要一致，避免炸制时成熟度火候不均匀。

（3）拍粉、挂糊、卷制加工　根据成菜要求，将主料拍粉、挂糊或卷制加工成形。

①通常吉利炸的菜肴，可以在炸制前30min完成粘裹蛋液和面粉的工序，放于冰箱中冷藏。

②而拍粉炸和挂糊炸的菜肴，通常应该在炸制前拍粉和挂糊，现制现用，效果最佳。

③卷炸的菜肴，也可以在炸制前30min完成卷制工序，放于冰箱冷藏。

（4）炸制　炸制时，根据挂糊、拍粉的类型不同，控制好炸制的油温和火候。

①用电炸炉或燃气炸炉时，准确设定炸制温度，通常为160～180℃。若没有炸炉，可以用大的少司锅炸制，最好使用温度计测温以便判断火候。

②若原料放入炸制时，油温偏低，则原料表面不容易快速定型、容易浸油，最后炸制成品会很

绵软、油腻，影响成菜的品质。

③通常挂糊炸的原料，可以先粘匀面粉，再裹上面糊炸浆，用手指或肉夹拿住原料，小心地放入热油中炸制。因为炸浆中有较多空气，原料一般会漂浮在油面上，被称为“游泳式浮炸”。

④在大批量制作挂糊炸的菜肴时，可以采用重油炸的方式，以节省时间、加快效率。制作时通常炸两次，第一次炸至原料定型，呈浅黄色，保温；第二次上菜前，再次重油炸制，至原料金黄色、酥香时即可。

⑤通常吉利炸的原料，可以在“过三关”粘匀面粉、蛋液和面包粉后，先摆放入炸篮内，再送入热油中炸制，被称为“炸篮式脆炸”。

⑥在炸制过程中，注意随时翻动原料，尤其是挂糊炸的原料，漂浮在油面上，容易受热不均匀，应当随时翻动，使上色一致，口感均匀酥香。

⑦炸制好的原料，需要在充分沥油后，放入垫有厨房用纸的不锈钢托盘内，沥出余油，此时可以撒盐和胡椒粉等其他调味料补充调味。

（5）装盘成菜　将炸好的原料放入热的菜盘中，根据成菜要求，配少司和配菜，上菜即成。

7. 操作要领

（1）炸制好的原料，在用炸篮取出沥油时，不要在炸炉上方撒盐和其他调味品调味，否则会影响炸油的风味。

（2）每次使用完炸炉后，应该彻底滤去炸炉中炸油内的残渣，清洁干净，保持卫生和安全。

（3）使用炸炉时，若炸制结束，或需要较长时间才再次炸制，应该关掉加热电源，避免炸油长时间空烧加热，既浪费能源，又不利于炸油的保存和使用。

（4）炸制中，要随时检查炸炉中炸油的清洁程度。若炸油使用次数过多，时间过长，则色泽偏深，炸制的成品带有一种油腻的异味，容易影响菜肴的品质。而且较脏的炸油在加热时，容易在较低的油温下开始起油烟和油沫，影响厨师对油温的准确判断。

（5）若炸炉中的炸油颜色过深，加热时冒出大量的油沫，在油温较低时就起大量油烟，说明这个炸油的品质已经不佳了，必须更换。

8. 适用范围

西餐炸制方法适应范围广泛，如各种蔬菜、蛋类、香草、肉类和海鲜等。

9. 菜肴示例

香炸龙利鱼柳（Goujonnettes de sole，Sauce Tartare）

这是一道经典的法式海鲜菜肴。制法是先将加工好的龙利鱼柳用手搓成香鱼条状（Goujonnette），粘上面粉后，再放入用鸡蛋、牛奶和啤酒等调成的汁液中腌制，入味后捞出，粘匀面包粉，炸制后配上经典的塔塔少司即成。

课前阅读

课前查阅西餐鱼类的种类和特点的相关资料，复习塔塔少司的特点和原料配方组成。

学习目的

掌握西餐吉利炸制菜肴的制作方法，熟练掌握吉列炸的手法和火候控制方法，学会制订合理的操作流程表和计划书，包括时间安排、规划安排和沟通环节、卫生安全等。

1. 原料（成品4人份）

主料　龙利鱼柳4条，面粉100g，鸡蛋2个，牛奶100mL，面包粉100g，盐和胡椒粉适量。

辅料　柠檬4个，欧芹80g。

塔塔少司调料　蛋黄酱（Mayonnaise）250g，酸黄瓜碎（Chopped gherkins）60g，水瓜柳碎（French capers）30g，香叶芹碎30g，洋葱碎60g，熟鸡蛋碎30g，欧芹碎30g。

2. 设备器具

份数盆，菜板，不锈钢煮锅，菜盘，厨房用纸，平底煎锅，锥形漏斗，汤盘，汤盅，煎铲，木搅板等。

3. 制作方法

①将鱼刮鳞、剪鳍、去内脏，撕去鱼皮，剔下净鱼柳，切成10cm长、1.5cm粗的长条，用手搓光滑，呈香鱼条状。

②鸡蛋打散，加盐和胡椒粉调匀；将少司料拌匀，成塔塔少司。

③将鱼条浸入牛奶中入味，沥干后，分别粘上面粉、蛋液和面包粉，放入热油（160℃）中炸5min，呈金黄色时取出，沥油。

④将欧芹放入热油中炸约5s，取出沥油。

⑤鱼条装盘，放入柠檬块等辅料，配塔塔少司，上菜即成。

4. 技术要点

①鱼条用厨房用纸吸干水分，炸制油温不宜过高，以外酥内嫩、色泽金黄为佳。

②除了以塔塔汁做酱汁外，也可用千岛汁、番茄汁和白忌廉汁等代替。

5. 质量标准

鱼条外酥内嫩，色泽金黄；少司酸咸适宜，清爽不腻。

6. 知识拓展

①掌握拍粉炸制和挂糊炸制的区别。

②掌握炸制方法的类型和特色，以及不同的炸制方法可以应用于哪些不同的原料。

小结

通过对吉利炸制方法的实际操作学习，复习西餐各种不同炸制方法的要领和技巧。重点学习炸制火候、油温和成品品质质感控制的方法，逐渐形成熟练、规范的西餐操作职业习惯和职业道德，养成良好的职业素质，发扬精益求精、认真细致的职业精神。

二、以空气为传热介质的干热加热法

以空气为传热介质的干热加热法是指原料在烹调加热的过程中，没有加水或汤汁作为传热介质，而是采用通过辐射直接传热或者环境中的热空气间接传热的加热烹制方式。在烹制中所加入的少量油脂也只是增加原料成菜后的风味，没有传热介质的作用。

铁扒（Grilling）和焗烤（Broiling）是一对近似的快速烹调方法，主要适用于质地细嫩的小块原料；而暗火烤（Roasting）和罐焖（Poêléing）则是一对近似的长时间慢速烹制方法，主要适用于大型的肉类或整只的禽类、鱼类原料。

（一）铁扒（Grilling）

1. 定义

铁扒（Grilling），又称为“烧烤”，是将加工成形的原料，放在以焦炭等为热源的高温条状扒炉上，迅速烧烤出网状焦纹，并达到所需成熟度的烹调方法。

2. 特点

铁扒烧烤是通过条状扒炉（Grill stove）下方的热源辐射传热的，经过铁扒烧烤后的菜肴带有浓郁的烟熏味，热源位于存放食物的金属烤架下方。热源可以是木炭、天然气、木材（以大块或原木的形式）或电或红外加热元件。热源发出的辐射热量把烤架上的金属条加热至高温，足以把食物烤熟（产生黑色的烧烤痕迹，这是食物在烤架上烤熟的标志）。食物表面呈整齐的网状焦纹，具有肉嫩、多汁，香味独特的特点。辐射热也会把没有直接接触架子的食物部分煮熟。

平板扒炉（Griddle stove）有时也可以用来烧烤食物，但是与常见的用作铁扒烧烤的条状扒炉（Grill stove）不同，平板扒炉在热源上方没有开放式的条状金属条，而是在热源上方放置了一个坚固平坦的金属板，从而在金属板上进行烧烤。在餐厅的菜单上，用平扒炉制作的菜肴会注明Griddled，用条状扒炉制作的菜肴会注明Grilled 。

3. 工艺流程

选料 → 加工成形 → 主料腌制 → 配菜制作 → 预制扒炉 → 铁扒烹制 → 调味 → 装盘成菜

4. 原料（成品4人份）

去骨的净肉扒（牛扒、鸡扒、鱼扒等）4份（150～200g/份），腌制调料或烧烤酱适量，各种香草香料（香叶、百里香、欧芹、迷迭香等）适量，配菜适量，少司适量，油脂少量，盐和胡椒粉适量。

5. 设备器具

不锈钢汁盆，不锈钢托盘，厨房用纸，电坑扒炉或燃气坑扒炉，西餐刀，砧板，电子秤，量杯，网格烤架，肉夹，油刷，钢丝刷，汁勺，冰箱等。

6. 制作方法

（1）选料　根据成菜要求，选择适合的新鲜主料、配菜、香草和调料。

（2）加工成形　将肉扒整理加工成形，切成大小和厚度适中的厚片，加各种香草香料，撒盐和胡椒粉腌制调味。

①肉扒初加工时，应该剔尽肉中的软骨、表面的筋络和肥油，整理成形，以便加热时火候均匀。

②根据成菜要求，将肉扒切成均匀的厚片或大块，以便于控制成熟度。

（3）主料腌制

①腌制料可以用橄榄油和各种香料、香草调制而成，也可以使用现成的烧烤酱腌制。

②用于铁扒的肉扒和串烧等原料可以提前加腌制料拌匀，腌制冷藏，以便入味均匀。

③制作串烧肉柳时，可以将肉类主料切成均匀的块状或条状，腌制后，用串烧的钢签或竹签制作成肉串，冷藏。竹签在使用前，应该先在水中浸泡20min，以免做好的竹签在烧烤时被烤焦。

（4）配菜制作　根据成菜要求，制作各种蔬菜或米面类配菜，调味保温。

（5）预制扒炉

①将坑扒炉清洗干净，预热烧烫。

②用钢丝刷和湿抹布清洁扒条上的杂质，再将扒条均匀地刷匀植物油，以防粘连。

③在准备扒制时，应该提前将腌制过的原料沥油，以避免多余的油脂滴到下方火中，引起明火燃烧，产生不良的风味。

④在扒制过程中，应该随时用钢丝刷和湿抹布清洁扒条，以避免粘连，产生不良口味。

（6）铁扒烹制　将腌制的肉扒等原料取出，沥汁后，依次按照“10点钟”和“2点钟”方向放于扒炉上，扒出网状焦纹，再翻面扒制。

①选用肉扒成形最好的一面朝下，先放在热的坑扒炉上扒制，定型上色后，用肉夹抬起肉扒，转90°再次扒制，至出现交叉网状焦纹即可翻面继续扒制。

②根据原料的种类、菜肴标准及客人的要求来准确控制铁扒的火候。通常可以设想将扒炉分为Rare、Medium-rare、Medium、Medium-well、Well-done等区域，扒制中，根据要求和区域不同，控制原料的成熟度。

③通常较薄的肉扒和蔬菜等可以直接在扒炉上扒制到所需成熟度即可；若对于较厚的肉扒，在扒出网状焦纹后，可以送入烤炉内，完成最后成熟度的控制。

④通常西餐中红肉类原料扒制时，可以按照客人的要求，制作成Rare、Medium--rare、Medium、Medium-well、well-done等不同类型的成熟度，如牛肉、羊肉和野味类肉扒的烹制；而白肉类原料扒制时，则可以制作成Medium-well的成熟度，在切开肉层断面时，用手指可以压出带有一点红色的肉汁或接近透明的肉汁，但是切记不能煎制过火，要保持嫩度，如小牛肉、鸡肉、猪肉等。

（7）调味　根据成菜要求，为铁扒的肉类原料单独制作少司，以便调味。铁扒类菜肴通常以热的乳化黄油少司为最佳配搭酱汁，如班尼士少司、疏朗少司等，风味独特。

（8）装盘成菜　将铁扒好的原料放入热的菜盘中，根据成菜要求，配少司和配菜，上菜即成。

7. 操作要领

（1）清洗扒炉前，必须预热，否则不易洗净。

（2）刚扒制好的大块厚肉扒，表面较干，而内部的肉汁丰厚，应该先沥汁保温，待肉汁浸润后再装盘上菜；而小块薄肉扒做好后，内部肉汁不多，应略微保温，尽快上菜，以免肉汁浸出过多，损失风味。

8. 适用范围

铁扒适合的原料范围广泛，以肉质鲜嫩的肉类、禽类、野味类、内脏类、海鲜原料和各种鲜香的蔬菜原料为主。

9. 菜肴示例

铁扒龙利鱼，银鱼黄油汁（Soles grillées，Beurre d'anchois）

课前阅读 课前查阅铁扒炙烤工艺的烹饪原理相关资料，复习西餐腌制技术的分类和制作方法，思考如何在本菜肴品中应用。

学习目的 学习西餐海鲜鱼类菜肴的烹调方法，熟悉海鱼的加工技术，掌握银鱼黄油少司的制作技巧。学会制订合理的操作流程表和计划书，包括时间安排、规划安排和沟通环节、卫生安全等。

1. 原料（成品 4人份）

主料 龙利鱼柳4×250g，柠檬200g，香叶、百里香适量，面粉适量，盐和胡椒粉适量，植物油适量。

辅料 柠檬4个，欧芹40g，煮熟的橄榄马铃薯及时鲜蔬菜适量。

调料 黄油160g，油浸银鱼柳80g。

2. 设备器具

份数盆，菜板，不锈钢煮锅，菜盘，厨房用纸，平底煎锅，锥形漏斗，汤盘，汤盅，煎铲，木搅板等。

3. 制作方法

①龙利鱼去鳞、去鳍、去皮、去内脏，洗净后，冰水浸泡。

②将油、柠檬汁、香叶和百里香放入盆内拌匀成腌制料。

③将柠檬制成花形；橄榄马铃薯煮熟。

④银鱼柳擦碎，放入盆中，加化软的黄油，搅

匀后成银鱼黄油汁，保温。
⑤将条扒炉洗净，刷油烧烫。用厨房用纸擦干鱼柳水分，刷上腌制料，撒盐和胡椒粉，放于扒炉上扒制。
⑥待两面扒出网状花纹后，放入烤盘中，淋腌制汁，入烤炉烤熟。
⑦鱼柳装盘，刷热黄油，配银鱼黄油汁、花形柠檬和橄榄马铃薯等配菜，上菜即成。

4. 技术要点

①鱼柳烤制时炉温不宜过高。可在鱼柳面上放一片马铃薯片，以免烤制过火。
②制银鱼黄油汁时，若银鱼过咸，可先放入水中焯水，去盐分后再与黄油拌匀，制成银鱼黄油少司。

5. 质量标准

鱼肉外干香、内鲜嫩，少司味咸鲜香浓，黄油味浓厚。

6. 知识拓展

①除了鱼类，还有哪些原料可以用于炙烤铁扒？可以使用什么腌制酱料加工？
②如何评价炙烤铁扒菜肴的营养价值与风味之间的关系？

小结

通过对炙烤铁扒类菜肴的实际操作学习，复习西餐黄油类少司的制作方法。重点学习铁扒炉具的预制加工和炙烤的方法，逐渐形成熟练、规范的西餐操作职业习惯和职业道德，养成良好的职业素质，发挥精益求精、认真细致的职业精神。

（二）焗烤（Broiling）

1. 定义

焗烤又称为面火烤，简称为焗，是指把经过初加工和熟处理后的原料，放在面火焗炉中，通过上层面火加热，烹调成菜的方法。通常可以分为两种形式：芝士焗（Gratin）和挂汁焗（Glazing）。

芝士焗，是指把经过初加工和熟处理后的原料，放入焗盅内，淋上各种浓稠的少司，撒上芝士粉，放在面火焗炉中，用面火烤制上色、成菜的烹调方法。

挂汁焗，是指把制作好的胶冻汁淋在原料表面，焗烤上色、增亮的烹调方法。

2. 特点

焗烤与铁扒烧烤类似，不同之处在于，焗烤的热源位于食物上方。焗炉中的热量来源通常是燃气的火焰，或者是电热或红外加热元件。

当把食物放进焗炉时，它会通过烤架的热量以及烤架上方热源散发出的辐射热量进行烹饪。焗烤菜肴的表面通常呈金黄色或棕褐色，色形美观，香味浓厚，酱汁浓稠，风味独特。

3. 工艺流程

选料 → 加工成形 → 熟处理 → 调味 → 焗制 → 装盘成菜

4. 原料（成品 4人份）

主料4份（150～200g/份），浓汁少司适量，芝士粉适量，植物油适量。

5. 设备器具

少司锅，漏勺，不锈钢盆，焗盅，烤盘，燃气灶，面火焗炉，保温柜。

6. 制作方法

（1）选料　根据成菜要求，选择适合的新鲜主料、配菜、香草和调料。

（2）加工成形　根据成菜要求，将原料切配成形。

（3）熟处理　根据成菜要求，将切配好的原料加热烹制成熟，调味。

（4）焗制　焗盅内涂匀清黄油，放入制熟的原料，淋上浓汁少司，撒上芝士粉，送入高温的面火焗炉中。烤至芝士熔化，成金黄色酥皮时即可。

（5）装盘成菜　将焗烤上色的菜肴趁热上菜即成。

7. 操作要领

（1）由于面火焗炉是开放式的加热环境，焗烤时只能利用面火火源对原料的表层进行局部加热，因此通常用于焗烤的原料需要事先烹制成熟，以便控制火候。

（2）焗盅或盛装菜肴的盛器底部要涂抹适量油脂，以防止原料和盘底粘连。

（3）焗烤前，应将原料用浓汁少司完全盖满，再撒上芝士碎，以起到保温和均匀上色的作用。

（4）焗烤时温度较高，应将盘边的酱汁或杂质擦洗干净，避免酱汁或杂质被烤焦煳，影响美观。

（5）用于焗烤的浓汁少司通常以白汁少司（Béchamel sauce）或毛恩内少司（Mornay sauce）为多。

（6）焗烤还可以作为西餐餐具或菜肴临时保温的方法，被广泛应用。

8. 适用范围

焗烤的适用范围很广，通常应用于各种质地鲜嫩的白肉类原料和鲜嫩蔬菜，如鱼类、虾蟹类、贝类、马铃薯类等。

9. 菜肴示例

芝士焗扇贝（Scallops au gratin）

课前阅读

课前查阅芝士的种类和特点等资料，查阅贝类海鲜的品质鉴别方法等资料，复习白汁少司的制作方法和要领。

学习目的

掌握西餐焗制菜肴的制作方法，熟练掌握荷兰少司和白汁少司的制作方法和应用。学会制订合理的操作流程表和计划书，包括时间安排、规划安排和沟通环节、卫生安全等。

1. 原料（成品4人份）

主料 扇贝16个，红葱40g，白葡萄酒100mL，鱼精汤500mL，香料束1把。

辅料 黄油40g，红葱40g，白葡萄酒100mL，蘑菇600g，欧芹20g，古老也芝士碎20g。

调料 黄油70g，红葱40g，白葡萄酒100mL，扇贝煮汁适量，鱼精汤适量，奶油200mL，荷兰少司100g，盐和胡椒粉适量。

2. 设备器具

份数盆，菜板，不锈钢煮锅，菜盘，厨房用纸，平底煎锅，锥形漏斗，汤盘，汤盅，煎铲，木搅板等。

3. 制作方法

①扇贝去壳取肉，入冰水中洗净。胡萝卜和洋葱切块，红葱和欧芹切碎。

②将红葱碎用黄油炒香，加白葡萄酒煮至原体积的2/3时，倒入冷鱼精汤、扇贝和香料束，调味后煮沸，离火保温。

③把扇贝壳刷洗干净，放入沸水中煮20min。

④将红葱碎用黄油炒香，加白葡萄酒煮至原体积的2/3时，放入蘑菇碎煮软，加欧芹碎搅匀，成浓缩蘑菇馅。

⑤将红葱碎用黄油炒香，加白葡萄酒煮至原体积的2/3时，倒入煮扇贝汁和鱼精汤煮沸，加奶油煮稠，离火加黄油搅化，过滤后加入荷兰汁和打发的奶油，加盐和胡椒粉调味，成焗扇贝汁。

⑥扇贝壳中放入蘑菇馅，放上扇贝块，淋满焗扇贝汁，撒上古老也芝士碎，送入面火烤炉中焗烤上色，装盘点缀即成。

4. 技术要点

①用冷鱼精汤煮扇贝，汤沸离火，浸泡备用，以保持鲜嫩的质感。

②白酒少司汁稠粘勺，以保证浓厚的奶油香味和焗制上色效果。

5. 质量标准

少司金黄，咸鲜香浓，奶油和蘑菇味香浓，扇贝质嫩味鲜，适口宜人。

6. 知识拓展

①除了扇贝，主料还可以用其他哪些食材？制作时焗制会有哪些变化？

②除了荷兰少司可以用于焗制，还有哪些少司酱汁可以用于焗制菜肴？

小结

通过对焗烤类型菜肴的实际操作学习，复习荷兰汁、毛恩内少司等酱汁的制作方法。重点学习白汁焗和挂汁焗的方法，逐渐形成熟练、规范的西餐操作职业习惯和职业道德，养成良好的职业素质，发扬精益求精、认真细致的职业精神。

（三）暗火烤（Roasting）

烤是西餐常用的烹调方法，根据烤制设备不同，西餐烤可以分为旋转肉叉烤（Spit roasting）、烟熏烤（Smoke roasting）、暗火烤（Roasting）、焙烤（Baking）等。

旋转肉叉烤（Spit roasting）是起源最早的烤制方法，是将原料穿在烤肉叉上，置于明火炉的上方，手工或电动旋转烤肉叉，利用热辐射的方式长时间地烤制食物。现在可以用专门的旋转肉叉烤炉来烤制。烟熏烤（Smoke roasting）是在烤制中，利用专门的木材燃烧产生的烟雾进行熏烤，以便增加烤制成品的烟熏香味。

暗火烤（Roasting）是目前流行最广的烤制方式。暗火烤（Roasting）与焙烤（Baking）类似，都属于干热加热法，烹饪时，食物被放置在密闭的烤炉内，被烤炉内的热空气包裹并加热烹制。随着热空气与食物接触的时间增长，食物表面开始变热并变干。最终，表面开始呈现出更深的颜色。食物从生到熟，质地也同时发生变化。肉类、鱼类和家禽在烹调时往往会变得更硬，而蔬菜和水果则会变得更软。

从传热的方式来看，暗火烤与焙烤之间没有显著差异。比如尽管烤马铃薯的准确表达是Roasted potatoes，但是称为Baked potatoes也可以。而从习惯用法来看，暗火烤与焙烤之间的差异与加工准备的食物大小有关。一般来说，暗火烤表示您正在准备一整个食物或一大块食物；而焙烤通常特指正在准备较大食物的小块。

比如在烤炉内烤制一整只鸡被称为暗火烤鸡（Roasted chicken），但同样的一只鸡被切成小块后在烤炉内烤熟则被称为焙烤鸡（Baked chicken）。但是也有例外，比如马铃薯就是个例外。整个马铃薯烤制被认为是"焙烤（Baked）"，而将马铃薯切成小块，而不是被切成整块来烤马铃薯就是烤箱暗火烤（Oven-roasted）。当在准备肉类的暗火烤或者焙烤时，有时会先将肉类高温煎上色，然后再放入烤箱烤制。

焙烤还包括各种混合后，在烤箱内加热烹饪的菜肴，如烤扇贝、烤马铃薯、烤各类意大利面食等。焙烤还包括在饼房、面包房或面包店生产的各种烘焙甜点和面包产品，如蛋糕、饼干、馅饼和面包等。

这里主要介绍应用最广的暗火烤。

1. 定义

暗火烤是指将经过加工腌制后的原料，放在封闭的烤炉中，通过干燥空气的对流传热，加热烤制的烹调方法。

2. 特点

根据原料不同，烤制菜肴呈金黄色或棕红色。具有外干香、内鲜嫩，质感丰富的特点。

烤制菜肴的调味少司通常由烤肉原汁浓缩而成。烤肉原汁是指原料烤制中渗出的肉汁。将烤肉汁加葡萄酒、水或基础汤等调料煮沸，加各种香草浓缩煮稠，加盐和胡椒粉调味后，即成烤肉少司。

3. 工艺流程

选料 → 腌制加工 → 预制加工 → 烤制 → 淋油烤 → 沥汁保温、静置休息 → 少司调味 → 装盘成菜

4. 原料（成品1套）

整形的肉柳，整的禽类或鱼类1件，胡萝卜100g，洋葱200g，西芹100g，韭葱100g，各种香草香料（香叶、百里香、欧芹、迷迭香等）适量，基础汤适量，葡萄酒适量，基础少司300mL，淀粉汁适量，配菜适量，盐和胡椒粉适量。

5. 设备器具

不锈钢深底烤盘，汤勺，细孔滤网，不锈钢托盘，网格烤肉架，不锈钢盆，长柄厚底煎锅，煎铲，烤炉，肉用温度计，燃气灶。

6. 制作方法

（1）选料　根据成菜要求，选择适合的新鲜主料、配菜、香草和调料。烤炉预热至200℃。

（2）腌制加工　根据成菜要求，去除原料表面的筋络和肥油，加胡萝卜、洋葱、西芹、韭葱等调味蔬菜、香料、葡萄酒、盐和胡椒粉等腌制。

①若原料表面肥油或肥肉过多，会影响烤制中热量的均匀传递，所以要剔除肉类原料表面多余的筋络和肥油，但是也不可将所有的肥油都剔净，因为原料表面少量的肥油或油脂可以起到滋润皮面的作用，防止外皮烤制过干或烤焦。

②为了增加原料烤制时的香味，可以将各种香草香料和调味蔬菜塞入整鱼或整的小型禽类的腹腔内一同烤制。

③为便于烤制后菜肴成形的需要，可以将整件的禽类或肉类原料用厨房棉线捆扎定型，以免烤制中收缩变形。

（3）预制加工　根据菜肴制作工艺的要求，对于一些体积较大，需要长时间慢火烤制的原料，可以在原料腌制、捆扎后，用高温快速加热定型，有助于增加菜肴的整体风味和色泽。高温加热的方式可以在明火炉上快速煎制，或者在高温焗炉里焗烤一下，或送入高温烤炉内快速烤制定型。

而对于一些小型的原料，因为在烤制过程中，上色较快，则不用提前高温定型。

（4）烤制　将烤制原料放在烤架上，表面刷油后，送入已经预热的烤炉内烤制。

①通常将网格烤架放在大的不锈钢深底烤盘上，再放上烤制原料，这样原料四周有足够的空间便于热空气的均匀对流和流通，以保证烤制火力均匀。

②烤制中途，定时取出原料，在表面刷油后，再次送入烤炉烤制，以免干皮。

③中途刷油的目的是增加风味和防止干皮，一般可以用烤肉时渗出的油汁来刷油。若原料的脂肪较少，很少渗出油汁，则可以另外用熔化的黄油或植物油以及腌肉汁来刷油增香。

④烤盘内可以根据需要加入一些调味蔬菜和香料，一同烤制增香，烤制结束时还可以用作少司制作。

⑤严格控制烤制火候和时间。通常可以使用肉用温度计来判别不同原料的烤制成熟度。

烤制原料因为大小、形状各不相同，所以烹制后的成熟度鉴别需要更加专业的方法。通常使用肉用温度计来测试烤制原料的中心温度，以此鉴别烤制原料烹制的成熟度。在操作时，将肉用温度计插入烤制原料切口的一侧，温度计尖端朝向烤制原料中心，不要碰到骨头或脂肪。当温度计的显示温度比预期温度低3～6℃时，即刻将烤制原料从火上移开，再使烤制原料保温、静置休息，而在静置休息的过程中，烤制原料的中心温度还将继续升高，注意控制所预期的温度值。

（5）沥汁保温、静置休息　沥汁保温是西餐烤制中增加风味的关键技巧之一。原料在经过长时间烤制后，表层的肉汁消耗殆尽，剩余的肉汁大部分集中在内部中心。通过一定时间的沥汁保温，可以使肉汁在原料内重新分布，同时还有一个后熟过程，便于形成融合的质感，增加风味。

①原料烤制到规定成熟度后取出，用锡箔纸盖上，沥汁保温。

②通常烤制小型原料，沥汁保温时间在5min左右；中等大小的原料时间在15～20min左右；大

型原料时间在45min左右。

（6）少司调味　去除烤盘内多余的油脂，将烤盘置于中火上加热，待调味蔬菜呈棕褐色时，加入葡萄酒煮至原体积的1/3，倒入基础汤煮沸，熬煮出味后加基础少司或芡粉汁煮稠，加盐和胡椒粉调味后，过滤即成少司。

①用烤盘内的调味蔬菜和香草来制作少司酱汁，保证烤制中原汁原味的风味。

②确认烤盘内调味蔬菜和香草的烹制火候，若蔬菜被烤焦了，就不能使用了，以免使酱汁产生苦涩味。

③根据菜肴的标准要求，选择适合的基础汤和基础少司。

（7）装盘成菜　将烤制好的肉类主料、少司酱汁和配菜装盘，上菜即成。

7. 操作要领

（1）准确控制原料烤制的火候和成熟度。以肉类原料为例，通常每1kg白肉类原料，大约烤制60～70min；每1kg红肉类原料（如牛、羊肉等），大约烤制25～30min；每1kg鸡肉类原料，大约烤制40～45min。

（2）烤制禽类或带骨类原料时，暴露在外的禽类腿脚和肉类的骨料应该用锡箔纸包裹紧实，以避免被烤焦、变色，影响成菜效果。

8. 适用范围

烤制方法主要适用于大型的或整形的食物原料，如大型的肉类、禽类或野味类原料。也常用于各种肉块类原料的烹制。

9. 菜肴示例

烤酿馅猪柳（Fruit stuffed loin of pork）

课前阅读　课前查阅西餐猪肉应用的相关资料，包括猪肉的品种、品质和风味特点，并思考水果酿馅方法在本菜品中的应用。

学习目的　学习西餐中西餐肉卷类菜肴的烹调方法，熟悉菜肴的装盘手法，掌握西餐肉卷类菜肴的制作要领和关键。学会制订合理的操作流程表和计划书，包括时间安排、规划安排和沟通环节、卫生安全等。

1. 原料（成品4人份）

主料　猪里脊肉800g。

辅料　苹果6个，西梅200g，洋葱150g。

调料　苹果白兰地100mL，干白葡萄酒200mL，褐色少司500g，盐、细砂糖和胡椒粉适量。

2. 设备器具

份数盆，菜板，不锈钢煮锅，菜盘，厨房用纸，平底煎锅，锥形漏斗，汤盘，汤盅，煎铲，木搅板等。

3. 制作方法

①将猪柳去筋，顺长切开成大片，撒盐和胡椒粉腌制备用。
②将洋葱碎用黄油炒香，加白兰地点燃，烧出酒味，加白葡萄酒煮至原体积的2/3，加苹果碎炒匀，加少量褐色少司煮稠，至苹果软烂时，加西梅、细砂糖、盐和胡椒粉拌匀成馅料。
③将馅料铺在猪柳上，卷成肉卷，捆扎好后，送入160℃烤炉中烤25～30min，熟后取出。
④切片后装盘，淋上热的褐色少司成菜。

4. 技术要点

①捆扎猪柳时手法要紧实，以保证成菜美观。
②烤制时间不宜过长，以猪柳熟嫩为佳。

5. 质量标准

猪肉质地鲜嫩，馅料味甜酸，适口不腻。

6. 知识拓展

①西餐常见猪肉菜品有哪些？主要有哪些应用特点？
②西餐肉卷菜式有哪些变化类型？分别如何加工？

小结

通过对西梅酿猪柳菜肴的实际操作学习，复习西餐褐色少司的制作方法。重点学习西餐肉卷菜肴的加工方法和烤制技巧，逐渐形成熟练、规范的西餐操作职业习惯和职业道德，养成良好的职业素质，发扬精益求精、认真细致的职业精神。

（四）罐焖（Poêléing）

罐焖是法式烹饪中独特的烹调技法，采用特制的法国砂锅（Casserole）制作而成。法国砂锅又称法国烤锅，是一种大而深的烹调专用器具，类似中国的砂罐。一般用陶瓷或玻璃制成，可放入烤炉，也可以直接盛装菜肴。西餐中常常将用这个砂锅制作的菜肴称为“砂锅菜”（Casserole）。

1. 定义

罐焖是指将体积较大的原料，经过加工处理后，放入有盖的大砂锅中，锅底铺满炒香的马蒂尼翁蔬菜（Matignon），加盖密封后送入烤炉内，罐焖成菜的烹调方法。

2. 特点

罐焖与暗火烤的方法类似，不同之处在于烤制菜肴通常将原料直接放在烤架上，不加盖送入烤炉中烤制，烤制的菜肴表面干香、色泽棕红；而罐焖的菜肴是将原料放入有盖的砂锅中，加盖后送入烤炉烤制，罐焖的菜肴色泽光亮，呈金黄色或棕褐色，表皮香脆，肉质松软。

3. 工艺流程

选料 → 腌制加工 → 预制加工 → 罐焖 → 沥汁保温 → 少司调味 → 装盘成菜

4. 原料（成品 4人份）

白肉类原料或整的禽类1件，胡萝卜100g，洋葱200g，西芹100g，韭葱100g，各种香草香料

（香叶、百里香、欧芹、迷迭香等）适量，基础汤适量，葡萄酒适量，基础少司300mL，芡粉汁适量，配菜适量，盐和胡椒粉适量。

5. 设备器具

法国砂锅，汤勺，细孔滤网，不锈钢托盘，不锈钢盆，网格烤架，长柄厚底煎锅，煎铲，烤炉，燃气灶。

6. 制作方法

（1）选料

①根据成菜要求，选择适合的新鲜主料、配菜、香草和调料。

②罐焖菜肴的主料通常选用小牛肉、肉鸡和野味。

③罐焖菜肴的辅料通常既可以用来增香提味，又可以用作配菜，被称为可以食用的马蒂尼翁蔬菜，如胡萝卜、洋葱、西芹等均可。

④烤炉预热至200℃。

（2）腌制加工　根据成菜要求，去除原料表面的筋络和肥油，加胡萝卜、洋葱、西芹、韭葱等马蒂尼翁蔬菜、香料、葡萄酒、盐和胡椒粉等腌制。

（3）预制加工　将法国砂锅置于旺火上，加油烧热，放肉类主料快速煎制。至定型、均匀上色后，取出保温。

（4）罐焖　将切成大块的胡萝卜、洋葱、西芹、韭葱等作配菜用的马蒂尼翁蔬菜放入砂锅中，加黄油继续炒香，铺匀在锅底后，放入煎上色的肉类原料，刷油后，加盖罐焖。

①作配菜用的马蒂尼翁蔬菜要切得大一些，便于装盘。

②肉类主料放在炒香的蔬菜上面，烤制前刷上黄油提味。

③烤制中途可以适当地再刷1～2次油，增亮提味。

④原料烤制接近结束前，可以拿去砂锅的盖子，将原料表面烤成棕褐色，增加皮面香脆的口感。

（5）沥汁保温　控制罐焖的火候，取出肉类主料和2/3的马蒂尼翁蔬菜料。用锡箔纸包好，放于网格烤架上，沥汁保温。

（6）少司调味　去除砂锅中多余的油脂，将砂锅内1/3的马蒂尼翁蔬菜料放在中火上加热，加入葡萄酒煮至原体积的1/3，倒入基础汤煮沸，熬煮出味后加基础少司或芡粉汁煮稠，加盐和胡椒粉调味后，过滤即成少司。

（7）装盘成菜　将罐焖好的肉类主料切片装盘，淋上少司酱汁，装入蔬菜配菜，上菜即成。

7. 操作要领

（1）罐焖中途不宜频繁揭盖，否则容易损失水汽，造成原料被烤过火。铺底的马蒂尼翁蔬菜要切大一些，容易在烤制中保持成形，避免被烤焦。

（2）可以用多功能蒸烤炉来制作罐焖菜肴。将烤炉调成蒸汽、烘烤混合加热模式，温度设定在180℃，原料直接放在下面垫有烤盆的网格烤架上，进行罐焖烹制。烤制中渗出的肉汁流在烤盆内，可以用作酱汁制作；原料表面有空气和水蒸气的对流作用，不会被烤焦，制作更简便。

8. 适用范围

适用于大型白肉类原料，如禽类、小牛肉类和野味类等。

9. 菜肴示例

罐焖仔鸭（Canetons poêlés aux navets）

课前阅读 课前查阅法式肉鸭的相关资料，并思考其在本菜品中的应用。

学习目的 掌握西餐罐焖菜肴的制作方法，熟练掌握西餐禽类烤制菜肴的初加工方法。学会制订合理的操作流程表和计划书，包括时间安排、规划安排和沟通环节、卫生安全等。

1. 原料（成品 4人份）

主料 仔鸭2kg，胡萝卜100g，洋葱100g，黄油20g，色拉油 20 g。

辅料 白萝卜2kg，黄油50g，糖10g，小洋葱2kg，黄油20g。

调料 白葡萄酒100mL，马德拉酒100mL，褐色少司1.5L，盐和胡椒粉适量。

2. 设备器具

份数盆，菜板，有盖的焖锅，菜盘，厨房用纸，平底煎锅，锥形漏斗，汤盘，汤盅，煎铲，木搅板等。

3. 制作方法

①仔鸭初加工。鸭腹内和外皮抹匀盐和胡椒粉，捆扎定型备用。

②白萝卜削橄榄形，和小洋葱一同放入锅中，加水、糖和黄油，密封煮干、发亮备用。

③先将仔鸭煎上色，出锅备用。另放入鸭肝、洋葱和胡萝卜炒香，放入仔鸭，腹部向上，加盖后送入200℃的烤炉中，烤50min（中途取出淋汁），去除锅盖，继续将鸭皮烤成深红色，出炉保温备用。

④去除锅内多余的油脂，加白葡萄酒煮至原体积的2/3时，倒入马德拉酒和烧汁煮沸。过滤后加配菜烩入味，加盐和胡椒粉调味后，保温备用。

⑤少司淋入热菜盘内，放上切好的鸭片，配小洋葱和萝卜榄，上菜即成。

4. 技术要点

①仔鸭应速煎上色，以保持内部的水分和鲜味。

②焖烤中途每20min翻动一次。将锅中的油汁淋于鸭身上，使表皮滋润，色泽美观。

5. 质量标准

鸭皮红亮，肉质软嫩鲜香，少司咸鲜醇浓，风味浓厚。

6. 知识拓展

①罐焖的菜肴和暗火烤菜肴比较有什么异同？

②罐焖类菜肴的优势在哪里？

小结

通过对罐焖类菜肴的实际操作学习，复习西餐烤制菜肴的分类和要领。重点学习罐焖菜肴原汁原味烹饪方法的特点，逐渐形成熟练、规范的西餐操作职业习惯和职业道德，养成良好的职业素质，发扬精益求精、认真细致的职业精神。

三、以水为传热介质的湿热加热法

湿热加热的烹调方法具有自我温度调控的特点。通常在一个大气压下，食物在液体中煮制，而大多数液体的沸点不会超过100℃。这意味着用湿热法烹饪的食物与用干热法烹饪的食物相比，有不同的外观、味道和质地。

用湿热法烹饪时，食物要么直接与热的液体一同烹煮，要么用从热的液体中升起的水蒸气来烹调。热量从热源（炉灶火头）通过锅传递到液体，当食物被加入到液体中，热量从液体传递到食物中，就完成了热量的传递，烹调就形成了；如果使用蒸汽加热，那么蒸汽的热量传递到食物上时，就可以对食物进行烹饪了。

因为湿热烹调的温度比干热加热的方法低，如在热油中煎或炸、在热锅中炒、在扒炉上烧烤等温度都高于100℃，所以湿热烹调的食物表面颜色的变化并不是很剧烈。食物外部的颜色通常与内部的颜色是相同的，这在食物的口味上起着较大的作用。湿热法烹调的食物就没有那种焦糖化或烘烤后的美拉德反应的风味，整体风味清淡，保持了原汁原味。

当食物与热的液体或蒸汽直接接触时，水会从食物中吸收一些营养元素。 可以通过控制食物的切配形状，尽可能地缩短其烹饪的时间，这样来避免过多的营养素损失。厨师常常会使用湿热法来预制、制备和加工食物，以食物的提前预制或烹制的方法，在需要应用时，再次翻热食物以便完成烹调。

通过一些必要的事先准备和预制，将部分或完全准备好的食物进行冷藏、包装备用，厨师就很容易在客人点餐时，制作出完整的菜肴，而不是将食物放在蒸汽锅中。他们可能会在热水水浴中完成烹饪，或者在微波炉中重新加热。很多基础高汤或少司调味酱汁都是这样提前制备的，通常在使用前会再次小火慢煮或煮沸加热以备使用。

（一）低温浅煮（Shallow poaching）

1. 定义

低温浅煮（Shallow poaching）是西餐常见的烹调方法之一，主要应用于成形较小或较薄，肉嫩易碎的鱼柳和禽类胸肉的烹调。制作中，将加工成形的原料浸入少量冷的酸味汤汁中，汤汁淹没原料的1/3～1/2，加牛油纸盖严，小火慢煮或送入烤炉，采用蒸汽和热水混合加热的方式使原料成熟的烹调方法。

2. 特点

低温浅煮的菜肴肉质细嫩，本鲜味浓，少司清鲜不腻，风味清爽适口。

3. 工艺流程

选料 → 加工成形 → 预制熟处理 → 低温浅煮 → 少司调味 → 装盘成菜

4. 原料（成品 4人份）

去骨鱼柳或鸡胸肉4份（150～200g/份），黄油120g，红葱80g，调味蔬菜（如洋葱、蘑菇、大蒜等）60g，香草香料适量，白葡萄酒150mL，白色基础汤150mL，蔬菜配料适量，盐和胡椒粉适量。

5. 设备器具

长柄厚底煎锅，中等大小的浅底汤锅或带盖的焗盆，牛油纸，汤勺，木勺，炒勺，细孔滤网，不锈钢托盘，不锈钢盆，煎铲，烤炉，燃气灶。

6. 制作方法

（1）选料

①根据成菜要求，选择新鲜、无异味的鸡胸肉、鱼肉、大虾和贝类等动物原料。

②低温浅煮的汤汁以白色基础汤为主，可以根据菜肴要求加一些酸性调味料，如白葡萄酒、酒醋或柠檬汁，既可以提味，又便于黄油在少司中乳化，制作白黄油少司等。

③可以选用一些香草香料切碎，最后加入少司中提味增香。

（2）加工成形

①将鸡肉、鱼肉等动物原料去皮，去骨，取净肉柳。

②大虾和贝类去壳取肉。

③将鱼柳对折或卷成鱼卷。

④将红葱和其他调味蔬菜切成小丁。

⑤将牛油纸剪成与煎锅或焗盆口径一致的圆形，抹匀热黄油汁。

（3）预制熟处理

①在煎锅中或小焗盆内放入少许黄油烧化，加调味蔬菜丁，用小火炒香、不变色，铺匀锅底。

②将鱼卷或鸡肉等原料撒盐和胡椒粉调味，放在炒香的蔬菜丁上，加入冷的葡萄酒和白色基础汤，汤量以淹没原料的1/3～1/2为佳。

（4）低温浅煮

①将煎锅或焗盆放在小火上加热，至汤汁热烫，接近沸腾时，此时温度大约71～82℃。

②用涂有黄油的牛油纸将锅中的鱼卷或鸡肉原料盖严，送入中等炉温的烤炉内烤制。

③也可以将鱼卷等原料放入锅中，加汤和牛油纸盖严后，直接送入烤炉烤制。

（5）少司调味

①待鱼柳或鸡肉等原料煮至刚熟，立刻取出，放入热的焗盆内，加少量热的煮汤浸泡，以免干皮，加盖保温。

②将锅中的少司置于明火上加热浓缩，煮稠后根据菜肴要求，加黄油乳化，制作成白黄油汁，或者加入奶油、蔬菜泥等增稠浓味，制作成少司。

（6）装盘成菜　将主料装盘，淋汁成菜。

7. 操作要领

（1）低温浅煮要求选用适合的烹煮工具，通常选用中等大小的浅底汤锅、煎锅或焗盆。若锅具过大，则要加入更多汤汁才能淹至原料的1/3～1/2，这样会增加煮制时间，稀释少司的口味，使原料煮制过火；若锅具过小，则原料煮制时过于拥挤，不利于操作。

（2）煮制汤汁宜少不宜多，以淹至原料的1/3～1/2为佳。用炒香的蔬菜丁垫底，放上鱼柳等原料，可以防止粘锅，也垫高了原料，便于控制火候。

（3）在煮制中，切记不可将汤汁煮沸。低温浅煮的汤汁温度不能超过82℃，原料在牛油纸的密封下，采用浸烫和蒸汽混合加热方式制熟，尽可能地保证了鲜嫩的口感和原汁原味的风味。

（4）相对于在炉火上直接加热，烤炉的温度更加稳定，便于调节，传热也更均匀。因此为保证原料的鲜嫩质感，低温浅煮最好采用烤炉加热的方式完成。.

（5）若汤汁在加热中被煮沸，则容易造成鱼肉碎烂或其他肉类口感干硬，影响菜肴品质。

（6）传统的低温浅煮少司是将煮汤汁浓缩煮稠后，加黄油和奶油制成白黄油少司或白酒少司，而现代西餐低温浅煮少司的流行做法是，在煮稠的汤汁中加入熟制的蔬菜泥或水果泥增稠，或者用勾芡的办法增稠。

8. 适用范围

低温浅煮适用面广，主要用于肉质细嫩、成形较薄或较小的白肉类原料；易碎的鱼肉、贝类和禽类胸肉等原料。如鱼肉、鸡肉、虾贝类、白肉野味类原料等。常见菜肴有煮龙利鱼柳、煮鸡胸、煮马铃薯榄、胡萝卜榄等。

9. 菜肴示例

煮鱼柳刁其利式番茄汁（Filets de barbue dugléré）

课前阅读 课前查阅西餐鱼类分类的相关资料，并思考其在本菜品中的变化和应用。

学习目的 掌握西餐低温浅煮菜肴的制作方法，熟练掌握鱼类的分档取料的方法。学会制订合理的操作流程表和计划书，包括时间安排、规划安排和沟通环节、卫生安全等。

1. 原料（成品 4人份）

主料 条形海鱼柳4条，黄油20g，红葱20g，洋葱40g，番茄400g，欧芹20g，白葡萄酒50g 。

辅料 马铃薯、柠檬等时鲜蔬菜适量。

调料 黄油 40g，红葱40g，洋葱80g，胡萝卜80g，鱼骨150g，蘑菇100g，香料束1把，盐和胡椒粉适量，胡椒粒适量 。

2. 设备器具

份数盆，菜板，不锈钢煮锅，菜盘，厨房用纸，平底煎锅，锥形漏斗，汤盘，汤盅，煎铲，木搅板等。

3. 制作方法

①把条形海鱼洗净，去除鱼鳞、鱼鳍和内脏，剔出净鱼柳备用。

②将红葱、洋葱和欧芹切碎，番茄去皮、去籽切碎。

③将红葱、洋葱、胡萝卜用黄油炒香，加海鲜鱼骨炒匀，倒入白葡萄酒煮至原体积的2/3时，加清水、香料束和蘑菇煮25min，成鱼精汤，过滤冷藏备用。

④锅中加黄油烧化，撒入红葱碎、洋葱碎、欧芹碎、番茄碎、盐和胡椒粉，放上鱼柳，倒入白葡萄酒和冷的鱼精汤，用抹有黄油的硫酸纸盖面，送入160℃的烤炉中，烤5～6min，至鱼柳成熟后取出，保温备用。

⑤将煮汁煮至原体积的1/3时，离火加黄油搅化，加盐和胡椒粉调味后，保温备用。

⑥鱼柳装入热菜盘中。少司内加鲜番茄碎搅匀，淋汁后撒欧芹碎装饰，配橄榄马铃薯和时鲜蔬菜即成。

4. 技术要点

①用冷的鱼精汤煮鱼柳，汤汁微沸后，送入烤炉烤制，以保持鱼柳形整不烂。

②少司制好后，应离火加黄油搅化，以免黄油分层，析出明油。

③淋汁前，汁中加入适量鲜番茄碎，以浓味增色。

5. 质量标准

鱼肉鲜香细嫩，少司咸鲜香浓，黄油味重，配番茄碎和欧芹碎，清爽大方。

6. 知识拓展

①低温浅煮方法适宜于质地细嫩、易碎的原料，还可以用于哪些菜肴？

②除了刁其利式番茄汁，还有哪些少司酱汁适宜于低温浅煮鱼类？

小结

通过对低温浅煮方法的实际操作学习，复习西餐煮制菜肴和黄油类少司的制作方法。重点学习低温浅煮方法火候的控制，逐渐形成熟练、规范的西餐操作职业习惯和职业道德，养成良好的职业素质，发扬精益求精、认真细致的职业精神。

（二）汆煮（Deep poaching）和炖（Simmering）

1. 定义

汆煮（Deep poaching）和炖（Simmering）是两个极为相似的烹调方法。

汆煮又可以称为“低温深煮”，是指将质地鲜嫩的原料，经加工成形后，放入大量的调味汤汁中，充分淹没，煮热后加热成菜的烹调方法。

炖是指将肉质较老、鲜味浓厚的原料，经加工成形后，放入大量的调味汤汁中，充分淹没，煮沸后转小火，小火长时间慢煮加热成菜的烹调方法。

“汆煮”和“炖”的差别在于烹煮的温度、原料类型和成菜的质感等。如表4-5。

表4-5 “汆煮”和“炖”的区别

	汆煮（Deep poaching）	炖（Simmering）
原料选择	多选用肉质细嫩、腥异味少的肉类原料，如小牛肉、小羊肉、鸡肉、猪肉、鱼类等	多选用成年的、质地较老、鲜香味足的肉类原料，如牛肉、羊肉、禽类、兔肉、野味等
主料成型	主料加工成大块或整形	主料加工成大块或整形
加热温度	71～85℃	85～93℃
烹调汤汁	基础汤、清汤、鱼精汤、蔬菜汤、浇汁等	基础汤、清汤、鱼精汤、蔬菜汤、浇汁等
汤汁用量	汤汁充分淹没原料	汤汁充分淹没原料
汤汁状态	汤面微微浮动，无沸腾的水泡	汤面沸而不腾，有少许沸腾的小水泡
少司成菜	通常单独另配少司	通常单独另配少司
成菜标准	汆煮时间较短，成菜口感细嫩	炖时间较长，长时间小火慢煮，成菜口感软嫩

2. 特点

汆煮可以使蛋白质变性而不会从食物中吸收过多的水分，经过汆煮的食物就会保持多汁、滋润和柔软的特点。汆煮的菜肴肉质细嫩，本鲜味浓，清鲜不腻，风味清爽适口。

炖的菜肴一般肉质软熟，本鲜味浓，清鲜不腻，风味清爽适口。

3. 工艺流程

选料 → 加工成形 → 汆煮或炖 → 少司调味 → 装盘成菜

4. 原料（成品 4人份）

肉、鸡或鱼4份（150～200g/份），基础汤或其他汤汁1.5L，调味蔬菜适量，香草香料适量，蔬菜配料适量，盐和胡椒粉适量。

5. 设备器具

大汤锅，大的平底煮锅，汤勺，木勺，滤勺，细孔滤网，不锈钢托盘，不锈钢盆，烤炉，燃气灶。

6. 制作方法

（1）选料

①根据成菜要求，选择新鲜、无异味的动物原料。

②肉类选用风味浓厚的白色基础汤；鱼类和虾贝类选用鱼精汤、葡萄酒等。

③根据菜肴特点选用合适的调味蔬菜、香草香料。

（2）加工成形

①根据成菜要求，对原料加工处理及成形。

②无论汆煮或炖，通常鱼类和禽类都是整形烹制；而肉类通常切成大块进行烹制。

③根据工艺要求，鱼类可以腌入香料后，用纱布包紧烹制，保持形整不碎；大块肉类和禽类也可以腌入香料后，用棉线捆扎成形烹制。

（3）汆煮或炖

①锅中加入基础汤煮至微沸。

②根据成菜要求，控制煮汤的温度。汆煮汤汁温度71～85℃；炖汤汁温度85～93℃。

③将原料放入汤汁中，完全浸没后，小火加热煮制。中途随时撇去浮沫。

④若有锅盖，可以将锅盖半掩在锅口，观察汤汁煮制状态，切忌汤汁滚沸。

⑤至原料刚熟或软熟，口感细嫩或软嫩时，取出后放盆中加少许热汤保温。

（4）少司调味　根据成菜要求，单独调配少司。如汆煮三文鱼配班尼士少司或毛士莲少司；炖牛肉配辣根少司等。

（5）装盘成菜　将煮熟的原料和少司趁热装入热菜盘中，上菜即成。

7. 操作要领

（1）根据汆煮和炖的不同用途，选择适合的原料和烹制方法。

（2）无论汆煮或炖，烹制中都要严格控制火候，采用小火慢煮的方法烹制。切记不能让汤汁滚沸，因为大多数的肉类、禽类和鱼类原料，在滚沸的汤汁中加热，肉质会变得干硬，损失过多的肉汁和鲜味。

（3）汆煮大型鱼类如多宝鱼或大比目鱼时，可以在煮锅内放入一个架子，上面放上加工好的整鱼，加汤淹没，这样既可以避免鱼粘锅，也可以使鱼保持形整不烂，受热均匀。

8. 适用范围

汆煮适合于肉质细嫩、易碎易烂、腥异味少的大块或整形肉类原料，如小牛肉、小羊肉、鸡肉、猪肉、三文鱼、鳟鱼、大比目鱼等。

炖适合于质地较老、鲜香味足的肉类原料，如牛肉、羊肉、禽类、兔肉、野味等以及质地较硬的植物原料，如豆类、根茎类蔬菜等。

9. 菜肴示例

汆煮鸡胸配班尼士少司（Deep poached chicken breast with béarnaise sauce）

课前阅读　课前查阅西餐禽类的种类及特点等相关资料，并思考其在低温煮的菜品中的应用。

学习目的　掌握西餐班尼士少司的制作方法，熟练掌握家禽肉类分切方法。学会制订合理的操作流程表和计划书，包括时间安排、规划安排和沟通环节、卫生安全等。

1. 原料（成品4人份）

主料 鸡胸肉4份（150～200g/份），白色基础汤1.5L，胡萝卜30g，洋葱50g，西芹30g，蘑菇50g，干白葡萄酒100mL，精制海盐35g，香叶1g，百里香1g，欧芹2g，迷迭香1g，牛至1g，粗胡椒碎2g。

辅料 蔬菜配料适量。

调料 班尼士少司300g，盐和胡椒粉适量。

2. 设备器具

份数盆，菜板，不锈钢煮锅，菜盘，厨房用纸，平底煎锅，锥形漏斗，汤盘，汤盅，煎铲，木搅板等。

3. 制作方法

①将仔鸡加工整理，分切成法式鸡胸备用。
②将胡萝卜、洋葱、西芹、蘑菇切成厚片。
③蔬菜配菜熟处理，调味保温。制作班尼士少司，加盐和胡椒粉调味保温。
④将白色基础汤、胡萝卜、洋葱、西芹、蘑菇、干白葡萄酒、精制海盐、香叶、百里香、欧芹茎、迷迭香、牛至、粗胡椒碎等一同放入少司锅中煮沸，转小火慢煮15min，熬煮出味。
⑤降低火力，至汤汁表面微微浮动，水温降至85℃时，放入鸡胸。
⑥煮汤充分淹没鸡胸，小火慢煮至鸡胸内部中心温度达到74℃，离火原汤浸泡保温3～5min后取出，用锡箔纸盖住保温。
⑦将鸡胸肉装入热菜盘中，配蔬菜辅料，柠檬片和热的班尼士少司，上菜即成。

4. 技术要点

①汆煮鸡胸时，要确保汤汁量足，鸡胸充分淹没在汤汁中，以保证受热均匀。
②控制汆煮鸡胸的火候，煮制时，保持汤汁表面微微浮动为佳。
③汆煮鸡胸通常以鸡胸肉刚熟为佳，不宜过老。美国农业部（USDA）建议将74℃作为煮熟鸡肉的安全内部温度。如果温度下降到69℃，则将鸡胸肉快速放回热汤中，加盖保持鸡胸中心温度到74℃。
④成菜：一旦鸡胸肉达到74℃，可以取出配汁，或切片做成沙拉，并立即食用。

5. 质量标准

鸡胸肉鲜嫩，少司清香微酸，爽口不腻。

6. 知识拓展

①低温深煮除了可以在灶台上加热，是否可以在万能蒸烤箱内完成？为什么？
②低温浅煮、低温深煮与低温真空煮有什么不同？

小结

通过对汆煮的实际操作学习，认识并理解西餐低温煮制方法之间的区别和联系。重点学习低温浅煮和深煮煮制方法的火候与原汁原味风味的控制方法，逐渐形成熟练、规范的西餐操作职业习惯和职业道德，养成良好的职业素质，发扬精益求精、认真细致的职业精神。

汆煮水波蛋配荷兰少司（Deep poached eggs with hollandaise sauce）

课前阅读

课前查阅西餐蛋类的种类及特点等相关资料，并思考其在低温煮的菜品中的应用。

学习目的

掌握西餐荷兰少司的制作方法，熟练掌握低温深煮的温控要领。学会制订合理的操作流程表和计划书，包括时间安排、规划安排和沟通环节、卫生安全等。

1. 原料（成品 4人份）

主料 新鲜鸡蛋8个（2个/份）。

辅料 清水1.6L，盐4g，白葡萄酒醋25mL。

调料 荷兰少司200g。

2. 设备器具

砧板，吸油纸，小碗，不锈钢盆，滤勺，木搅板，煎铲，不锈钢少司锅，盛菜菜盘，燃气灶。

3. 制作方法

①少司锅中放入清水、盐、白葡萄酒醋，用中火煮沸后转小火，保持水温71～82℃。

②鸡蛋敲破蛋壳，放入小碗中。

③将鸡蛋轻放入热水中汆煮。针对中等鸡蛋，煮3～5min后，用滤勺取出，放于吸油纸上沥干，修整成形后，放于热菜盘中，淋上荷兰少司，上菜即成；或放入冰水中浸凉，取出用刀修整成形，放吸油纸上沥水，冷藏备用。

4. 技术要点

①汆煮水波蛋（Deep poached eggs）又可以称为水煮嫩蛋或水煮荷包蛋，是一种鸡蛋菜肴。欧美人常用作早餐或其他菜肴的原料。水波蛋做好后可放在烤面包或沙拉上，也可放在汤里。

②选用开口大的少司锅或平底煎锅汆煮，方便操作。锅中加水量不宜过多，以便蛋白定型凝固；煮制中，保持水温71～82℃，切忌滚沸。

③若制作时批量较少，可以将鸡蛋放入大汤勺内，浸入热水中汆煮，效果亦佳。

④红酒煮水波蛋：用红酒代替清水，将红酒加香料浓缩煮出香味后，用同样方法煮鸡蛋，制成红酒煮水波蛋。

⑤芝士焗水波蛋：将吐司片抹匀黄油，放上1个煮好的水波蛋，淋上毛恩内少司，撒上芝士碎，送入高温焗炉焗烤上色即成。

⑥农夫式水波蛋：将吐司片抹匀黄油，依次放上1片番茄片、1片火腿和1个煮好的水波蛋即成。

⑦蘑菇水波蛋：将蘑菇和奶油制作成奶油烩蘑菇，在熟制的蛋挞皮上放上1个煮好的水波蛋，淋上荷兰少司即成。

5. 质量标准

成形完整，蛋白刚熟、不硬，蛋黄软嫩，清香适口。

6. 知识拓展

①水波蛋煮制中，为什么需要加入白葡萄酒醋？作用是什么？

②低温浅煮、低温深煮与低温真空煮有什么不同？

小结

通过对氽煮的实际操作学习，认识并理解西餐低温煮制方法之间的区别和联系。重点学习低温浅煮和深煮煮制方法的火候与原汁原味风味的控制方法，逐渐形成熟练、规范的西餐操作职业习惯和职业道德，养成良好的职业素质，发扬精益求精、认真细致的职业精神。

（三）沸水煮（Boiling）

1. 定义

沸水煮是指将加工好的原料，放入滚沸的汤汁中，煮制成熟的烹调方法。

2. 特点

沸水煮的菜肴常常用作西餐菜肴的配菜辅料，具有质地柔嫩，口味清淡，本味鲜美的特点。

3. 工艺流程

选料 → 加工成形 → 沸水煮 → 冷却 → 调味 → 装盘成菜

4. 原料（成品4人份）

各种根茎类蔬菜或面食制品4份（150g/份），基础汤或其他汤汁2L，香草香料适量，植物油适量，盐和胡椒粉适量。

5. 设备器具

大汤锅，平底煎锅、汤勺，木勺，滤勺，细孔滤网，不锈钢托盘，不锈钢盆，燃气灶。

6. 制作方法

（1）选料　根据成菜要求，选择新鲜、无异味的根茎类蔬菜或面食制品。

（2）加工成形　将蔬菜洗净、去皮、切成所需形状。

（3）沸水煮

①锅中加入足量的盐水或基础汤煮沸。

②将原料放入沸水中，快速煮制，控制成熟的火候。

③原料断生成熟后，快速取出沥水。

（4）冷却　将煮熟的原料浸入冰水中冷却，保持鲜嫩的质感和自然的色泽，沥水。

（5）调味　上菜前，将煮熟的原料再次用煎锅加油炒热，加盐和胡椒粉调味即成。

（6）装盘成菜　将原料与各种肉类主料和少司搭配上菜即成。

7. 操作要领

（1）用足量的沸盐水煮制，可以辅助调味，也便于保持原汁原味的风味。

（2）沸水煮时，注意保持汤面“水宽、水沸、水深、火旺”的原则。

（3）掌握好火候，原料以刚熟为度。

（4）煮好的原料通常需要及时冷却，以保持质感和色泽。

（5）冷却后的原料上菜前，需要再次快速加热和调味。

8. 适用范围

沸水煮主要用于煮制各类蔬菜和干制的面食制品，通常沸水煮不适合长时间煮制肉类原料，因为肉类原料经过长时间沸水煮后，会变得干硬、纤维化，口感干柴，影响品质。

9. 菜肴示例

海鲜意大利粉（Spaghetti with seafood sauce）

课前阅读　课前查阅意大利面种类和制作方法食材等相关资料，并思考其在本菜品中的应用。

学习目的　掌握西餐意大利面菜肴的制作方法，熟练掌握各类海鲜的加工制作方法。学会制订合理的操作流程表和计划书，包括时间安排、规划安排和沟通环节、卫生安全等。

1. 原料（成品 4人份）

主料　意大利粉400g。

辅料　扇贝200g，大虾仁200g，墨鱼圈200g，青口贝10个，文蛤200g。

调料　番茄少司500g，白葡萄酒80mL，香叶、百里香少许，洋葱40g，大蒜20g，欧芹40g，鲜罗勒汁20g，阿里根奴（Oregano）10g，白葡萄酒100mL，盐和胡椒粉适量。

2. 设备器具

份数盆，菜板，不锈钢煮锅，菜盘，厨房用纸，平底煎锅，锥形漏斗，汤盘，汤盅，煎铲，木搅板等。

3. 制作方法

①将海鲜料洗净、整理。洋葱和大蒜切碎。

②将青口贝、扇贝、文蛤等放入锅中，加白葡萄酒、香叶和百里香，煮至开壳后，留汁取肉备用。

③橄榄油烧热，放入洋葱碎和大蒜碎炒香，加大虾仁、墨鱼圈和煮好的扇贝肉、青口贝肉、文蛤肉炒匀，倒入白葡萄酒煮至原体积的2/3时，加番茄少司和青口贝煮汁烧沸，加盐和胡椒粉调味成海鲜酱汁。

④将意大利粉放入旺火沸盐水中煮8min至熟，倒入海鲜酱汁中拌匀，装盘即成。

4. 技术要点

青口贝煮汁做好后，要静置一会儿，取用上层的澄清液，以保证成菜的风味。

5. 质量标准

色泽红亮，海鲜酱汁香鲜醇厚，风味独特。

6. 知识拓展

①为什么意大利面需要旺火沸盐水煮制，盐的用量宜大，以能让意大利面有盐味为佳？

②手工意大利面和机制意大利面成品制作有什么异同？煮意大利面有什么技巧可以使其有嚼头？

小结

通过对沸煮方法的实际操作学习，复习西餐煮制方法分类的类型。重点学习煮制方法的火候控制技巧，逐渐形成熟练、规范的西餐操作职业习惯和职业道德，养成良好的职业素质，发扬精益求精、认真细致的职业精神。

（四）纸包法（Cooking en papillote）

1. 定义

纸包法是指将加工成形的原料，调味腌制、煎香上色后，放入用牛油纸制成的纸包内，送入烤箱中加热成菜的烹调方法。

纸包法的烹调原理是，原料密封在纸包内，利用烤制时原料中浸出的肉汁变成蒸汽，对原料进行快速加热，成熟成菜。

在法式传统烹饪中，纸包法主要用牛油纸来包裹原料，而现代烹饪中随着技术和材料的更新，纸包法有了更多的变化类型。如使用锡箔纸、水调面团、生菜叶、荷叶、芭蕉叶、粽叶、玉米叶等来制作的纸包菜肴。在中式烹调中，还有用糯米纸和玻璃纸等可以直接食用的材料做的纸包鸡等，变化多样。

2. 特点

纸包菜肴具有原汁原味，鲜嫩爽滑，口味清香，风味独特的特点。上菜时，纸包形状整齐，馅料清晰可见，由食客自己打开纸包，给人一种新奇的感受。

3. 工艺流程

选料 → 预制加工成形 → 纸包定型 → 纸包烤制 → 装盘成菜

4. 原料（成品 4人份）

肉扒4份（肉类、禽类或海鲜鱼类）4份（150～200g/份），调味少司200mL，蔬菜配料适量，各种香草香料适量，盐和胡椒粉适量。

5. 设备器具

烤盘，牛油纸，汤勺，木勺，炒勺，细孔滤网，不锈钢托盘，不锈钢盆，长柄厚底煎锅，煎铲，烤炉，燃气灶。

6. 制作方法

（1）选料　根据成菜要求，选择新鲜、无异味的小牛肉、鸡、鱼、鸭、虾等动物原料和适合的蔬菜配料。

（2）预制加工成形

①将牛油纸切成桃心形，刷油。

②将肉扒调味腌制，用热油煎香至五成熟。

③将蔬菜切成丝、片或条状，用油炒香或焯水制熟后，调味。

④将调味少司加热。

（3）纸包定型 在牛油纸上铺匀炒香的蔬菜配料，放上肉扒，撒上香草等香料，淋上少司，再对折牛油纸，包好后密封定型。

（4）纸包烤制 将纸包放于烤盘上，送入中等炉温的烤炉内烤制。

（5）装盘成菜 控制烤制火候，待纸包膨胀、牛油纸成浅褐色时迅速取出，趁热上菜即成。

7. 操作要领

（1）选用新鲜、无异味、质地细嫩的原料，加工时将肉类原料切成大小适中的肉扒或肉块，去除筋络、肥油和软骨，可以提前煎制到五成熟，以便于烤制后达到刚熟的状态。

（2）蔬菜配料需要提前烹制，以便缩短纸包烤制时间，方便控制成菜火候。

（3）纸包菜肴通常要求现制现用，纸包烤好后，内部热空气充足，香味充溢，但冷后容易塌陷，损失风味，所以应该趁热快速上菜，以保持风味。

8. 适用范围

纸包法通常适用于新鲜、无异味的鸡、鱼、鸭、虾等动物原料，应用广泛。

9. 菜肴示例

美式香草锡纸焗乳牛腿（Roast leg of veal，American style）

课前阅读

课前查阅各国菜式中有关纸包菜肴的类型和相关资料，并思考其在本菜品中的应用。

学习目的

掌握西餐黑椒香草腌制酱汁的制作方法，熟练掌握小牛腿的初加工方法。学会制订合理的操作流程表和计划书，包括时间安排、规划安排和沟通环节、卫生安全等。

1. 原料（成品 4人份）

主料 乳牛腿一个1.5kg。

腌肉料 胡椒粉10g，黑椒碎10g，盐20g，鸡粉5g，鲜百里香2g，西芹100g，胡萝卜50g，洋葱50g，调和油50g，罗勒叶30g，洋葱丝50g，水1.5kg。

烧烤汁 牛油100g，百里香2g，盐10g，鸡粉5g，松子仁碎10g。

2. 设备器具

份数盆，菜板，不锈钢煮锅，菜盘，厨房用纸，平底煎锅，锥形漏斗，汤盘，汤盅，煎铲，木搅板等。

3. 制作方法

①将乳牛腿清洗干净，去除表面薄膜，用小钢签刺乳牛腿，将调味料加水调匀，添上打烂的香草料腌制5h，取出后沥水备用。

②将干净调和油烧至180℃，放入乳牛腿炸1min取出，用锡纸包好，密封焗烤30min。

③至牛腿七成熟，打开锡纸，放入炒好的洋葱丝，淋上烧焗汁即成。

4. 技术要点

主料腌制充分，时间较长，以便入味。

5. 质量标准

牛肉外干香、内鲜嫩，香草味浓，适口不腻。

6. 知识拓展

美式焗羊排，将牛腿换成羊排，会有哪些调味和烹饪方式的不同？

小结

通过对锡纸焗烹调方式的实际操作学习，复习肉类原料初加工的制作方法。重点学习纸包焗烤的技术要领和关键，逐渐形成熟练、规范的西餐操作职业习惯和职业道德，养成良好的职业素质，发扬精益求精、认真细致的职业精神。

（五）蒸（Steaming）

蒸是一种温和的湿热加热法。蒸制时，食物通常是在密闭的锅中或大型的蒸锅中进行烹任。蒸汽被密闭在锅内或蒸笼里，在食物周围循环。蒸汽中的热量传递给了食物。食物与热气腾腾的液体没有直接接触。

因此蒸是一种很好的烹饪方法，它尽可能多地保留了食物的营养元素，也是一种很流行的蔬菜烹调技法，也被用来烹调更鲜嫩、更精致的肉类和鱼类，包括鸡胸肉、整鱼，海鲜贝类如蛤、龙虾等。

1. 定义

蒸是指将加工成形的原料，加调味料腌制入味，装入器皿，利用水沸后形成的蒸汽加热，使原料成熟成菜的烹调方法。

2. 特点

色彩自然，成形完整，质地鲜嫩，清鲜爽口，保留原料原汁原味的风味。

为了在蒸制食物时增加更多的风味，可以在蒸制的液体中加入调味料、芳香料和香料。当液体加热时，这些味道会释放到液体中，并产生蒸汽。然后香味被转移到食物中，使菜肴增加风味。

3. 工艺流程

选料 → 加工成形 → 调味 → 蒸 → 装盘成菜

4. 原料（成品 4人份）

白肉类原料（小牛肉、猪肉、禽类、海鲜等）4份（150～200g/份），蒸锅水足量，配菜适量，少司400mL，盐和胡椒粉适量。

5. 设备器具

竹蒸笼或不锈钢蒸笼，大圆锅，蒸柜或万能蒸烤箱，细孔滤网，不锈钢托盘，大焗盆，不锈钢盆，长柄汤勺，燃气灶。

6. 制作方法

（1）选料　选料要新鲜，以新鲜、质嫩的原料为佳，如小牛肉、猪肉、禽类、海鲜等。

（2）加工成形　根据成菜要求，对原料进行加工处理，刀工成形，原料形状大小以蒸制时能够快速成熟为佳。

①小型整鱼蒸制，如多宝鱼、龙利鱼等，将鱼身表面用刀破皮剞刀，便于入味均匀和定型，蒸制时鱼身不易弯曲。

②鱼柳的蒸制加工是将大型鱼类去骨、去皮，取净鱼柳。

③鸡肉或猪肉根据要求去骨和肥油。

④贝类和虾蟹等甲壳类原料，可以带壳蒸制。扇贝通常习惯取下扇贝肉，放于扇贝壳中蒸制。

（3）调味

①根据成菜要求，对主料加调味料腌制。

②为了增加蒸制菜肴的风味，可以将蒸笼下的水换成肉汤或基础汤。

③为进一步增加菜肴的风味，可以在蒸笼的水中加入胡萝卜、洋葱、西芹等调味蔬菜、各种香草和香料等。

（4）蒸　将蒸笼置于大圆锅上，加足量的蒸笼水或汤煮沸，放入原料蒸制。

①蒸笼水可以用肉汤代替，还可以加入调味蔬菜提味。

②将蒸笼水用大火煮沸后，在蒸笼笼屉中放入原料，加盖密封蒸制。

③控制蒸制的时间和火候，待原料刚熟时出锅，避免蒸制过火。

（5）装盘成菜　将蒸好的原料和菜盘一同取出，配专门的少司酱汁，趁热上菜即成。

7. 操作要领

（1）选用新鲜原料，保证清香的风味。提前腌制调味，待静置入味后蒸制。

（2）蒸笼的水一次加足，水中可以加入调味蔬菜和香料浓味。

（3）小批量蒸制时，可以用多层蒸笼一次性蒸制；大批量蒸制时，可以用蒸柜或万能蒸烤箱，将原料分层放在烤箱内的搁架上，批量蒸制。

（4）原料可以放在大的菜盘或有深底的焗盆内，进行蒸制，便于收集浸出的肉汁，用作对少司辅助调味增香。

（5）蒸笼的水烧沸后才能蒸菜，根据原料及成菜要求掌握蒸的时间和火候。通常：

①旺火沸水速蒸，适用于质地鲜嫩、易成熟的原料，如鸡、鱼、蟹、小牛肉等。

②中火沸水长时间蒸，适用于质地较老、体积较大的原料，如整鸡、整鸭、猪肉等。

③小火沸水慢蒸，适用于质地细嫩或需要定型成熟的菜肴，如肉卷、肉酱和慕斯等。

（6）拿取蒸好的菜肴时，注意不要被蒸汽烫伤。取菜前要避开蒸汽出口，注意先将蒸笼的笼盖拿起一部分，倾斜敞气，或将烤箱门开小口，以保证安全。

8. 适用范围

西餐蒸制方法制作简单，营养健康，适用面广，常用于与质地细嫩、肉质新鲜的白肉类原料搭配，尤其适用于鱼类原料，如海鲈鱼、海鲷鱼、黑线鳕、银鳕鱼、鲭鱼、三文鱼、龙利鱼、比目鱼、鳟鱼、罗非鱼等。

9. 菜肴示例

清蒸纽砵鳕鱼（Médaillons de lotte Newburg）

课前阅读 课前查阅西餐海鱼的类型和特点等相关资料，并思考其在本菜品中的应用。

学习目的 学习西餐中海鲜鱼类菜肴的烹调方法，熟悉海鱼的加工技术，掌握纽砵少司的制作技巧。学会制订合理的操作流程表和计划书，包括时间安排、规划安排和沟通环节、卫生安全等。

1. 原料（成品 4人份）

主料 鳕鱼1.2kg，黄油40g，红葱 40g，鱼精汤2L，胡萝卜100g，西芹100g，大葱80g，姜丁10g。

油面酱 黄油40g，面粉40g。

美式少司 精炼油50g，毛蟹800g，小龙虾200g，胡萝卜 80g，洋葱80g，红葱40g，白兰地40g，白葡萄酒80g，番茄400g，番茄酱40g，大蒜20g，香料束1把，龙蒿2g。

纽砵少司 美式少司400g，打发的奶油100g，盐和胡椒粉适量 。

配菜 马铃薯泥，时鲜蔬菜等。

2. 设备器具

份数盆，菜板，不锈钢煮锅，菜盘，厨房用纸，平底煎锅，锥形漏斗，汤盘，汤盅，煎铲，木搅板等。

3. 制作方法

①鳕鱼去鳞、去鳃、去内脏，取净鱼柳，去皮后改刀成150g/块的大块，加姜块、葱丁30g、柠檬汁、橄榄油和白葡萄酒抹匀，撒上海盐和胡椒粉腌制，冷藏备用。将毛蟹刷洗干净。胡萝卜和洋葱切碎，红葱切碎，大蒜拍碎。

②锅置旺火上，加植物油烧热，放入毛蟹炒至蟹壳发红时，加胡萝卜碎和洋葱碎炒香，加

白兰地点燃，烧出酒味，倒入白葡萄酒煮至原体积的2/3时，加鱼精汤煮沸，放入番茄碎、番茄酱、大蒜碎、香料束和龙蒿，加盐和胡椒粉调味后，加小龙虾煮熟取出，去壳取肉备用。将毛蟹壳和龙虾壳用搅磨机打碎，放入汁中煮15min，过滤后加黄油面酱煮稠，成美式少司。

③大圆锅放于旺火上，加鱼精汤煮沸，放入胡萝卜片、西芹片和50g葱丁煮出味。在煮汤上面放上蒸笼，放上腌制好的银鳕鱼块，加盖密封，大火蒸制8 ~ 10min。

④上菜前，将美式少司煮沸，加少许煮鳕鱼汁煮稠，加打发奶油搅匀，加盐和胡椒粉调味，成纽砵少司，保温备用。

⑤鳕鱼装盘淋汁，配马铃薯泥和时鲜蔬菜等即成。

4. 技术要点

①炒蟹壳时应用中火热油，迅速炒制，使蟹壳快速上色，香味完全集中于壳内，不会损失。

②蒸制时，需要旺火沸水，加盖一气蒸成。蒸制时间以原料厚度来控制，若整鱼蒸制通常10 ~ 12min，鱼柳时间则短一些，以刚熟为佳。

5. 质量标准

少司色泽棕红，汁稠味醇，带浓厚的番茄味和海鲜香味，鱼柳肉质细嫩，风味独特。

6. 知识拓展

清蒸鳕鱼和烤制鳕鱼的口感和风味有没有区别？如何保持原汁原味的风味？

小结

通过对西餐清蒸方法的实际操作学习，复习鱼类的初加工制作方法。重点学习美式少司的制作工艺和方法，逐渐形成熟练、规范的西餐操作职业习惯和职业道德，养成良好的职业素质，发扬精益求精、认真细致的职业精神。

（六）低温真空煮（Sous vide）

1. 定义

Sous vide是一个法文专业词汇，本意是指“在真空的状态下（Under vacuum）”。在西餐烹饪中通常被称为“低温真空煮”。

Sous vide是指将经过真空包装的食物，放入恒温水浴加热的锅中，浸入低温的液体中（50 ~ 80℃），通过精准的恒温和时间控制，将食物烹制成菜的方法。通常不同的食物所需的烹调温度和时间各有不同。

2. 特点

（1）低温真空煮的发展历程 在20世纪60年代中期，美国和法国的工程师将低温真空包装技术应用在食品的保鲜技术上。早在1974年，法国米其林三星餐厅的主厨Georges Pralus就开始研究低温真空煮的烹饪方法。

他发现名贵的鹅肝通过真空低温烹饪的方式，可以减少自身油脂和水分的损失，同时保持良好的风味，最后他成功地使鹅肝在真空低温慢煮后，只减少了5%的重量。同年，食品化学家Bruno Goussault进一步研究了低温真空煮的方法对各种食物的作用和影响，针对更多原料如牛肉、海鲜、蔬菜和水果等进行开发和运用，并应用在法航头等舱旅客的机务餐中。现在低温真空煮已经成为高档西餐厅特色主流菜肴的烹调方法。

（2）低温真空煮的原理　低温真空煮的原理在于，通过将新鲜的食物经过初步加工后，放入真空袋中密封真空处理后，避免了原料被细菌污染的危险，保持了原料的自然香味和营养成分，也保住了原料自身的水分原汁，同时在真空低温环境下长时间烹调，产生了常规烹调所不易达到的效果，改变了原料质感和特性，甚而增添了风味，因此低温真空煮方法越来越有较强的适应性，为大众所喜爱和应用。

（3）低温真空煮的优点　食物通过低温真空煮，可以最大限度地减少原料内部的水分损失和重量损耗，保持原料本身的自然色泽和原汁原味的香味，最大限度地保持原料的营养成分，简化原料腌制加工的工序和时间，同时去除传统烹饪方法带来的不良风味，少用油或不用油，同时保证每次烹调的结果稳定一致，便于精确控制。因此在现代西餐烹饪中，低温真空煮正逐渐成为一种流行趋势。

①保持原料自身的风味和质感。低温真空煮采用低于常规烹调的温度烹制食物，原料中的细胞壁没有破裂，很好地保持了原料自身的风味和质感。

在传统常规烹饪中，大型结缔组织较多的肉类原料常常会采用低温长时间烹调的方式制作。通常在适当的温度下（如80～90℃）和液体环境中，采用长时间加热的方式，肉类的纤维组织会逐步水解为凝胶胶质，成为软嫩的肉质。

新鲜肉类的肉色主要来源于肉中的肌红蛋白，实验表明，在不同的pH下，随着温度的升高，肌红蛋白的稳定性下降，当温度高于60℃以上时，会失去其特征吸收图谱。因此肉类在长时间的高温加热烹制中，与空气长期接触，因为高温和氧化的原因，肌红蛋白发生变化，会逐渐失去原有的鲜艳色泽；同时传统常规烹饪法制作后的食物会流失食物中大部分的水分，减少15%～20%的重量；而长时间较高温度的加热会让蛋白质变性，如肉类原料在121℃的温度下长时间加热，会使肉类中含有的人体必需氨基酸遭到大量破坏，因此肉类蛋白质的营养价值会大大降低，同时损失较多的维生素，于是食物的质感会变得干、老，损失大量的原味肉汁和风味，也造成营养成分的流失。

而经过真空低温烹饪的试验表明，运用这种方式来烹饪食物，水分流失仅在5%～8%之间，食物显得更为鲜嫩。如肉类原料在低温真空煮的过程中，温度通常在55～60℃，肉中的肌红蛋白不会因过度受热而变性，肌肉纤维不会变得坚韧、干硬，肉汁也不会损失；结缔组织中坚韧的胶原蛋白通过长时间的加热，可以水解成凝胶胶质。同时肉类原料密封在真空袋中，消除了氧气，肉类原料的色泽不会因为氧化而变化，烹饪之后的原料色泽可以保持和烹饪之前相同的效果，也避免了肉汁因为挥发而损失，从而最大限度地保持了原汁原味的风味。

相反地，蔬菜原料通过长时间高温加热会损失较多维生素和营养成分，产生绵软的质感，而通过低温真空煮及加入适量黄油烹调，可以使蔬菜烹饪之后的色泽更加鲜艳，保持原有相对脆嫩的新鲜质感，风味更佳。

②简化原料腌制加工的工序和时间，增加风味。研究表明，针对红肉类如牛肉、羊肉等需要控制不同成熟度火候的原料和菜肴，在采用低温真空煮烹调时，肉类中所带有的嫩化肉质的蛋白酶在低温真空的环境下，活性更强，烹调时可以起到更强的嫩化肉质的作用，产生更浓厚的风味。

经过密封袋真空包装的食物，因为在外界气压的作用下，食物的细胞壁会随着真空的压力而扩张，相比传统的常规烹饪更容易吸收各种调料的香味，更加容易入味，所以在烹饪之前，可以不需要长时间的腌制过程，甚至在烹饪有些原料时，只需要加入盐调味即可。

密封真空包装会使被包装原料细胞中水分的沸点降低，若在加热过程中，温度过高，会促使原料中的细胞破裂，从而使原料品质变性。因此，通常用于低温真空密封包装后的原料，在烹调前，一定要充分冷藏。

③精细而准确的火候控制。与传统常规烹饪方法相比较，低温真空煮的火候控制简单而精准，避免了由于人为的经验误差和技巧难度造成的不可控失误。

常规的传统烹饪方法，是通过热对流、热传导和热辐射等方式加热烹制。原料在烤炉内或煎锅中高温加热烹调时，因为体积和质地不同，原料中心和表面的温度差异很大，要求厨师必须快速而有效地控制成熟度和火候，若达到成熟度时没有及时取出成菜，就容易造成过火或者火候不足，就具有较大的技术难度。

如在牛扒的焗烤或铁扒时，焗炉或扒炉的温度通常在200～260℃的范围内，而当牛扒在焗烤至三成熟时，其中心温度大约在56℃，此时牛扒的表面应该上色、定型了，就应该立刻出锅；而若在极短的时间内继续焗烤，牛扒的中心温度和表面的状态会快速变化，甚至焗烤过火，变得肉质干硬、品质下降。

而若采用低温真空煮的方式烹调牛扒，一切会变得轻松而简单。原料密封在真空袋中，放入恒温循环流动的水浴锅中，采用恒定低温56℃的水温慢煮，通过热传导使原料中心和表面的温度始终恒定在56℃，从而达到原料内部中心和表面都是均匀的三成熟火候要求，这是常规烹调方法不易达到的效果；即使长时间烹调，也不会造成过火烹饪，在这个状态下，时间和火候控制已经不是技术关键难点了。

④烹调设备专业，加工标准严格，适用面广泛。常见的烹调设备有真空压缩机、低温烹饪机（恒温水浴煮锅）、温度计和台秤等。

低温真空煮的方法将传统繁重的烹调加工技艺简单化、程序化、标准化和科学化了。需要进行加工烹调的食物，可以事先抽真空加工，然后经过低温长时间烹饪后，再次冷藏或冰冻，需要的时候拿出来再次加热以备使用，从而最大限度地节约人力、物力资源，减少浪费，经过专门的程序化和标准化培训后，利于批量加工，简化了传统烹饪的技巧和难度，还保证了营养价值和菜肴的品质，甚至在设备齐全的情况下，还适合家庭居家使用，应用面广泛。

⑤准确控温，保证食品安全。不同的食物原料，形状大小和质地不同，达到所需菜肴质感的要求则各不相同。低温真空煮方法的煮制时间和温度的控制取决于不同原料的特性，根据不同原料的大小、厚度、形状、加热时控制的温度以及原料的品质来控制煮制时间。

低温真空煮的温度控制范围在50～80℃，通常以60～65℃为多，根据原料品种不同，温度略有变化，烹饪时间的长短也相应变化。

这是因为尽管选用新鲜食物原料，但是一般都不同程度地残留着细菌，需要将这些病原菌杀掉以保证食物的安全，所以“低温烹饪”也应该有一个安全适宜的“度”。

通常在真空状态下，多数种类的细菌或病毒会因为缺少能量而死亡；同时细菌在一定温度范围内，温度越低，繁殖越慢；温度越高，繁殖越快。而细菌存活、大量繁殖的理想温度是4～65℃，但温度太高，细菌也会死亡。不同的细菌有不同的最适生长温度和耐热、耐冷能力。

低温真空煮是采用巴氏杀菌的原理，利用病原体不是很耐热的特点，用真空环境、适当的温度和保温时间，以60～65℃的温度，保持或超过30min的加热方法，将多数生长型致病菌杀灭。虽然低温真空煮杀灭了致病菌，但是却不能杀灭形成孢子的细菌，这些细菌容易在食物冷藏时，与其他食物产生交叉污染。所以，据研究表明，低温真空煮后的食物，若不需要立刻使用，需要存放保存的，则应该立刻真空急冻保存，这样可以阻止孢子细菌的生长和繁殖，从而保证食品的安全。

3. 工艺流程

选料 → 加工成形 → 预制调味 → 密封真空包装成形 → 低温慢煮烹制 → 出锅调味煎制 → 成菜

4. 原料（以低温真空煮牛扒Sous Vide Steak为例，成品 4人份）

小牛肉扒4份（150~200g/份），黄油20g，大蒜20g，鲜百里香1g，蔬菜配菜适量，少司酱汁适量，橄榄油适量，盐和胡椒粉适量。

5. 设备器具

真空压缩机，恒温水浴锅，数字台秤，密封塑料袋，数字计温器，砧板，不粘锅，燃气灶，数字计时器等。

6. 制作方法

（1）选料　根据成菜要求，选择适合的新鲜主料、配菜、香草和调料，以保证卫生干净。

（2）加工成形

①将牛扒整理去筋，修整成形。

②确定牛扒的成菜火候，以便把握烹制温度。如一成熟（Rare）：52℃；三成熟（Medium-rare）：55℃；五成熟（Medium）：60℃；七成熟（Medium-well）：64℃；全熟（Well-done）：71℃。

（3）预制调味　将牛扒加少许橄榄油和香草腌制。可以根据需要，提前在不粘锅中用少量130℃热油将牛扒快速煎香上色，以在牛扒表面产生美拉德反应，增加香味，同时在真空慢煮中，产生更浓厚的风味，同时也可以对牛扒表面的细菌起到杀菌的作用。

（4）密封真空包装成形　将牛扒放入密封塑料袋中，真空压缩密封定型。

（5）低温慢煮烹制

①将密封后的牛扒放入恒温水浴锅中水浴加热煮制。

②至牛扒中心温度到达57℃，三成熟时为准。

③牛扒达到57℃时，应搅动。

（6）出锅后，根据成菜要求，准备装盘成菜；或者浸入冰水降温后，立刻冷藏备用。

（7）上菜前调味煎制：根据成菜要求，上菜前将低温煮后的原料再加热，或煎扒上色，或焗烤上色，如牛扒煮好后，去除密封袋。锅中加黄油、大蒜和百里香炒香，放入牛扒快速煎香表面，出锅撒盐和胡椒粉。

（8）装盘成菜。将牛扒主料、少司和蔬菜配料一同装盘，上菜即成。

7. 操作要领

（1）低温真空煮的肉类原料，如海鲜鱼类、虾类、牛肉、羊肉、猪肉、禽类等，在密封真空包装前，可以根据需要选择先将肉块表面快速煎香上色，以达到杀菌增香的作用。

（2）牛扒煮制时间根据牛扒的体积大小、形状、煮制汤汁的温度和希望达到的温度来综合判断和控制。通过低温恒温真空的方式煮制牛扒，煮制时水浴锅中的水流可以循环流动，不用担心牛扒被煮制过火，这里给出一个煮制时间火候的参考资料：

①1.25cm厚的牛扒通常煮制约15min；

②2.5cm厚的牛扒通常煮制约45min；

③3.8cm厚的牛扒通常煮制约90min；

④5cm厚的牛扒通常煮制约2h。

（3）低温真空煮的方法中，选择新鲜原料很重要，同时用好各种计时器、肉用温度计、恒温水浴锅、万能蒸烤炉等，因为需要精准控制成菜温度和火候，因此与常规烹调方法相比，低温真空慢煮法更注重食材的卫生、安全、温度、时间和程序等烹调综合策略的运用，这些可以根据原料和成菜要求把握。

（4）菜肴经过真空烹煮成菜后，若不用立刻上菜，则应该迅速冷藏或冷冻，以最大限度地保持新鲜度和卫生安全。根据原料自身的特性和烹饪加工时处理方法的不同，真空密封包装的原料能够低温冷藏（1～3℃）保鲜6～14d，也最大限度地延长了保存期。

8. 适用范围

低温真空煮法应用广泛，适用于新鲜细嫩的肉类食材和蔬菜水果等。

9. 菜肴示例

低温真空香草牛排（Sous vide beef short rib）

课前阅读　课前查阅真空低温煮的相关资料，并思考真空低温烹饪法原料腌制和烹调成品的方式与质感的关系。

学习目的　掌握西餐低温真空煮制菜肴的制作方法，熟练掌握真空低温的控制方法。学会制订合理的操作流程表和计划书，包括时间安排、规划安排和沟通环节、卫生安全等。

1. 原料（成品 4人份）

主料　带骨牛排4份（200～250g/份）。

辅料　时鲜蔬菜等。

调料　什香草碎适量，橄榄油30mL，西班牙少司500mL，大蒜20g，百里香2g，黑胡椒粗碎2g，盐和胡椒粉适量，黄油适量。

2. 设备器具

真空压缩机，恒温水浴锅，数字台秤，密封塑料袋，数字计温器，砧板，不粘锅，燃气灶，数字计时器等。

3. 制作方法

①将牛排去筋、整理干净，撒上盐和粗黑胡椒碎，加大蒜腌制调味。

②锅中烧黄油烧热，放入牛排快速煎制，至表面均匀上色，呈棕褐色时出锅。

③将牛排放入大的密封袋中，均匀地排列整齐，加入橄榄油、百里香，将密封袋抽真空密封后备用。

④在恒温水浴锅中的水温达到57℃时，放入密封好的牛排，用循环流动的热水，进行低温水浴加热。

⑤根据需要，控制煮制的火候程度。牛排经过57℃低温真空煮18h后，肉的质感会很细嫩，肉汁丰富，香味浓郁。

⑥将牛排从密封袋中取出，放入热油中加大蒜、百里香一同快速煎制，到表面棕褐色、干香时，取出静置保温1min，沥出血汁后趁热上菜，配西班牙少司和熟制的时鲜蔬菜即成。

4. 技术要点

①牛排通过真空密封后，可以保证自身的肉汁和鲜味不向外浸透，同时香草和肉汁可以完全浸入牛排中，入味更透彻。

②用循环流动的恒温水浴锅加热牛排，可以保证烹调加热时的稳定性，减少烹饪的难度和技巧。

③真空低温慢煮的牛排烹制好后，若不用立刻上菜，则应该迅速冷却，保持真空密封包装放入冰箱中，以3℃的温度恒温冷藏，以保证原料自身肉质的鲜嫩质感和美味。

5. 质量标准

牛排断面呈血红色，肉质柔嫩、肉汁丰厚，保持了原汁原味的风味。

6. 知识拓展

①进一步学习针对不同食材的低温真空烹饪的时间、温度和火候关系。

②学习并了解低温真空煮和低温真空烤制等方法的差异。

小结

通过对低温真空烹饪方法的实际操作学习，复习肉扒的加工和腌制方法。重点学习低温真空烹饪和成品火候、质感控制的方法，逐渐形成熟练、规范的西餐操作职业习惯和职业道德，养成良好的职业素质，发扬精益求精、认真细致的职业精神。

四、混合加热法

混合加热法是西餐常用烹调方法之一，这种烹调方法是指原料在烹制时，通常先采用热油煎制，使表面定型、上色后，再放入有盖子的大焖锅内，加适量汤汁，加盖慢火煮制。因为焖锅加盖后，锅中的汤汁蒸发成水蒸气，在密封的环境下又对原料进行了蒸制烹调，因此这类方法被称为混合加热法。

在混合加热法的烹饪实施中，有两个阶段的过程。烹饪的第一阶段要求食物在热油中煎香上色。这样做是为了帮助食物在烹饪时保持其形状，同时还增加了浓厚的风味。

在某些情况下，可以用沸水或高汤对食物进行短暂的焯水来代替香煎上色的步骤。焯水的加工处理可以帮助食物在烹饪时保持形状，并赋予食物特定的味道和颜色。在香煎或焯水后，将食物放入香浓的液体或酱料中慢慢煮制。

混合加热法通常适用于风味浓厚但肉质较老的原料，烹调时通常需要用小火慢煮很长时间；同时也适合质地细嫩的原料，只是烹调时，减少汤汁用量和缩短煮制时间即可。

（一）焖（Braising）

1. 定义

焖是西餐中应用极为广泛的烹调方法，指将大型或整形原料，经加工整理后，用热油煎香上色，放入焖锅内，加入汤汁和香料，加盖密封后送入烤炉，小火慢煮，焖烤而成的烹调方法。在焖烤过程中，焖锅加盖，既有汤汁和原料间的直接小火慢煮加热，也有水蒸气对原料形成的蒸汽加热烹调，属于混合加热法。

焖是西餐中常用的烹调方法之一，常见的类型有：

（1）褐色焖（Brown braising） 指用褐色基础汤和红葡萄酒焖制的烹调方法，可以用法文Daube和Estouffade来表示。常用于红肉类菜肴，如大块的牛肉、禽类、野味类或内脏类原料。

（2）白色焖（White braising） 指用白色基础汤焖制的烹调方法，常用于血色较浅的肉类或内脏类原料，如小牛胸腺、小牛舌等。

（3）鱼类焖制 主要应用于大型的整鱼，酿馅后焖制。

（4）蔬菜类焖制 适用于各种蔬菜，如花菜、苦苣等。

2. 特点

西餐焖制菜肴通常富含结缔组织，具有肉质熟软或软嫩，汁香味浓，汁稠发亮的特点。

焖制好的肉类原料可以用餐叉和餐刀轻松地切开，若肉类原料过于软烂，成为丝状则显示焖制过火，影响菜肴品质。

3. 工艺流程

选料 → 加工腌制 → 煎制 → 焖制 → 调味 → 装盘成菜

4. 原料（成品4人份）

肉类主料（如牛肉、鸡肉或鱼等）4份（200～250g/份），基础汤（如褐色基础汤、葡萄酒等）2L，调味蔬菜（如胡萝卜、洋葱、西芹、大蒜等）120g，香料袋或香料束适量，盐和胡椒粉适量，配菜适量，植物油适量。

5. 设备器具

有盖的焖锅，汤勺，木勺，炒勺，细孔滤网，不锈钢托盘，不锈钢盆，长柄厚底煎锅，煎铲，烤炉，燃气灶。

6. 制作方法

（1）选料

①根据成菜要求，选择适合的新鲜主料、配菜、香草和调料。

②选用成年的肉类原料和相对质地较老、结缔组织较多的部位，以保证浓厚的肉香味。

（2）加工腌制

①根据成菜要求，去除原料表面的肥油，将原料整理成形，切成大块。

②加胡萝卜、洋葱、西芹、大蒜等调味蔬菜、香料、葡萄酒、盐和胡椒粉等腌制。

（3）煎制 将焖锅置于旺火上，加油烧热，放肉类主料快速煎制。至定型、均匀上色后，取出保温。

①焖制前，将肉类主料煎香上色，可以增加菜肴的香味。

②不同原料，煎制要求不同。红肉类原料一般需要煎制到表面呈棕褐色；白肉类原料只需要煎制到表面开始上色即可；而鱼类原料一般不需要煎制。

③可以将肉类原料粘上面粉后煎制，这样在焖制时，可以增加汤汁的浓稠度，便于少司制作。

（4）焖制　在焖锅内加入胡萝卜、洋葱、西芹、大蒜等调味蔬菜，炒变色后加入番茄酱炒香，再放入其他的香料炒匀，加入葡萄酒煮至原体积的1/3，放入煎香的肉类主料，倒入基础汤煮沸（汤量淹没主料的1/3～1/2），转小火保持汤面微沸，加入香料束或香料袋，加盖密封后送入中低温的烤炉内烤制。

①若主料是白肉类原料，如猪肉、禽类、野禽类和鱼类等白肉焖制菜肴，在炒制胡萝卜、洋葱等调味蔬菜时，则只要炒香、不变色即可。

②若主料是红肉类原料，如牛羊肉和野味类等红肉焖制菜肴，在炒制胡萝卜、洋葱等调味蔬菜时，则需要炒至棕褐色时为佳。

③若少司需要油面酱来增稠，则可以在调味蔬菜炒香后加入少量面粉炒匀，效果最佳。

④制作西餐红肉焖制菜肴时，常常会加入番茄碎或番茄酱来增色、浓味，同时番茄的酸性物质还有软化肉质的作用，可以在蔬菜炒香后加入。

⑤西餐焖制菜肴通常采用加盖密封后烤制的方法制作。倒入焖制的汤汁不宜过多，通常原料越嫩，倒入的汤汁越少，加热的时间也越短；若原料越老，加入汤汁越多，加热时间也越长。通常汤汁以淹没主料的1/3～1/2为佳。因为焖锅密封后，能产生蒸汽和慢煮混合加热的效果，烹煮更加彻底。

⑥焖制中，应该定时取出焖锅，将菜肴翻动均匀后，继续烤制。

⑦烤炉的温度不宜过高，通常以130～160℃为佳。

（5）调味　在焖制结束30min前，去除锅盖，在烤炉内继续加热焖制，中途适当翻动。

①在临近完成焖制前，去除锅盖，在烤炉内继续加热，便于汤汁增稠发亮。

②至肉类原料完全软熟、均匀粘裹发亮的酱汁后，取出保温。

③将焖锅置于小火上，放入蔬菜配料，继续浓缩加热。

④至蔬菜配料软熟，去除香料束或香料袋，成焖制少司。

（6）装盘成菜　将肉类主料和焖制少司、蔬菜配料一同装盘，上菜即成。

7. 操作要领

（1）将胡萝卜、洋葱、西芹等调味蔬菜炒香后，铺于焖锅锅底，再放上煎香的肉类主料，既可以避免肉块粘锅，又可以起到增香浓味的作用。

（2）西餐焖制加热时间长，可以将质地较老、结缔组织较多的肉类原料慢煮至软嫩或软糯的状态，产生更多的风味；但同样也可以选用质地细嫩的肉类原料来进行焖制烹调，如肉质易碎的鱼类和虾蟹类原料，只是需要相应地降低烤制温度、减少汤汁用量和缩短慢煮的时间即可。

（3）西餐焖制既可以在明火炉上小火慢煮加工，也可以在烤炉内低温慢烤而成。相对而言，在明火炉上焖制，不如在烤炉中密封慢烤效果好。因为在明火加热时，锅底的原料很容易粘锅焦煳，必须常常关注并搅动汤汁；同时锅中煮沸的肉块可能因为温度过高，而被煮制得过于干硬，影响整体风味。

（4）在烤炉内密封低温慢烤时，烤炉内的热空气均匀对流传热，原料被锅中汤汁的低温慢煮、锅中的水蒸气湿热加热，加热的火候比较均衡，操作相对简单、方便。

（5）制作焖制少司时，提前一小时加入香料束可以保持香料的清香味。去除锅盖后继续加热浓缩，可以使少司酱汁浓稠增亮。西餐焖制汤汁中，通常带有较多的蔬菜，可以不用过滤，直接作为少司使用。

（6）西餐焖制菜肴上菜时，要求原料表面汁稠光亮，诱人食欲。通常可以采用提前去除锅盖烤制的方法制作。将酱汁和主料不断翻匀，继续加热烤制，使肉类主料表面沾匀均匀的肉胶冻汁，光亮美观。

8. 适用范围

焖制的原料通常选用中大型成年动物活动较多的区域和结缔组织较多的部位，如牛羊的腿肉、胸肉、腹肉等，以及较大的鱼类和野味等。虽然这些部位肉质较老，但是香味浓厚，通过长时间慢煮后，可以达到肉质软嫩、香浓适口的效果。

9. 菜肴示例

胡萝卜焖牛肉卷（Braised beef rolls with carrot）

课前阅读　课前查阅西式肉卷菜肴的类型相关资料，并思考其在本菜品中原料变化后的应用方法。

学习目的　掌握西餐肉卷类菜肴的制作方法，熟练掌握西式肉卷的制作和菜肴品质控制的方法。学会制订合理的操作流程表和计划书，包括时间安排、规划安排和沟通环节、卫生安全等。

1. 原料（成品 4人份）

主料　牛肉薄片4×100g。

辅料　胡萝卜400g，洋葱碎150g，蘑菇碎50g，大蒜碎20g，黄油150g，猪绞肉100g，牛绞肉100g，火腿粒50g。

调料　香叶2片，百里香2g，白兰地50mL，欧芹碎2g，细砂糖50g，褐色牛肉汤1L，西芹50g，干白葡萄酒100mL，番茄酱50g，盐和胡椒粉适量。

2. 设备器具

砧板，少司汁盅，吸油纸，细孔滤网，盛菜菜盘，煎铲，木搅板，有盖的焖锅，不锈钢少司锅，燃气灶等。

3. 制作方法

①将洋葱碎50g、蘑菇碎用黄油炒香，加猪绞肉、牛绞肉和火腿拌匀，加百里香、欧芹、白兰地、盐和胡椒粉调味成肉馅。

②将牛柳薄片上撒盐和胡椒粉，放上肉馅，做成肉卷后用油煎定型备用。
③将胡萝卜碎、西芹碎、剩余的洋葱碎和大蒜碎用油炒香，倒入干白葡萄酒煮至原体积的2/3时，加番茄酱、褐色牛肉汤和香叶等香料煮沸后成少司酱汁。
④将牛肉卷放入酱汁中，用小火慢煮焖制2h，至牛肉卷软熟入味。
⑤将胡萝卜削成橄榄形，加少许水、盐、黄油和细砂糖煮制，至汁水将干，胡萝卜裹匀糖浆即可。
⑥将牛肉卷装盘，淋上少司，配糖浆胡萝卜橄榄即成。

4. 技术要点

①肉馅应调拌上劲，做肉卷时，可以用牙签或厨用棉线定型，以保证成形效果。
②也可以将肉卷放入烤炉内，密封焖制，保证原汁原味的效果。

5. 质量标准

肉卷成形美观，口感丰富，味美适口。

6. 知识拓展

①分析并阐述西餐的焖制和中餐的焖制方法的区别和联系。
②换用小牛肉制作，成品的焖制时间和火候会有什么变化？

小结

通过对西式焖制菜肴的实际操作学习，复习褐色牛肉汤的制作方法。重点学习西式肉卷的制法和焖制菜肴的工艺方法和标准，逐渐形成熟练、规范的西餐操作职业习惯和职业道德，养成良好的职业素质，发扬精益求精、认真细致的职业精神。

（二）烩（Stewing）

西餐“烩”是与“焖”非常类似的烹调方法，不同之处在于肉类主料成形的形状和煮制中汤汁的用量。

1. 定义

烩是指将加工后的原料，经过预制熟处理，放入调味少司汤汁中加热成菜的烹调方法。

烩是西餐中常用的烹调方法之一，根据烹调中少司汤汁的颜色可以分为红烩和白烩，常见的类型有：

（1）白汁烩肉（Blanquette） 这是白烩类菜肴，适用于血色较浅的白肉类原料，如小牛肉、小羊肉、鸡肉等，烹调中习惯加入蘑菇和小洋葱等配料，汤汁以白汁类少司为主。

（2）地中海烩海鲜（Bouillabaise） 这是地中海式的海鲜烩制菜肴，制作方法类似马赛鱼汤，减少汤汁用量，将少司煮稠成地中海式烩海鲜。

（3）白汁烩肉（Fricassée） 这是白烩类菜肴，适用于血色较浅的白肉类原料，如小牛肉、各种禽类和野味原料，如兔肉等。

（4）匈牙利烩肉（Goulash） 这是起源于匈牙利的红烩类菜肴，适用于各种肉类原料，如牛肉、小牛肉、猪肉及禽类等，烹调中主要用匈牙利红椒粉（Paprika）来调味提色，习惯加入马铃薯等配菜。

（5）红汁蔬菜烩羊肉（Navarin）　这是法式传统的红烩类菜肴，适用于羊肉和小羊肉，烹调中习惯加入萝卜和马铃薯等配料。

（6）褐汁烩肉（Ragoût）　这是法式传统的用褐色基础汤和褐色少司烩制的菜肴，适用于各种红肉类、禽类或野味类原料。

（7）红汁烩海鲜（Matelote）　这是法式传统的红烩海鲜菜肴，适用于各种海鲜鱼类，包括鳗鱼等。

2. 特点

西餐烩制类菜肴的色泽多样，肉质鲜嫩或软嫩，汁稠光亮，香鲜味浓，适口不腻。

3. 工艺流程

选料 → 加工腌制 → 煎制 → 烩制 → 调味 → 装盘成菜

4. 原料（成品4人份）

肉类主料（如牛肉、鸡肉或鱼等）4份（200～250g/份），基础汤和基础少司（如褐色基础汤、褐色少司、葡萄酒等）1.5L，调味蔬菜（如胡萝卜、洋葱、西芹、大蒜等）120g，香料袋或香料束适量，盐和胡椒粉适量，配菜适量，植物油适量。

5. 设备器具

不锈钢炖锅，汤勺，木勺，炒勺，细孔滤网，不锈钢托盘，不锈钢盆，长柄厚底煎锅，煎铲，烤炉，燃气灶。

6. 制作方法

（1）选料

①根据成菜要求，选择适合的新鲜主料、配菜、香草和调料。

②选用肉质较嫩的禽类、鱼类和肉类原料，以保证细嫩的口感。

（2）加工腌制　根据成菜要求，去除肉类原料表面和中心的肥肉、软骨和筋络，整理成形，切成约3cm的小块。肉块煎制前粘上面粉，撒盐和胡椒粉调味。将各种蔬菜配菜加工洗净，切成3cm的块，预先熟处理好。

（3）煎制或焯水　根据原料种类和烩制类型煎制。

①若是红烩类原料，可以在炖锅内用热油煎成棕褐色后，取出。

②若是白烩类原料，可以在炖锅内用热油煎定型、不变色后，取出。

③有些白汁烩肉，不需要煎制肉类主料，而只需要用热汤焯水后，直接烩制。

（4）烩制

①在炖锅内加入胡萝卜、洋葱、西芹、大蒜等调味蔬菜和香料，炒香变色后铺在锅底，放入煎香或焯水的肉类主料。

②倒入基础汤和基础少司煮沸（汤量淹没主料的1/2～2/3），转小火保持汤面微沸，撇去浮沫和浮油。

③加入香料束或香料袋，将炖锅加盖密封后，送入中高温（160～180℃）的烤炉内烤制。

④或者直接在小火上加热，炖锅不加盖，随时搅动，撇去浮沫，避免锅底焦煳。

（5）调味

①至肉块软嫩时取出，保温。

②将烩肉汁过滤，去除香料袋或香料束、继续浓缩煮稠。

③加奶油、柠檬汁或其他调味料，加盐和胡椒粉调味成少司。

④将肉块和蔬菜配料再次放入少司中慢煮入味。

（6）装盘成菜　将烩制好的主料、蔬菜配料和少司酱汁一同装入盘中，趁热上菜即成。

7. 操作要领

（1）“焖”与“烩”的烹调方法近似，它们之间最主要的区别在于主料的刀工成形、烹制时加盖与否、火力和时间，菜肴成菜的口感等。如表4-6。

表4-6 “焖”与“烩”的区别

	焖（Braising）	烩（Stewing）
原料选择	多选用成年的、质地较老、含结缔组织多的肉类原料，如牛肉、羊肉、兔肉、野味等	多选用肉质细嫩、腥异味少的肉类原料，如小牛肉、小羊肉、鸡肉、猪肉、鱼类等
主料成形	主料加工成大块或整形；煎至上色、增香	主料切成一口吃的小块，通常在3cm左右；煎制上色或焯水定型
烹调汤汁	通常以基础汤和各种酒汁为主	通常以基础汤、基础少司和各种酒汁为主
汤汁用量	汤汁淹没原料的1/3～1/2	汤汁淹没原料的2/3或刚好淹没原料
烹调方式	采用混合加热法，菜肴在烤箱内加盖密封焖制；成菜前去除锅盖，继续烤制浓缩增亮	采用混合加热法，菜肴在烤箱内加盖密封烩制；或在炉火上，不加盖直接加热烩制
少司成菜	原料软嫩后制作少司，淋汁焗烤上色、增亮	原料与少司一同烩制成菜
成菜标准	焖制时间较长，成菜口感软嫩或软糯	烩制时间较短，成菜口感细嫩

（2）烩制菜肴的主料在煎制前，需要加盐和胡椒粉调味腌制，便于基础味的调制。

（3）肉类主料煎制前粘匀面粉，可以增加风味，也便于成菜时调节少司的浓度。

（4）烩制菜肴的蔬菜配料，通常需要提前预熟处理，以便在烹制结束时，加入少司中与主料保持一致的成熟度和口感，缩短烹制时间。

8. 适用范围

烩制方法适用范围广，多选用肉质细嫩、腥异味少的肉类原料，如小牛肉、小羊肉、鸡肉、猪肉、鱼类等。

9. 菜肴示例

马伦戈烩小牛肉（Veau Marengo）

课前阅读　课前查阅当年拿破仑和马伦戈战役的相关资料，并思考本菜品的历史文化背景与风味特色联系。

学习目的　掌握西餐烩制菜肴的要领，熟练掌握西式牛肉的初加工技巧。学会制订合理的操作流程表和计划书，包括时间安排、规划安排和沟通环节、卫生安全等。

这是一道法式菜肴，来源于意大利西北部一个叫“Marengo”的小村庄。据说1800年6月14日，拿破仑在此击败了奥军后，吃了这道菜非常喜欢，由此得名。

1. 原料（成品 4人份）

主料　小牛肩背肉800g，花生油80g，洋葱200g，白葡萄酒100g，面粉60g，番茄200g，浓缩番茄酱40g，香料束1把，大蒜40g。

辅料　蘑菇200g，小洋葱200g，吐司面包片160g，黄油20g，马铃薯及时鲜蔬菜适量。

调料　褐色牛肉基础汤1.5L，欧芹、盐和胡椒粉适量。

2. 设备器具

份数盆，菜板，不锈钢煮锅，菜盘，厨房用纸，平底煎锅，锥形漏斗，汤盘，汤盅，煎铲，木搅板等。

3. 制作方法

①将牛肉切成50～60g的块，洋葱、大蒜切碎，番茄去蒂、去皮、去籽切碎。马铃薯煮熟。

②将蘑菇和小洋葱放入锅中，加水、盐、柠檬汁和黄油煮熟。吐司片切成心形，用黄油煎香，粘欧芹碎备用。

③将牛肉块放入油中煎上色，加洋葱碎炒香，倒入白葡萄酒煮至原体积的2/3时，撒入面粉搅匀，加番茄碎和番茄酱炒出水气，最后加褐色牛肉汤煮沸，加盐和胡椒粉调味后，转小火烩约1h。

④牛肉软熟后取出。将烩汁过滤，放入蘑菇和小洋葱烩入味，成马伦戈少司。

⑤牛肉装盘淋汁，撒欧芹碎，配吐司片、马铃薯及时鲜蔬菜即成。

4. 技术要点

①小牛肉质地细嫩，烩制时间较短，以软嫩入味为佳。

②烩制中途应适当搅拌，以免粘锅、煳锅。

5. 质量标准

色泽棕红，牛肉软嫩，番茄、蘑菇味浓，咸鲜微酸，开胃不腻。

6. 知识拓展

①辨析小牛肉和牛肉的区别与联系。

②换用不同的主料，烹饪时间和火候应该如何变化？

小结

通过对西餐烩制菜肴的实际操作学习，复习褐色基础汤的制作方法。重点学习西餐烩制方法的技巧和要领，控制成菜标准，逐渐形成熟练、规范的西餐操作职业习惯和职业道德，养成良好的职业素质，发扬精益求精、认真细致的职业精神。

第四节 西餐烹调方法实训

一、西菜煎制工艺实训

课前阅读 课前复习西餐煎制烹调方法的概念、特点和制作要领等相关资料，并思考煎制菜肴的原料应用范围。

操作目的 理论联系实际，训练煎制菜肴原料的加工和腌制要领，把握不同原料煎制制作的温度、时间、火力和成品质量控制的方法，熟悉各种配菜和少司酱汁的加工技术和技巧，掌握菜肴装盘的配菜和装盘技巧。学会制订合理的操作流程表和计划书，包括时间安排、规划安排和沟通环节、卫生安全等。

西餐煎制菜肴通常按照以下工艺流程进行加工制作。

工艺流程

选料 → 加工成形 → 熟处理 → 调味 → 煎制 → 装盘成菜

（一）香煎鸡扒配红椒酱（Chicken sautéed with paprika sauce）

1. 原料（成品 4人份）

主料 净鸡肉4份（150～200g/份），大蒜10g，百里香1g。

辅料 胡萝卜500g，红椒100g，青椒100g，黄椒100g。

调料 面粉120g，甜红椒粉15g，黄油80g，洋葱200g，干白葡萄酒100mL，西班牙少司500mL，淡奶油200mL，植物油50mL，白糖、盐和胡椒粉适量。

2. 设备器具

砧板，份数盆，不锈钢汁盆，少司汁盅，厨房用纸，细孔滤网，盛菜菜盘，煎铲，木搅板，蛋抽，平底煎锅，不锈钢少司锅，燃气灶，烤炉等。

3. 制作方法

①将鸡肉剔去骨、切成鸡扒，撒匀红椒粉5g、盐和胡椒粉，粘匀面粉；将红葱切碎。

②煎锅置中火上，放入植物油烧热，放入鸡扒煎至皮面定型后，放入黄油、大蒜和百里香，出香味后将香草大蒜油淋在鸡肉上，继续煎香，翻面后煎定型，转小火煎熟，取出保温。

③煎锅中加洋葱碎炒香，加入白葡萄酒煮至原体积的2/3时，倒入西班牙少司煮沸，放入淡奶油转小火煮稠。上菜前加甜红椒粉10g、盐和胡椒粉调味，成红椒少司（Paprika sauce）。

④将胡萝卜削成橄榄形，放入锅中加少许水、黄油、白糖、盐和胡椒粉，上面盖上牛油纸密封，煮至汁干光亮时离火。红椒、黄椒和青椒切块炒熟，加盐和胡椒粉调味。

⑤鸡肉装盘淋汁，配橄榄胡萝卜和红椒等时鲜蔬菜即成。

4. 技术要点

①鸡扒煎制前撒匀红椒粉、盐和胡椒粉，粘匀面粉，保证成品外香脆内鲜嫩。

②先用中火热油煎制鸡扒，定型后可以送入烤箱，烤熟后取出。

5. 质量标准

色泽棕红，鸡扒外香脆、内鲜嫩，汁浓味鲜香。

6. 酒水搭配

适宜搭配各种浓郁香型的红葡萄酒和白葡萄酒等。

（二）香煎鲈鱼（Pan Sear Sea Bass）

1. 原料（成品 4人份）

主料　海鲈鱼柳1kg，橄榄油 80g，黄油30g，大蒜10g，百里香1g，香叶、百里香、茴香适量，西芹40g，开心果40g，细香葱10g 。

辅料　胡萝卜50g，西芹50g，迷你小红萝卜50g，白萝卜50g，打发奶油50g，白葡萄酒醋 10g，时鲜蔬菜适量。

调料　鱼精汤适量，盐和胡椒粉适量。

2. 设备器具

砧板，份数盆，不锈钢汁盆，少司汁盅，厨房用纸，细孔滤网，盛菜菜盘，煎铲，木搅板，蛋抽，平底煎锅，不锈钢少司锅，燃气灶，烤炉等。

3. 制作方法

①将鲈鱼初加工，取带皮鱼柳，切成125g/

块大小，划破鱼皮，加香叶、百里香、茴香、橄榄油、盐和胡椒粉等腌制；西芹、开心果、细香葱等切细，加橄榄油调匀，成西芹油汁备用。

②将胡萝卜、西芹、迷你小红萝卜、白萝卜等切成细丝，入冰水浸泡30min，沥水后加打发奶油、白葡萄酒醋、盐和胡椒粉调味备用。

③煎锅置中火上，放入植物油烧热，鱼皮向下放入鱼柳煎制，鱼皮定型时，放入黄油、大蒜和百里香，出香味后将香草大蒜油淋在鱼肉上，继续煎香，翻面后煎定型，放于烤盘内，皮面抹西芹油汁，入面火烤炉内保温备用。

④鱼柳装盘淋汁，用胡萝卜等蔬菜丝装饰即成。

4. 技术要点

①煎鱼柳时，先煎带皮面，待鱼皮香脆时翻面，控制鱼肉成熟度。

②用中火热油煎制鱼扒，定型后加黄油、大蒜、百里香，煎香后翻面，控制火候。

5. 质量标准

色彩丰富，成菜美观，味咸香微辣，适口清爽不腻。

6. 酒水搭配

适宜搭配各种浓郁香型的红葡萄酒和白葡萄酒等。

（三）猎户扒鸡（Sautéed chicken in hunter mushroom sauce）

1. 原料（成品 4人份）

主料　净鸡肉4份（150～200g/份），大蒜10g，百里香1g。

辅料　时鲜蔬菜适量。

调料　面粉120g，黄油80g，蘑菇260g，红葱120g，白兰地120mL，干白葡萄酒240mL，西班牙少司400mL，香叶芹40g，龙蒿40g，植物油50mL，盐和胡椒粉适量。

2. 设备器具

砧板，份数盆，不锈钢汁盆，少司汁盅，厨房用纸，细孔滤网，盛菜菜盘，煎铲，木搅板，蛋抽，平底煎锅，不锈钢少司锅，燃气灶，烤炉等。

3. 制作方法

①将鸡肉剔去骨、切成鸡扒，撒匀盐和胡椒粉，粘匀面粉；将红葱、龙蒿和香叶芹切碎；蘑菇切成厚片。

②煎锅置中火上，放入植物油烧热，放入鸡扒煎至皮面定型后，放入黄油、大蒜和百里香，出香味后将香草大蒜油淋在鸡肉上，继续煎香，翻面后煎定型，转小火煎熟，取出保温。

③煎锅中加蘑菇和洋葱炒香，倒入白兰地点燃，加白葡萄酒煮至原体积的2/3时，倒入西班牙少司煮沸，转小火煮稠。上菜前加盐和胡椒粉调味，放入香叶芹碎和龙蒿碎成猎户少司。

④鸡肉装盘淋汁，配时鲜蔬菜即成。

4. 技术要点

①鸡扒煎制前撒盐和胡椒粉，粘匀面粉，保证成品外香脆内鲜嫩。

②用中火热油煎制鸡扒，定型后可以送入烤箱，烤熟后取出。

5. 质量标准

色泽棕黄，鸡扒外香脆、内鲜嫩，汁浓味鲜香。

6. 酒水搭配

适宜搭配各种浓郁香型的红葡萄酒和白葡萄酒等。

二、西菜炸制工艺实训

课前阅读 课前复习西餐炸制烹调方法的概念、特点和制作要领等相关资料，并思考炸制菜肴的原料应用范围。

操作目的 理论联系实际，训练炸制菜肴原料的加工和腌制要领，把握不同原料炸制制作的温度、时间、火力和成品质量控制的方法，熟悉各种配菜和少司酱汁的加工技术和技巧，掌握菜肴装盘的配菜和装盘技巧。学会制订合理的操作流程表和计划书，包括时间安排、规划安排和沟通环节、卫生安全等。

西餐炸制菜肴通常按照以下工艺流程进行加工制作。

工艺流程

选料 → 加工成形 → 熟处理 → 调味 → 炸制 → 装盘成菜

（一）炸鸡肉球（Deep fried chicken ball）

1. 原料（成品 4人份）

主料 鸡腿肉450g，猪肥肉50g。

辅料 洋葱30g，马铃薯50g。

调料 鸡蛋120g，面粉100g，面包糠150g，牛奶30g，黄油20g，紫椰菜50g，柠檬1个，橄榄油5g，欧芹30g，白汁40g，盐和胡椒粉适量。

2. 设备器具

不锈钢汁盆，平底煎锅，少司锅，炸炉，少司汁盅，西餐刀，砧板，电子秤，量杯，细孔滤网，汁勺，蛋抽等。

3. 制作方法

①鸡腿肉去骨，调味，煎熟后切成小丁；猪肥肉煮熟后切碎；马铃薯煮软后加牛奶、黄油、盐和胡椒粉调匀，制成马铃薯泥；洋葱切碎炒香；紫椰菜切丝加柠檬汁、橄榄油及盐、胡椒粉拌匀。

②将鸡肉丁、猪肥肉碎、洋葱碎、马铃薯泥和白汁拌匀后调味，制成鸡肉球，分别粘面粉、蛋液和面包粉。

③上菜前，将鸡肉球放入热油炉中炸熟上色，配紫椰菜，用柠檬片、欧芹装饰即成。

4. 技术要点

①炸制肉球类原料时，因为粘了面包糠，不宜久炸，所以宜用制熟的原料加工，以保证炸制火候均匀。

②控制好炸制火候，通常适合现炸现用。

③配搭少司以塔塔少司、千岛少司或番茄少司等酱汁为佳。

5. 质量标准

色泽金黄，外酥里嫩，口感丰富。

6. 酒水搭配

适宜搭配各种浓郁香型的白葡萄酒等。

（二）金牌鸡胸吉列（Chicken cordon bleu）

1. 原料（成品4人份）

主料 鸡胸肉4份（150～200g/份）。

辅料 时令蔬菜。

调料 芝士片80g，生火腿片80g，面粉80g，鸡蛋120g，面包糠150g，红葱40g，干红葡萄酒100mL，西班牙少司300mL，植物油80mL，黄油80g，盐和胡椒粉适量。

2. 设备器具

砧板，份数盆，不锈钢汁盆，少司汁盅，厨房用纸，细孔滤网，盛菜菜盘，煎铲，木搅板，蛋抽，平底煎锅，不锈钢少司锅，燃气灶，烤炉等。

3. 制作方法

①鸡蛋打散，加花生油5mL、盐和胡椒粉搅匀。将鸡胸肉拍扁，从侧面进刀切成口袋形，依次放入火腿片、芝士片和火腿片，定型后分别粘面粉、蛋液和面包糠，压紧后在表面压出交叉网纹。

②煎锅置于中火上，加油烧热，放入鸡扒，煎至两面金黄色时，送入180℃的烤炉内烤熟，取出保温。

③少司锅中加黄油烧化，放入红葱炒香，加干红葡萄酒煮至原体积的1/3时，加西班牙少司煮稠，加盐和胡椒粉调味，成少司。

④装盘淋汁，配制熟的时令蔬菜即成。

4. 技术要点

①煎制时油温不宜过高，也可用150℃的热油炸制，以鸡扒中的芝士刚好熔化为佳。

②鸡扒通常已经过事先调味，所以配菜的少司比较灵活，也可以用塔塔少司、千岛少司等代替红酒汁搭配。

5. 质量标准

色泽金黄，外酥内嫩，芝士味香浓，口感丰富。

6. 酒水搭配

适宜搭配各种浓郁香型的红葡萄酒和白葡萄酒等。

三、西菜炒制工艺实训

课前阅读 课前复习西餐炒制烹调方法的概念、特点和制作要领等相关资料，并思考炒制菜肴的原料应用范围。

操作目的 理论联系实际，训练炒制菜肴原料的加工和腌制要领，把握不同原料炒制制作的温度、时间、火力和成品质量控制的方法，熟悉各种配菜和少司酱汁的加工技术和技巧，掌握菜肴装盘的配菜和装盘技巧。学会制订合理的操作流程表和计划书，包括时间安排、规划安排和沟通环节、卫生安全等。

西餐炒制菜肴通常按照以下工艺流程进行加工制作。

工艺流程

选料 → 加工成形 → 熟处理 → 调味 → 炒制 → 装盘成菜

（一）俄式炒牛柳（Beef stroganoff）

1. 原料（成品4人份）

主料 牛腰柳肉600g。

辅料 熟米饭或意大利粉适量。

调料 淀粉15g，橄榄油80g，蘑菇150g，洋葱100g，大蒜碎30g，干白葡萄酒100mL，面粉20g，匈牙利甜红椒粉10g，番茄酱20g，牛肉汤150mL，莳萝1g，龙蒿1g，李派林喼汁5g，酸奶油50mL，芥末酱10g，欧芹碎5g，盐和胡椒粉适量。

2. 设备器具

砧板，份数盆，不锈钢汁盆，厨房用纸，细孔滤网，盛菜菜盘，煎铲，木搅板，平底煎锅或炒锅，燃气灶等。

3. 制作方法

①将牛柳切成8cm长、1cm粗的条，加淀粉、李派林喼汁和少许牛肉汤调匀；蘑菇切成片；洋葱切丝；大蒜拍碎；欧芹切碎；芥末酱加少许牛肉汤稀释。

②煎锅中加油烧热，放入牛肉条炒至散籽、发白时取出。

③煎锅中放入洋葱丝炒香，加蘑菇片和大蒜碎炒匀，倒入白葡萄酒煮至原体积的2/3时，加面粉、红椒粉和番茄酱炒匀，再倒入牛肉汤煮稠，加莳萝、龙蒿、盐和胡椒粉调味，放入牛肉条炒匀，离火加酸奶油和芥末酱拌匀即可。

④盘中放入煮熟的白米饭或意粉，配炒香的牛柳，撒欧芹碎即成。

4. 技术要点

①选用牛腰柳肉，以保证鲜嫩的质感。

②可以用不粘锅、炒锅或平底大煎锅来制作。

③炒制前，要充分炙锅，以避免粘锅。

④炒制时，速度要快，牛肉条要求刀工成形均匀一致，以保证成菜火候均匀。

⑤调味时，也可以不加番茄酱，风味清爽。

5. 质量标准

牛肉鲜嫩，酱汁咸鲜酸香，芥末香味浓厚，开胃不腻。

6. 酒水搭配

适宜搭配各种浓郁香型的红葡萄酒和白葡萄酒等。

（二）肉酱意大利粉（Spaghetti bolognaise）

1. 原料（成品 4人份）

主料 意大利粉400g，黄油 40g。

辅料 黄油20g，红葱20g，新鲜番茄400g，香料束1把，大蒜20g，白糖15g。

调料 橄榄油40g，牛肉碎 400g，洋葱80g，胡萝卜80g，鲜番茄碎80g，番茄酱80g，面粉40g，褐色牛肉汤500g，香料束1把，大蒜20g，细砂糖、盐和胡椒粉适量，帕玛森芝士粉160g。

2. 设备器具

砧板，份数盆，不锈钢汁盆，厨房用纸，细孔滤网，盛菜菜盘，煎铲，木搅板，平底煎锅或炒锅，烤炉，燃气灶等。

3. 制作方法

①鲜番茄去皮、去籽、切碎；胡萝卜、洋葱切碎；大蒜拍碎。

②将牛肉碎用橄榄油炒成棕褐色，加胡萝卜碎、洋葱碎（80g）炒香，再加番茄碎（80g）、番茄酱、面粉和大蒜碎（20g）炒匀，倒入褐色基础汤煮沸，加香叶和百里香，加盖煮2h，加盐和胡椒粉调味成肉酱少司。

③黄油烧热，加红葱碎（20g）、番茄碎（400g）和大蒜碎（20g）炒匀，加白糖、盐和胡椒粉调味。用小火煮干，成浓缩鲜番茄酱，去除香料束和大蒜备用。

④锅中加水，用旺火烧沸，放入少许盐和色

拉油搅匀，放入意大利粉，煮8～10min（中途搅动，以防粘连）。至意粉刚熟，断面有少许硬心时捞出，沥水后加橄榄油拌匀，加盐和胡椒粉调味后，保温备用。

⑤上菜时将意粉用橄榄油炒热，加盐和胡椒粉调味后装盘，淋上肉酱少司和浓缩鲜番茄酱，撒帕玛森芝士粉即成。

4. 技术要点

①意粉不宜久煮，煮8～10min即可，以中心有少许硬籽，吃口有嚼劲为佳。

②肉酱汁应用小火焖煮，至牛肉软、烂，酱汁香浓为佳。若选用嫩牛肉，则可将牛肉切成小丁，煮焖30min即可。

5. 质量标准

肉酱汁色泽红亮，牛肉味香浓，意粉柔韧有嚼劲，风味独特。

6. 酒水搭配

适宜搭配各种浓郁香型的红葡萄酒和白葡萄酒等。

四、西菜烤制工艺实训

课前阅读

课前复习西餐烤制烹调方法的概念、特点和制作要领等相关资料，并思考烤制菜肴的原料应用范围。

操作目的

理论联系实际，训练烤制菜肴原料的加工和腌制要领，把握不同原料烤制制作的温度、时间、火力和成品质量控制的方法，熟悉各种配菜和少司酱汁的加工技术和技巧，掌握菜肴装盘的配菜和装盘技巧。学会制订合理的操作流程表和计划书，包括时间安排、规划安排和沟通环节、卫生安全等。

西餐烤制菜肴通常按照以下工艺流程进行加工制作。

工艺流程

选料 → 加工成形 → 熟处理 → 调味 → 烤制 → 装盘成菜

（一）葡萄烤鹌鹑（Roast quails stuffed with roasted grapes）

1. 原料（成品 4人份）

主料 鹌鹑4只。

辅料 面包糠600g，鸡肫200g，鸡心200g，鸡肝200g。

调料 牛奶50g，黄油80g，白兰地80mL，马德拉酒100mL，香叶1g，百里香1g，葡萄400g，鲜葡萄汁160mL，褐色基础汤

600mL，盐和胡椒粉适量。

2. 设备器具

砧板，份数盆，不锈钢汁盆，少司汁盅，厨房用纸，细孔滤网，盛菜菜盘，煎铲，木搅板，蛋抽，平底煎锅，不锈钢少司锅，燃气灶，烤炉等。

3. 制作方法

①将鹌鹑去内脏、整理加工。葡萄洗净，去皮、去籽。

②面包糠用牛奶泡软。将鸡肫、鸡心、鸡肝等切碎，用黄油炒香，加白兰地点燃，烧出香味，离火加香叶、百里香、盐和胡椒粉拌匀，拌入浸软的面包糠，成烤馅。

③将馅料酿入鹌鹑腹中，用细绳拴扎定型，撒盐和胡椒粉。

④将鹌鹑用黄油煎定型，送入230℃的烤炉内烤5min，再降低炉温到150℃，烤25min，中途刷油汁，熟后取出。

⑤去除锅中多余油脂，加马德拉酒和鲜葡萄汁浓缩。至原体积的1/2时，倒入褐色基础汤煮稠，过滤后加葡萄拌匀，加盐和胡椒粉调味成少司。

⑥将鹌鹑去线，放于盘中，用葡萄等装饰，淋汁即成。

4. 技术要点

①酿馅时，不宜过多，以免馅料膨胀、外溢，影响风味和美观。

②可以用煮熟的米饭代替面包糠制作酿馅。

5. 质量标准

色泽棕红，香味浓郁，肉质鲜嫩，馅鲜味醇，风味独特。

6. 酒水搭配

适宜搭配各种浓郁香型的红葡萄酒和白葡萄酒等。

（二）克克特罐焖鸡（Poulets cocotte Grand-Mère）

1. 原料（成品 4人份）

主料 仔鸡1只。

辅料 胡萝卜50g，洋葱50g，培根130g，蘑菇130g，小洋葱130g。

调料 大蒜碎10g，百里香5g，细砂糖10g，净马铃薯1kg，色拉油50mL，黄油50g，干白葡萄酒50mL，西班牙少司200mL，盐和胡椒粉适量。

2. 设备器具

砧板，份数盆，不锈钢汁盆，少司汁盅，厨房用纸，细孔滤网，盛菜菜盘，煎铲，木搅板，蛋抽，平底煎锅，不锈钢少司锅，克克特焖锅，燃气灶，烤炉等。

3. 制作方法

①仔鸡初加工洗净。黄油加热烧化，加大蒜碎、百里香、盐和胡椒粉炒匀，抹于鸡腹内腌味，捆扎定型，外皮抹剩余黄油。胡萝卜和洋葱切成大块，炒香后放入焖锅内铺匀。

②将蘑菇洗净；马铃薯削成橄榄形；小洋葱去皮、洗净；欧芹切碎。

③将仔鸡略煎定型，腹部向上放入克克特焖锅内，加盖后送入200℃的烤炉中焖烤40min（中途取出淋汁）。

④去除锅盖，再烤10min，至皮面棕红色时，取出保温。

⑤将培根煎香、加蘑菇炒熟；小洋葱加水、糖和黄油淹没，用牛油纸加盖密封，煮至水分将干、发亮；马铃薯炸熟，调味。

⑥焖锅中加干白葡萄酒煮至原体积的2/3时，加西班牙少司煮沸，过滤后加盐和胡椒粉调味成少司，保温备用。

⑦仔鸡去线，腹部向上放入盘中。加配菜，撒欧芹碎，配少司上菜即成。

4. 技术要点

①胡萝卜和洋葱炒香，不变色，放入焖锅内铺匀，将鸡放在蔬菜上，避免粘锅焦煳，增加香味。

②罐焖烤制中途应将鸡每15～20min翻动一次，淋油汁后，继续焖烤，使皮面滋润，色泽美观。

③烤制结束前，掀去锅盖，烤制上色。

5. 质量标准

鸡皮棕红，干香油润，肉质软嫩。少司咸鲜香浓，风味浓厚。

6. 酒水搭配

适宜搭配各种浓郁香型的红葡萄酒等。

五、西菜焖制工艺实训

课前阅读

课前复习西餐焖制烹调方法的概念、特点和制作要领等相关资料，并思考焖制菜肴的原料应用范围。

操作目的

理论联系实际，训练焖制菜肴原料的加工和腌制要领，把握不同原料焖制制作的温度、时间、火力和成品质量控制的方法，熟悉各种配菜和少司酱汁的加工技术和技巧，掌握菜肴装盘的配菜和装盘技巧。学会制定合理的操作流程表和计划书，包括时间安排、规划安排和沟通环节、卫生安全等。

西餐焖制菜肴通常按照以下工艺流程进行加工制作。

工艺流程

选料 → 加工成形 → 熟处理 → 调味 → 焖制 → 装盘成菜

巴斯克式焖鸡（Basque braised chicken with peppers）

巴斯克地处法国和西班牙接壤的地区。这里的菜肴有法国和西班牙共同的特色，享有国际声誉。巴斯克人很喜欢辣椒，每年都有辣椒节。这道菜中就使用了特产的巴斯克辣椒粉和巴斯克火腿，风味独特。巴斯克焖鸡是一道很棒的家常菜，常用于晚餐，由鸡肉、西班牙肉肠、番茄、香料、辣椒粉、马铃薯和蔬菜一起，组成色彩鲜艳、口味丰富的特色菜肴，象征着巴斯克地区对彩色辣椒汤的喜爱。

1. 原料（成品4人份）

主料 净鸡胸肉或鸡腿肉 4×200g，巴斯克火腿片8片。

辅料 洋葱125g，大蒜碎20g，番茄碎300g，红椒100g，青椒100g，香叶1片，百里香0.5g，巴斯克火腿片100g，马铃薯适量，时鲜蔬菜适量。

调料 橄榄油100g，白葡萄酒150g，巴斯克辣椒粉20g，番茄酱30g，褐色基础汤500mL，盐和胡椒粉适量。

2. 设备器具

砧板，份数盆，不锈钢盆，少司汁斗，锥形漏斗，盛菜菜盘，煎铲，木搅板，蛋抽，平底煎锅，不锈钢煮锅，煮汤锅，燃气灶，烤炉等。

3. 制作方法

①鸡肉切块，用火腿片卷紧，以牙签定型。洋葱、青椒、红椒和余下的火腿切成丝。

②鸡肉煎香、定型后，保温备用。

③火腿丝放入油中炒香，加洋葱丝、大蒜碎、红椒丝和青椒丝，炒软后加辣椒粉、番茄碎、番茄酱和香草炒匀，倒入白葡萄酒煮至原体积的2/3时，加褐色基础汤煮沸，加盐和胡椒粉调味成少司。

④将鸡肉放入汁中，加盐和胡椒粉调味后，转小火焖30min。熟后离火，保温备用。

⑤马铃薯去皮，切成圆片，洗净后炸成浅黄色，入黄油中煎成金黄色，加盐和胡椒粉调味后，撒欧芹碎，成黄油煎薯片。

⑥取出鸡肉，去除牙签，装盘淋汁，配黄油煎薯片和时鲜蔬菜即成。

4. 技术要点

①鸡肉要用火腿片卷紧，以使火腿和鸡肉的香味更加融合。

②煎鸡肉时用中火，上色即可，注意保持肉卷的形状。

5. 质量标准

鸡肉鲜香，带浓郁的火腿香味。少司香鲜微辣，色泽红亮，味感丰富。

6. 酒水搭配

适宜搭配各种浓郁香型的红葡萄酒等。

六、西菜烩制工艺实训

课前阅读 课前复习西餐烩制烹调方法的概念、特点和制作要领等相关资料，并思考烩制菜肴的原料应用范围。

操作目的 理论联系实际，训练烩制菜肴原料的加工和腌制要领，把握不同原料烩制制作的温度、时间、火力和成品质量控制的方法，熟悉各种配菜和少司酱汁的加工技术和技巧，掌握菜肴装盘的配菜和装盘技巧。学会制订合理的操作流程表和计划书，包括时间安排、规划安排和沟通环节、卫生安全等。

西餐烩制菜肴通常按照以下工艺流程进行加工制作。

工艺流程

选料 → 加工成形 → 熟处理 → 调味 → 烩制 → 装盘成菜

（一）法式啤酒烩鸡（Fricassée de coq à la bière）

1. 原料（成品 4人份）

主料 净鸡胸或鸡腿肉4×200g。

辅料 法式炸薯条，时令蔬菜适量。

调料 红葱碎50g，哥顿（Gordon's）金酒50g，啤酒1.5L，面粉80g，蘑菇200g，淡奶油150g，褐色鸡肉汤1L，盐和胡椒粉适量。

2. 设备器具

砧板，份数盆，不锈钢汁盆，少司汁盅，厨房用纸，细孔滤网，盛菜菜盘，煎铲，木搅板，蛋抽，平底煎锅，不锈钢少司锅，燃气灶，烤炉等。

3. 制作方法

①鸡肉切成大块。红葱切碎。蘑菇洗净，用黄油炒香备用。

②将鸡肉煎香、定型后，加红葱碎炒香，加金酒点燃，烧出酒味，再加啤酒煮沸，加盐和胡椒粉调味后，加盖，转小火烩约40min。

③鸡肉软熟后取出。烩汁中加入淡奶油煮稠，加蘑菇烩入味，离火加黄油搅化成少司。

④将薯条放入150℃的油中炸成浅黄色；上菜前放入180℃的油中炸成金黄色取出，撒盐后沥油，保温备用。

⑤鸡肉装盘，淋上少司。用法式炸薯条、煮意大利通心粉和时鲜蔬菜装饰即成。

4. 技术要点

①制作中用金酒可以增加菜肴味感的丰厚度。若没有金酒也可以用白兰地代替。

②啤酒的用量大，烩制时用小火，煮出啤酒的苦味。可以加适量褐色牛肉汤，增加风味。

5. 质量标准

鸡肉细嫩鲜香，啤酒味浓，适口不腻。

6. 酒水搭配

适宜搭配各种浓郁香型的白葡萄酒和啤酒等。

（二）普罗旺斯式红花烩鸡（Chicken stew à la bouillabaisse）

“Bouillabaisse”是指普罗旺斯的海鲜鱼汤。普罗旺斯位于法国南部，从地中海沿岸延伸到内陆的丘陵地区，被称为薰衣草的故乡。

1. 原料（成品 4人份）

主料 仔鸡1.2kg，橄榄油 200g。

腌制辅料 洋葱碎200g，韭葱丝200g，西芹丝100g，茴香100g，大蒜碎80g，番茄碎500g，香料束1把，八角1个，藏红花1g，茴香酒（Pastis）50mL，时鲜蔬菜适量。

调料 白色鸡肉汤1L，盐和胡椒粉适量。

2. 设备器具

砧板，份数盆，不锈钢汁盆，少司汁盅，厨房用纸，细孔滤网，盛菜菜盘，煎铲，木搅板，蛋抽，平底煎锅，不锈钢少司锅，燃气灶，烤炉等。

3. 制作方法

①将仔鸡改刀成8个鸡件；腌制料切碎备用。

②锅中加橄榄油烧热，加洋葱碎、韭葱丝、西芹丝、茴香炒香，加番茄碎、大蒜碎、香料束、藏红花和八角炒匀，离火晾冷后，加入鸡件和茴香酒拌匀，腌制12h后取出，沥水备用。

③将鸡件用橄榄油煎上色，加腌制蔬菜炒香，再倒入白色鸡肉汤煮沸，加盐和胡椒粉调味后，转小火烩30min。

④鸡肉软熟后，取出装盘。将少司煮稠后淋在鸡肉上，配时鲜蔬菜即成。

4. 技术要点

①腌制时间以12h为佳。一般前一天腌制，第二天烹制。

②藏红花和八角都不宜久炒，也可以直接放入汤中烩制。

③少司制作时，还可加入少许的蒜蓉蛋黄酱浓味。

5. 质量标准

色泽棕黄，鸡肉细嫩，少司鲜香适口，风味别致。

6. 酒水搭配

适宜搭配各种浓郁香型的白葡萄酒等。

七、西菜焗制工艺实训

课前阅读　课前复习西餐焗制烹调方法的概念、特点和制作要领等相关资料，并思考焗制菜肴的原料应用范围。

操作目的　理论联系实际，训练焗制菜肴原料的加工和腌制要领，把握不同原料焗制制作的温度、时间、火力和成品质量控制的方法，熟悉各种配菜和少司酱汁的加工技术和技巧，掌握菜肴装盘的配菜和装盘技巧。学会制订合理的操作流程表和计划书，包括时间安排、规划安排和沟通环节、卫生安全等。

西餐焗制菜肴通常按照以下工艺流程进行加工制作。

工艺流程

选料 → 加工成形 → 熟处理 → 调味 → 焗制 → 装盘成菜

焗马铃薯肉饼（Potato and ground beef gratin）

1. 原料（成品 4人份）

主料　牛肉碎300g，胡萝卜碎30g，洋葱碎50g，西芹碎20g。

调料　大蒜碎10g，香叶1g，百里香1g，干白葡萄酒100mL，面粉30g，番茄碎100g，番茄酱20g，褐色基础汤1L，大马铃薯3个，牛奶50g，黄油50g，奶油50g，芝士粉80g，盐和胡椒粉适量。

2. 设备器具

不锈钢汁盆，少司锅，西餐刀，砧板，电子秤，量杯，细孔滤网，汁勺，蛋抽，燃气灶，面火焗炉，冰箱等。

3. 制作方法

①牛肉酱制作：将牛肉碎用热油炒变色，加胡萝卜碎、洋葱碎、西芹碎炒香，加大蒜碎、香叶、百里香炒匀。倒入白葡萄酒煮至原体积的2/3时，放入面粉、番茄碎和番茄酱炒匀，再加褐色基础汤煮至牛肉软烂、酱汁浓稠，加盐和胡椒粉调味成牛肉酱。

②马铃薯泥制作：马铃薯去皮煮软，加牛奶、黄油、奶油等制成马铃薯泥。

③成菜加工：将做好的马铃薯泥、肉酱分层次铺在焗盅内，撒芝士粉，入焗炉焗烤上色即成。

4. 技术要点

①牛肉碎用小火煮至软烂为佳。
②马铃薯泥中加入奶油、牛奶和黄油调成较稀的状态，不宜过干。
③高温焗烤，以芝士上色为佳。

5. 质量标准

色泽金黄，芝士味香浓，牛肉酱酸香，番茄味浓，风味浓厚。

6. 酒水搭配

适宜搭配各种浓郁香型的红葡萄酒。

八、西菜蒸制工艺实训

课前阅读 课前复习西餐蒸制烹调方法的概念、特点和制作要领等相关资料，并思考蒸制菜肴的原料应用范围。

操作目的 理论联系实际，训练蒸制菜肴原料的加工和腌制要领，把握不同原料蒸制制作的温度、时间、火力和成品质量控制的方法，熟悉各种配菜和少司酱汁的加工技术和技巧，掌握菜肴装盘的配菜和装盘技巧。学会制订合理的操作流程表和计划书，包括时间安排、规划安排和沟通环节、卫生安全等。

西餐蒸制菜肴通常按照以下工艺流程进行加工制作。

工艺流程

选料 → 加工成形 → 调味 → 蒸 → 装盘成菜

（一）纸包烤鱼柳（Fillet of sole en papillote）

1. 原料（成品 4人份）

主料 龙利鱼柳4份（150～200g/份）。

辅料 培根丝30g，西芹丝50g，洋葱丝50g，红椒丝30g，青椒丝30g，蘑菇片50g。

调料 面粉50g，蒜碎10g，大葱碎50g，红葱碎50g，白葡萄酒80mL，柠檬汁10g，白汁少司100g，盐和胡椒粉适量，植物油适量。

2. 设备器具

砧板，烤盘，不锈钢汁盆，少司汁盅，牛油纸，细孔滤网，盛菜菜盘，煎铲，木搅板，蛋抽，平底煎锅，不锈钢少司锅，燃气灶，烤炉等。

3. 制作方法

①大葱、红葱、蒜切碎；蘑菇切成片；烤炉预热至230℃。

②培根丝、西芹丝、洋葱丝、红椒丝、青椒丝炒断生后调味。

③将牛油纸切成桃心形，刷油。

④鱼柳撒盐和胡椒粉，粘匀面粉，入热油中煎定型后取出。

⑤锅中加红葱碎和大蒜碎炒香，加白葡萄酒煮至原体积的2/3，倒入白汁少司煮稠成少司。

⑥在牛油纸包中心放入炒香的蔬菜丝，再放上鱼柳，淋上柠檬汁和少司，撒上蘑菇片和葱碎，将纸包折叠密封后，放在烤盘上，送入230℃的烤炉内，烤约7min。

⑦至鱼肉刚熟，趁热装盘，配餐刀和剪刀，上菜即成。

4. 技术要点

①纸包内不宜填装过多原料，以免纸包受热后膨胀破损。

②控制烤制时间和火候，刚熟为佳。

5. 质量标准

鱼肉细嫩，咸鲜味浓，蔬菜清香，风味独特。

6. 酒水搭配

适宜搭配各种浓郁香型的白葡萄酒等。

（二）清蒸银鳕鱼（Steamed cod fillet）

1. 原料（成品 4人份）

主料　去皮银鳕鱼柳4份（150～200g/份）。

调料　鱼精汤2L，胡萝卜100g，西芹100g，大葱80g，姜5g，欧芹10g，柠檬汁10mL，干白葡萄酒50mL，橄榄油适量，海盐和胡椒粉适量，黄油20g。

2. 设备器具

砧板，份数盆，菜盘，竹蒸笼或不锈钢蒸笼，大圆锅，蒸柜或万能蒸烤箱，细孔滤网，不锈钢托盘，大焗盆，不锈钢盆，长柄汤勺，燃气灶等。

3. 制作方法

①胡萝卜和西芹切片，大葱切丁，欧芹切碎，姜去皮拍扁切成块。

②将银鳕鱼柳放于菜盘中，加姜块、葱丁30g、柠檬汁、橄榄油和白葡萄酒抹匀，撒上海盐和胡椒粉腌制。

③大圆锅放于旺火上，加鱼精汤煮沸，放入胡萝卜片、西芹片和50g葱丁煮出味，取出后用少许热的鱼精汤浸泡，加入黄油搅化，加盐和

胡椒粉调味后，成少司，保温备用。

④在煮汤上面放上蒸笼，放上腌制好的银鳕鱼柳，加盖密封，大火蒸制6～8min。

⑤小心取出鱼柳，去除姜块，淋上少司，撒上欧芹碎，趁热上菜即成。

4. 技术要点

①西餐清蒸菜肴以突出原料本鲜味为主，在调味时，注意不要压制原料的本味。

②蒸制时，需要旺火沸水，加盖一气蒸成。蒸制时间以原料厚度来控制，若整鱼蒸制通常10～12min，鱼柳时间则短一些，以刚熟为佳。

③可以换用其他的各种鱼类、虾贝类等。

5. 质量标准

肉质细嫩，清鲜无异味，本鲜味浓厚。

6. 酒水搭配

适宜搭配各种浓郁香型的白葡萄酒等。

第五章

菜肴制作工艺

岗位目标

通过理论知识学习，了解并掌握西餐菜肴结构和菜品的组成知识；逐步形成对西餐整套菜肴构成的认识；最终掌握西餐套餐菜肴的制作和设计能力。通过本章理论知识的学习，为后面的实际操作打下基础。

希望学生在学习中，能够刻苦钻研，发扬中华民族勤劳勇敢、勇于创新的奋斗精神，严格遵守食品安全卫生标准，养成良好的职业习惯，形成良好的职业素养，熟练掌握加工步骤，熟悉并掌握专业烹饪英语知识，提高自身的综合素质。

必备知识

1. 西餐理论概述；
2. 西餐烹饪基础原理与工艺技能。

选修知识

1. 中西方餐饮文化和习俗；
2. 西餐厨房设备安全与制度。

第一节 西餐菜肴设计

一、西餐菜肴概述

（一）中西菜肴的结构差异

中西文化历来是世界文化的两大派系，而饮食在中西文化中占有非常重要的地位。中西文化之间的差异造就了中西饮食文化的差异，也形成了中餐和西餐不同的菜肴结构组成。

在中国人的饮食结构中，南方人以稻米为主食、北方人以小麦为主食，菜肴结构基本以小菜、冷菜、热菜、汤菜、点心等组成。由于文化习俗上东方人喜欢团餐的聚餐方式，菜肴基本上都是大家一起享用的。特别是在中国，只要有宴席，大家都喜欢团团围坐一起。圆餐桌、圆菜盘子或长条盘，用餐时大家使用筷子、汤勺享用美食，主食米饭或面条用小圆碗，大家相互敬酒、让菜、劝酒、劝菜，每个环节都体现了中国传统文化的团圆、尊重、礼让、和谐的美德。

西方人的饮食结构是以肉类为主食。菜肴结构一般以开胃菜、汤、沙拉、主菜、甜品、咖啡或茶等组成。

传统的西方人是以放牧、打猎为生的游牧民族，食物主要以肉食为主，而东方人主要以农耕为主，食物主要来源是谷物类。

（二）西餐套餐菜肴组成

菜肴结构就是西餐正餐包含的各种类型的菜肴的结合和构成，组合在一起供客人食用的菜肴总结构。

西方人饮食结构与中餐最大的区别在于西方人喜欢先喝汤，这和中国人一般最后喝汤的饮食习惯有很大的差异。

中国人讲究最后喝汤，能更好地品尝菜肴的美味，从健康上来说，后喝汤对肠胃的消化更好。但是西方人认为先喝汤能起到开胃的作用，能促进胃液的分泌，在吃主菜时达到最高，利于消化。其实这是中西方饮食文化对食物营养健康认识上的差异。

其次，西方人的正餐通常会吃甜品。而中国人大多数时候进餐时不吃点心，通常在宴会上才会配点心或水果。西方人每天进餐结束时，还有一个必不可少的程序是上咖啡或茶。

简单的西餐套餐菜肴结构：

沙拉—汤菜—主菜—甜品—咖啡或茶

普通的西餐套餐菜肴结构：

开胃菜—汤菜—主菜—甜品—咖啡或茶

宴会的西餐套餐菜肴结构：

冷头盘—汤菜—热头盘—副菜—主菜—甜品—咖啡或茶

高规格的西餐套餐菜肴结构：

冷头盘—汤菜—热头盘—副菜—主菜—奶酪盘—甜品—水果—咖啡或茶

开胃菜（Appetizer），也称为头盘，分为冷头盘和热头盘。一般是由少量的肉类或海鲜菜肴及沙拉（Salad）菜肴组成。西餐的沙拉相当于中餐的冷菜，主要是指用各种可以生吃的蔬菜和肉类等拌和而成的菜肴，并搭配上各种沙拉汁，起到增加食欲、佐酒和对主菜铺垫的作用。

汤菜（Soup），西餐的汤一般分为冷汤、清汤、奶油汤、蔬菜汤、蓉汤、海鲜浓汤等，具有调剂口味、开胃解腻的作用。

主菜（Main course），西餐套餐的主要菜肴，也称正菜。一般是将大块的肉类菜肴烹调好后，搭配少司酱汁成菜。

甜品（Dessert），包含水果、冰淇淋、蛋糕等品种，一般是甜食，搭配水果和少司。

咖啡或茶（Coffee & Tea），西方人必不可少的餐后美食的一部分，以咖啡或茶作为完美用餐到此结束的标志。

西餐菜肴结构的特点：以肉类为主食，面包为辅食；一般先喝汤；沙拉大量是生吃的蔬菜；主菜是大量的肉类，其他蔬菜搭配旁边；调味的汁一般单独搭配；餐餐都离不开甜品；饭后必须要有咖啡或茶。

二、西餐菜品结构

（一）开胃菜（Appetizer）

西餐的开胃菜是西餐套餐菜肴中第一道呈现的菜品，因此称作头盘。一般分为冷头盘和热头盘。

1. Appetizers（头盘）

头盘一词是最早出现在古希腊人和古罗马人的晚宴开始前，在一个大托盘上，放上五个小盘子盛装的菜肴，一个装的大蒜，一个装的海胆，一个装的酒浸面包，一个装的蛤蜊，一个装的一小块的鲟鱼。雅典人把这个菜肴叫作头盘，古希腊人则说这是对一个饥饿的人的侮辱。而后来的古罗马人在他们豪华、奢靡的宴会中出现了用鸡蛋、蘑菇、松露、奶酪、橄榄、香肠、火腿制作的各种头盘，后人把这种菜肴从营养的角度也称为开胃菜。这个时期还同时出现了一种用酒搭配开胃菜一起食用的流行时尚。搭配头盘的开胃酒包括味美斯葡萄酒、香料酒、蜂蜜酒等，传统上把酒倒入公共大酒杯，客人轮流传递饮用，一起欢呼，形成真正的宴会气氛。目前酒店和餐厅把头盘分为冷头盘和热头盘，冷头盘兼顾开胃菜和佐酒菜的功能，热头盘具有对下面的主菜的承前启后的功能。

2. Hors-d'uvre（餐前小吃）

餐前小吃一词出现在17世纪的英格兰和法国地区。厨师用少量的冷的食材制作成小吃，通常是烤面包上面放上各种食材制作的、小块的美味小吃。后来在19世纪中期才出现在法国中产阶级的宴会上，最早的形式是在汤出完后，在桌子四周角落里放上四种鱼类的小吃，然后呈上主菜。直到20世纪中后期才逐步形成由厨师把各种鸡蛋类、蔬菜、沙拉、海鲜、奶酪、橄榄、香肠、肉批等放在一起，做成很小的食物呈现给客人，并放置在小型的餐车上供顾客选用，在今天被认为是完整的饭菜餐前小吃。餐前小吃也分为Cold and Hot Hors-d'œuvre，从名字上很容易区分它们在菜单中的位置。许多人认为冷餐前小吃是宴会的必需部分，引起顾客食欲的开始部分，因此十分重要。但是必须是比较大型的酒店或餐馆里才会出现，因为一般的家庭难以制作完成。而热餐前小吃地位十分尴尬，出现在汤后面，常常给顾客的感觉是为厨房准备下道菜肴争取时间。因此现在酒店和餐厅大多注重出现在菜单最前面的Hors-d'œuvre（餐前小吃），一般是精美的四样小吃。

Antipasto（前菜）一词出现在意大利，人们把出现在意大利面前面的都称为前菜，作为开胃的食物，最典型的是橄榄、生火腿、腌制肉类、蘑菇、海鲜等食材，随着20世纪后期意大利菜肴的普及，这一术语被收入专业的烹饪英语词汇中。

开胃菜一词的概念、应用与翻译在西餐的不同发展阶段有不同含义。开胃菜是西餐套餐菜肴中的第一个菜，大部分开胃菜是以冷头盘的形式呈现的。有些热食的开胃菜，在热菜前面，对沙拉及主菜有承上启下的作用，这部分菜肴大部分是热食，常称为热头盘。现代西餐也在不断发展演变，赋予头盘新的呈现形式，如餐前小吃等。

西餐头盘的类型包括：冷头盘和热头盘。

作为传统西餐厅正餐菜单的头款菜肴，头盘被赋予许多特殊的角色，它是餐厅的门面、厨师的手艺、经营的特殊体现，是每个餐厅经营者和厨房的管理者必须重视的地方。它和餐前小吃最大的区别是它必须进入菜单，展示给客人，而餐前小吃通常不出现在菜单上，而是由服务员展示给客人看，客人自己选用。在一些现代的时尚、精品酒店或餐厅里，餐前小吃通常被看成头盘来呈现给客人，但是它们是单一地出现在餐盘里面，被一道一道地呈现给客人，而不是传统意义上的放在一起的餐前小吃了。而且由于是最先呈现给客人的餐前小吃，道数上显得过多，因此还是本着先冷菜小吃，再热菜小吃，然后是沙拉，再后面才是主菜和甜品的呈现，因此分量上特别注重小巧、精致，因为数量会带来质量和重量的变化关系。但是在许多正式场合的西餐宴会或正餐晚会上，七道菜肴的西餐呈现方式被完整地保留下来了。

3. 餐前小吃的类型

餐前小吃的类型包括：开那批类、塔类、批类、酥盒类、泡芙类、调羹类、肉冻类、蔬菜类、蛋类等。

餐前小吃使用原料广泛，制作方法多样，造型美观精致，口味丰富，因此深受消费者喜欢。特别是近年来深受米其林餐厅对精致食物的推崇影响，越来越多的酒店、餐厅都十分注意西餐餐前小吃的制作。餐前小吃从最早的单一烤面包上面放食材，到四种鱼类小食，再到现在的四种精美的小吃，变化之大和流行趋势、消费者潜力有巨大的关系。特别是近几年来的变化之大，许多厨师把它作为精品、时尚餐厅的创新、创意的标杆来设计，把菜肴的创新、创意和餐厅的文化、时尚融合在一起，开发出许多精美的菜肴，甚至是改变小吃的基本创意，把多种食材结合在一起的菜肴，分开来出品。使单一的餐前小吃变化成四道单一的精美菜肴小吃或是更多的惊喜！习惯上，把四道小吃放在一起呈现的称为传统餐前小吃；把四道小吃演化为四道或更多的菜肴独立呈现的称为现代餐前小吃。

餐前小吃的基本类型和变化可分为以下种类：

（1）开那批类（Canapes） 可以说是最早的餐前小吃原型。烤过的法棍面包片，抹黄油，再放上各种调制好味道的鱼肉、鱼子酱、火腿片、蘑菇，四种不同风味和品质的小吃放在一起装盘，简单、精致、小巧、开胃。现代的开那批变化复杂，色泽艳丽，搭配有酱汁、生菜、水果等，底下单一的烤面包可以替换成黄瓜、奶酪、番茄、水果，上面可以插上牙签固定。

（2）塔类（Tart） 利用塔皮制作类似西点的塔底，用来盛放各种食物的冷菜小吃。类型上包括混酥皮、清酥皮、水油皮、薄面皮等，但是和西点使用的塔皮最大的区别是，它们都是咸味皮底。可以是先烤好塔底，再放上各种调制好风味的小吃馅，也可以是直接酿馅，再烘烤成冷、热均可食用的小吃塔。馅料可以是各种海鲜、肉糜、蔬菜、奶酪等。

（3）批类（Pie） 批类也有翻译成派类的名称；批和塔的区别主要是造型和模具的使用上的不同，当然带来的也是烹饪方法和烘焙方式的不同。通常塔类小吃酿好馅料或是烤好即可食用，而批类食材，制作完成后都会覆盖面皮，再烘焙后，分割食用。

（4）酥盒类（Vol-au-vent） 使用西点常用的清酥皮制作成酥盒，再用来盛食物的小吃类。通常制作成圆柱体，也有制作成方形的盛器。是法式菜肴特有的小吃品种。

（5）泡芙类（Puff） 黄油、水、面粉、鸡蛋，简单地混合在一起，烘焙后得到的泡芙，酿入不同的馅料，得到不同风味的小吃。通常和西点的区别还是咸鲜味为主，酿制的馅料可以是奶酪、鱼肉糜、海鲜、沙拉、坚果类等。

（6）调羹类（Appetizers served on spoons） 新型创意类菜肴的典范。近几年才出现较多。最早的原型是小型四件套器皿盛放食材，后来演变为长方形盘，上面放上四种调羹，调羹上再放上食材，做到一口吞的感觉。由于器具精美、典雅，显得高贵、时尚，很快流行开来。由于调羹可以盛放一些少司比较多的特殊食材，然后食材和少司一口吞下，所有的味道在口中爆发的感觉是小吃的最典型的开胃的作用，因此非常流行。

（7）肉冻类（Aspic） 利用肉类的皮熬制肉冻，再制作成各种不同造型和风味特殊的小吃，其特点是晶莹透亮、色泽开胃、营养丰富、精致小巧，借助不同的模具，造型多变，深受西方各国食客喜爱。目前，行业上多使用便捷的鱼胶粉来制作，风味上差很多。需要了解的是西点使用的明胶片是海石花菜熬制的，透明度高，适合制作西点的果冻类产品，而西餐使用的鱼胶粉是鱼骨熬制的，再制成粉，有独特的风味和大量的钙，是营养健康的食材，但是味道有点让人难以接受，只有使用肉类食材的皮自己熬制的肉冻胶，用来制作的小吃口味才好吃，营养价值也最高。肉冻类小吃制作主要是熬制时间长，添加的香味原料单一，但是可以冷冻后食用，有很好的开胃效果。

（8）蔬菜类（Vegetables salad） 蔬菜沙拉放入餐前小吃是对肉类小吃的补充，特别是经酸性少司调味后的沙拉非常开胃。最早使用的是单一的朝鲜蓟，现在通常是用芦笋、宝塔菜、玉米笋、荷兰豆、甜豆、鹰嘴豆、青豆等脆性的蔬菜来制作。特别是开发出来的单一品种装盘的餐前小吃呈现方式的出现，在装盘、装饰上大量地使用到了蔬菜类的小型轻沙拉的搭配。

（9）蛋类（Deviled eggs） 从古罗马时期人们得到的最有营养的蛋，就被开发出不同类型的菜肴，而且一直保留下来。作为一款经典的开胃菜，从原始的魔鬼蛋，到分子料理的风味蛋，到日本料理的温泉蛋，直到现在也是各种餐厅开胃菜必备的产品。一款看似简单的菜肴，却最能体现厨师的技巧和处理加工的手法。

（10）肉类（Meat） 餐前小吃里出现的肉类菜肴，各种肉类种类繁多，烹饪手法多样，风味变化巨大，制作精细。从简单的风干火腿，到烟熏鱼肉、腌制牛肉、清煮海鲜、烤鸡、鹅肝、炸肉丸，西餐有的主菜原料和烹饪手法都可以在餐前小吃中体现出来，通过精心烹饪，用心创意，再创新装盘，最终达到餐前小吃的目的。

4. 西餐冷头盘的类型

西餐冷头盘的基本类型和变化包括：烟熏类、肉酱类、肉批类、蔬菜类、冻品类、鸡尾酒杯类、塔塔类、莎莎类等。

（1）烟熏类（Smoked） 作为佐酒的小吃，各种类型的烟熏的肉类是必不可少的。西餐历来就是有什么菜，必须搭配什么酒，餐食的头一道菜肴就让人深深体会到菜和酒的关系，从冷熏的三文鱼，到热熏的火腿，风干的香肠，再到分子料理的烟熏气泡，食材赋予的作用一定是下酒小菜。

（2）肉酱类（Terrine） 法式菜肴的经典鹅肝酱、俄式黑鱼子酱、鸭肝酱、各种牛肉酱、鸡肉酱，用大量的肉糜、奶油、鸡蛋、豆类、奶酪搭配出不同口味的肉酱类菜肴，冷切成片，搭配清淡的气泡酒，可以品尝到西餐的真谛。

（3）肉批类（Pâté） 作为传统宫廷宴会菜肴中的奢华、精致、大气的表现，各种用酥皮面包裹肉馅后，烤制出来的肉批类菜肴，其繁复的制作工艺和庞博的造型，充分体现了18世纪的宫廷宴会的烹饪技巧。Terrine、Pâté基本相同，一般区别是一个通常没有外壳，一个必须有个漂亮的外壳；一个含有大量的鱼胶冻，一个烤肉糜有自己的黏性；一个以小巧精致展现，一个以大气磅礴展现。

（4）蔬菜类（Vegetables） 作为素食的先锋，蔬菜类头盘必不可少。从高贵的白芦笋，到传统的朝鲜蓟，到现代的黄油宝塔菜，各种特色蔬菜，在头盘中占有很重要的地位，特别是一些脆性的、口味独特的蔬菜制作出来的头盘类菜肴也能佐酒，也能表现素食的健康，还能开胃。

（5）冻品类（Aspic） 头盘中的各种冻品类菜肴，包含肉冻、蔬菜冻、果冻、鱼冻，一般以透明的色彩来从感官上开启美食的体验，以高度的营养价值来丰富食物的价值。各种模具带来的奇特的造型和美观大方的装盘体现了食物的规格和档次。

（6）鸡尾酒杯类（Cocktail） 作为异形盘装饰的鼻祖，用鸡尾酒杯子盛放食物，再放在头盘盘子上面是时尚和流行的趋势。现在有许多使用气泡酒杯、啤酒杯、各种特殊的小器皿盛放食材，其实都是这一类的头盘。这一类型的特点是显得高贵、有特色，特殊的造型方式带来的特殊的感性消费，得到不同的效果。最早的鸡尾酒杯里放置的是各种海鲜，现在是气泡酒里面放入香槟酒，再放入生蚝，体现的就是一个独特效果。

（7）塔塔类（Tartare） 传统的美味，从中国的蒙古骑兵征服欧洲带去的鞑靼马肉生吃方式，逐步演化成欧洲人用牛肉做成的法式经典菜肴塔塔牛肉，做法基本相同。现在演变成由日本料理的鱼肉刺身带来的塔塔三文鱼、塔塔金枪鱼，再到现在的素食理念带来的蔬菜加水果搭配的塔塔苹果、塔塔牛油果等，应该说这个类型的菜肴是西餐不断融合过程的体现。

（8）莎莎类（Salsa） 莎莎是一种混合搭配的食材，类似特色的沙拉，后期演变成少司酱汁。这是一种用来搭配墨西哥玉米薄脆饼的酱汁，其中有番茄、辣椒、柠檬和洋葱。莎莎的变化类型很多，不同的厨师开发出不同风味的莎莎，搭配不同的蔬菜、海鲜、肉类、蛋类，几乎所有的食材都可以搭配莎莎，因为它具有咸酸微辣、开胃解腻的作用。其中，番茄莎莎因为没有太多的油脂，营养而健康，符合人们追求健康食材的要求。

5. 西餐热头盘的类型

西餐热头盘的基本类型和变化包括：炸肉丸类、肉串类、主食类、班戟类、焗肉类等。

（1）炸肉丸类（Fried meatballs） 各种技巧制作的各色肉丸，搭配一定的酱汁，热食呈现给客人，量少但是带来客人对后面主菜的期待。

（2）肉串类（Skewers） 各种肉类和蔬菜串起来的肉串，搭配少量的主食。热头盘的基本要素量少、热食、搭配少司、搭配主食，与下面呈现的主食不冲突、不重复。

（3）主食类（Main staple food） 意大利人对他们的面食十分喜爱，因此许多餐厅把意大利面食作为热头盘里的主食类来呈现。Antipasto（前菜）一词来源于意大利，意大利人把意大利面条前面出的菜肴都称为前菜，经典的意大利主食类菜肴，有Pasta（意大利面）、Ravioli（云吞）、Risotto（烩饭）、

Focaccia（意大利香料面包）、Tortellini（饺子）、Gnocchi（马铃薯丸子）、Rustic Bread（核桃乡村面包）等。主食类作为头盘使用比较多，许多餐厅都把主食类的菜肴的分量控制得很少，但是对于一整套正餐来说，应该够每个顾客享用。特别是我国的西餐厅很多人认为西餐吃不饱，热头盘就显得极为重要，它是主厨控制客人的食量的重要节点，是菜肴分量的补充点，而且这些主食大部分符合中国人的口味。

（4）班戟类（Crêpes） 西餐的班戟有西点的甜班戟，也有热菜的咸班戟，有用面粉制作的，也有用黑麦、荞麦、黎麦、玉米面等食材制作的，包裹不同的肉类和蔬菜，搭配合理的酱汁来食用。一般班戟热食作为热头盘比较好，冷食作为冷头盘口感不佳。

（5）焗肉类（Baked） 焗作为西餐特有的烹饪方式，热头盘里面特有的焗蜗牛、焗蟹盖、焗扇贝、焗蘑菇等，这些食材一般价格昂贵，口感独特，少量食用口感最佳，所以以量少的热头盘方式呈现给顾客。

（二）沙拉（Salad）

沙拉（Salad）一词，源自拉丁语Sal（盐），其形式为Salata，是“盐渍的东西”，早期人们用油、醋或盐调味的生蔬菜。所以最初的“沙拉”指的是用醋或盐腌制的各种蔬菜，后来指的是以罗马方式烹制的未经烹煮的蔬菜。古代罗马人和希腊人喜欢吃沙拉（通常定义为蔬菜和调味品混合在一起）。随着时间的流逝，沙拉变得越来越复杂。食谱因地点和时间而异。

这个词在古法语中出现作为沙拉，然后在14世纪末，在英语中作为沙拉或沙拉酱。从口味上讲，沙拉的关键成分以及得名的原因是调味料。罗马人是沙拉的热衷者，他们中的许多人简单地选择生蔬菜，总是使用某种调味料：油，醋和盐水。

1. 沙拉酱汁的组成

沙拉酱汁（Salad dressing）是用来增加沙拉的风味的调味品，从最简单、最原始的绿色蔬菜沙拉，到其他风味的沙拉菜肴的制作都离不开沙拉酱汁。沙拉酱汁的基础调味品主要是：橄榄油、各种风味醋、奶油、盐、香料、柠檬、大蒜、芥末等。

2. 沙拉酱汁的演变

（1）法式醋油汁（Oil and vinegar dressing） 17世纪中期在法国，基础的醋油汁称为Vinaigrette，现在一般翻译为French dressing。后来逐步演变出意大利醋油汁、英国醋油汁等风味。

（2）马乃司酱汁（Mayonnaise dressing） 也叫蛋黄酱汁，是第一款乳化酱汁，1808出现的这款酱汁最后演变成西餐沙拉里面最著名的蛋黄酱汁，但是很奇特的是，第一次文字记录不是法国也不是意大利，而是德国。还有一种传说是：该酱汁起源于法国西南部的巴约讷镇；源自法语动词“manier”；可以追溯到古法语“moyeu”（蛋黄），但最初的解释是字面意思为“mahon”，为了纪念米诺卡岛首府马洪港（Port Mahon）在1756年被Richelieu公爵占领而命名。

（3）凯撒酱汁（Caesar dressing） 19世纪晚期出现了最重要的沙拉酱汁，现在一般翻译为凯撒酱汁。在墨西哥的一家餐厅，店主凯撒·卡迪尼（Caesar Cardini）炮制了一款沙拉酱汁。1951年，在巴黎举办的国际Epicures学会会议上，他的沙拉被赞誉为50年来美国最大的食谱贡献。

3. 生菜（Lettuce）的类型

生菜是沙拉的灵魂原料，直译为莴苣。大概公元前6世纪古希腊人、古罗马人就开始种植莴苣，因此也叫Romaine lettuce。后来培育演变出其他种类的生菜。比如：直叶生菜、紫生菜、玻璃球型生菜、紫甘蓝、火箭生菜、芝麻生菜、水芥菜、红菊苣生菜、罗莎红生菜、苦苣、波士顿生菜等几十个品种。

4. 沙拉的变化

沙拉后期发展成为用各种蔬菜，蔬菜的根、茎、叶、花果都可以用来制作沙拉，还加入了许多奶酪制品和肉类制品，这些都可以用来制作沙拉。但是沙拉的酱汁，基本就是醋油汁和蛋黄酱汁，只是演变出不同的风味而已。

（三）汤（Soup）

西餐的汤（Soup）指的是成品汤菜，可以直接装盘成菜肴，不同于西餐基础汤。汤作为西餐的第二道菜肴，英文是Soup，法文是Potage，通常是指以畜类、禽类、海鲜和鱼类、蔬菜类原料制成的汤菜，有开胃、解腻、醒口的作用。

汤的类型很多，与炖菜、粥、稀饭等类似，根据当地食材和口味变化选择各类食材，如新英格兰杂烩汤、西班牙凉菜汤、俄罗斯罗宋汤、意大利蔬菜通心粉汤、法国洋葱汤、坎贝尔的番茄汤等。

西餐的汤和炖菜十分相似，但又有所区别。曾经，西餐的汤还被视为高级菜肴，有健康、经济的食用理念，甚至可以作为第一道菜肴上菜。

法国菜肴中最早对汤的论述是把一块面包浸泡在液体中，或是把汤汁倒在面包上，称为肉汤或浓汤。直到今天许多西餐的汤都要搭配适合的面包来食用，并且沿用了传统的汤就是菜，菜也是汤的概念。所以英语里面是“eat”soup rather than“drink”soup，汤菜的食用理念吃汤而不是喝汤。

西餐的汤一般分为四大类：冷汤、清汤、浓汤、特制汤。大多数的汤不论其最终的组成是什么，都是以基础汤作为根本的。因此，制作出的汤菜的质量也会受到基础汤的品质影响。其中，白色鸡肉基础汤是西餐汤菜制作中最常用的基础汤。

1. 冷汤（Cold soup）

冷汤又称冻汤，是一种温度相对较低的汤，一般是4℃，通常会把制作好的汤菜放入冰箱冷藏或是用冰块降温。一般是夏季菜单中出现，具有开胃、解暑的作用。人们很早就发现冰镇的冷汤有舒缓、安静和解腻的效果。俄罗斯冰鲜的甜菜罗宋汤、丹麦人的冰镇奶油汤、西班牙番茄冷汤等，都是经典的开胃汤。要注意，一般冷汤的制作不用把汤盘或汤盅冷却，避免形成冰晶或底部冷凝的现象。

2. 清汤（Consomme soup）

清汤一般都是透明的、没有增稠的肉汤或基础汤制成的。清汤是16世纪法国美食的代表作，表示是已经完善烹饪的肉或蔬菜的汤，所有的美味已经完全浓缩，透明的、不含有固体的成分，而且经过澄清工艺制作的简单的汤。这种汤经过简单的调味后，放入简单的食材搭配即可成为一道汤菜。制作清汤的时候可以使用煮肉的清汤或是炖肉的清汤，或是蔬菜的清汤，通过肉糜、蛋白混合来澄清的工艺。

3. 浓汤（Pottage soup）

浓汤是中世纪时期流行的半流水的食物，通常以谷物原料为制作基础，比如燕麦粥；而最早出现的豌豆浓汤，其实是一种古老的煮豆类的菜肴，逐步演变成为浓汤。浓汤根据制作原料不同，分为奶油浓汤、水果蓉汤、蔬菜浓汤。

4. 特制汤（Special Soup）

特制汤是以特殊的原料或制作方法而与清汤、浓汤有区别的汤类菜肴，有时包括一些特别的国家或地区的美味汤菜，其中也包含素食的蔬菜汤。

（四）主菜（Main course）

西餐的主菜也叫大菜，一般出现在à la carte、Prix-fixe、Tabled'hote的菜单中，包含牛羊肉类、禽类、海鲜类、蔬菜类、主食类几个部分。主菜是西餐结构中最重要、最有特色的部分，是晚餐的主要部分，代表最有分量的、最丰盛的、变化最多的、最能使人满足的菜肴。一般主菜包含主料部分，1~2种食材，重量不少于180~220g，还有至少一种淀粉类食材，至少三种配菜，至少一种风味少司等构成。西餐主菜中使用的各种少司（Sauce）是西餐烹饪工艺学习的重点。

1. 牛羊肉类（Beef and mutton）

包含各种特色牛扒、羊扒，牛羊肉类菜肴。牛羊肉是主菜中占比最大的菜肴类型，也是西餐菜肴学习的重点。西餐烹调方法中的扒、烤、煎等烹制法多应用在牛羊肉等主菜中。

牛羊肉类菜肴的常用部位包括牛柳扒、西冷牛扒、肉眼牛扒、T骨牛扒、牛仔骨、牛霖肉、黄瓜条、牛上脑、羊扒、羊鞍、羊腿、羊肉等，佐以用各种基础汤做的酱汁或黄油少司即成，在进餐时搭配各种红葡萄酒提升风味。

2. 鸡肉类（Chicken）

鸡肉类菜肴包含以鸡肉为主的禽类菜肴。当今的烹饪潮流以健康生活、营养烹饪为主，采用煮、烩、炖的菜肴居多。现代西方人认为鸡肉为白肉，在健康生活中推崇多吃白肉，少吃红肉，而鸡肉里的鸡皮、鸡油、鸡爪、鸡内脏等，西餐烹饪都是丢弃不用的。

鸡肉类菜肴常使用整鸡、鸡胸肉、鸡腿肉、鸡翅、鸭肉、鸭腿、鸭胸、鹅肝、鸭肝、火鸡、春鸡、鸽子、野鸭等烹调，佐以各种基础汤制作的少司酱汁或黄油少司等，进餐时搭配各种白葡萄酒提升风味。

3. 海鲜类（Seafood）

海鲜类菜肴包含以各种海鲜鱼类、贝类食材为主制成的菜肴。因为基督教的教义认为可以食用有鳞鱼，而无鳞鱼不洁净，不能食用。同时淡水鱼的鱼肉中鱼刺较多，所以西方人大多食用海鱼，淡水鱼食用量比较少。近年来，人们熟知海鲜鱼类含有丰富的Ω-3不饱和脂肪酸，而海鲜鱼类大部分是白肉，因此西方人增加了海鲜类菜肴的消费，渐渐远离了牛羊肉。并且海鲜类菜肴一般价格昂贵，利润率高，也成为餐厅菜肴经营的重要组成部分。

海鲜类菜肴常使用鳕鱼柳、比目鱼柳、石斑鱼柳、三文鱼柳、海鲈鱼柳、魔鬼鱼柳、鲳鱼柳、鲷鱼柳、海虾、龙虾、扇贝、带子、海螯虾、海蟹、梭子蟹、帝王蟹、面包蟹、牛油蟹、北极贝、海螺、鱿鱼、八爪鱼、生蚝等原料，佐以用鱼精汤制作的各种少司、黄油少司、番茄少司、黄油香草少司等，进餐时搭配各种白葡萄酒、白兰地酒、气泡酒提升风味。

4. 蔬菜类（Vegetable）

西方人主菜里面一般以整块的肉类作为主料使用，搭配一定的蔬菜。比如一般都会搭配马铃薯、胡萝卜、一款绿色蔬菜等。但是也有一部分人喜爱素食，特别是当今许多人认识到素食对营养、健康、环保、绿色的影响，吃素的人群正逐步增加。蔬菜类的食材里面的，特色蔬菜的根、茎、果蔬，都是可以利用的美食。特别是近几年西餐逐步演化、融合入蔬菜少司，对于西餐风味的影响十分巨大。

蔬菜类菜肴大多使用：西蓝花、荷兰豆、青豆、四季豆、菠菜、茄子、马铃薯、番茄、节瓜、芦笋、朝鲜蓟、各种蘑菇、块菌、洋葱、南瓜、花菜、胡萝卜、欧防风、秋葵、百合、玉米等原料制作，佐以传统的荷兰汁、奶油汁、奶酪少司以及目前特别流行的各种彩色蔬菜少司，进餐时搭配各色白葡萄酒、气泡酒、香槟提升风味。

5. 主食类（Noodles and pizza）

主食类包含各种面条、比萨等快捷、简单的食物。特别是意大利的各种面条、比萨以及各种三明治面包等。作为餐厅出售的主食类食物和美式快餐的各种食物有很大的区别，餐厅出售的主食类食物突出的是每个餐厅的特色和风味。比如餐厅出售的主食比萨是意大利风味的薄比萨，吃的是风味特色；而美食快餐的比萨是为了吃饱，都做得比较厚。

（五）甜品（Dessert）

甜品是西餐一餐中最重要的、最甜蜜的部分，其重要性取决于美食和时间。几乎每个民族文化里面都对甜食充满期待，当然中国餐饮文化似乎更倾向于新鲜的水果而不是甜食。西餐的甜品是一个非常广阔的领域，包含的工艺技术繁多，品种更是变化无穷。甜品出现在17世纪，“desserte”一词源自法语动词“desservir”，意为清理餐桌，表示在清除主餐后食用的甜食。需要区分的是餐厅出现的是甜品，同外面街道各种面包店、饼屋出售的西点不同。甜品（Dessert）、面包店（Bakery）、西点店（Pastry）是不同的概念。面包店出售的是各色面包，西点店出售的是各式西点，而餐厅里面的甜品是菜肴。甜品作为菜肴还有一个特点：西餐甜品一定有主料、配料、水果、少司、装饰物。

1. 蛋糕类（Cakes）

包括各种水果奶油蛋糕、慕斯蛋糕、冰淇淋蛋糕、夹心蛋糕、特殊蛋糕等。蛋糕是每个人的最爱，甜品中的主角。可以是晚餐的菜品，也可以是下午茶的点心。不同的蛋糕搭配不同的食材，或是少司，或是奶油，或是水果，或是甜酒，最迷人的就是甜品里面的蛋糕。

2. 冰淇淋类（Ice creams）

传说14世纪中国人就创造了冰淇淋，马可波罗把它带回意大利。17世纪意大利就流行吃冰淇淋，其中云尼拿香草的使用使冰淇淋受到每个人的喜爱。冰淇淋包括不同的类型，比如冰淇淋、圣代冰淇淋、软冰淇淋、硬冰淇淋、雪糕、雪芭、冰沙等。甜品中的冰淇淋包含水果、巧克力碎、果酱、奶油、少司、装饰物。

3. 水果类（Cooked fruit）

各种水果直接食用和烹饪加工后食用风味变化巨大。西方人很早就发现烹饪后的水果更利于人体吸收，并且可以改变风味和甜度。特别是美酒加入烩制水果，风味、档次都有提高。但是对于水果是属于蔬菜类还是独立的水果类，不同地区的人们有不同的认识。比如西餐沙拉里有水果沙拉，甜品里面也有水果沙拉，都是（Fruit salad）；再比如，在俄罗斯，番茄是作为水果出售的，和水果放在一起。而在美国等国家，番茄是作为蔬菜出售的。

4. 酥皮类（Pastry）

在法国和意大利文艺复兴时期，厨师就制作出了完美的油酥点心，包括著名的奶油酥卷、拿破仑酥、修女泡芙。特别是十字军东征在欧洲东部发现的甘蔗和酥油是酥皮点心开发的重要发现，十字军东征把这种特色的开酥的点心传播到欧洲的其他地区。酥皮根据开酥的方法和质地的不同，分为混酥和清酥。

5. 批和派（Pies）

在文明的发源地（包括古罗马、希腊、美索不达米亚、埃及和阿拉伯在内的地中海地区）中，主要脂肪是橄榄油，当它与磨碎的谷物混合时，它产生了一种基本的糕点——派。Pie在翻译上有的翻译成：派（音译），有的翻译成：批（批量生产）。派和批可以是封闭的、开放的、小的、大的、咸的或甜的，将肉封闭在一种由面粉和油制成的糕点中的想法起源于古罗马，但是北欧使用猪油和黄油制造一种糕点外壳的方法是可以将其滚压成形，这导致了真正的馅饼（Pie）的出现。

6. 布丁类（Pudding）

说到布丁人们联想到的就是英国布丁，英国人声称他们是布丁的发明者。但是中世纪的英国布丁是肉类为主的，比如著名的豌豆布丁。直到18世纪后期英国布丁才不包含肉类。19世纪布丁仍然煮开后制作，比如著名的圣诞布丁。现代的布丁大概在19世纪的美国出现，美国人融合了蛋奶少司（Custard）和鸡蛋，制作出了用鸡蛋、奶油、白糖、面粉制成的凝固布丁。

7. 慕斯类（Mousse）

Mousse是法语，意为泡沫，通常是冷的、甜的，但也有咸的、热的，加入搅打好的甜味或咸味的果泥，并放在装有打发蛋清、奶油或明胶的模具中。慕斯的出现和巧克力的出现几乎相同，巧克力是由西班牙公主安妮（Anne d' Autriche）在1615年与路易十三结婚后引入法国的。法国人用巧克力、奶油制作出了美味的巧克力慕斯。

第二节　西餐菜单设计

一、西餐菜单起源

菜单（Menu）一词来源于拉丁语，原意为“指示的备忘录”，本是厨师为了备忘的记录单子。传说最古老的菜单是苏美尔人（The Sumerians）手写出来给国王的菜谱，用来做备忘录的手稿。1770年左右，法国的餐厅出现了比较正式的菜单。传统的法式菜单有8道菜肴的，也有12道菜肴的，现代流行的一般是5～8道菜肴的菜单。菜单是餐厅销售的菜肴的目录，是餐厅和消费者之间的沟通桥梁，是沟通经营者与消费者的渠道和工具。

顾客来到餐厅落座后，第一需求就是点菜，仔细阅读餐厅的菜单，选购自己喜欢的菜肴和饮品，经营者根据菜单向客人推荐和销售菜肴。经营者和消费者通过菜单开始交流，所以菜单是沟通双方的渠道。

菜单是餐厅经营的第一要素，是餐饮企业开展经营活动的第一步，菜单是餐厅提供的商品目录和介绍书，它是餐厅的消费指南，也是餐厅最重要的名片。菜单的主要作用是向顾客介绍餐厅的经营风格、菜品特色、消费水平，提供消费指南，最终达到宣传餐厅、营销、经营餐厅的作用。

二、西餐菜单设计原则

（一）西餐菜单设计——必须与市场适应

设计初期全面了解和调查餐饮市场的变化和趋势，在菜肴的设计中跟上时代的潮流，与市场结合，迎合消费者需求、满足消费愿望。

现代餐饮市场竞争十分激烈，找准餐饮市场的消费者需求要点，充分满足消费愿望，才能迎合消费者的需求，在餐饮行业中有立足之地。

（二）西餐菜单设计——必须反映餐厅特色

找准餐厅的定位，设计与之相适应的套餐菜单。如综合类西餐厅的套餐设计反映综合世界各国菜肴的特色菜品，包含法式、意式、德式、俄式、东南亚式等菜肴。

单一的特色西餐厅的菜单设计应根据特色提供菜肴，比如法餐厅的套餐菜单突出法式菜肴特色和法国餐饮文化，满足消费者对法国餐饮文化的理解需求。

（三）西餐菜单设计——必须为企业带来效益

套餐菜单设计要为企业带来效益是基本的原则。菜单设计以盈利为原则，发挥菜单的推销目的，提高顾客的注意力，从而提高餐饮企业形象，最终达到宣传餐厅、营销、经营餐厅的作用。

（四）西餐菜单设计——必须按照西餐菜肴结构

西餐厅的菜单设计有固定的模式，在结构上一般以西餐晚餐的套餐菜单的结构作为参照。西餐厅的菜单在设计时一般被设计成三开页的格式。中餐的菜单设计一般是老的两页设计，是将菜单的封面和里面的各种菜肴等印刷在两面上，西餐厅的菜单都是三开页设计。

为了保证套餐菜单设计质量能满足以市场为导向的目标，应根据餐饮企业自身素质，以满足消费者为前提，以经营盈利为目的和满足企业特色宣传的作用，相关人员要对菜单进行专业的设计（图5-1）。

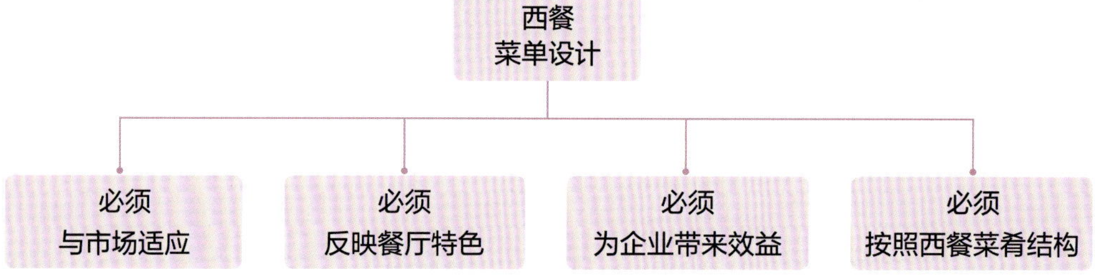

图 5-1　西餐菜单设计

三、西餐菜单设计步骤

（一）按照餐饮企业既定的经营方针进行设计

餐饮企业既定的经营方针包括对菜肴的价格和成本的方针、经营手段等方面，如：在一些菜肴的经营方针上采取高价格对高利润，提高特色菜肴的价格获取高额的利润；在一些菜肴的经营方针上采用低价格对低利润，以降低单个菜肴的利润来吸引顾客，提高销售数量来达到较高的经营利润等；更有零利润经营的特别菜肴等经营方针等。

（二）掌握市场的原料价格，计算成本

掌握市场的原材料的变化和原料的成本构成，根据餐饮企业设计的经营菜肴的原料成本、经营成本、销售成本等来计算菜肴的销售成本和菜肴的价格基本区间；考虑可能引起的原料价格的季节变化带来的成本的变化对企业的经营利润的影响。

（三）根据市场需求，制定菜单

调查市场顾客对餐饮的需求，了解餐饮流行的趋势，掌握餐饮发展的动向，根据调查的结果研究出特色菜肴，根据企业自身的经营水平和菜肴制作水平来制定出合乎市场消费需求的套餐菜单。

（四）根据顾客需要，及时调整套餐菜单

餐饮市场风云变化，一些菜肴的生存时间很短暂，消费者的口味和消费观念也多变，要经常根据市场顾客的需要及时调整套餐菜单中的菜肴结构和品种。

（五）套餐菜单风格与菜肴一致

套餐菜单中提供的菜肴的风格要和菜单的风格一致。每个餐饮企业提供的菜肴都会有自己的特色和风格，套餐菜单的设计中的风格，菜单封面的设计中必须体现出餐饮企业自己的独特风格特色，并且与提供的菜肴的风格特色一致。

四、西餐菜单成本与价格关系

西餐菜单定价，是指核定菜肴价格的过程，是菜单设计的重要过程。由于餐饮企业的主要收入是出售菜肴和酒水获得的，因此菜肴价格的制定直接决定餐厅经营的好坏，是餐饮企业的生命线。同时餐饮行业的价格一旦制定一般不宜改动，因为服务行业是个声誉高于一切的行业。提高或降低价格都直接影响到企业的声誉，而菜肴价格制定太高或太低，又都会对餐厅效益有影响。所以菜单定价，要掌握以下原则（图5-2）。

（一）西餐菜单价格反映菜肴价值

西餐菜单的价格能反映出菜肴的成本价值，一般五星级酒店的通常适用的菜肴成本毛利率控制在65%，四星级酒店的菜肴成本毛利率控制在50%，三星级的酒店的菜肴成本毛利率控制在45%，

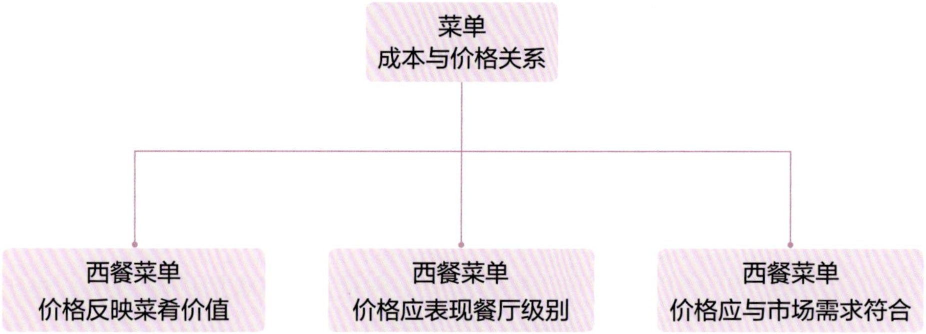

图 5-2 菜单成本与价格关系

其他餐厅的菜肴成本毛利率控制在40%左右。

但是现代的餐饮企业已经不能单纯地用成本毛利率来反映其菜肴的定价，现代的餐饮企业在餐厅的装修和营销广告的投入力度远超过了其菜肴成本的内在价值。

因此在菜肴的定价上成本毛利率已经是企业内部成本控制的指标，菜肴的定价还必须从其他方面来考虑。菜单价格反映菜肴价值是基本原则。

（二）西餐菜单价格应表现餐厅级别

在市场经济体制下，以前的成本毛利率决定价格的模式已经无法适应餐饮企业的菜肴价格的制定。目前通常采用的都是按餐厅的级别来制定菜肴的价格。例如：以西餐菜肴里的典型菜品“黑胡椒牛扒”为例：

普通西餐厅出售的价格通常在38～68元

三星级酒店出售的价格通常在68～88元

四星级酒店出售的价格通常在88～118元

五星级酒店出售的价格通常在168～188元

菜肴的价格不一，但是分量和制作方法基本统一。造成价格变化的因素主要是：

第一，餐厅的级别不同使用的牛扒的质量不同。牛肉的市场价格有16元、38元、58元、88元等，不同的产地，质量差异巨大，不同的餐厅会根据不同的级别来选择原料，其销售价格也会同原料的价格变化而相对应。

第二，餐厅的级别不同其提供的服务的等级也有很大的变化，其服务成本也必须记入菜肴成本，因此同样的菜肴在同样的成本毛利率的控制下也会发生巨大的变化。因此当前餐饮企业菜肴的定价主要原则是：餐厅的等级=服务=价格。

（三）西餐菜单价格应与市场需求符合

目前的西餐餐饮市场相对成熟，具有较好的可比性。要注意到在相对固定的区域内的同等餐厅之间的价格规范与其地域的消费矛盾关系。同一地区，甚至同一城市区域内的消费水平都存在较大差异，要仔细调查、研究餐饮企业所处地理位置的消费水平和消费观念，制定出符合市场需求的菜单价格，即对应原则。

套餐菜单定价的程序：通常是餐厅按照定价目标，预测市场需求，确定成本和利润，分析竞争者，在综合各个方面的信息后，进行菜单定价。主要包含以下几个方面：确定定价目标、预测价格需求、确定成本与利润、分析竞争者反应、参考定价、确定最终价格。

第三节　西餐套餐组合

一、套餐菜肴组合原则

套餐菜单组合是一整套的用餐过程中，所包含的所有菜肴的组合方式和内容。套餐菜单组合是厨师技能水平的最高表现。西餐套餐菜单组合主要体现在宴会菜单、公司菜单、节日菜单、套餐菜单、循环菜单、厨师推荐菜单等套餐菜单的制定。

二、套餐菜肴组合要素

（一）套餐菜品组合合理

西餐菜单包括套餐菜单、宴会菜单、公司菜单、节日菜单、零点菜单、循环菜单、厨师推荐菜单等。

西餐正式宴会的套餐适宜高规格、人数不多的客人。常用菜点安排如下：头盘（Appetizers）、汤（Soups）、沙拉（Salads）、主菜（Main course）、甜点（Desserts）、水果、饮料。在组合菜单时要注意菜肴的合理组合同进餐形式的要求，满足用餐基本要求。

DINNER MENU
晚餐菜单

Shrimp Cocktail鲜虾鸡尾杯
French Onion Soup 法式洋葱汤
Cucumber and Tuna Salad 金枪鱼沙拉
Green Salad 生菜沙拉
Roasted Beef Fillet with Black Pepper Sauce 烧牛柳配黑胡椒少司
Cream Cheese Pudding 奶油芝士布丁
Fresh Fruit 鲜水果拼盘
Coffee or Tea 咖啡或茶

——248元

这张菜单没注意到菜品的合理组合，本菜单为了满足菜单总价值增加了一个沙拉。但是在西餐宴会中，进餐方式是不能随意改变的，只能通过提高菜肴道数、提高菜品种类或提高菜肴的档次来提高菜单的价格（只有在特别的顾客的要求下，才能增加菜肴的菜品组合，例如运动员这类特殊的顾客人群）。

（二）套餐菜肴合理原料搭配

套餐菜肴合理原料搭配是指在设计组合套餐菜肴时，注意每道菜肴使用的主要原料之间相互不冲突、相互不重叠；在组合的每个菜肴成为菜单时，每个菜肴使用的主料和辅料不能相互重叠、冲突。

许多时候，容易在菜单里出现的是沙拉和主菜都出现海鲜或是牛肉的情况，这就是发生冲突和重叠搭配。

DINNER MENU
晚餐菜单

Escargot Bourguignon 法国焗蜗牛
Seafood Chowder 海鲜周打汤
Waldorf Salad 华而道夫沙拉
Grilled King Prawns with Garlic Herb Butter 蒜茸大虾
Strawberry Cheese Cake 草莓奶酪蛋糕
Chocolate Ice Cream 巧克力冰淇淋
Coffee or Tea 咖啡或茶

——288元

这张菜单没注意到套餐菜肴组合中的菜肴合理原料搭配，组合套餐菜单时没考虑菜单里有两个重复的海鲜，特别是海鲜汤里本身有大虾，后面不能再配上有大虾的主菜。

在设计套餐菜单时经常会碰到这样的问题，菜肴名称上的主料重叠容易发觉，但包含在菜肴制作里的原料重叠很难发觉。原料冲突一般很难掌握，要长时间的经验积累。

（三）营养成分和荤素合理搭配

有时菜单价格比较便宜，成本控制会选用相对便宜的原料来组合，造成菜肴营养失衡的情况；或是针对相对便宜的价格开出荤素搭配不成比例，素菜太多等情况。

这张菜单没注意到荤素原料的搭配合理。菜单中大量充斥着素菜原料，整个菜单中就只有几块鸡肉，同西餐中的以肉类原料为主食的观念相差太远，菜单的营养价值不够，蛋白质、氨基酸和B族维生素的设计含量都太低。

实际运用中，在菜单的荤素原料的搭配上很容易出现问题，特别是在设计重点客人菜单时常出现大量的高档原料，造成营养过剩的问题。在对价格便宜的菜单的设计中会出现原料搭配不合理，充斥大量的简单、便宜原料，影响顾客享用美食的心情。

注意：不论菜单的价格高低如何变化，应本着既定的成本毛利率来组合菜单。提高或降低既定

DINNER MENU
晚餐菜单

Sour Mushrooms 酸蘑菇
Fruit Salad 水果沙拉
French Onion Soup 法式洋葱汤
Chicken Curry 咖喱鸡
Cream Caramel 焦糖布丁
Sherbets 冰霜
Coffee or Tea 咖啡或茶

——88元

的成本毛利率都是不可取的，必须严格按照既定的经营方针来经营管理好厨房。

虽然顾客有不同的食用量，原材料的消费也不同，但是对顾客的成本毛利率不能变，只能通过菜肴组合设计来均衡顾客的需求。

（四）根据消费对象设计搭配

针对顾客的需求情况、消费观念、文化、素质等情况，调整菜单的菜肴结构，更好地满足顾客的需求。

DINNER MENU
晚餐菜单

Smoked Salmon with Black Caviar
烟熏三文鱼配黑鱼子酱
Roquefort Cheese 法国的洛克福芝士盘
Salad Nicosia 尼斯沙拉
Oxtail Soup 香浓牛尾汤
Baked Lobster with Garlic Butter
巴黎黄油烤龙虾
Italian Tiramisu 意大利提拉米苏
Strawberry Milk Shake 草莓奶昔
Coffee or Tea 咖啡或茶

——688元

这张菜单没注意到套餐菜肴组合中的菜肴对象合理。看上去菜单没什么地方不好，这张菜单是一家五星级酒店接待法国一个著名的时装设计师和他的模特队的晚餐宴会菜单。当时还考虑到法国人的饮食文化习惯，专门购买了法国的洛克福芝士和大西洋产的龙虾等高档原料，还考虑到法国和意大利的时装地位的融合，菜单里添加了意大利提拉米苏，但是当晚菜肴基本没动，时装设计师和模特队只是出于礼貌每个菜动了一点，基本都没吃。随着整只龙虾被退回厨房，厨师们都十分惊讶，事后才知道顾客当晚还有时装表演，以及模特为保持身材晚上都是不吃东西的，白白浪费很多高档原料。

如果当晚为满足菜单的价格开出高档的水果或蔬菜原料，或是把每个菜肴做得精致典雅、小巧美丽也还是能满足时装设计师和他的模特队的需求的。

在现实中这样的问题经常发生，比如有时自助餐面对的消费者文化素质较高，整个菜肴的消费量比较少，厨房应该提供高档、精致菜肴，满足顾客较高的美食欣赏水平；有时自助餐面对的消费者是身体较强壮的顾客，比如运动员、工厂庆功宴等工人，整个菜肴的消费量较多，那么厨房应该提供大量、美味的菜肴满足顾客对食物的需求。

（五）套餐菜肴成本合理

套餐菜肴成本合理是在组合成一张套餐菜单时，必须注意到菜肴的单价总和与菜单的价格的关系合理，即菜肴的成本合理。特别是在宴会套餐菜单、普通套餐菜单的实际组合时要十分注意。

这张菜单没注意到菜肴组合中的菜肴成本合理，开出组合套餐菜单时没有注意到套餐菜单的价格同所有菜肴的价格的关系。

DINNER MENU
晚餐菜单

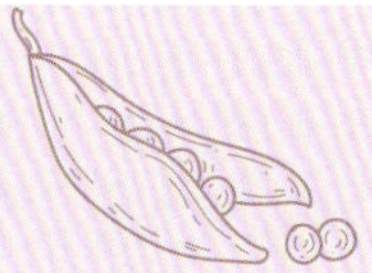

Strasbourg Pâté de Foie Gras 法国鹅肝酱
Emmental 法国艾门塔尔芝士盘
Home-made Vegetable Salad 家常蔬菜沙拉
Hungarian Beef Goulash 匈牙利浓汤
Roast Beef Sirloin Steak with Red Wine Sauce 西冷牛排配红酒少司
Fruit with Sabayon 鲜水果配萨芭雍
Strawberry Ice Cream 草莓冰淇淋
Coffee or Tea 咖啡或茶

——318元

该西餐厅的正餐菜单中法国鹅肝酱的单价是48元、法国安文达芝士盘的单价是38元、家常蔬菜沙拉的单价是28元、匈牙利浓汤的单价是18元、西冷牛排配红酒少司的单价是108元、鲜水果配萨芭雍的单价是28元、草莓冰淇淋的单价是18元、咖啡或茶的单价是28元，每个菜肴的单价相加是314元，这个晚餐菜单的价格是318元。

这样的设计组合显示，不仅没给顾客优惠还加价出售菜肴，一般顾客提前预订菜肴就应该有很好的折扣，所以这张菜单的合理成本定价应该是268元。在提前预订、数量较大的情况下应该给顾客较大的优惠来吸引顾客，这对菜品的成本也不会有很大的影响。比如这张菜单设计组合好以后，可根据顾客的实际消费需求来适量控制原料的成本，通过配菜和主料的关系来达到成本均衡的目的。

（六）季节设计合理

餐菜单设计时，充分考虑季节对菜肴成本原料变化的影响。主要是正餐套餐菜单、午餐套餐菜单、早餐套餐菜单等固定菜单的季节性变化，季节变化影响菜单中的原料成本和供应。

许多酒店的套餐菜单中很多原料都有季节性的断季，如火鸡、草莓等原料；而龙虾的季节性价格波动变化很大，很多原料的进货、保存都有难度。而这种固定的菜单一旦设立一般不能更改，因此顾客来消费时会发现无原料加工。

因此一个固定性菜单的设计组合非常系统、复杂，厨师要有很高的素质和文化水平，必须熟练了解和掌握市场原料的季节性变化、原料的保存期限等相关知识，才能针对市场设计出合理的固定性菜单。

（七）晚餐套餐菜单设计基本内容

晚餐套餐菜单的封面：由餐厅的名字（中英文）、订餐电话号码、营业时间、邮编、地址等组成，有的还有特色菜肴的照片或是主厨的照片。

晚餐套餐菜单的里面三页是菜肴的中英文名称和单价，有的还包括了主要特色菜肴的照片和菜肴说明等内容。最后是服务费用说明。

晚餐套餐菜单的背面一般是餐厅的酒水和咖啡单。

DINNER MENU
晚餐菜单

APPETIZER（开胃菜）

Red Caviar 红鱼子酱　　Smoked Salmon 烟熏三文鱼

Escargot Bourguignon 法国焗蜗牛

CHEESE（芝士盘类）

Roquefort法国的洛克福　　Gorgonzola意大利的戈根索拉

Blue Stilton 英国的蓝史蒂顿

SALAD（沙拉类）

Salad Niçoise尼斯沙拉　　Waldorf Salad华尔道夫沙拉

Home-made Vegetable Salad 家常蔬菜沙拉

SOUP（汤类）

Cream of Mushroom Soup奶油蘑菇汤　　Seafood Chowder海鲜周打汤

French Onion Soup法式洋葱汤　　Beef Consommé牛肉清汤

MAIN COURSE（主菜）

BEEF（牛羊肉类）

Roast Sirloin Beef 烤西冷牛扒　　Fillet Steak，Country Style 乡村里脊扒

Grilled Beef Tenderloin with Black Pepper Sauce牛里脊扒

Grilled Beef Rib-Eye Steak扒肉眼牛排

Roast Beef Sirloin Steak with Red Wine Sauce西冷牛排配红酒少司

CHICKEN（鸡肉类）

Roast Stuffed Turkey烤酿馅火鸡

Barbecued Chicken Leg烧烤鸡腿

Chicken Curry咖喱鸡

SEA FOOD（海鲜类）

Seafood Kebabs海鲜串

Grilled Tuna Steak扒金枪鱼

Grilled Norwegian Salmon Fillet扒挪威三文鱼排

Grilled King Prawns with Garlic Herb Butter蒜蓉大虾

Baked Lobster with Garlic Butter巴黎黄油烤龙虾

VEGETABLE（蔬菜类）

Assorted Vegetables什锦蔬菜

Stewed Eggplant with Brown Sauce红烩茄子

Stuffed Green Pepper酿馅青椒

MEAT（猪肉类）

Barbecued Spare Ribs烧烤排骨

Smoked Spare Ribs with Honey烟熏蜜汁肋排

Pork Pickett意大利米兰猪排

SANDWICH & HAMBERGER（三明治和汉堡类）

Beef Burger牛肉汉堡包

Chicken Burger鸡肉汉堡包

American Hot Dog美式热狗

Club Sandwich俱乐部三明治

Tuna Fish Sandwich金枪鱼三明治

NOODLES & PIZZA（面条和比萨类）

Macaroni with Seafood海鲜通心粉

Spaghetti with Seafood海鲜意粉

Cheese Lasagna意大利奶酪千层饼

Pizza Vegetarian什菜奶酪比萨饼

DESSERT（甜品类）

Black Forest Cake黑森林蛋糕

Italian Tiramisu意大利提拉米苏

Chocolate Mousse巧克力慕斯

Puff Pastry with Fruits水果脆皮酥盒

Fruit with Sabayon鲜水果配萨芭雍

Vanilla Pudding香草布丁

ICE CREAM（冰淇淋类）

Vanilla Ice Cream香草冰淇淋

Chocolate Ice Cream巧克力冰淇淋

Strawberry Ice Cream草莓冰淇淋

RINK & WINE（酒水类）

（略）

COFFEE & TEA

（略）

小结

通过理论知识的学习，理解西餐菜肴的基本结构和菜品的类别；了解西餐烹饪文化和东方烹饪文化的巨大区别，认识西餐菜肴的组成以及西餐菜单设计的基础理论知识，完成教学任务。

测试

1 西餐菜肴结构有哪几种？
2 5道菜肴西餐套餐和7道菜肴西餐套餐的区别是什么？
3 西餐套餐和中餐宴会的区别是什么？
4 开胃菜和前菜的作用是什么？

第六章

菜肴制作实训

岗位目标

通过西餐菜肴制作工艺的学习，了解并掌握西餐菜肴制作工艺流程；通过实践操作学习，掌握西餐菜肴装盘和装饰的技巧；熟悉工艺流程和制作技术。

从菜肴制作到菜肴品鉴，加深理解东西方饮食文化的差异，深度理解西餐烹饪的工艺和风味的关系。从开胃菜到汤，再到沙拉学习，再到主菜制作，最后是甜品的制作学习与菜肴品鉴，全面理解西餐菜肴制作工艺流程和操作流程。

希望同学们在菜肴制作实训学习中，能够刻苦钻研，以培养精益求精的工匠精神为目标，严格遵守食品安全卫生标准，养成良好的职业习惯，形成良好的职业素养，熟练掌握加工步骤，熟悉并掌握专业烹饪英语知识，提高自身的综合素质。

必备知识

1. 西餐基础烹饪工艺；
2. 西餐基本工艺技能。

选修知识

1. 西餐特色原料与质量鉴别；
2. 西餐厨房设备安全与操作制度。

第一节　开胃菜制作

一、大虾胶冻（Shrimp aspic）

课前阅读

课前查阅西餐开胃菜中胶冻类菜肴加工工艺的相关资料，并思考其在本菜品中的应用。

学习目的

1 掌握西餐开胃菜中大虾胶冻菜肴的制作的方法。

2 熟练掌握海鲜的处理技巧。同时通过实验过程，强化对装盘造型、毛利率计算等任务的学习。

1. 原料（成品4人份）

主料：煮熟的大虾仁12个。

辅料：胶冻汁400mL，黑橄榄4个，西蓝花40g。

调料：白兰地10mL，柠檬汁2mL。

2. 设备器具

砧板，少司锅，西餐刀模具。

3. 制作方法

（1）鱼胶汁中加白兰地、柠檬汁搅拌均匀，制成胶冻汁。

（2）将胶冻碗中加一层胶冻汁。

（3）将拌好的虾仁等倒进模具中，再倒入胶冻汁，放入冰箱冷却即可。

4. 技术要点

（1）制作胶冻汁时，吉力片要用冷水浸泡软。

（2）要用煮大虾的原汁煮吉力片。

5. 质量标准

大虾鲜嫩，色彩艳丽，分层清晰，口味清新，装盘具有立体感。

6. 酒水搭配

适宜搭配各种浓郁香型的干白葡萄酒。

7. 双语对应

（1）Add brandy and lemon juice to fish glue juice and mix well.

（2）Add a layer of gelatine liquid into the jelly bowl.

（3）Put the shrimp into the mold，then pour in the gelatine liquid，put it into the refrigerator and cool it.

8. 知识拓展

了解并熟悉西餐胶冻类头盘开胃菜肴的种类和应用特点。

二、西班牙海鲜饭（Seafood paella）

课前阅读

课前查阅西餐西班牙海鲜饭加工工艺的相关资料，并思考其在本菜品中的应用。

学习目的

1. 掌握西餐焗饭类菜肴的制作方法。
2. 熟练掌握海鲜的处理技巧。同时通过实验过程，强化对装盘造型、毛利率计算等任务的学习。

1. 原料（成品4人份）

主料 大米200g，净去骨鸡腿肉100g，西班牙猪肉肠50g，阿根廷大虾10只，鲜墨鱼50g，青口贝6个，花蛤10个。

调料 橄榄油30g，干白葡萄酒40g，番茄40g，白色鸡基础汤200g，洋葱30g，大蒜20g，藏红花0.3g，盐和胡椒粉适量。

装饰料 青椒、红椒、青豆、欧芹各5g。

2. 设备器具

砧板，双耳锅，西餐刀，烤箱。

3. 制作流程

（1）将海鲜洗净，青豆煮熟。

（2）双耳锅中放入橄榄油烧热，放入鸡腿肉和猪肉肠煎香。

（3）加入洋葱末和大蒜末炒香，再加入大米炒匀。

（4）倒入干白葡萄酒煮干，放入藏红花、红椒粉，再加入番茄汁和白色鸡基础汤，煮沸后，调入盐和胡椒粉。

（5）加盖，用小火焖25min，至米粒成形。

（6）加入鲜墨鱼块拌匀，在米饭表面上放上大虾等海鲜，放进万能蒸烤箱中以160℃炉温烤制5min。

（7）至青口贝、花蛤开壳后，撒上彩椒粒、青豆和欧芹末。再烤2min即成。

4. 技术要点

（1）若没有西班牙猪肉肠，可用烟熏猪肉肠代替，风味亦佳。

（2）传统制作西班牙海鲜饭时，人们习惯选用贝类海鲜，而在西班牙内陆，也可加入鸡肉、兔肉等原料。

（3）如果没有藏红花可以加入姜黄粉代替，起到调色作用，但是香味会受到影响。

（4）西班牙海鲜饭要小火直接焖煮、制熟而成，制作中要注意控制火力和鸡汤的用量，不要把锅底的米饭做焦煳了。

5. 质量标准

米饭色泽金黄，美观大气，咸鲜香浓，营养丰富，风味独特。

6. 酒水搭配

适宜搭配各种浓郁香型的干白葡萄酒。

7. 双语对应

（1）Wash the seafood and boil the green beans.

（2）In the pot，heat up with olive oil，fry the chicken leg and sausage.

（3）Add onion powder and garlic powder，stir-fry until fragrant comes out，then add rice and mix well.

（4）Pour the white wine into the pot，put in saffron and red pepper powder，then add tomato juice and chicken stock，after boiling，mix the salt and pepper together.

（5）Cover and simmer over low heat for 25 minutes until the rice is shaped.

（6）Add fresh cuttlefish and mix well.Put prawns and other seafood on the surface of the rice and put them in the universal steaming oven for 160℃，5 minutes.

（7）Until the mussel，clamshell，sprinkle with pepper，green beans，and parsley.Bake for another 2 minutes to serve.

8. 知识拓展

学习并掌握西餐意大利式烩饭与西班牙式烩饭在成品上的区别和联系。

三、法式苹果煎鹅肝（Fried goose liver apple with grape sauce）

课前阅读

课前查阅西餐鹅肝加工工艺的相关资料，并思考其在本菜品中的应用。

学习目的

1 掌握西餐鹅肝类菜肴的制作方法。

2 熟练掌握鹅肝的处理技巧。同时通过实验过程，强化对装盘造型、毛利率计算等任务的学习。

1. 原料（成品4人份）

原料 鹅肝320g。

辅料 苹果240g，葡萄少司160mL。

调料 黄油160g，盐8g，胡椒粉、肉桂粉各少量。

配料 水果莎莎及时令蔬菜160g。

2. 设备器具

砧板，不粘锅，西餐刀。

3. 制作流程

（1）把鹅肝片成1片，苹果去皮、去核，切成2片。

（2）鹅肝上撒匀盐、胡椒粉，苹果上撒匀肉桂粉。

（3）用黄油把鹅肝和苹果慢慢煎熟。

（4）把鹅肝和苹果相间码在盘中央，盘边配上水果莎莎及蔬菜，葡萄少司淋在鹅肝四周。

4. 技术要点

（1）鹅肝煎制温度控制。

（2）鹅肝解冻要浸泡在冰水中。

5. 质量标准

鹅肝呈棕红色，有光泽，口感细嫩；鹅肝及苹果为片状，整齐、鲜香，咸酸适口，鲜嫩多汁。

6. 酒水搭配

适宜搭配各种浓郁香型的干红葡萄酒。

7. 双语对应

（1）Divide the foie gras into one piece，peel and core the apple，and cut into two sections.

（2）Sprinkle salt and pepper on foie gras and cinnamon on apples.

（3）Fry the foie gras and apples in butter.

（4）Put the foie gras and apples in the center of the plate. Add the fruit salsa and vegetables on the side of the plate.Pour the grape sauce around the foie gras.

8. 知识拓展

学习了解西餐鹅肝批、鹅肝卷、鹅肝酱的制作加工工艺。

四、蛋黄培根意面（Spaghetti carbonara）

课前阅读

奶油培根意大利面在欧洲比较流行，尤其是在意大利。芝士和奶油的使用，都为意大利面增添了别样的风味。

课前查阅西餐意大利面种类的相关资料，并思考其在本菜品中的应用。

学习目的

1 掌握西餐白汁类意大利面的制作方法。

2 熟练掌握奶油汁的处理技巧。同时通过实验过程，强化对装盘造型、毛利率计算等任务的学习。

1. 原料（成品4人份）

主料 两头尖意大利面400g，培根8片。

辅料 口蘑120g，洋葱40g。

沙司料 蛋黄4个，奶油320g，帕玛森芝士80g，盐、胡椒粉适量。

2. 设备器具

砧板，不粘锅，西餐刀。

3. 制作流程

（1）将两头尖意大利面放入加有盐的沸水中煮8～10min，捞出沥干。

（2）将鸡蛋黄、奶油和芝士粉混合后，放在60℃的热水上隔水加热，成蛋奶液。

（3）炒锅内下入黄油和培根小片、口蘑、洋葱炒香，下入面条和煮面原汁，倒入蛋奶液，调入盐、胡椒粉，拌炒均匀即成白酱意面。

4. 技术要点

（1）掌握好鸡蛋黄与奶油的比例和入锅的时间，因鸡蛋遇热会迅速凝结，所以拌入意粉时速度一定要快。

（2）可用煮面的原汤炒面使其滋润。

5. 质量标准

口味咸鲜独特，色泽乳白，酱汁明亮，意面筋道。

6. 酒水搭配

适宜搭配各种浓郁香型的干白葡萄酒。

7. 双语对应

（1）Put the two tips of spaghetti into the boiling water with salt and boil for 8～10 minutes, remove and drain.

（2）Mix egg yolk, cream, and cheese powder, put them on 60℃ hot water, heat them, and then make them into egg-milk liquid.

（3）Put butter and bacon slices, button mushroom and onion in the frying pan，stir-fry them until fragrant, put noodles and boiled noodle juice in the frying pot, pour the egg-milk liquid into the pan, mix the salt and pepper well, stir cook them evenly to make white sauce spaghetti.

8. 知识拓展

学习并熟悉意大利面食的种类和加工工艺。

五、蛋卷（Omelet）

课前阅读

蛋卷在西餐早餐自助中比较流行，在英式早餐中也有广泛的应用。
课前查阅西餐早餐菜肴的相关资料，掌握蛋卷的制作方法，并思考其在本菜品中的应用。

学习目的

1 掌握西餐蛋卷的制作的方法。
2 熟练掌握蛋卷的处理技巧，同时通过实验过程，强化对装盘造型、毛利率计算等任务的学习。

1. 原料（成品1人份）

主料 鸡蛋2个，淡奶油10g，牛奶10g。

辅料 洋葱3g，培根3g，彩椒丁3g，火腿丁3g，番茄丁3g，口蘑丁3g。

调料 番茄少司适量，酱油适量，盐和胡椒粉适量。

2. 设备器具

砧板，不粘锅，西餐刀。

3. 制作流程

（1）洋葱、培根等菜类原料切成小丁。
（2）鸡蛋、淡奶油、牛奶、盐一起打均匀。
（3）锅内放油炒香洋葱、培根等料，再加入蛋液用木铲轻轻搅动。待蛋液半凝固后卷成橄榄形。
（4）装盘。配薯条和蔬菜等。

4. 技术要点

（1）小料要先炒熟。
（2）左右手配合。
（3）蛋液快凝固时卷成橄榄形。

5. 质量标准

橄榄形，虎皮色。

6. 酒水搭配

适宜搭配各种鲜榨果汁、蔬菜汁或者果蔬汁。

7. 双语对应

（1）Dice onion, bacon, and other vegetables.
（2）Stir Beat eggs, cream, milk, and salt together.
（3）Stir-fry onion, bacon, and other ingredients with oil in the pot, then add egg liquid and stir gently with a wooden spatula.When the egg liquid is half solidified, it will be rolled into olive shape.
（4）Serving for the tray. With French fries and vegetables.

8. 知识拓展

学习并了解法式蛋卷的菜式种类、加工方法，了解并熟悉日式蛋包饭与法式蛋卷的区别和联系。

六、塔塔三文鱼（Salmon tartare）

课前阅读

塔塔三文鱼在欧洲比较流行，是法国传统菜肴。

课前查阅挪威三文鱼养殖过程的相关资料，掌握塔塔三文鱼的制作方法，并思考其在本菜品中的应用。

学习目的

1 掌握三文鱼塔塔的制作方法。

2 熟练掌握三文鱼的处理技巧。同时通过实验过程，强化对装盘造型、毛利率计算等任务的学习。

1. 原料（成品4人份）

主料 鲜三文鱼240g，时令蔬菜80g。

辅料 柠檬2个，橄榄油12g，黑橄榄12g，莳萝12g，水瓜柳12g，盐、胡椒粉、欧芹碎适量。

2. 设备器具

砧板，圆形模具，西餐刀。

3. 制作流程

（1）三文鱼去皮切小块，橄榄切丁。

（2）将切好的橄榄丁和大概15粒左右的水瓜柳放到一个空碗里，备用。

（3）在另一只空碗里加入少量橄榄油、半只柠檬的汁、胡椒、少量盐、莳萝拌匀。

（4）把步骤（2）和（3）混合在一起拌均匀，腌制5min。

（5）把腌好的三文鱼造型装盘。

4. 技术要点

三文鱼切均匀，不要太大。

5. 质量标准

色泽鲜艳，口味酸爽，造型具有立体感。

6. 酒水搭配

适宜搭配各种浓郁香型的干白葡萄酒。

7. 双语对应

（1）Remove the skin of salmon and cut them into small pieces. Dice the olives.

（2）Put one diced cubes and about 15pcs capers in an empty bowl. Set aside.

（3）In another empty pan, add a small amount of olive oil, half lemon juice, pepper, a small amount of salt, dill, and mix well.

（4）Mix（2）and（3）together, marinate for 5 minutes.

（5）Dish the pickled salmon.

8. 知识拓展

学习并了解西餐三文鱼的种类和分布及特点。

第二节 沙拉制作

一、华尔道夫沙拉（Waldorf salad）

课前阅读 课前查阅美国菜的特点及马乃司少司的相关资料，并思考其在本菜品中的应用。

学习目的

1 了解水果沙拉的类型，掌握马乃司少司的制作方法。

2 熟练掌握华尔道夫沙拉的制作技巧。同时通过实验过程，强化对装盘造型、毛利率计算等任务的学习。

1. 原料（成品4人份）

主料 红苹果4个，西芹100g，核桃仁40g，香蕉4根，葡萄干10g，柠檬汁适量。

辅料 圆生菜50g。

调料 马乃司少司80g，柠檬汁适量，白砂糖适量。

2. 设备工具

削皮刀，不锈钢盆，西餐厨刀，砧板，沙拉盘，搅拌勺。

3. 制作方法

（1）将苹果洗净后去皮切块，香蕉切滚刀块后加入少量的柠檬汁拌匀，防止氧化变色；西芹去筋后切菱形片备用；葡萄干用温开水泡涨后沥干水备用；核桃仁焯水后去皮沥干水备用。

（2）将少司锅加热，加入少量的橄榄油后加入白糖炒成浅焦糖色，放入去皮沥干水的核桃仁炒香上色，立即加入大量的橄榄油降温，取出核桃仁晾凉备用。

（3）沙拉盘底垫上洗净沥干水分的圆生菜，将苹果块、香蕉块、西芹片用马乃司少司拌匀放到生菜上，撒上葡萄干和核桃仁即可。

4. 技术要点

（1）苹果、香蕉去皮后均容易氧化变色，苹果可以泡水避免氧化，也可以将刚削皮的苹果、香蕉用少量柠檬汁拌匀，最好是马上去皮就使用，减少氧化时间。

（2）在加入马乃司少司搅拌前应控干食材水分。

（3）焦糖核桃仁在制作时不能过火，否则颜色变深，容易发苦。

5. 质量标准

盘面简单，制作快捷，苹果香甜，口感脆嫩。

6. 酒水搭配

适宜和风味清淡的雪利酒搭配。

7. 双语对应

（1）Wash the apple, peel and cut into pieces, cut the banana into the hob pieces, add a small amount of lemon juice and mix well to prevent oxidation and discoloration; cut the celery into diamond pieces after removing the gluten and reserve the grape; use the warm water to soak the raisins and then drain the water for reserve; peel and drain the walnut kernel after blanching and reserve the liquid for reserve.

(2) Heat the sauce pot, add a small amount of olive oil, add white sugar and stir-fry it to a light caramel color, put the walnut kernel in peeled and drained water, stir-fry and zest, immediately add a large amount of olive oil to cool down, take out walnut kernel and cool it for standby.

(3) Wash and drain the lettuce on the bottom of the salad plate, mix the apple, banana and celery slices with the sauce, and sprinkle the raisins and walnuts on the lettuce.

8. 知识拓展

苹果可选择红富士、青苹果等口感脆性的甜苹果或酸甜苹果来制作沙拉，如用青苹果可以不用去皮，直接切块使用。

华尔道夫沙拉是由美国著名的华尔道夫大饭店首创的，它以独特的口味、清淡爽口的口感深受世界各国人民的喜爱。华尔道夫沙拉的制作方法多样，使用原料也很广泛，如加入鸡肉则成为华尔道夫鸡肉沙拉。

二、尼斯沙拉（Salade Nicoise）

课前阅读

课前查阅法国菜的特点、法式醋油汁的相关资料，并思考其在本菜品中的应用。

学习目的

1 了解蔬菜沙拉的种类，掌握法式醋油汁的制作方法。

2 熟练掌握尼斯沙拉的制作技巧。同时通过实验过程，强化对装盘造型、毛利率计算等任务的学习。

1. 原料（成品4人份）

主料 马铃薯300g，四季豆150g，小番茄100g，红椒和大青椒各40g，罐装金枪鱼100g。

辅料 生菜50g，熟鸡蛋2个，黑橄榄20g，银鱼柳30g，香叶芹5g。

调料 洋葱碎20g，芥末酱5g，红葡萄酒醋50mL，橄榄油100mL，欧芹碎2g，柠檬汁5g，盐和胡椒粉适量。

2. 设备工具

沙拉盘，主厨刀，砧板，沙拉盆，打蛋器，少司盅，切蛋器，汤锅。

3. 制作方法

（1）将马铃薯放锅内，加水煮熟，晾凉去皮切块备用；将鸡蛋煮熟，晾凉切蛋角备用；四季豆煮熟，晾凉去筋切段备用。

（2）将番茄去蒂、去皮，切块备用；青椒和红椒去蒂、去籽切成条备用。

（3）沙拉盆内放入红葡萄酒醋、橄榄油、芥末酱、洋葱碎、欧芹碎、银鱼柳碎、柠檬汁等调料调匀，制成法式醋油汁。

（4）将切好的四季豆、马铃薯块、青红椒条分别用法式醋油汁拌匀。生菜叶放入盘中垫底，依次放上拌好味的食材及鸡蛋角、金枪鱼、番茄角、黑橄榄，用银鱼柳等辅料装饰即成。

4. 技术要点

（1）如没有柠檬汁，可用白葡萄酒醋代替，但风味欠佳。

（2）为防止不熟的四季豆中毒，在煮制时一定要煮熟，为保持四季豆的翠绿色，可在锅中加入少量油脂煮制。

5. 质量标准

色彩丰富，成菜美观，口味酸咸适口，清爽不腻。

6. 酒水搭配

适宜和风味清淡的起泡酒搭配。

7. 双语对应

（1）Put the potatoes in the pot, add water, cook them in the air, cool them, peel them and cut them into pieces；cook the eggs in the air and cut corners；cook the beans in the air and cool them, remove the tendons and cut them into pieces for standby.

（2）Remove the tomato, peel and cut into pieces for use；remove the green pepper and red pepper, and cut into strips.

（3）Put red wine vinegar, olive oil, mustard sauce, chopped onion, frankincense, shredded whitebait in the salad basin. Mix lemon juice and other seasonings to make French vinegar oil juice.

（4）Mix the cut string beans, potato chips, and green and red pepper with vinegar and oil juice. Put the lettuce leaves on the bottom of the plate, and then put the ingredients with good taste, egg horn, tuna, tomato horn, black olive, whitebait fillet, and other auxiliary materials to decorate it.

8. 知识拓展

本菜品是法国南方尼斯地区的特色菜肴，本菜使用了番茄、四季豆、黑橄榄、洋葱、鸡蛋、金枪鱼等丰富多彩的食材，色彩艳丽。尼斯位于法国东南部地中海沿岸，市区北部为尼斯-阿尔卑斯前山，属于阿尔卑斯山的东南边缘；南侧则为地中海，海岸线曲折，有7500m长的海岸线，尼斯属于典型的地中海气候带，终年温暖，蔚蓝的地中海与巍峨的阿尔卑斯山是这座城市永恒的地标，神圣的古罗马历史文化、普罗旺斯薰衣草田散发出的浪漫芬芳，以及带有异域风情的地中海美食，无论从哪个角度来看，尼斯都是法国人心中绝对的度假天堂。

三、厨师沙拉（Chef’s salad）

课前阅读

课前查阅法国菜的特点及千岛汁的相关资料，并思考其在本菜品中的应用。

学习目的

1 了解西餐沙拉的种类和制作方法。

2 熟练掌握厨师沙拉的制作技巧。同时通过实验过程，强化对装盘造型、毛利率计算等任务的学习。

1. 原料（成品4人份）

主料 牛肉100g，鸡脯肉100g，三明治火腿100g，芝士块100g，黄瓜1根，球生菜100g。

辅料 番茄2个，熟鸡蛋2个，黑橄榄8颗，香叶芹少许。

调料 千岛汁、盐、胡椒粉适量。

2. 设备工具

煮锅，煎锅，砧板，西餐厨刀，打蛋器，沙拉盘，少司盅。

3. 制作方法

（1）番茄洗净去蒂、切角，熟鸡蛋切角，黑橄榄横切成圆环备用。

（2）牛肉、鸡脯肉用盐、胡椒粉腌制约半小时后放在扒炉上扒熟上色。

（3）将三明治火腿、芝士块及扒熟的牛肉、鸡脯肉切成6～7cm长的条，黄瓜洗净去籽切成同样大小的条。

（4）球生菜撕成小块堆放在盘中，将上述各种切成条的原料相间摆放在生菜上，用番茄角、鸡蛋角、香叶芹、黑橄榄圈装饰即成，上菜时配千岛汁。

4. 技术要点

（1）各种原料切配时尽量保持长短、粗细均匀，摆放时注意颜色搭配，保持较好的装盘效果。

（2）制作时可将黄瓜换成芦笋或西芹。如要使菜肴口味清淡些，可将牛肉、鸡肉放锅中加水、洋葱、胡萝卜、西芹、香叶、盐、胡椒粉煮熟。

5. 质量标准

成菜要求造型美观，色彩丰富，立体感突出，味道咸酸适口。

6. 酒水搭配

适宜和风味清淡的起泡酒搭配。

7. 双语对应

（1）Wash the tomatoes, remove the diced corners, cut the cooked eggs, and cut the black olive into rings.

（2）Marinate the beef and chicken breast with salt and pepper for about half an hour, then put them on the grill to cook and color.

（3）Cut the sandwich ham, cheese block, cooked

beef, and chicken breast into 6 ~ 7cm long strips. Wash the melon, remove the seeds and cut into strips of the same size.

(4) The lettuce is shredded into small pieces on the plate. The ingredients cut into strips are placed on the lettuce. The lettuce is decorated with tomato horns, egg horn, parsley, and black olive ring.The lettuce is served with thousand island sauce.

8. 知识拓展

这是一道传统的法式菜肴，原料丰富，营养搭配合理，造型美观。由于原料多样，且含蛋白质比较多，本菜也可以作为西餐中的主菜。

四、水果沙拉（Fruits salad）

课前阅读

课前查阅水果酱汁的相关资料，并思考其在本菜品中的应用。

学习目的

1 练习水果加工和保色的技术方法。

2 熟悉水果酱汁的制作技巧。同时通过实验过程，强化对装盘造型、毛利率计算等任务的学习。

1. 原料（成品4人份）

主料 小西瓜60g，草莓40g，蜜瓜60g，蜜桃40g，芒果40g，橙子40g，猕猴桃30g，葡萄40g。

调料 细砂糖，鲜橙汁，京万利白兰地甜酒。

2. 设备工具

挖丸器，砧板，不锈钢盆，西餐厨刀。

3. 制作方法

（1）各种水果去皮，切成小块。

（2）将细砂糖等调料放入碗中，拌匀后，倒入水果中，腌制10min。

（3）将拌匀的水果和果汁一同装入沙拉碗中，装饰即成。

4. 技术要点

可以选择各种类型的水果，变化多样，制作中注意水果保色，避免变色。

5. 质量标准

水果清香适口，甜酸不腻，色彩美观。

6. 酒水搭配

适宜与口味清淡的起泡酒搭配。

7. 双语对应

(1) Peel and cut all kinds of fruits into small pieces.

(2) Put the sugar and other seasonings into the bowl, mix well, pour into the fruits, marinate for 10 minutes.

(3) Put the mixed fruits and juice into a salad bowl and decorate it.

8. 知识拓展

沙拉是英语Salad的译音，我国北方习惯译作

"沙拉"，上海译作"色拉"，广东、香港则译作"沙律"，主要用水果作为主要材料的沙拉就是水果沙拉。

水果沙拉，即将不同的水果切成丁状或方块或挖成球状等形状，搭配如糖水型口味的糖水、水果沙拉酱、酸奶或者蜂蜜等即可。水果沙拉低脂、低热量却富含维生素和果胶，而且吃完后有饱腹感，被人们奉为减肥圣品。

水果沙拉一般含糖量较高，糖尿病人不宜食用。沙拉偏凉，肠胃不适者不宜食用。

五、凯撒沙拉（Caesar salad）

课前阅读　课前查阅凯撒汁的相关资料，并思考其在本菜品中的应用。

学习目的

1 学会西菜沙拉的装盘方法，熟悉油炸面包粒的制作技术。

2 掌握凯撒酱汁的调制技巧。同时通过实验过程，强化对装盘造型、毛利率计算等任务的学习。

1. 原料（成品4人份）

主料　罗马生菜180g，帕玛森芝士粉30g，黄油煎吐司粒50g，培根40g。

辅料　黄瓜1根，番茄2个，银鱼柳20g，熟鸡蛋2个。

调料　橄榄油200mL，蛋黄1个，蒜蓉40g，银鱼柳20g，柠檬汁20g，第戎芥末酱10g，辣酱油10g，盐和胡椒粉适量。

2. 设备工具

西餐厨刀，砧板，沙拉盘，不锈钢盆，煎锅。

3. 制作方法

（1）将罗马生菜洗净，培根煎香后切成丁。将吐司片切成小丁，烘干后用黄油煎成金黄色取出，放在吸油纸上吸干油分成黄油煎吐司粒。

（2）制作凯撒汁。将橄榄油和蛋黄搅匀，制成马乃司蛋黄酱，再加其余的调料制成凯撒酱汁。

（3）上菜前，将生菜和凯撒酱汁拌匀，装入盘中，依次撒上帕玛森芝士粉、黄油煎吐司粒和煎香的培根，用黄瓜等辅料装饰即成。

4. 技术要点

（1）选用直叶的罗马生菜（Romaine lettuce或Cos lettuce）。特点是色泽翠绿，清脆香甜，不易出水，形状美观，尤其适合于盘饰。

（2）生菜必须清洗干净，控干水分，冷藏使用。

（3）凯撒汁的口味要合理，掌握好蔬菜和酱汁的比例。

5. 质量标准

生菜入口爽脆，芝士和蒜香味浓郁。味感丰富，风味适宜。

6. 酒水搭配

适宜和风味清淡的起泡酒搭配。

7. 双语对应

（1）Wash lettuce, fry bacon, and dice.Cut the toast into small cubes, dry them and fry them in butter until golden, then put them on the oil absorption paper to absorb the oil and divide them into butter-fried toast cubes.

（2）Make Caesar's juice.Mix the olive oil and yolk to make mayonnaise, then add the rest of the seasoning to make Caesar sauce.

（3）Before serving, mix the lettuce and Caesar sauce, put them into the plate, sprinkle parmesan cheese powder, fried toast with butter and fried bacon in turn, and decorate them with cucumber and others for serving.

8. 知识拓展

凯撒沙拉是意大利菜肴中最有代表性的菜肴，是由凯撒·卡迪尼（Caesar Cardini）在1924年发明的，1924年7月4日那天，餐厅耗尽了厨房所有的东西，卡狄尼用仅剩的食材，以他的天赋制作出了凯撒沙拉。在现今的墨西哥蒂华纳，凯撒饭店（Hotel Caesar）已经不再经营餐馆，但重新装修的饭店旁边的酒吧与餐馆近来却按照传统开始提供凯撒沙拉。

凯撒沙拉选用的生菜是罗马生菜（Romaine Lettuce），色泽翠绿，清甜香脆，不易出水，形状美观，含大量的水分、维生素和膳食纤维，多吃不仅有益健康，还能瘦身，在西餐中尤其适合于菜肴的盘饰。

第三节　汤菜制作

一、意大利蔬菜汤（Minestroneàla milanese）

意大利的家庭常见的蔬菜汤，又叫意大利菜汤，也有直接翻译成米兰什菜汤，其实 Minestrone 是指意大利浓汤，但是这道汤并不是浓汤的稠度，比浓汤清，比清汤浓。这道菜肴是典型的西餐的汤菜，既是汤，又是菜。

课前阅读

课前查阅Minestrone、Macaroni的相关资料，并思考其在本菜品中的应用。

学习目的

1 掌握西餐汤类菜肴的蔬菜汤制作方法。

2 熟练掌握煮制意大利空心粉的技巧。

同时通过实验过程，强化对汤类菜肴装盘、造型要求的学习。

1. 原料（成品4人份）

主料 洋葱100g，西芹50g，马铃薯50g，红腰豆30g，卷心菜50g，番茄50g，胡萝卜50g。

辅料 面粉10g，柠檬50g，白醋25g，番茄酱30g，干辣椒2g，意大利空心粉50g。

调料 牛肉清汤500mL，橄榄油50mL，红葡萄酒25mL，大蒜5g，培根30g，鲜罗勒叶2g，比萨香草1g，香叶1片，龙蒿0.1g，盐和胡椒粉适量。

2. 设备器具

不锈钢方盘，菜板，不锈钢煮锅，菜盘，吸水纸，平底煎锅，锥形漏斗，汤盘，汤盅，煎铲，木搅板等。

3. 制作方法

（1）各种蔬菜切指甲片待用。

（2）用橄榄油炒香干辣椒、培根和蒜片，下蔬菜炒香后放番茄酱，加少许面粉。

（3）加牛清汤熬制半小时后下马铃薯片，加盐和胡椒粉调味，装盘。汤盅里放少许煮好的意大利空心粉和鲜罗勒叶。

4. 技术要点

（1）要求各种蔬菜煮好后软硬适度。

（2）番茄加入前去汁、去籽，避免太酸。

（3）为丰富口感可加入青椒和红椒，但是由于辣椒的特性，加入后不能长时间煮制或保存。

5. 质量标准

酸辣微甜，蔬菜清淡，肉汤浓郁，清爽不腻。

6. 酒水搭配

适宜搭配各种浓郁香型的红葡萄酒。

7. 双语对应

（1）All kinds of vegetables are ready to use.

（2）Stir-fry dried chili，bacon，and garlic slices with olive oil.Stir-fry vegetables and then put tomato sauce，a little flour.

（3）Add beef broth and boil for half an hour，then add potato chips，season and dish.Put some cooked spaghetti and fresh basil in the soup.

8. 知识拓展

（1）意大利空心粉和意大利面的相关知识学习。

（2）蔬菜汤熬制时，掌握不同质地的蔬菜加入时机的把控能力。

小结

通过对意大利蔬菜汤的实际操作学习，深入了解意大利的生活特点，了解西餐汤就是菜，菜就是汤。了解西餐原料番茄的质量鉴别和品种。

测试

1 意大利蔬菜汤装入汤盘以多少量合适？

2 意大利蔬菜汤适合搭配什么特色面包？

二、法式洋葱汤（Onion soup）

洋葱汤在法国是一道古老而经典的名汤，起源于里昂民间，“洋葱汤”几乎已被全球烹饪界公认为是“法国菜中的名汤”，是较典型的法国风味。

课前阅读 课前查阅洋葱、古老也芝士（Gruyere cheese）的相关资料，并思考其在本菜品中的应用。

学习目的

1 通过本菜肴实验，学习特殊风味汤类的制作方法，熟悉法式洋葱汤的原料和工艺流程，掌握法式洋葱汤的制作方法。

2 熟练掌握煎、炒、煮的烹调方法。

1. 原料（成品4人份）

主料 洋葱500g。

辅料 法棍面包6片，欧芹5g，白葡萄酒30mL，牛肉清汤500mL，香叶1片，面粉30g，黄油100g，古老也芝士20g。

调料 黑胡椒粒2粒，盐和胡椒粉适量。

2. 设备器具

不锈钢方盘，菜板，不锈钢煮锅，菜盘，吸水纸，平底煎锅，锥形漏斗，汤盘，汤盅，煎铲，木搅板等。

3. 制作方法

（1）将洋葱切丝，用少量的植物油炒香黑椒碎、洋葱丝，搅拌，然后加入香草、香叶同炒，不断地搅拌直至洋葱炒至棕褐色。

（2）将炒好的原料中加入牛肉清汤，煮直至所需的程度并加盐和胡椒粉调味。

（3）法棍撒上古老也芝士放到焗炉焗上色。

（4）将一份洋葱汤装入汤盅中，并配芝士面包片。

4. 技术要点

（1）炒洋葱应用小火炒至棕褐色。

（2）加入牛肉清汤后，应将洋葱香味充分煮制出来，突出洋葱香味。

5. 质量标准

洋葱香味浓郁，汤色呈棕褐色。

6. 酒水搭配

适宜搭配各种白葡萄酒。

7. 双语对应

（1）Shred the onion, stir-fry the black pepper with a small amount of salad oil, stir the onion shreds, then add the herbs and the bay leaves, stir until the onion is brown.

（2）Add the stir-fried raw materials to beef consomme, cook until necessary degree.

（3）Sprinkle the baguette with Gruyere cheese and bake it in the oven.

（4）Put an onion soup in the soup cup, and match with cheese bread slice.

8. 知识拓展

（1）了解不同质地的芝士的不同的熔化方式和香气。

（2）洋葱汤为什么有名气？

小结

通过对法式洋葱汤的实际操作学习，掌握单一蔬菜制作汤类菜肴的方法。重点学习西餐中利用芝士和面包增加汤味道的方法，熟悉烹调中煎、炒方法。

测试

1 还有什么芝士可以替换法式洋葱汤中的古老也芝士？

2 法式洋葱汤最原始的制作方法是什么？

三、奶油蘑菇汤（Mushroom cream soup）

蘑菇奶油汤是西餐中深受顾客欢迎的奶油汤之一。它是将蘑菇炒香后，放入奶油汤中，熬煮出味后，搅碎成浓汤制作而成的。

课前阅读

课前查阅蘑菇的相关资料，并思考其在本菜品中的应用。

学习目的

1 通过本菜肴实验，学习西式奶油浓汤的制作技巧，熟悉各种蘑菇的加工方法，掌握泡沫汁的调制技术。

2 了解面包对装盘造型和烹调方法的作用。

1. 原料（成品4人份）

主料　红葱头25g，白蘑菇100g，白灵菇50g，波特甜酒30mL，牛奶200mL，淡奶油30mL。

辅料　蜗牛肉10g，面粉40g，黄油30g，番茄30g。

调料　香叶芹2g，细香葱1g，盐和胡椒粉适量。

2. 设备器具

不锈钢方盘，菜板，不锈钢煮锅，菜盘，吸水纸，平底煎锅，锥形漏斗，汤盘，汤盅，煎铲，木搅板等。

3. 制作方法

（1）将红葱碎和蘑菇碎用黄油炒香，加波特酒煮干，倒入鸡汤和牛奶煮沸，转小火保持微沸，煮约20min。

（2）将蘑菇汤倒入搅碎机中搅成蓉汤，过滤后加奶油浓缩，加盐和胡椒粉调味后备用。上菜前，加入黄油搅匀，制成泡沫奶油汤。

（3）洋葱片粘匀面粉，炸定型。蜗牛用黄油炒香，加红葱碎、番茄碎和香葱碎炒匀，加盐和胡椒粉调味备用。

（4）盘中先放入炒香的蜗牛，周围淋入泡沫奶油汤，上面放上炸好的洋葱片，用香叶芹点缀即成。

4. 技术要点

（1）奶油蘑菇浓汤的要点在于汤的浓度是由搅碎的蘑菇蓉汤决定的。也可以用黄油炒面粉来补充调剂汤的稠度。

（2）奶油蘑菇浓汤可选用各种鲜美的蘑菇品种，如：牛肝菌、羊肚菌、鸡油菌等，风味独特。

（3）菜肴中的蜗牛也可以用大虾、扇贝或其他海鲜代替，风味亦佳。

5. 质量标准

色泽乳黄，蘑菇味香浓，汤汁口感松泡，鲜香细滑，适口不腻。

6. 酒水搭配

适宜搭配各种白葡萄酒。

7. 双语对应

（1）Stir-fry the chopped shallot and mushroom with butter.Add port wine and cook dry.Pour in chicken soup and milk and bring to a boil.Turn down the heat and keep it slightly boiling.Cook for about 20 minutes.

（2）Pour the mushroom soup into the blender and stir into the mashed soup.After filtering, add the cream to concentrate.After seasoning, reserve.Before serving, add butter and stir to make cream soup.

（3）Paste the onion slices into flour and fry. Stir-fry the snails with butter, add chopped red onion, tomato, and shallot, stir well, and reserve.

（4）Put in the stir-fried snails, sprinkle with foam cream soup, put the fried onion slices on top, and decorate them with celery.

8. 知识拓展

（1）掌握蘑菇奶油汤变化成芦笋奶油浓汤的方法。

（2）蘑菇煮制时间太长会变色。

小结

通过对蘑菇浓汤的实际操作学习，掌握浓汤制作方法。重点学习西餐中使用多功能打碎机的方法，熟悉安全使用高速的破壁机的方法。

测试

1 奶油浓汤和蘑菇奶油浓汤的区别是什么？

2 马铃薯浓汤、南瓜浓汤和蘑菇浓汤的不同之处是什么？

四、牛肉清汤（Beef consommé soup）

清汤（Consommé）是法国烹饪术语，在法语中是“完成”或“集中”的意思，在烹饪术语中，指通过浓缩和澄清汤汁后制成的香味浓郁的清澈高汤。

课前阅读

课前查阅清汤制作方法的相关资料，并思考其在本菜品中的应用。

学习目的

1 掌握西餐牛肉清汤制作方法。

2 熟练掌握牛肉清汤的熬制和过滤工艺，通过实验过程，强化对装盘造型和烹调方法的学习。

1. 原料（成品4人份）

主料　牛绞肉500g，鸡蛋1个，洋葱300g，胡萝卜100g，西芹100g，鲜百里香0.1g，鲜迷迭香0.1g，香叶1片。

辅料　鹌鹑蛋30g，芦笋30g，淡奶油20mL。

调料　盐3g，黑胡椒粒1粒。

2. 设备器具

不锈钢方盘，菜板，不锈钢煮锅，菜盘，吸水纸，平底煎锅，锥形漏斗，汤盘，汤盅，木搅板，咖啡滤纸等。

3. 制作方法

（1）取牛绞肉450g和鸡蛋、洋葱、胡萝卜、西芹、鲜百里香、鲜迷迭香、香叶、黑胡椒粒混合，用力搅打上劲。然后加入冰块再次搅拌，加入清水混合后，放在四眼炉上，中火慢慢烧开。期间，当温度在60℃左右用木勺轻轻搅拌一次，避免粘底。

（2）汤刚刚烧开，立刻关最小火，慢慢熬制4h后，用咖啡滤纸过滤。

（3）熬制汤的时候，另取一煎锅，煎一半洋葱，煎深褐色后，轻轻放在汤上面。

（4）用剩余的牛肉馅和淡奶油、洋葱碎、盐、胡椒粉混合，用破壁机混合，煮熟成牛肉丸备用；鹌鹑蛋煮熟去壳备用；芦笋、胡萝卜丁焯水备用。

（5）调味后的清汤放入汤盘，放上牛肉丸、鹌鹑蛋、胡萝卜、芦笋即可。

4. 技术要点

（1）大力摔打牛肉直到牛肉起劲，用冰块降温。

（2）煎洋葱是汤色的关键。

（3）火候是这道菜肴成功的最关键的一关。

5. 质量标准

汤色微带茶色，清澈见底，肉味浓郁，清淡雅致。

6. 酒水搭配

适宜搭配各种香槟酒或白葡萄酒。

7. 双语对应

（1）Take 450g of ground beef and mix it with egg, onion, carrot, celery, fresh thyme, fresh rosemary, bay leaves, and black pepper. Beat hard.Then add ice and mix again, add water to mix, put it on the four-hole furnace, and slowly boil it over medium heat. During this period, gently stir once with a wooden spoon when the temperature is 60℃ to avoid touching the bottom.

（2）Just after the soup is boiled, turn off the minimum heat immediately, boil it slowly for 4 hours, and then filter it with coffee filter paper.

(3) When making soup, take another frying pan, fry half of the onion, fry it in dark black and put it on the soup gently.

(4) Mix the remaining beef stuffing with cream, chopped onion, salt, and pepper, mix with a blender, and cook into beef balls for standby; cook quail eggs and remove the shells for standby; blanch asparagus and diced carrot for standby.

(5) Put the seasoned clear soup into the soup plate, put on the beef ball, quail egg, carrot, and asparagus.

8. 知识拓展

(1)了解中式清汤方法和西式清汤方法的异同。

(2)掌握清汤过滤方法和清汤品质鉴别。

小结

通过对牛肉清汤的实际操作学习，掌握清汤熬制方法。重点学习西餐中利用肉糜清汤的方法，熟悉烹调中上色的方法。

测试

1 牛肉清汤中对牛肉的选择重要在哪里?

2 牛肉清汤制作失败如何补救?

五、青豆浓汤(Green pea potage)

青豆也是青豌豆，从中世纪开始它就是厨房的主角。利用豌豆的淀粉汤会浓稠细腻，加入韭葱味道更是无与伦比。

课前阅读

课前查阅豌豆、黄豆、毛豆、青豆、绿豆的相关资料，并思考其在本菜品中的应用。

学习目的

1 掌握西餐汤类菜肴含淀粉质原材料的制作方法。

2 熟练掌握并调和汤的浓稠度，掌握颜色的控制方法。

1. 原料(成品4人份)

主料 青豆100g，培根30g，帕尔马火腿30g，胡萝卜30g，西芹30g，洋葱50g。

辅料 吐司面包1片，黄油30g，淡奶油30g。

调料 香叶1片，鲜百里香0.1g，盐和胡椒粉适量。

2. 设备器具

不锈钢方盘，菜板，不锈钢煮锅，菜盘，吸水纸，平底煎锅，锥形漏斗，汤盘，汤盅，煎铲，木搅板等。

3. 制作方法

(1)黄油炒香培根、洋葱、胡萝卜、西芹、火腿丁后，加入青豆、香叶、鲜百里香，加入清水煮开，至青豆变软。

（2）从晾冷的青豆汤中取出香叶，放入破壁机打碎，过滤后加盐和胡椒粉调味。

（3）吐司面包用黄油煎至色泽金黄；帕尔马火腿粒煎香备用。

（4）汤盅内装入适量青豆浓汤，放上面包粒、火腿粒以及一小块打发的淡奶油即可。

4. 技术要点

（1）掌握青豆的季节性因素对菜肴质量的影响。

（2）掌握汤的浓稠度和水分的关系，不要一次性加入太多的水。

（3）破壁机是让青豆汤细腻的关键器械。

5. 质量标准

色青微黄，质地细腻，豆香浓郁。

6. 酒水搭配

适宜搭配各种白葡萄酒。

7. 双语对应

（1）Stir-fry bacon, onion, carrot, celery, and ham with butter, add green beans, bay leaves, and fresh thyme, add water and boil until the green beans are soft.

（2）Take out the bay leaves from the cold green bean soup, put them into the blender to break them, filter them for seasoning.

（3）Pan fry potato bread in butter until golden brown; Parma ham diced finely and stir-fry.

（4）Put thick soup in the cup, put on the bread cubes, ham dices, and a small of whipped cream.

8. 知识拓展

（1）豆类品种繁多，正确认识豆类的种类。

（2）食物破壁技术的优点。

小结

通过对青豆浓汤的实际操作学习，学习豆汤类制作方法。重点学习西餐中利用原料淀粉质含量制作浓稠汤汁的技术，了解菜肴变化的方法。

测试

1 什么品质的青豆在菜肴中使用最佳？

2 食品冷冻技术和破壁技术对菜肴有什么重大影响？

第四节 肉类主菜制作

一、法式香煎牛扒配黑胡椒少司（Steak au poivre）

这是一道很经典的法式传统菜肴。香辛微辣的胡椒汁和鲜嫩的牛柳相组合，简直就是完美的搭配，经久不衰。独特的法式煎牛柳的技法，体现黄油浓浓的奶香味和坚果风味。

课前阅读

课前查阅牛柳的相关资料，并思考其在本菜品中的应用。

学习目的

1 掌握法式煎牛柳的特殊烹饪方法。

2 熟练掌握牛柳剃筋的技巧。同时通过实验过程，强化法式黄油煎牛扒的烹饪手法，熟练装盘、造型要求的学习。

1. 原料（成品4人份）

主料 牛柳800g，安佳黄油100g，鸡蛋50g，白兰地酒30mL，红葡萄酒150mL，黑胡椒粉30g，红葱头30g，淡奶油50mL。

辅料 马铃薯300g，无筋豆150g，培根100g，迷你胡萝卜100g，牛骨200g，牛筋50g，洋葱200g，西芹100g，胡萝卜100g，番茄酱30g，面粉30g，黄汁粉15g，大蒜2g。

调料 鲜迷迭香2g，鲜百里香1g，香叶1片，豆蔻粉1g，盐适量。

2. 设备器具

不锈钢方盘，菜板，不锈钢煮锅，菜盘，吸水纸，平底煎锅，锥形漏斗，汤盘，汤盅，煎铲，木搅板，保鲜膜，肉锤，裱花嘴，一次性裱花袋等。

3. 制作方法

（1）准备褐色少司　植物油炒香或烤香牛骨、牛筋，加入洋葱、西芹、胡萝卜、香叶、迷迭香、百里香，炒至蔬菜变软上色，加入番茄酱、面粉，加水熬制，然后加入适量黄汁粉熬制4～6h后过滤备用。

（2）准备配菜　马铃薯制作薯泥，做公爵夫人马铃薯；无筋豆焯水后用培根卷上，入烤箱烤熟备用；迷你胡萝卜煮熟备用。

（3）准备牛扒　牛柳剃筋后用保鲜膜包裹后冷冻。冻好后切段，用肉锤拍打，撒盐、胡椒粉。

（4）煎锅内放入黄油、迷迭香煎牛扒，同时不断地淋黄油在牛扒上面，待煎至一成熟（R）、五成熟（M）、七成熟（MW）、全成熟（WD）等成熟度即可取出，保温备用。

（5）黑胡椒汁　锅内放入黄油炒香大蒜、红葱头碎、黑胡椒碎，加入白兰地酒燃烧，再加入红葡萄酒浓缩，加入褐色少司，加盐调味后加入淡奶油即可。

（6）装盘、装饰　盘头放上公爵夫人马铃薯、培根无筋豆、迷你胡萝卜等配菜，放上牛扒，淋上少许黑椒少司即可。

4. 技术要点

（1）牛扒一定要拍打后使用。

（2）法式煎牛扒的手法是不断地淋黄油，增加香味。

（3）黑胡椒少司制作的时候，胡椒粉下去温度不要过高。

5. 质量标准

牛扒鲜嫩多汁，微带奶香，少司辛辣味浓，风味独特。

6. 酒水搭配

适宜搭配各种浓香风味的红葡萄酒。

7. 双语对应

（1）Prepare brown stock　stir fry beef bones and tendons with salad oil, add onion, celery, carrot, fragrant leaves, rosemary and thyme, stir fry until the vegetables become soft and colored, add tomato sauce and flour, boil with water, and then boil with appropriate amount of yellow sauce powder for 4 ~ 6 hours, then filter for standby.

(2) Prepare side dishes mash potatoes and make duchess potatoes; blanch gluten free beans and put them on bacon rolls and bake them in the oven for later use; boil mini carrots for later use.

(3) Prepare steak wrap beef fillet with plastic wrap after shaving and then freeze.After freezing, cut into sections, beat with meat hammer, sprinkle salt and pepper.

(4) Put butter and rosemary in the frying pan and fry the steak.Meanwhile, pour butter on the steak continuously. Fry until R, M, MW, WD and other layers are ripe, then take it out.Keep warm for standby.

(5) Black pepper sauce stir fry garlic with butter, chopped red onion and black pepper in the pot, add brandy to burn, add red wine to concentrate, add black base sauce, add cream after seasoning.

(6) Loading and decoration put duchess potato, pickled meat, gluten free beans, mini carrots and other side dishes on the plate head, put on steak, drizzle with a black pepper sauce.

8. 知识拓展

(1) 掌握牛扒在牛身上的部位分布。

(2) 掌握牛扒的成熟度中英文对应。

小结

通过对法式香煎牛扒的实际操作学习，深入了解法式黄油煎的特殊手法和带来的香味，了解西餐牛扒的质量鉴别和品种。

测试

1 传统法式黄油煎能给牛扒带来什么风味变化？

2 传统法式煎和扒的不同烹饪手法，对风味有哪些影响？

二、法国巴黎牛扒（Entrecotes de bœuf caféde Paris）

法国巴黎有众多的咖啡馆，他们也出售牛扒类的简餐，逐步形成了世界著名的巴黎牛扒。简单的烹调方法、复杂的预制少司，风味独特又有魅力，每个到巴黎的人都希望品尝到法式菜肴的经典代表作——巴黎咖啡馆牛扒。

课前阅读 课前查阅西冷牛扒相关资料，并思考其在本菜品中的应用。

学习目的

1 掌握西餐简餐的制作方法。

2 熟练掌握煎牛扒的技巧。同时通过实验过程，强化黄油少司的菜肴装盘、造型要求的学习。

1. 原料（成品4人份）

主料 西冷牛扒800g。

辅料 安佳黄油150g，马铃薯400g，培根30g，香葱10g，芝麻菜100g，橄榄油30mL，红葡萄酒醋15mL，柠檬50g，淡奶油100mL。

调料 法式芥末酱10g，大蒜50g，鲜迷迭香2g，欧芹15g，鲜百里香1g，银鱼柳1g，蛋黄30g，红粉1g，李派林喼汁2g，白兰地酒2mL，红葱头2g，红胡椒0.2g。

2. 设备器具

不锈钢方盘，菜板，不锈钢煮锅，菜盘，吸水纸，平底煎锅，锥形漏斗，汤盘，汤盅，煎铲，木搅板，锡箔纸，一次性裱花袋等。

3. 制作方法

（1）准备巴黎黄油汁 黄油用木勺搅拌打发，加入炒好的红葱头碎、大蒜碎、欧芹碎、芥末酱、蛋黄、鲜迷迭香碎、鲜百里香碎、银鱼柳碎、红粉、李派林喼汁、白兰地酒、红胡椒碎等混合，用一次性裱花袋挤在锡箔纸上，卷起来冷冻备用。

（2）准备配菜 芝麻菜用橄榄油、红葡萄酒醋、芥末酱、柠檬汁做成沙拉备用；马铃薯用锡箔纸包起来，放入烤箱烤熟、烤软，取出切十字刀口，挤开，放入煎过的培根碎、香葱碎、柠檬奶油即可。

（3）锅内放入整个大蒜、鲜迷迭香，煎出香味，放入西冷牛扒煎至需要的成熟度取出。

（4）把牛扒放在盘子上，切一片巴黎黄油汁，放在面火焗炉上焗上色，至黄油半熔化状态即可装盘。

（5）牛扒放在盘子中间，配锡纸烤马铃薯、芝麻菜沙拉即可。

4. 技术要点

（1）注意牛扒煎的成熟度不要太过，后面焗的时候还要再次加热。

（2）焗巴黎黄油汁，最好是半熔化状态，到客人面前黄油熔化，但不会是冷少司。加入蛋黄是起到凝固黄油的作用。

（3）烤马铃薯最好是中号大小，一定要烤透、烤软。

5. 质量标准

蒜香浓郁，黄油浓香，牛扒多汁，清爽不腻。

6. 酒水搭配

适宜搭配各种红葡萄酒或是咖啡。

7. 双语对应

（1）Prepare Parisian butter beat butter with wooden spoon, add chopped red onion, garlic, French flavor, mustard sauce, egg yolk, fresh rosemary, thyme, anchovies, paprika, Worcestershire sauce, brandy, red pepper, etc.mix them, squeeze them into pastry bag, roll them up and freeze them.

（2）Prepare side dishes make rocket salad with olive oil, red wine vinegar, mustard sauce and lemon juice for standby; wrap potatoes with tin foil paper, bake them in the oven, bake them soft, take out the cutting blade, squeeze them out, and put in the fried bacon, shallot, and lemon cream.

（3）Put the whole garlic and fresh rosemary in the pot, fry them to fragrance, then add the sirloin steak and fry them .

（4）Put the steak on the plate, cut a piece of Paris butter sauce, put it on the oven, and bake it until the butter turns colour and is half melted, then put it on the plate.

（5）Put the steak in the middle of the plate, with baked potato and rocket salad.

8. 知识拓展

（1）了解巴黎牛扒和巴黎咖啡馆的关系。

（2）了解西冷牛扒在牛身上的部位和品质鉴定，了解组合肉的鉴别。

小结

通过法国巴黎牛扒的实际操作学习，深入了解法国风情，了解法国西餐简餐和咖啡馆文化的关联，熟悉简单的煎牛扒的方法和简单的装盘风格与餐厅经营方式的关系。

测试

1 为什么煎牛扒的不同方式带来了不同风味?

2 黄油少司制作的关键是什么?

三、威灵顿牛柳（Beef Wellington）

惠灵顿牛肉的历史是历史争论的问题。传说英国将领Wellington，由于在著名的“滑铁卢战役”大败法国统帅拿破仑而闻名于世。据说他是个喜欢美食的人，但又是个没“吃相”的人，得胜后在庆祝的盛宴上，那些王公贵族的绅士、淑女们为了表达对威灵顿将军的敬意，一改往日的儒雅、矜持，学着将军大块吃肉、大口喝酒，吃了后才发现原来这种烤牛肉竟如此“美味”，由于这是威灵顿将军喜欢的，所以就将它命名为“威灵顿牛柳”。准确的说法是源自法国和爱尔兰的传统糕点和烤制肉类结合的产物。

课前阅读 课前查阅鹅肝、西式火腿的相关资料，并思考其在本菜品中的应用。

学习目的

1 掌握西餐酥皮烤制食物的方法。

2 熟练掌握开酥的技巧。同时通过实验过程，强化酥皮烘焙、牛扒煎制的学习，掌握多人份的菜肴的装盘、装饰技法。

1. 原料（成品4人份）

主料 牛柳1200g，鹅肝200g，蘑菇200g，风干火腿50g。

辅料 清酥皮300g，鸡蛋50g，小马铃薯150g，整蒜2头，有机番茄100g，芦笋50g，欧芹10g，红葱头50g。

调料 鲜迷迭香2g，鲜百里香1g，大蒜15g，黄汁粉30g，红葡萄酒50mL，黄油30g，褐色少司300mL，盐和胡椒粉适量。

2. 设备器具

不锈钢方盘，菜板，不锈钢煮锅，菜盘，吸

水纸，平底煎锅，锥形漏斗，汤盘，汤盅，煎铲，木搅板，蛋刷等。

3. 制作方法

（1）牛柳用盐、胡椒粉、鲜百里香、鲜迷迭香碎腌制，然后用棉线捆绑起来，放入煎锅，大火煎上色，取出去掉棉线放入冰箱冷冻备用。

（2）锅内放入黄油炒香红葱头碎、蘑菇碎、熟鹅肝碎，调味后取出备用。

（3）酥皮擀开，刷蛋液，放上风干火腿片，抹上炒好的鹅肝、蘑菇、红葱头碎，再放上牛柳，包裹起来，做酥皮装饰，刷蛋液入烤箱，以220℃炉温烤15min即可。

（4）制作配菜　黄油烤小马铃薯、对开的整蒜头、有机番茄、芦笋、蘑菇花，烤好后撒盐、欧芹碎即可。

（5）制作蘑菇少司　黄油炒香大蒜碎、红葱头碎、蘑菇片，放入大量的红葡萄酒、褐色少司、黄汁粉、盐和胡椒粉调味，成蘑菇少司即可装入少司盅。

（6）装盘、装饰　取大条盘，中间放上烤好的酥皮牛柳，四周放上马铃薯、大蒜、番茄、蘑菇、芦笋等配菜，同少司汁盅一起上菜。当着客人由服务员分餐。

4. 技术要点

（1）牛柳最好选用进口牛柳，质地比较香嫩。

（2）烤制的酥皮最好单独制作，3×3的简易酥皮效果最佳。

（3）要避免馅心出水，千万不要把酥皮浸湿。

5. 质量标准

外酥内鲜，牛柳细嫩，原汁原味，鹅肝蘑菇鲜美。

6. 酒水搭配

适宜搭配各种红葡萄酒。

7. 双语对应

（1）Marinate the beef fillet with salt, pepper, fresh thyme and fresh rosemary, bind them with cotton thread, put them into the frying pan, fry them in high heat and color them, take out the thread and put it into the refrigerator for freezing.

（2）Put the butter in the pot, stir fry the chopped red onion, chopped mushroom, and chopped foie gras for seasoning.

（3）Roll out the pastry, brush the egg wash, put on the air dried ham slices, put on the fried foie gras, mushrooms, chopped red onion, then put on the beef fillet, wrap it up, make the pastry decoration, brush the egg liquid into the oven 220℃, bake for 15 minutes.

（4）Preparation of side dishes　butter baked small potatoes, split whole garlic, organic tomatoes, asparagus, mushroom flowers, after baking, sprinkle salt.

（5）Make mushroom sauce　stir fry garlic with butter, chopped red onion and mushroom slices, add a large amount of red wine, brown stock and yellow sauce powder to taste mushroom sauce, then put it into sauce cup.

（6）Plate and decoration　take a large plate, put the roasted crisp beef fillet in the middle, and put potatoes, garlic, tomatoes, mushrooms, asparagus and other side dishes around.Serve together with the sauce cup. The waiter divides the meal in front of the guests.

8. 知识拓展

（1）惠灵顿牛柳传说比较广泛，但是没有确切的文献记载，行业内一般认可这道菜肴应该起源于法国传统酥点和烤肉，或是爱尔兰人的烤肉。

（2）西式酥皮开酥手法不同，使用的黄油不同，得到的效果也不同。

小结

通过对惠灵顿牛柳的实际操作学习，深入了解酥皮制作菜肴的难度，了解西餐开酥和酥皮烘焙方法，以及煎牛柳、烤牛柳、炒制馅心、捆绑牛柳等烹饪手段。

测试

1 烤制粉红色牛肉需要的温度和时间分别是多少？

2 多人份分餐制的菜肴的装盘特点是什么？

四、德式牛肉卷（Beef rouladen，German style）

德国菜以味道厚重，量大实惠闻名于世，此款菜肴使用了最具德式风味的咸肉、酸黄瓜来炖制牛肉，并搭配德国人的最爱马铃薯泥、酸椰菜。

课前阅读 课前查阅咸肉和培根的相关资料，并思考其在本菜品中的应用。

学习目的

1 掌握西餐烩和炖的制作方法。

2 熟练掌握卷馅的技巧。同时通过实验过程，强化对包裹馅料的卷的封口学习，以及对德式菜肴的特色学习。

1. 原料（成品4人份）

主料 牛柳600g，咸肉100g，酸黄瓜100g，洋葱30g，马铃薯500g，淡奶油50mL，柠檬50g，莲白菜300g。

辅料 洋葱300g，西芹100g，胡萝卜200g，番茄50g，番茄酱30g，面粉30g，黄汁粉15g，大蒜30g，欧芹3g，鲜百里香1g。

调料 五味子2g，芥末酱30g，白葡萄酒醋30mL，白糖30g，香叶1片，白葡萄酒30mL，盐和胡椒粉适量。

2. 设备器具

不锈钢方盘，菜板，不锈钢煮锅，菜盘，吸水纸，平底煎锅，锥形漏斗，汤盘，汤盅，煎铲，木搅板，肉锤，牙签等。

3. 制作方法

（1）牛柳剔筋后片成厚片，用肉锤拍打，撒盐、胡椒粉，抹芥末酱，放上咸肉、酸黄瓜条、洋葱丝，卷起来，用牙签封口，放入锅内煎上色取出备用。

（2）煎过肉的煎锅内放入大蒜、洋葱、西芹、胡萝卜、番茄等蔬菜炒上色、变软，加入番茄酱、面粉，再加入高汤、鲜百里香、黄汁粉，然后加盐和胡椒粉调味，放入牛肉卷烩、炖30min。

（3）马铃薯制作成薯泥，再用黄油炒香，加入淡奶油调味，配柠檬制作的酸奶油备用；植物油炒制大蒜、洋葱丝、莲白菜丝、咸肉丝、五味子、香叶、白葡萄酒醋、白葡萄酒、白糖，加盐和胡椒粉调味即可，备用。

（4）取出牛肉卷，取下牙签，装入盘中，配上薯泥和酸奶油、德式酸菜丝，淋上过滤浓缩后的原汁即可。

4. 技术要点

（1）德式酸菜是乳酸菌发酵的，操作时间短，可以用白葡萄酒醋调味。

（2）烩、炖的区别是汤汁的多少，最后一定要过滤浓缩成少司。

（3）牛柳肉质影响这道菜肴的风味，所以还是使用进口牛肉口感效果最佳。

5. 质量标准

成形整齐，少司深褐，光亮多汁，肉松烂软。

6. 酒水搭配

适宜搭配各种红葡萄酒、黑啤酒。

7. 双语对应

（1）Slice beef fillet into thick slices after shaving, beat with meat hammer, sprinkle salt and pepper, spread mustard, put on Bacon, pickled cucumber strips, onion shreds, roll up, seal with toothpick, fry in the pot and take out for standby.

（2）Add the garlic, onion, celery, carrot, tomato and other vegetables to the frying pan and stir fry until colored. Add tomato paste, flour, add the soup, fresh thyme and yellow sauce powder, then add beef roulade, braise and simmer for 30 minutes.

（3）Make mashed potatoes, stir fry them with butter, add light cream to taste, and prepare sour cream with lemon; stir fry garlic, onion, cabbage, salty meat, schisandra, fragrant leaves, white wine, white sugar with salad oil, and then prepare for seasoning.

（4）Take out the beef roll，take off the toothpick，put it into the plate，add the mashed potato，sour cream and German style pickled vegetable shreds，and pour on the filtered and concentrated normal juice.

8. 知识拓展

（1）德式酸椰菜也叫酸菜，是发酵蔬菜。

（2）原汁炖烩菜肴要求汤汁多、味道丰腴，最后过滤浓缩成少司。

小结

通过对德式牛肉卷的实际操作学习，深入了解德国餐饮文化，掌握对特色食材啤酒、香肠、酸菜、酸奶油等质量鉴别和品种的学习。

测试

1 烩的烹饪方法特点是什么？炖的烹饪方法特点是什么？

2 酸椰菜除了莲白菜还可以用什么蔬菜制作？

五、伦敦式羊扒（Lacey' herb crusted grilled London lamb chop）

英式菜肴的口味清淡，但是也有比较特别的，伦敦式羊扒就是这样一道口味比较浓郁的菜肴。英国李派林喼汁和羊扒的搭配使羊扒美味多汁，口味复杂多变，回味留香。特别是欧芹和迷迭香、薄荷叶的大量使用，混合面包糠制作的覆盖表面的脆皮非常有特色。

课前阅读

课前查阅英国羊的相关资料，并思考其在本菜品中的应用。

学习目的

1 掌握西餐羊扒的制作方法。

2 熟练掌握羊扒剔骨、刮筋的技巧。同时通过实验过程，强化对英式菜肴装盘、造型要求的学习，特别是香草酥皮的制作学习。

1. 原料（成品4人份）

主料 羊鞍1200g，马铃薯100g，茄子100g，节瓜100g，圣女果100g，面包糠50g。

辅料 李派林喼汁15mL，芥末酱50g，洋葱30g，西芹10g，胡萝卜20g，食用花卉8朵，白葡萄酒50mL，黄汁粉30g。

调料 鲜迷迭香2g，薄荷叶2g，欧芹3g，大蒜30g，黄油80g，盐和胡椒粉适量。

2. 设备器具

不锈钢方盘，菜板，不锈钢煮锅，菜盘，吸水纸，平底煎锅，锥形漏斗，汤盘，汤盅，煎铲，木搅板等。

3. 制作方法

（1）羊鞍肉初加工，剃筋、刮筋膜，切成羊扒，用大蒜、洋葱、西芹、胡萝卜、鲜迷迭香、白葡萄酒、李派林喼汁、盐、胡椒粉等腌制一天备用。

（2）去除的羊鞍肥肉、筋膜、骨头放入煎锅煎烤上色，加入调味蔬菜，加褐色基础汤、黄汁粉，制作成简易褐色少司，浓缩后加盐和胡椒粉，成为少司备用。

（3）马铃薯切丁、茄子切丁，用黄油煎上色，加盐和胡椒粉调味成配菜；节瓜切角，圣女果切对半，黄油煎上色，加盐和胡椒粉调味成配菜备用。

（4）欧芹、鲜迷迭香、薄荷叶、大蒜打成蓉，和面包糠一起搓匀，加入黄油制成脆皮备用。

（5）羊扒去掉腌制料，大火扒上色，抹芥末酱，粘上香草黄油面包糠，入200℃烤炉烤15min。

（6）锅内放入黄油，炒香大蒜、洋葱，加入白葡萄酒、褐色少司、李派林喼汁等，加盐和胡椒粉调味装入少司盅即可。

（7）大盘内放上马铃薯、茄子丁，围成圈。配上节瓜角、番茄，食用花卉等，羊扒放中间，配少司盅上菜即可。

4. 技术要点

（1）羊肉膻味很重，但是每个人的喜好不同，不用刻意去除膻味。

（2）煎扒后还要烤制，注意把控成熟度。

（3）原汁少司简单，浓缩是关键。

5. 质量标准

酸甜可口，羊肉细腻、鲜美，成菜美观，清爽不腻。

6. 酒水搭配

适宜搭配各种白葡萄酒或是红葡萄酒。

7. 双语对应

（1）Sheep saddle meat primary processing, shaving tendons, scraping fascia, cut into lamb chops, with garlic, onion, celery, carrots, fresh rosemary, white wine, worcestershire sauce, salt, pepper, marinate for one day.

（2）The fat, fascia removed and bone of the sheep saddle are put into the frying pan, fried and colored, the fragrant vegetables are added, the underlying brown stock and the yellow sauce powder are added, and the dull brown original stock is made, which is concentrated and becomes the reserve of sauce.

（3）Diced potatoes and eggplant, fried and colored with butter, seasoned to make a side dish; diced zucchini, halved fruits, fried and colored butter, seasoned to make a side dish.

（4）Parsley, fresh rosemary, mint leaves, and garlic into a paste, mix well with breadcrumb, and add butter into crispy skin for standby.

（5）Removed the marinade from the lamb chop, color the lamb chop over high heat, spread mustard sauce on it, dip in vanilla, butter, bread bran, and put it into the oven for 200℃, 15 minutes.

（6）In the pot, stir fry garlic and onion with butter, add white wine, essential juice, Tippie sauce, etc.，and then put the seasoning into sauce cup.

（7）Put potatoes and diced eggplants making a circle on the large plate. Match with zucchini, tomato, edible flowers. Put the lamb steak in the middle and serve with sauce cup.

8. 知识拓展

（1）剔除羊鞍上面的筋膜，分割是基础刀工，一般来说羊鞍是一排六个骨头，羊扒是切割的单个羊鞍。

（2）香草黄油酥皮制作方法很多，加入的黄油含量不同呈现的效果各异。

小结

通过对伦敦羊扒的实际操作学习，深入了解英式菜肴的特色，了解英式菜肴的特别调味品李派林喼汁，通过喼汁的使用了解复合型调味的使用技巧。

测试

1 羊扒、羊鞍、羊柳扒、羊肉、火箭羊排的羊肉部位和加工处理方法是什么？

2 香草黄油的制作关键是什么？

六、汉堡牛扒（Hamburger steak with mushroom gravy）

对于美国人来说，汉堡包是美式快餐的代表之一。可是汉堡牛扒却是德国西北城市汉堡（Hamburg）的代表菜，一种经久不衰的美味的食物，大块的肉饼，给人带来美味和舒适的享受，再覆盖上美味的洋葱和蘑菇肉汁，使其成为美味的晚餐菜肴。

课前阅读

课前查阅德国汉堡牛扒的相关资料，并思考其在本菜品中的应用。

学习目的

1 掌握西餐肉糜的制作方法。

2 熟练掌握煎的技巧。同时通过实验过程，强化对于煎蛋、煎牛扒、制作肉糜的学习，深度了解西方人和东方人制作肉糜的不同处理方式。

1. 原料（成品4人份）

主料　牛绞肉500g，猪绞肉100g，鸡蛋5个，面包糠50g，牛奶50mL，洋葱100g，蘑菇100g。

辅料　褐色少司200mL，薯条400g。

调料　大蒜40g，欧芹10g，马郁兰0.2g，阿里根奴0.2g，白兰地酒10mL，李派林喼汁10g，豆蔻粉1g，红葡萄酒100mL，百里香0.1g，黄油50g，盐和胡椒粉适量。

2. 设备器具

不锈钢方盘，菜板，不锈钢煮锅，菜盘，吸水纸，平底煎锅，锥形漏斗，汤盘，汤盅，煎铲，木搅板等。

3. 制作方法

（1）将面包糠用牛奶浸泡变软；洋葱、蘑菇、大蒜碎用黄油炒香备用。

（2）把牛绞肉、猪绞肉、面包糠、洋葱、蘑菇、大蒜、鸡蛋、欧芹、马郁兰、阿里根奴、白兰地酒、李派林喼汁、豆蔻粉、盐、胡椒粉用力搅拌，制成肉饼备用。

（3）锅内放入黄油，炒香洋葱、大蒜、蘑菇，加入红葡萄酒和褐色少司调味后，成少司备用。

（4）把汉堡牛扒放在煎锅内煎上色，成熟备用；鸡蛋做单面煎蛋备用。

（5）炸好的薯条装入盘中，放上汉堡牛扒，牛扒顶上放上煎蛋即可，淋蘑菇、洋葱汁。

4. 技术要点

（1）牛绞肉必须用刀剁细，吃起来口感才细腻。

（2）肉饼制作的时候用力搅拌均匀，大力摔打，肉要起劲。

（3）汉堡牛扒可以是全熟的，也可是半熟的食用。

5. 质量标准

肉饼色泽棕褐色，质地细腻，咸鲜浓厚，肉汁适口。

6. 酒水搭配

适宜搭配各种浓香型的红葡萄酒。

7. 双语对应

（1）Soak the breadcrumbs in milk to make it soft.Stir fry onion, mushroom, and garlic with butter.

（2）Stir beef mince, pig mince, breadcrumbs, onion, mushroom, garlic, egg, parsley, oregano, brandy, worcestershire sauce, cardamom powder, salt, and pepper to make meat cake.

（3）Stir fry onion, garlic, and mushroom in butter.Season with red wine and brown stock. Serve as the sauce.

（4）Put the hamburger steak in the frying pan, color it, and prepare for maturity; make single side fried eggs for standby.

（5）Put the fries into the plate, put on the hamburger steak, put the fried egg on the top of the steak, pour the mushroom, and onion sauce.

8. 知识拓展

（1）汉堡牛扒起源之说是德国，后来传入美国成为汉堡包，也有西方人分析说汉堡包最初的雏形是中国秦汉时期的肉夹馍。

（2）德式汉堡牛扒最具风味特色的是蘑菇肉汁或是洋葱肉汁，烩入味食用，西式快餐进入后改进为搭配煎蛋，成为早午餐的代表。

小结

通过对汉堡牛扒的实际操作学习，深入了解西餐的变化和融合的关系，了解西餐发展和演变过程，学习烹饪中实际变化和菜肴风味的融合。

测试

1 汉堡肉制作的时候加入猪绞肉的目的是什么？

2 汉堡肉制作的时候加入面包糠的目的是什么？

第五节　禽类主菜制作

一、法式白汁烩鸡（Fricassée de volailleà l'ancienne）

传统的古法烹调工艺制作的白汁烩制鸡肉，深受西方人喜爱。Fricassée是指用蘑菇、洋葱和白奶油汁烩制的菜肴。

课前阅读

课前查阅关于白汤浓汁少司（Velouté sauce）和白汁少司（Béchamel）的相关资料，并思考其在本菜品中的应用。

学习目的

1 掌握西餐传统烩制工艺以及鸡肉初加工的手法。

2 熟练掌握整鸡去骨的方法，同时通过实验过程熟悉整鸡的关节和部位分割技巧。

1. 原料（成品4人份）

主料 整鸡1000g，蘑菇150g，洋葱200g，西芹100g，胡萝卜200g，马铃薯300g，鲜茴香头200g，白葡萄酒50mL。

辅料 黄油100g，面粉50g，牛奶250mL，淡奶油30mL。

调料 香叶1片，鲜百里香1g，红葱头100g，欧芹2g，盐和胡椒粉适量。

2. 设备器具

不锈钢方盘，菜板，不锈钢煮锅，主菜盘，平底煎锅，锥形漏斗，煎铲，木搅板等。

3. 制作方法

（1）整鸡去骨分割成鸡腿（带主骨）、鸡胸、鸡翅，用盐、胡椒粉、百里香、红葱头碎、白葡萄酒腌制；鸡骨架用香叶、调味蔬菜、百里香、蘑菇头熬制鸡清汤备用。

（2）马铃薯削成橄榄形，用黄油煎上色，烤熟备用；茴香头对开，用黄油煎上色备用；整个的小红葱头、蘑菇用黄油煎上色，变软备用。

（3）腌制好的鸡肉块用黄油煎香取出备用；锅内再放入红葱头碎、面粉炒香，加入牛奶和鸡清汤烧开后，加盐和胡椒粉调味，制成白汁少司，放入鸡肉块、蘑菇、红葱头烩制成熟，最后起锅加淡奶油。

（4）盘中先放入白汁烩的鸡肉，然后四周放上煎马铃薯和煎茴香头，撒欧芹碎即可。

4. 技术要点

（1）白汁少司可以提前预制，也可以利用原来煎锅制作，但要注意，采用方法不同可能会颜色不同。

（2）白汁少司烩制食材，时间过长牛奶会变黄，因此起锅加淡奶油。

（3）鸡肉煎制后取出，放置一段时间去除多余的油脂和鸡肉出的汁水。

5. 质量标准

鸡肉嫩滑，口味鲜美，色泽白净，淡雅清新。

6. 酒水搭配

适宜搭配各种清香型的白葡萄酒或是香槟酒。

7. 双语对应

（1）The whole chicken is divided into chicken legs, chicken breasts and wings, salted with salt, pepper, thyme, chopped red onion and white wine; the chicken skeleton is boiled with bay leaves, fragrant vegetables, thyme, and mushroom head to make chicken clear soup for standby.

（2）The potatoes are peeled with olives, fried and colored with butter, roasted for use; the fennel is split, fried, and colored with butter for use; the whole shallots and mushrooms are fried and colored with butter, and softened for use.

(3) Marinated chicken nuggets with butter and fry, then put in the sauces, stir-fry the red onion and stir-fry the flour, add the milk and chicken broth to the seasoning, add chicken nuggets, mushrooms, and red onion to make them mature, and finally add the whipped cream.

(4) Put the chicken in the white sauce, then put the fried potatoes and the fried fennel around, sprinkle the parsley to pieces.

8. 知识拓展

(1) 了解西餐烹饪中常常使用的整鸡、春鸡、肉鸡、野鸡。

(2) 了解黄油面酱的制作过程和使用方法。

小结

通过法式白汁烩鸡的实际操作学习，深入了解古法烹饪的特色。了解烹调方法和对应的原料关系之间的变化。

测试

1 白汁少司制作中锅底降温的意义是什么?

2 鸡肉加热后，如何利用后熟对菜肴质地的影响?

二、美式烤鸡（Roasted whole chicken American style）

烧烤类菜肴在每个国家和地区都很受欢迎，但是美国人对烤鸡，特别是烤火鸡的热爱到了极致，以至于美洲地区都出现不同风格的烤鸡。有炭火烤鸡、苹果木烤鸡、旋风炉烤鸡、电烤箱烤鸡、滚动烤鸡等方法，最传统的还是铸铁锅焖烤鸡。

课前阅读 课前查阅关于烤的烹调方法的相关资料，并思考其在本菜品中的应用。

学习目的

1 掌握西餐烤箱、旋风炉烤箱使用安全和使用要求。

2 熟练掌握腌制鸡肉的方法工艺，同时通过实验过程了解鸡肉如何定型，如何烤制成熟，通过烤鸡了解烤火鸡。

1. 原料（成品4人份）

主料 整鸡1500g，洋葱500g，西芹300g，胡萝卜300g。

辅料 迷你胡萝卜300g，紫薯200g，红皮马铃薯300g，红葱头100g，蘑菇100g，鲜茴香头200g。

调料 香叶1片，鲜迷迭香2g，鲜百里香2g，黄油200g，大蒜100g，鲜罗勒2g，柠檬100g，盐和胡椒粉适量。

2. 设备器具

不锈钢方盘，菜板，旋风烤箱，主菜盘，煎铲，木搅板，棉线等。

3. 制作方法

（1）整鸡清理干净，用洋葱、西芹、胡萝卜、香叶、鲜迷迭香、鲜百里香、大蒜、鲜罗勒、柠檬汁、盐、胡椒粉、植物油腌制一天，用棉线捆绑备用。

（2）迷你胡萝卜、红葱头、紫薯、红皮马铃薯、蘑菇、鲜茴香头、洋葱等蔬菜初加工成形。

（3）烤盘内先放上各种腌制蔬菜，然后放上腌制好的整鸡、黄油，入160℃烤箱烤制30min左右，放入各种加工成形后的蔬菜块，再烤制30min左右，至鸡肉色泽金黄、蔬菜全熟、变色即可。

（4）大盘内放入整鸡，四周放各种蔬菜块即成。

4. 技术要点

（1）鸡肉腌制时腹腔内要填满腌制蔬菜，才能更好地入味和定型。

（2）烤制鸡肉根据原料的大小来确定烤箱温度和时间，同时烤制时要不断地把熔化的热油脂淋在鸡肉表面，鸡肉表皮颜色和风味会更佳。

（3）各种搭配的蔬菜质地不同烤制时间也不相同，把握不同时间将其放入烤箱。

5. 质量标准

色泽金黄，肉质细腻，蔬菜软糯，搭配合理。

6. 酒水搭配

适宜搭配各种啤酒。

7. 双语对应

（1）Clean the whole chicken, marinate it with onion, celery, carrot, fragrant leaf, fresh rosemary, fresh thyme, garlic, fresh basil, lemon juice, salt, pepper, and salad oil for one day, and tie the cotton thread for standby.

（2）Mini carrot, red onion, purple potato, red potato, mushroom, fennel, onion, and other vegetables are processed.

（3）Put all kinds of pickled vegetables on the baking tray first, then put the whole chicken and butter, put them into the 160℃ to the oven, bake for about 30 minutes, put in all kinds of processed vegetable blocks, then bake for about 30 minutes, until the chicken is golden in color, the vegetables are fully cooked and colored.

（4）Put the whole chicken in the big dish, and put all kinds of vegetable blocks around to serve.

8. 知识拓展

（1）掌握果木、炭烤的方法。

（2）了解感恩节烤火鸡。

小结

通过美式烤鸡实际操作学习，深入了解美国菜肴的特色。了解烤鸡和感恩节烤火鸡的方法和风俗，学习大型食材的腌制方法和烤制时间与温度的关系。

测试

1 美式烤鸡鸡肉定型包括哪两个重要工艺？

2 美式烤鸡和克克特式焖鸡的区别是什么？

三、法式香橙烤鸭（Canetons à la orange）

18世纪初君度橙酒（Cointreau）就闻名欧洲，而香橙烤鸭20世纪初才出现在法国人的餐桌上，当时的法国中产阶级流行一个迷信，第二道菜沙拉要带来好运，因此要尽量丰盛，第三道主菜则只好做得稍微清淡、简单一些，结果酸酸甜甜的橙鸭刚好起了平衡膳食、帮助消化的作用，深受西方人喜爱。

课前阅读

课前查阅关于君度酒的相关资料，并思考其在本菜品中的应用。

学习目的

1 掌握西餐焖烤工艺以及捆绑整只禽类的手法。

2 熟练掌握鸭子分割工艺，同时通过实验过程，了解大型食材制作完成后，如何进行台前服务并了解少司浓稠的不同方法。

1. 原料（成品4人份）

主料 鸭子2000g，洋葱500g，西芹200g，胡萝卜300g，脐橙500g，柠檬100g，植物油300mL。

辅料 马铃薯400g，红葱头100g，黄油150g。

调料 鲜迷迭香2g，君度酒100mL，红葡萄酒醋30mL，玉米淀粉10g，褐色基础汤500mL，欧芹5g，香叶1片，大蒜50g，盐和胡椒粉适量。

2. 设备器具

不锈钢方盘，菜板，不锈钢煮锅，主菜盘，平底煎锅，锥形漏斗，煎铲，木搅板，棉线，烤箱等。

3. 制作方法

（1）鸭子去头、去脖子、去脚、去内脏，清洗干净，用盐、胡椒粉、洋葱、西芹、胡萝卜、香叶、鲜迷迭香、大蒜、橙汁、柠檬汁、橙皮、柠檬皮、君度酒、植物油腌制，用棉线捆绑起来腌制一天。

（2）橙皮、柠檬皮去掉背面的白色部分，切细丝，放入开水中加入大量白糖熬制出苦味，反复两次，清水冲洗后，用糖水浸泡备用；橙肉切瓣备用。

（3）焖烤锅内放入腌制的蔬菜料，然后放上煎上色的鸭子，淋黄油，入160℃烤箱烤制1h左右，烤至色泽呈深金黄色，微焦取出鸭子保温。

（4）焖锅内加入白糖、红葡萄酒醋、褐色基础汤，熬制后加盐和胡椒粉调味，用玉米淀粉增稠，制成香橙少司。

（5）少司锅内放黄油煎马铃薯厚片、洋葱丝，煎至色泽金黄即可。

（6）大盘内放入煎好的马铃薯片，放上分割的鸭腿（或鸭胸），淋香橙汁，配鲜橙肉和糖浸的橙丝、迷迭香等装饰即可。

4. 技术要点

（1）焖烤锅一般是专用的铸铁锅，受热比较均匀，使用烤箱制作烤鸭，要注意温度和时间，特别是橙鸭含汤，在最好时间点容易上色变焦。

（2）鸭子一般腥味比较重，烤制时间久一些、干一些，吃起来反而好吃些，这一点和其他肉类烤制不一样。

（3）焖锅内最后留下的焦化物质是橙汁少司的精华，一定要完全熬制进少司里面去，然后浓缩或使用淀粉勾芡。

5. 质量标准

色泽暗红，酸甜可口，鸭肉酥软，橙香浓郁。

6. 酒水搭配

适宜搭配各种香槟酒或桃红葡萄酒。

7. 双语对应

（1）Duck's head, neck, feet and viscera shall be removed and cleaned.Salt, pepper, onion, celery, carrot, bay leaves, fresh rosemary, garlic, orange juice, lemon juice, orange peel, lemon peel, cointreau wine and salad oil shall be used to marinate the duck for one day. Cotton thread shall be used to bind the duck for marinating.

（2）Remove the white part from the back of the orange peel and lemon peel, cut into thin wires, put in boiling water and add a lot of sugar to boil to make bitter taste, repeat twice, rinse with water, soak in sugar water ; cut the orange meat into slices for standby.

（3）Put the pickled vegetable ingredients in the stewing and baking pot, then put the fried duck on it, drizzle with butter, put it into the oven for 160℃, an hour, and bake it in a dark golden yellow color, and take out the duck for heat preservation.

（4）Add sugar, red wine vinegar and brown stock to the braise pot, boil to taste, thicken with corn starch to make orange sauce.

（5）Put butter in sauce pan and fry potato chips and onion shreds. Fry until golden.

（6）Put the fried potato chips in the large plate, put the split duck legs (or duck breast), pour orange juice, and decorate with fresh orange meat and sugar soaked orange shreds, rosemary, etc.

8. 知识拓展

（1）了解焖烤和烤箱、旋风烤炉的共同之处和不同之处。

（2）了解填鸭、湖鸭、麻鸭的知识。

小结

通过法式香橙烤鸭的实际操作学习，深入了解法国高档宴会菜肴的特色。了解禽类烹调方法和禽类去异味的方法。

测试

1 作为高档餐饮菜肴，法式服务对这道菜肴有什么影响？

2 餐厅服务员为什么必须学习基础烹饪？法式餐饮服务与法式烹饪的关系是什么？

四、法式油封鸭腿（Le confit de canard）

人类从史前时期就懂得用熔化的脂肪保存食物。这道菜肴是经典的法国美食代表作，据说法国国王亨利四世十分喜爱这道美食，他曾经疯狂地把一桶桶装的油封鸭运到巴黎，因为当时巴黎没有这个鸭子。美食家对这道菜肴的评论是味道是神圣的，它如此美味，可以用于沙拉，可以炖汤，也可以加热食用，它是法国菜肴的风味标尺。

课前阅读

课前查阅关于加斯科尼（Gascon）、露杰（Rougie）的相关资料，并思考其在本菜品中的应用。

学习目的

1 掌握法式烹饪油封工艺以及油封鸭腿的手法。

2 熟练掌握烹饪方法工艺，同时通过实验过程，了解鸭腿如何定型，最后如何上色的工艺。

1. 原料（成品4人份）

主料 鸭腿800g，鸭子肥油300g，花生油1000g。

辅料 马铃薯300g，黄油100g，狗牙生菜50g，玻璃生菜50g。

调料 黑胡椒粒10g，大蒜30g，鲜百里香5g，柠檬50g，红葡萄酒醋10mL，橄榄油30mL，芥末酱5g，盐适量。

2. 设备器具

不锈钢方盘，菜板，不锈钢煮锅，主菜盘，平底煎锅，锥形漏斗，煎铲，木搅板等。

3. 制作方法

（1）鸭腿清理干净、晾干水分，用盐、适量大蒜、百里香、黑胡椒擦拭，腌制一天。

（2）大锅内放入鸭油、花生油、大蒜、百里香、黑胡椒粒、鸭腿加热烧开，煮到鸭肉变软，关火冷却（油凝固冷却封住）。

（3）取出鸭腿，放入高油温油炸或煎上色即可食用。

（4）小马铃薯煮熟，用黄油煎上色，烤熟。

（5）传统的装盘方式是煎上色的鸭腿，搭配黄油煎马铃薯、生菜沙拉。

4. 技术要点

（1）油封的温度是把油加热到110℃，浸泡2h至油冷却封住。

（2）鸭腿用盐擦拭后，最好用重物压扁成形。

（3）油封的鸭腿可以保存很长时间，吃的时候取出，高温油炸或煎上色。

5. 质量标准

本色微黄，咸鲜味美，外酥里嫩，冷热均可。

6. 酒水搭配

适宜搭配各种清香型的白葡萄酒或是香槟酒。

7. 双语对应

（1）Clean the duck leg, drained the water, wipe it with garlic, thyme, and black pepper, and marinate it for one day.

（2）Put duck oil, peanut oil, garlic, thyme, black pepper, and duck leg in the big pot and heat them to boil, cook until the duck meat becomes soft, turn off the fire and cool it.

（3）Take out the duck leg, fry it in high oil or fry it in color.

（4）Boil the small potatoes, fry them in butter, and bake them.

（5）The traditional way of dish filling is to fry the colored duck legs, with butter-fried potatoes and lettuce salad.

8. 知识拓展

（1）了解传统油封鸭腿和低温烹饪的联系。

（2）腥味比较重的禽类食材，如何从食用方法上避开食材的异味。

小结

通过法式油封鸭腿的实际操作学习，深入了解传统烹饪的特色。了解烹调方法油封的作用以及食物搭配和装盘的外在联系。

测试

1 法国油封鸭腿的烹饪技法还可以制作什么菜肴？

2 法式油封和中式油浸的相同之处和不同之处是什么？

五、鸡肉卷配红酒汁（Chicken rolls with red wine sauce）

法式菜肴的刀工也比较有特色，比如整鸡去骨酿制后做成鸡卷的菜肴。多种烹饪手法的应用，多种少司的融合，开创了法式菜肴的新篇章。

课前阅读

课前查阅关于西班牙少司的相关资料，并思考其在本菜品中的应用。

学习目的

1 掌握西餐整鸡去骨的工艺以及卷制菜肴的手法。

2 熟练掌握酿、煎、烤的工艺，同时通过实验过程，理解如何定型，如何装盘装饰。

1. 原料（成品4人份）

主料　整鸡1500g，西蓝花200g，鸡胸肉200g，胡萝卜500g，洋葱300g，西芹200g，马铃薯500g，荷兰豆100g，有机番茄100g。

辅料　番茄酱30g，大蒜30g，淡奶油100mL，红葡萄酒50mL，红葱头30g，黄油100g，面粉50g。

调料　鲜百里香2g，鲜百里香1g，香叶1片，盐和胡椒粉适量。

2. 设备器具

不锈钢方盘，菜板，不锈钢煮锅，主菜盘，平底煎锅，锥形漏斗，煎铲，木搅板，保鲜膜，棉线，肉锤等。

3. 制作方法

（1）整鸡去骨后的鸡骨架用黄油炒香、炒上色，加入洋葱、西芹、胡萝卜、香叶、百里香、迷迭香、番茄酱、面粉，再加入清水熬制4h左右，过滤成简易西班牙少司。

（2）鸡胸肉打肉糜，加入淡奶油、煮好的西蓝花碎、鲜百里香、盐、胡椒粉调味后备用；胡萝卜切长条，煮熟备用；马铃薯煮熟，制作成马铃薯饼；荷兰豆煮熟氽水备用。

（3）去骨整鸡肉，用肉锤拍打后，撒盐、胡椒粉，放在保鲜膜上面，中间抹上鸡肉肉糜，放上胡萝卜条卷起来，用棉线捆绑定型。

（4）煎锅内放少许油，把鸡肉卷煎上色，入烤箱以180℃炉温烤制，烤熟取出去掉棉线，再大火把表面煎脆。

（5）蒜香奶油红酒汁　黄油炒香大蒜、红葱头碎，加入红葡萄酒、鲜迷迭香、简易西班牙少司，加盐和胡椒粉调味浓缩成少司。煎锅内把有机番茄煎上色，马铃薯饼两面煎黄，荷兰豆炒香即可调味。

（6）大盘内放上马铃薯饼、荷兰豆、有机番茄和切好的鸡肉卷，淋少司即可。

4. 技术要点

（1）简易西班牙少司和褐色少司相似不相同，颜色更红润些。

（2）鸡肉剔骨保持不破皮，技术难度较大。

（3）鸡肉卷烤后表皮不脆，因此可以先烤后煎，或是先上色，再烤，最后取出煎脆表皮。

5. 质量标准

鸡肉细腻，风味突出，造型大方，搭配合理。

6. 酒水搭配

适宜搭配各种清香型的白葡萄酒。

7. 双语对应

（1）The whole chicken skeleton after bone removal is fried with butter and colored.Onion, celery, carrot, coriander, thyme, rosemary, tomato sauce and flour are added, then boiled with water for about 4 hours, and then filtered into Spanish basic stock.

（2）Chicken breast with minced meat, add cream, boiled broccoli, fresh thyme, salt and pepper to taste and then reserve; cut carrot into long strips and boil them for reserve; boil potatoes to make potato cakes; boil and boil Holland beans for reserve.

（3）Bone the whole chicken, beat it with a meat hammer, sprinkle salt and pepper, put it on the fresh-keeping film, smear chicken mince in the middle, roll it up with carrot strips, and tie it with cotton thread.

（4）Put a little oil in the frying pan, fry and color the chicken, put it into the oven for 180℃, take out the cotton thread when it's done, and then fry the surface over high heat.

（5）Garlic cream red wine sauce: stir fry garlic and red onion with butter, add red wine, fresh rosemary and Spanish basic sauce, and then concentrate the sauce into sauce.In the frying pan, fry the organic tomatoes and colored them, fry the potato cakes on both sides in yellow, and fry the Holland beans to taste.

（6）Put potato cake, Holland beans, organic tomatoes and cut chicken roll on the large plate, and drizzle with sauce.

8. 知识拓展

（1）法国烹饪里的西班牙褐色少司是烹饪的基础少司，有别于褐色少司。

（2）蒜香奶油红酒汁是红酒少司以及蒜香奶油汁的变化少司。

小结

通过法式鸡肉卷配红酒汁的实际操作学习，深入了解法式烹饪卷酿食材的特色。了解多种烹调方法的组合运用以及基础少司的变化。

测试

1 西班牙褐色少司和褐色少司的区别是什么？

2 红酒汁和奶油汁、蒜蓉汁的区别是什么？融合在一起后的蒜香奶油红酒汁的风味有何变化？

第六节　鱼类主菜制作

一、香煎三文鱼（Dos de saumon sur peau）

这是一道法式风味的传统海鲜菜肴。制作时，将带皮的三文鱼煎香、烤熟，配以用韭葱和培根制成的白黄油汁，鱼皮干香、鱼肉细嫩，风味独特。

课前阅读　课前查阅三文鱼、韭葱的相关资料，并思考其在本菜品中的应用。

学习目的

1 掌握西餐煎、扒的工艺技巧。

2 熟练掌握少司制作工艺，同时通过实验过程，认识三文鱼品种，鉴别其质量，并学习西餐装盘、造型。

1. 原料（成品4人份）

主料　三文鱼1000g，淡奶油50mL，安佳黄油100g，面粉50g。

辅料　胡萝卜300g，红葱头30g，白葡萄酒50mL，牛油果150g。

调料　大蒜5g，香葱15g，培根50g，韭葱150g，盐和胡椒粉适量。

2. 设备器具

不锈钢方盘，菜板，不锈钢煮锅，主菜盘，平底煎锅，锥形漏斗，煎铲，木搅板等。

3. 制作方法

（1）取带皮三文鱼柳，去除骨刺，切成150g的块，冷藏备用。

（2）黄油炒红葱碎、大蒜、培根丝、韭葱丝炒匀出香味，加入白葡萄酒煮干，倒入淡奶油煮稠，离火加黄油搅化，加盐和胡椒粉调味后成白葡萄酒奶油汁，保温备用。

（3）将三文鱼皮面粘面粉，皮向下放入热油中煎制。定型、上色后，转小火煎至五到七成熟，取出保温备用。

（4）热菜盘中放入韭葱、培根丝、牛油果粒，再放上三文鱼柳（皮面向上），淋上白葡萄酒黄油汁，装饰即成。

4. 技术要点

（1）加入奶油后用小火浓缩煮稠酱汁。黄油离火加入，调色、增亮，边加边搅动，便于少司乳化。

（2）最好用不粘锅煎三文鱼柳，以免粘锅煳底。

（3）装盘时鱼皮向上，突出皮面香、脆的特色。

5. 质量标准

鱼皮香脆，肉质细嫩。韭葱、培根香味浓郁，风味独特。

6. 酒水搭配

适宜搭配各种白葡萄酒。

7. 双语对应

（1）Take salmon fillet with skin, remove fish bone, cut into 150g for pieces, refrigerate for standby.

（2）Stir-fry onion with butter, garlic, bacon, and leek, stir well to give the aroma, add white wine to dry, pour in light cream to thicken, stir with butter from the fire, season and then turn into white wine cream sauce, keep warm for standby.

（3）Dip the salmon skin with flour and fry in hot oil.After setting and coloring, fry over low heat until medium to medium-well is mature, and take out for heat preservation.

（4）Put leek, bacon, avocado in the hot dish, then put salmon fillet（skin up）, sprinkle with white wine and butter sauce, then decorate.

8. 知识拓展

（1）深海三文鱼和淡水养殖三文鱼的质量鉴别。

（2）韭葱和蒜苗、红葱头原料学习。

小结

通过对香煎三文鱼的实际操作学习，深入了解西餐煎、扒的区别，了解西餐原料三文鱼的质量鉴别和品种。

测试

1 如果没有韭葱可以用什么替代？

2 牛油果快速成熟的方法是什么？

二、俄式烤鱼（Old-fashioned fish pie with mashed potatoes，Russian style）

这是一道传统的俄式宫廷菜肴，一道菜肴兼具主菜与主食的特点。一般由侍者端上餐桌，客人自己取用一定量的菜肴放入盘中。等上下一道蔬菜菜肴时，再取用一部分放在一起，是一种半自助式高档宴会方法。

课前阅读

课前查阅马铃薯泥的相关资料，并思考其在本菜品中的应用。

学习目的

1 掌握西餐马铃薯泥制作方法。

2 熟练掌握菜肴制作方法。同时通过实验过程，强化马铃薯泥制作、白汁少司加入芝士的工艺学习以及对传统菜肴的装盘、造型要求的学习。

1. 原料（成品4人份）

主料 石斑鱼150g，三文鱼100g，牛奶100mL，洋葱50g，培根50g，车打芝士25g，马苏里拉芝士50g，青豆30g。

辅料 黄油50g，面粉80g，马铃薯1000g，鸡蛋50g，樱桃番茄15g。

调料 大蒜15g，香叶1片，鲜罗勒叶2片，盐和胡椒粉适量。

2. 设备器具

不锈钢方盘，菜板，不锈钢煮锅，主菜盘，平底煎锅，锥形漏斗，煎铲，木搅板等。

3. 制作方法

（1）马铃薯切圆柱体备用，剩余部分制作成薯泥备用；用牛奶、洋葱、香叶煮制石斑鱼、三文鱼，过滤备用。

（2）黄油、面粉、煮鱼的牛奶水，制成白汁少司，趁热拌入车打芝士、马苏里拉芝士，加盐和胡椒粉调味。

（3）焗盘内抹大蒜，放入鱼肉、培根、熟青豆，淋白汁少司，然后拌匀；薯泥调味加入豆蔻粉，抹在鱼肉表面，上面放上薄马铃薯片，刷蛋液入烤炉烤上色即可。

4. 技术要点

（1）薯泥炒至出现香味，微微翻砂。

（2）用煮海鲜的汤制作白汁少司，调和芝士，离火搅匀拉丝。

（3）做好的薯泥和浓稠的白汁少司软硬相当，才不会分离。

5. 质量标准

高端大气，奶香浓郁，风味鲜美，色泽金黄。

6. 酒水搭配

适宜搭配各种浓郁香型白葡萄酒或白兰地酒。

7. 双语对应

（1）Cut the potatoes into cylinders and prepare the rest into mashed potatoes.Boil the milk, onion, and bay leaves to make grouper and salmon and filter them.

（2）Butter, flour, boiled fish milk, made into a white base sauce, during hot mix in Cheddar cheese, Mozzarella cheese, for seasoning.

（3）Put garlic, fish meat, bacon and cooked green beans in the baking tray, pour the white stock, and mix well; add cardamom powder to the mashed potatoes, spread it on the surface of fish meat, put potato chips on it, brush the egg liquid and bake it in the oven for coloured.

8. 知识拓展

（1）传统菜肴的装盘和现代分餐装盘的区别。

（2）俄国马铃薯品种品质的鉴定。

小结

通过对传统俄式烤鱼的际操作学习，深入了俄式宫廷菜肴和现代西餐分餐的装盘技巧。了解西餐原料马铃薯的质量鉴别和品种。

测试

1 不同品种的马铃薯在实际使用中适合什么样的菜肴？

2 牛奶煮鱼加柠檬和不加柠檬的原因是什么？

三、清煮海鲈鱼配荷兰汁（Poached sea bass, sauce hollandaise）

一款以特色煮鱼带来的鱼肉品质，搭配风味独特的荷兰少司的传统菜肴。海鲈鱼和淡水鲈鱼肉质区别较大，深刻体会土腥味与海腥味的差异。

课前阅读

课前查阅海鲈鱼与淡水鲈鱼的相关资料，并思考海鲈鱼在本菜品中的应用。

学习目的

1 掌握西餐烹调方法煮制方法。学习制作荷兰汁。

2 熟练掌握煮制鱼类的技巧。同时通过实验过程，强化西式装盘、造型和菜肴搭配的关系。

1. 原料（成品4人份）

主料 海鲈鱼1200g，马铃薯300g，洋葱50g，西芹30g，胡萝卜150g，樱桃番茄50g，芦笋50g。

辅料 牛奶200mL，安佳黄油100g，柠檬100g，白葡萄酒30mL，鸡蛋100g。

调料 大蒜30g，欧芹2g，鲜百里香1g，香叶1片，盐和胡椒粉适量。

2. 设备器具

不锈钢方盘，菜板，不锈钢煮锅，主菜盘，平底煎锅，锥形漏斗，煎铲，木搅板等。

3. 制作方法

（1）鲈鱼剔骨，取鱼肉用调味蔬菜和白葡萄酒、香叶、百里香腌制备用。

（2）制作配菜　制作马铃薯泥、炸胡萝卜丝、烤樱桃番茄、煮芦笋节。

（3）汤锅内放入盐和胡椒粉、牛奶和清水，加入调味蔬菜、香叶、百里香，煮沸后煮鱼柳备用；熔化黄油，开始制作荷兰汁。

（4）大盘内挤马铃薯泥花，装饰、搭配上芦笋、樱桃番茄，放上煮好的鱼柳，淋上荷兰汁，装饰炸胡萝卜丝、欧芹即可。

4. 技术要点

（1）注意煮鱼柳和荷兰汁同步开始制作。

（2）制作环境温度和黄油的熔化温度的关系。

（3）荷兰汁制作简单，关键是把握上菜的时间。

5. 质量标准

鱼肉细嫩，奶香浓郁，荷兰汁清爽，搭配合理。

6. 酒水搭配

适宜搭配各种清淡的白葡萄酒。

7. 双语对应

（1）Remove the bass bones, marinate the fish meat with fragrant vegetables, white wine, bay leaves，and thyme.

（2）Make side dishes: mashed potatoes, fried carrot shreds, roasted cherry tomatoes, boiled asparagus sections.

（3）Put milk and water in the soup pot，add fragrant vegetables, bay leaves, and thyme, cook fish fillet for use after barbecue; melt butter and start making hollandaise sauce.

（4）Squeeze the mashed potato in the big dish, decorate and match with asparagus and cherry tomato, put on the cooked fish fillet, drizzle with hollandaise sauce, decorate with fried carrot shreds and Parsley.

8. 知识拓展

（1）荷兰汁不是荷兰人的少司。

（2）牛奶煮鱼和清水煮鱼风味上的区别。

小结

通过对清煮海鲈鱼配荷兰汁的实际操作学习，深入了解荷兰汁制作工艺难点。了解西餐原料番海鱼的品种和搭配关系。

测试

1　西式剔鱼骨与中式剔鱼骨的区别和各自的优点是什么？

2　黄油的质地和品质对菜肴有什么影响？

四、炸鱼肉薯条配塔塔少司（Fish chip with Tartare sauce）

这道菜是英式菜肴的典范。从19世纪开始，据说商人会拿泰晤士报包裹上现炸的鱼肉与薯条出售给人们，人们一边看报纸，一边吃里面的炸鱼肉薯条。

课前阅读

课前查阅鳕鱼的相关资料，并思考其在本菜品中的应用。

学习目的

1 掌握西餐挂糊炸制食物的制作方法。

2 熟练掌握鳕鱼去骨去鱼刺的方法。同时通过实验过程，强化学习食物腌制的工艺。

1. 原料（成品4人份）

主料 鳕鱼200g，马铃薯200g。

辅料 洋葱25g，西芹25g，胡萝卜25g，柠檬100g，白葡萄酒30g，面粉100g，泡打粉5g，鸡蛋150g。

调料 鲜百里香1g，大蒜5g，水瓜柳5g，酸黄瓜5g，马乃司汁150g，李派林喼汁5g，欧芹3g，盐和胡椒粉适量。

2. 设备器具

不锈钢方盘，菜板，不锈钢煮锅，主菜盘，平底煎锅，锥形漏斗，煎铲，木搅板，厨房用纸，牛油纸等。

3. 制作方法

（1）鳕鱼去皮、去骨、去鱼刺，用李派林喼汁、盐、胡椒粉、洋葱碎、西芹碎、胡萝卜碎、鲜百里香、盐和胡椒粉、清水浸泡腌制。

（2）马铃薯切粗条，盐水煮七分熟，取出冷冻备用；鸡蛋、面粉、泡打粉、植物油调制成面糊备用；制作塔塔少司备用。

（3）取出腌制好的鱼肉，沥干水分，沾面糊炸制，同时炸薯条。

（4）取泰晤士报纸一张，放上牛油纸一张，放上炸好的鱼肉薯条，配柠檬角、塔塔少司即可。

4. 技术要点

（1）鳕鱼腥味特别突出，腌制一定要彻底。

（2）炸英式薯条要求马铃薯品质特别好，切特别粗。

（3）炸鱼肉薯条油温和炸制的时间把控特别关键。

5. 质量标准

色泽金黄，鱼肉细腻，马铃薯糯软，咸鲜不腻。

6. 酒水搭配

适宜搭配各种啤酒、威士忌酒。

7. 双语对应

（1）The cod is boned, marinated with worcestershire sauce, salt, pepper, chopped onion, chopped celery, chopped carrot, fresh thyme, and water.

（2）Cut potatoes into thick strips, boil them in salted water for medinm well, take them out for freezing; mix eggs, flour, baking powder, and salad oil into the batter for standby; make Tatar sauce for standby.

（3）Take out the marinated fish, drain the water, dip in the batter and fry, meanwhile, making the french fries.

（4）Take a wrap to put on fried fish and chips, with lemon horn and Tartare sauce.

8. 知识拓展

（1）2012年一份“你认为什么东西最能代表英国?”的调查投票中，炸鱼薯条打败了披头士乐队、下午茶、莎士比亚、白金汉宫和英国女王，成为英国人心目中的最高象征。

（2）在“二战”著名的诺曼底登陆日，英国士兵靠“Fish（鱼）”对“Chips（薯条）”作为互相确认身份的暗号——当然这个暗号很快就被德国人破译了。

小结

通过对炸鱼肉薯条的实际操作学习，深入了解英式菜肴的风格。深入了解鳕鱼质量鉴别和品种区分。

测试

1 世界范围内鳕鱼品种有哪些?

2 鳕鱼和油鱼的区别是什么?

五、意式酿鱿鱼卷配彩椒少司（Squid stuffed meat with vegetable sauce）

近几年由于分子料理的流行，西式菜肴中各种彩色蔬菜少司逐步替代了传统的肉汁少司。但是烹饪的基础并没有改变，只是更加体现了融合特色。

课前阅读 课前查阅关于彩椒少司的制作相关资料，并思考其在本菜品中的应用。

学习目的

1 掌握西餐酿制食物的制作工艺流程，了解煎、烤的烹调方法的使用。

2 熟练掌握食物酿制技巧，同时通过实验过程，掌握由煎到烤两种烹饪手法的运用技艺，学习色彩装盘、造型要求。

1. 原料（成品4人份）

主料 鱿鱼800g，牛绞肉100g，红椒200g，南瓜100g，马苏里拉芝士50g，芦笋30g，马铃薯100g，意大利面条100g。

辅料 面包糠25g，洋葱50g，淡奶油100mL，牛奶50mL。

调料 塔巴斯克辣椒仔10mL，欧芹5g，番茄少司150mL，柠檬50g，咖喱粉5g，大蒜30g，黄油50g，橄榄油10mL，鲜罗勒2g，黄原胶2g，盐和胡椒粉适量。

2. 设备器具

不锈钢方盘，菜板，不锈钢煮锅，主菜盘，平底煎锅，锥形漏斗，煎铲，木搅板等。

3. 制作方法

（1）鱿鱼初加工去内脏、筋膜备用；马铃薯切薄片炸成薯片备用；芦笋焯水备用；洋葱切碎，炒香备用；意大利面条煮熟备用。

（2）把炒香的洋葱碎、咖喱粉、马苏里拉芝士碎、面包糠、牛绞肉、盐、胡椒粉、鲜罗勒碎混合成牛肉馅，然后酿入鱿鱼肚子里面，插入芦笋，用牙签封口。再将酿好的鱿鱼放入煎锅煎上色，入180℃烤箱内烤熟。

（3）彩色蔬菜少司　黄油炒南瓜片加牛奶煮软，用破壁机打成蓉，调和成少司；红椒烧去表皮，清洗干净，加塔巴斯克辣椒仔、白糖、黄原胶，用破壁机打成蓉，调和成少司。

（4）烤好的鱿鱼切厚片装盘，配炸薯片，双色少司汁。

（5）旁边配黄油炒大蒜、番茄少司的意大利面条即成。

4. 技术要点

（1）肉馅要很细、淡奶油加入后用力搅拌，制作出的肉馅口感才不粗糙。

（2）双色少司浓稠度要求基本一致，才有可能勾画出融合的双色少司。

（3）工艺流程比较复杂，需要多人配合操作。

5. 质量标准

色彩丰富，口味酸辣，鱿鱼弹韧，牛肉细嫩。

6. 酒水搭配

适宜搭配各种浓郁香型的白葡萄酒或白兰地酒。

7. 双语对应

（1）For the first processing of squid; slice potatoes and fry them for use; blanch asparagus for use; chop onions and stir-fry them for use; cook spaghetti for use.

（2）Mix the chopped onion, curry, Mozzarella cheese, breadcrumbs, ground beef, salt, pepper, and fresh basil into the beef stuffing, then put them into squid belly, insert asparagus and seal with a toothpick.Then put the squid into the frying pan, fry, and color, and bake in the oven at 180℃.

（3）Color vegetable sauce　stir-fry pumpkin slices with butter and milk, cook them soft, mash them with a blender, and mix them into sauce; burn red peppers to remove the skin, clean them, add Tabasco peppers, sugar and xanthan gum, mash them with a blender, and mix them into sauce.

（4）Cut the squid into thick slices and put them on a plate. Serve with fried bean slices and two-color sauce.

（5）Spaghetti with garlic and tomato sauce.

8. 知识拓展

（1）国内出售的大部分是有盐鱿鱼，从价格上分析其原因。

（2）了解鱿鱼和墨鱼的区别和质地差异。

小结

通过对意式酿鱿鱼的实际操作学习，深入了解意大利菜肴的特色。了解烹调方法中的酿制的手法和两种烹饪方法混合使用的好处。

测试

1 炸薯片的关键时间节点是什么时候？

2 烤好的酿鱿鱼为什么要放气？

六、法式芝士焗大虾配沙拉（Baked cheese prawns served with salad）

法式芝士焗海鲜菜肴的方法众多，不同风味的芝士可以做出不同风味的菜肴。特别是半硬质牛奶奶酪（Raclette cheese）搭配海鲜、马铃薯、法棍面包都是非常好的选择。

课前阅读　课前查阅关于焗的烹调方法的相关资料，并思考其在本菜品中的应用。

学习目的

1 掌握西餐烹调方法焗，合理使用焗炉。

2 熟练掌握焗炉的使用和温度控制，同时通过实验过程，对于焗炉有深刻的了解，特别是对面火加入烹饪方法的学习。

1. 原料（成品4人份）

主料　特大虾1200g，半硬质牛奶奶酪200g，法棍面包150g。

辅料　培根30g，蘑菇30g，红葱头30g，大蒜30g，白葡萄酒30mL，黄油30g，面粉30g，牛奶100mL，淡奶油30mL，芝麻生菜50g，红葡萄酒醋30mL，法式芥末仔5g，橄榄油100mL，樱桃小番茄50g。

调料　黑胡椒碎2g，欧芹2g，柠檬50g，盐和胡椒粉适量。

2. 设备器具

不锈钢方盘，菜板，不锈钢煮锅，主菜盘，平底煎锅，锥形漏斗，煎铲，木搅板等。

3. 制作方法

（1）先把特大虾去头、背开后清洗干净，虾头清洗后煮熟装饰；法棍面包切厚片抹黄油煎至金黄色备用。
（2）芝麻生菜、红葡萄酒醋、法式芥末仔、橄榄油、樱桃小番茄混合拌匀成沙拉备用。
（3）黄油炒面粉加入牛奶、淡奶油成白汁少司备用。
（4）锅内放入黄油炒香大蒜、培根、洋葱、蘑菇碎，加入白葡萄酒、白汁少司，加盐和胡椒粉调味后淋在背开的特大虾背上，再把半熔化的半硬质牛奶奶酪汁淋在最上面，入焗炉焗上色、大虾成熟即可装盘。
（5）装盘，法棍面包放中间，上面放上焗成金黄色的大虾，四周淋少许橄榄油，放上拌匀的芝麻菜沙拉。搭配柠檬角即可。

4. 技术要点

（1）软化半硬质牛奶奶酪需用到专业的面火焗板加热，再用刮刀刮下来。
（2）焗大虾要根据虾的实际大小调整烹饪方法，比如可以先把大虾烤至半熟，再淋白汁和芝士去焗。
（3）要注意海鲜产品烹饪加热都有出水的可能。

5. 质量标准

色泽金黄，芝士浓郁，虾肉细嫩，香而不腻。

6. 酒水搭配

适宜搭配各种淡雅香型的白葡萄酒或白兰地酒。

7. 双语对应

（1）Remove the head and back of the prawns, then clean them, and boil them for decoration. Then, cut the thick slices of baguette, spread butter, and fry them in golden color.
（2）Mix the rocket salad, red wine vinegar, French mustard, olive oil, and cherry tomato into a salad.
（3）Stir-fry the flour with butter and add the milk and cream to form the white base juice.
（4）Stir-fry garlic, bacon, onion, and mushroom in butter, add white wine and white base sauce, season and pour on the back of the giant prawn, then pour the semi-melted Racette cheese juice on the top, bake in the oven, color, and mature prawn, then dish.
（5）Put the baguette in the middle, top with baked prawns, drizzle a little olive oil around, and put on the mixed sesame salad.Match with the lemon horn.

8. 知识拓展

（1）法国产的半硬质牛奶奶酪和瑞士产的芝士火锅。
（2）奶酪的质地差异和酒水搭配关系。

小结

通过法式焗大虾的实际操作学习，深入了解各种奶酪的特色。了解烹调方法中的焗和焗炉的使用方法，学习西餐烹饪面火加热的好处。

测试

1 芝士的种类和风味有哪些？
2 焗炉的使用安全制度是什么？

七、法式香煎比目鱼柳配黄油柠檬汁（Pan fry ounder fillet，French style）

黄油少司是西餐传统少司的精华，特别是搭配海鲜类菜肴深受西方人喜爱。

课前阅读 课前查阅关于比目鱼的相关资料，并思考其在本菜品中的应用。

学习目的

1 掌握西餐黄油煎的工艺以及鱼类菜肴拖蛋的手法。

2 熟练掌握黄油煎食物的方法工艺，同时通过实验过程，掌握对于一些容易损坏、变形的食材，采用拖蛋的工艺手法定型。

1. 原料（成品4人份）

主料 比目鱼1500g，小马铃薯300g，柠檬150g，西蓝花100g。

辅料 安佳黄油150g，水瓜柳50g，白葡萄酒150mL，面粉100g，鸡蛋50g，红葱头30g。

调料 大蒜50g，鲜百里香2g，鲜茴香头100g，欧芹5g，盐和胡椒粉适量。

2. 设备器具

不锈钢方盘，菜板，不锈钢煮锅，主菜盘，平底煎锅，锥形漏斗，煎铲，木搅板等。

3. 制作方法

（1）比目鱼剔出鱼柳四条，用红葱头、大蒜、百里香、白葡萄酒、柠檬汁盐、胡椒粉腌制备用；小马铃薯煮熟，去皮备用；西蓝花焯水备用。

（2）腌制后的鱼柳粘面粉、鸡蛋液，放入黄油锅中两面煎上色取出，保温。

（3）锅内再加入黄油，炒红葱头碎、大蒜碎、水瓜柳，加入水瓜柳汁、柠檬汁、白葡萄酒、鲜茴香头煎制马铃薯和西蓝花，放入鱼柳稍微浸泡在黄油柠檬汁中即可装盘。

（4）大盘内放上黄油马铃薯，撒欧芹碎；放上西蓝花、柠檬半个。再放上煎好的鱼柳，把原汁淋上去即可。

4. 技术要点

（1）黄油香煎的食物可以一锅同时完成所有食材的烹饪，只是需掌握好不同食材放入的先后次序。

（2）拖蛋液的食材煎制的时候，注意温度不要太高，因为表面的鸡蛋液很容易上色。

（3）黄油柠檬少司，关键的是黄油、柠檬汁、白葡萄酒、欧芹构成少司的主要风味，加盐和胡椒粉调味前一定要注意使用的是有盐黄油还是无盐黄油。

5. 质量标准

色泽淡雅，鱼肉细嫩，咸酸解腻，配搭合理。

6. 酒水搭配

适宜搭配各种清香型的白葡萄酒或是香槟酒。

7. 双语对应

（1）Four fillets of flounder are picked out and marinated with red onion，garlic，thyme，white wine，lemon juice salt and pepper for standby; small potatoes are boiled and peeled for standby; broccoli is blanched for standby.

（2）Dip the marinated fish fillet with flour and egg liquid, fry it on both sides in a butter pot, color it, and take it out.Keep warm.

（3）In the pot, add butter and stir-fry chopped red onion, garlic, capers and its juice, lemon juice, white wine, fresh fennel; fried potato, broccoli, put the fish fillet into the butter and lemon juice, and then put it into the plate.

（4）Put buttered potatoes on the big plate, sprinkle with parsley mince, half broccoli, and lemon. Add the fried fish fillet and pour the juice.

8. 知识拓展

（1）熟悉比目鱼和左口鱼以及其他鲽鱼类的质量品种。

（2）了解黄油煎和植物油煎食物的烹饪手法。

小结

通过法式香煎比目鱼的实际操作学习，深入了解黄油煎和普通植物油煎食材的特色。了解烹调方法中酸性物质对于油性食材如何达到平衡解腻的作用。

测试

1 比目鱼、左口鱼、平鲽鱼、舌鳎鱼、多宝鱼、龙利鱼的相同和不同之处是什么？

2 采用拖蛋工艺，食材最后出现脱皮的原因是什么？

第七节　蔬菜及简餐类制作

一、公司三明治（Club sandwich）

公司三明治，也叫俱乐部三明治（Clubhouse sandwich），是用煎蛋、火腿、蔬菜、培根和番茄等各式食材制作而成。有时会制成双层形式，切成四等份，并用牙签穿好，是欧美国家较受欢迎的一道比较方便快捷的食品，营养均衡，热量充足。

课前阅读

课前查阅三明治的相关资料，并思考其在本菜品中的应用。

学习目的

1 掌握烘烤三明治面包片的方法。

2 熟练掌握切割三明治的技巧。同时通过实验过程，强化学习三明治装盘和搭配薯条及盘头的要求。

1. 原料（成品4人份）

主料 吐司面包12片，西式火腿120g，鸡蛋250g，培根120g，酸黄瓜50g，番茄100g，直叶生菜50g，黄瓜150g。

辅料 薯条120g，欧芹2g，红椒15g，直叶生菜15g，红葱头15g。

调料 蛋黄酱50g，黄油50g。

2. 设备器具

不锈钢方盘，菜板，不锈钢煮锅，菜盘，吸水纸，平底煎锅，锥形漏斗，汤盘，汤盅，煎铲，木搅板，保鲜膜，肉锤，裱花嘴，一次性裱花袋等。

3. 制作方法

（1）番茄、生菜清洗干净，切片备用；酸黄瓜切片备用；鸡蛋打散，煎成鸡蛋片备用；火腿、培根片，煎上色备用。

（2）吐司面包放入面火焗炉烤上色，翻面烤上色，取出，一面抹黄油。

（3）取面包一片，抹过黄油的面向上，放上直叶生菜一片、火腿一片、酸黄瓜一片；再放上面包一片，放上黄瓜片、番茄片、鸡蛋片、培根片，抹上蛋黄酱，放上面包一片（抹过黄油的面向下）。

（4）三明治的四个边上插牙签，先切掉四边的面包边，然后沿对角线切成两块，再对角线切成四块三角形。

（5）炸薯条备用。

（6）大盘上放上用欧芹、红椒、直叶生菜、红葱头圈做的盘头装饰，配上适量的炸薯条，放上四块三角形三明治即可。

4. 技术要点

（1）注意烤吐司面包应该使用专业的烤炉，上色快，避免面包干裂。

（2）切三明治要求刀工技巧高。

（3）原料摆放时注意色泽的搭配，具有层次感，切好后刀口平整。

5. 质量标准

色彩丰富，造型美观，刀口平整，层次分明。

6. 酒水搭配

搭配各种饮料或是可乐、咖啡均可。

7. 双语对应

（1）Clean the tomatoes and lettuce, slice them for use; slice the pickled cucumber for use; break up the eggs and fry them into egg slices for use; fry the ham and bacon slices for use.

（2）Put the toast in the oven, turn it over, and put butter on the side.

（3）Take a piece of bread, put the buttered side

up, put on a piece of straight leaf lettuce, a piece of ham, a piece of pickled cucumber; then put on a piece of bread, put on a piece of cucumber, tomato, egg, bacon, put on mayonnaise, put on a piece of bread (buttered side down).

(4) Place toothpicks on the four sides of the sandwich. First, cut off the four sides of the bread, then cut two pieces diagonally, and then cut four triangles diagonally.

(5) Making French fries.

(6) On the big plate, put on the dish decoration made by using incense, red pepper horn, lettuce, and red onion circle, with a proper amount of French fries, and put on four triangle sandwiches.

8. 知识拓展

(1) 三明治面包是专门的吐司面包，其质感细密，气孔均匀，模具大小适度，应该专门制作。

(2) 西式火腿是火腿肉制作，不是简单的火腿肠的质地。

小结

通过对公司三明治的实际操作学习，深入了解西式简餐操作手法并利用实际环境制作菜肴，了解西餐火腿、面包的质量鉴别和品种。

测试

1 为什么制作三明治看似简单，实际制作有难度?
2 公司三明治和开面三明治的不同之处是什么?

二、美式牛肉汉堡包（Beef hamburger）

美式汉堡包是德国汉堡地区的牛肉饼传入美洲地区后演变来的，是美式快餐兴起的代表。汉堡包基本已成为美国快餐的代表，其大型企业有麦当劳、汉堡王等。麦当劳控制了美国高速公路网的所有休息站，在那里只能出售麦当劳的汉堡食物，而汉堡王基本是本地区的大小商场附近的快餐。

课前阅读

课前查阅关于美式快餐的相关资料，并思考其在本菜品中的应用。

学习目的

1 掌握汉堡包的烹饪方法。
2 熟练掌握快速制作菜肴的技巧。同时通过实验过程，强化学习牛肉汉堡包的肉饼馅料和工艺流程。

1. 原料（成品4人份）

主料 汉堡面包4个，牛绞肉800g，洋葱300g，吐司面包100g，牛奶50mL，豆蔻粉1g，黄油30g。

辅料 生菜50g，酸黄瓜50g，洋葱碎10g，番茄120g，芝士片4片，薯条120g，欧芹2g，直叶生菜15g，黑橄榄10g，黄椒15g。

调料 番茄少司100mL，蛋黄酱30g，盐和胡椒粉适量。

2. 设备器具

不锈钢方盘，菜板，不锈钢煮锅，菜盘，吸水纸，平底煎锅，锥形漏斗，汤盘，汤盅，煎铲，木搅板，保鲜膜，肉锤，裱花嘴，一次性裱花袋等。

3. 制作方法

（1）先把洋葱炒香、炒黄，取出和牛绞肉混合，加入用牛奶浸泡过的吐司面包蓉，豆蔻粉、盐和胡椒粉混合，用力搅拌均匀，摔打出劲道。

（2）模具上抹植物油，取出120g左右牛肉馅做成肉饼，放入冰箱冷冻。

（3）汉堡面包切三层，抹黄油煎上色备用。

（4）锅内放入植物油，煎牛肉饼，煎上色，成熟后取出。

（5）汉堡面包片上放上生菜、牛肉饼、番茄片，撒洋葱碎，再放上面包片，放上生菜、酸黄瓜片、蛋黄酱、芝士片，再扣上面包片即可。

（6）盘头配炸薯条、蔬菜沙拉即可。

4. 技术要点

（1）牛肉饼制作要求大小均匀，中间较薄。

（2）原料摆放注意色泽搭配，应具有立体感。

5. 质量标准

色彩丰富，成菜美观，咸鲜适口。

6. 酒水搭配

适宜搭配各种饮料或是可口可乐。

7. 双语对应

（1）First, stir fry the onion, take out the yellow and mix with the minced beef, add the toasted bread and cardamom powder soaked in milk and mix them, stir them evenly, and then hit the hard way.

（2）Spread salad oil on the mold, take out about 120g of beef filling to make meat cake and put it into the refrigerator for freezing.

（3）Cut the hamburger bread into three layers and fry with butter.

（4）Put the salad oil in the pot, fry the beefcake, color it, and take it out when it is ripe.

（5）Put lettuce, beef pie, tomato slices on the hamburger bread slice, sprinkle chopped onion, then put on the bread slice, put on lettuce, pickled cucumber slices, mayonnaise, cheese slices, and then buckle up the bread slice.

（6）Pan head with French fries, vegetable salad pan head.

8. 知识拓展

（1）美式汉堡里面的芝士会自然软化，不用面火焗炉上色。

（2）美式黄油和法式黄油的风味区别很大。

小结

通过对美式牛肉汉堡包的际操作学习，深入了解美式快餐的手法和简单制作的要求，了解美式黄油和法式黄油的区别，特别是美式快餐企业的经营之道。

测试

1 麦当劳号称100%牛肉肉饼，你怎么看待？
2 牛肉饼煎至中心区域凸起，如何解决？

三、意式经典比萨（Classic Italian pizza）

意式比萨饼是手抛式的比萨饼，饼底由手抛成形，不需要机械加工，成品饼底呈正圆形，饼底平整，“翻边”均匀，“翻边”高2~3cm，宽2cm；而美式比萨饼则是铁盘比萨饼，饼底是由机械加工成形，成品饼底呈正圆形，饼底平整，“翻边”均匀，“翻边”高3~4cm，宽2cm。

课前阅读 课前查阅意大利蒜味香肠（salami）的相关资料，并思考其在本菜品中的应用。

学习目的
1 掌握比萨的烘焙方法。
2 熟练掌握面皮制作技巧。同时通过实验过程，强化学习制作比萨番茄酱汁和比萨馅料的制作技巧和搭配。

1. 原料（成品4人份）

主料 高筋面粉325g，低筋面粉75g，盐1g，酵母2g，糖10g，橄榄油25g，鸡蛋25g，水适量。

辅料 黄油50g，洋葱50g，番茄300g，西芹30g，大蒜15g，培根15g，番茄酱30g，面粉20g，培根100g，洋葱50g，红椒50g，青椒50g，蘑菇50g，黑水榄15g，意大利蒜味香肠50g，马苏里拉奶酪200g。

调料 鲜罗勒1g，阿里根奴0.1g，白糖30g，橄榄油15mL。

2. 设备器具

不锈钢方盘，菜板，不锈钢煮锅，菜盘，吸水纸，平底煎锅，锥形漏斗，汤盘，汤盅，煎铲，木搅板，保鲜膜，肉锤，裱花嘴，一次性裱花袋等。

3. 制作方法

（1）调制面团　高筋面粉、低筋面粉、盐、酵母、糖、橄榄油、鸡蛋、水混合调制成比较软的面团，醒发备用。

（2）制作番茄酱汁　黄油炒香大蒜、培根碎，加入洋葱碎，炒香，加入番茄酱、面粉和水，熬制15min左右加入西芹、番茄碎、鲜罗勒、阿里根奴、白糖、盐、胡椒粉调味即可。

（3）取面团150g，用手压开成面饼，放入烤盘内。

（4）面饼上面均匀涂抹番茄酱汁，再放上培根、洋葱、青椒、红椒、蘑菇、黑水榄、番茄等，撒上大量马苏里拉奶酪，放上意大利蒜味香肠、橄榄油、罗勒叶，入220℃烤箱，烤至底部上色即可，取出切块食用。

4. 技术要点

（1）注意面团的醒发温度和湿度的控制。

（2）番茄酱汁小火熬制，保证原汁风味，酱汁浓稠。

（3）比萨制作的关键是烘焙，特别是比萨烤炉的选择。

5. 质量标准

皮薄馅多，外酥内软，酸甜咸鲜，成菜美观。

6. 酒水搭配

适宜搭配百事可乐和各种饮料。

7. 双语对应

（1）Dough　mix high gluten flour, low gluten flour, salt, yeast, sugar, olive oil, egg, and water to make a soft dough for later use.

（2）Tomato sauce　stir fry garlic and bacon in butter, add onion, stir fry, add tomato sauce, flour, and water, boil for about 15 minutes, add celery, tomato, fresh basil, arregano, sugar, salt and pepper to taste.

（3）Take 150g of dough, press it with your hands to form a pancake, and put it in the baking tray.

（4）Spread tomato sauce on the top of the pasta, add bacon, onion, green pepper, red pepper, mushroom, black olive, tomato, etc., sprinkle a large amount of mozzarella cheese, add salami sausage, olive oil, basil leaves, put them in the oven for 220℃, bake them to the bottom and color them, take out the cut pieces for food.

8. 知识拓展

（1）马苏里拉奶酪的产地不同和品牌质地不同。

（2）意大利比萨专用面粉是“00”面粉。

小结

通过对意式经典比萨的实际操作学习，深入了解比萨制作手法和带来香味的意大利面粉，了解比萨的质量鉴别和烘焙方法，特别是番茄酱汁的制作。

测试

1 意式比萨和美式比萨的区别之处是什么？

2 比萨的酱汁为什么十分重要？

四、意大利羊肉云吞（Ravioli napolitano）

意大利那不勒斯的云吞类似中国的馄饨，不同的是馅料和口味。羊肉云吞是比较典型的意大利风味菜肴，羊肉和芝士的美味体现十足。

课前阅读 课前查阅意大利云吞、意大利饺子的相关资料，并思考其在本菜品中的应用。

学习目的

1 掌握云吞的烹饪方法。

2 熟练掌握制作云吞的技巧。同时通过实验过程，强化对白汁少司的学习并掌握云吞馅料的调制。

1. 原料（成品4人份）

主料 羊肉300g，洋葱50g，马苏里拉芝士50g，西芹30g，面粉300g，鸡蛋150g，菠菜100g，蘑菇10g，大蒜10g。

辅料 黄油30g，面粉40g，牛奶200mL，淡奶油50mL。

调料 松子5g，橄榄油5mL，鲜罗勒1g，巴美鲜芝士粉5g，盐和胡椒粉适量。

2. 设备器具

不锈钢方盘，菜板，不锈钢煮锅，菜盘，吸水纸，平底煎锅，锥形漏斗，汤盘，汤盅，煎铲，木搅板，保鲜膜，肉锤，裱花嘴，一次性裱花袋等。

3. 制作方法

（1）面粉、鸡蛋、菠菜汁、盐、橄榄油制作成菠菜面团。

（2）炒香羊肉、洋葱碎、马苏里拉芝士、西芹、菠菜碎、盐、胡椒粉、鲜罗勒制作成羊肉馅备用。

（3）黄油、面粉、牛奶、淡奶油制作成白汁少司备用。

（4）包制云吞 菠菜面团擀开，刷蛋液，放上羊肉馅，再覆盖上菠菜面皮，压紧四边，用饼花轮切方块，放入开水中煮熟，冲冷水备用。

（5）松子、蘑菇片、鲜罗勒、小洋葱圈用橄榄油炒一下备用。

（6）云吞放入开水中焯水，放入凹盘中，淋白汁少司，撒上些炒好的蔬菜、松子、蘑菇点缀，再撒上芝士粉，入焗炉焗上色即可。

4. 技术要点

（1）菠菜面团可以使用菠菜直接打的汁，这样颜色自然。

（2）菠菜汁、鸡蛋加入面团适量，尽量使制作成的面团比较硬，口感更佳。

（3）制作云吞，擀的面皮越薄口感越顺滑。

5. 质量标准

羊肉鲜美，面皮柔韧，奶香浓郁，芝士润滑。

6. 酒水搭配

适宜搭配各种清淡的白葡萄酒。

7. 双语对应

（1）Flour, eggs, spinach juice, salt, and olive oil are used to make spinach dough.

（2）Stir fry lamb, chopped onion, mozzarella cheese, celery, spinach, salt, pepper, fresh basil to make lamb stuffing.

（3）Make butter, flour, milk, and cream into white base juice.

（4）Ravioli roll out the spinach dough, brush

the egg liquid, put the lamb stuffing on it, cover the spinach dough, compress the four sides, cut the squares with the pie wheel, put them into boiling water and boil them in cold water for standby.

(5) Stir fry pine nuts, mushroom slices, fresh basil, and a small onion rings with olive oil.

(6) Put ravioli in boiling water, blanch it, put it in a concave plate, pour in the white base juice, sprinkle with some fried vegetables, pine nuts, and mushrooms, sprinkle with cheese powder, and bake in the oven.

8. 知识拓展

(1)意大利云吞和意大利饺子是不同系列的意大利面食。

(2)面食作为西餐的主食，制作简单，在西式简餐里面常常出现。

小结

通过对意大利云吞的实际操作学习，深入了解不同意大利面食品种的不同手法和带来的香味，了解西餐羊肉的质量鉴别和品种。

测试

1 制作云吞的时候四边容易爆开，如何解决？

2 为什么煮好的云吞要过冷水，再用开水烫热食用？

五、香炸芝士球（Deep fried mozzarella cheese boll）

这道菜肴选用上等的意大利产的马苏里拉芝士来制作，是一种单一的芝士菜肴烹调方法。芝士受热会软化拉丝，搭配番茄少司或是酸甜风味的水果少司均可。

课前阅读

课前查阅马苏里拉芝士的相关资料，并思考其在本菜品中的应用。

学习目的

1 掌握面包糠炸制的烹饪方法。

2 熟练掌握包浆的技巧。同时通过实验过程，强化了解意大利马苏里拉芝士的相关知识学习，并了解炸制会熔化的食材的烹饪手法。

1. 原料（成品4人份）

主料 马苏里拉芝士150g，吐司面包4片。

辅料 鸡蛋100g，面粉50g，面包糠100g，欧芹1g，柠檬50g，黄椒30g，黑橄榄15g，狗牙生菜15g。

调料 番茄少司150g，鲜罗勒1g，盐和胡椒粉适量。

2. 设备器具

不锈钢方盘，菜板，不锈钢煮锅，菜盘，吸水纸，平底煎锅，锥形漏斗，汤盘，汤盅，煎铲，木搅板，保鲜膜，肉锤，裱花嘴，一次性裱花袋等。

3. 制作方法

（1）面粉、鸡蛋、盐和胡椒粉调制成面糊备用。

（2）马苏里拉芝士切小丁，搓圆，沾面糊，再包裹面包糠。

（3）装饰盘头 用狗牙生菜、柠檬角、黑橄榄圈、欧芹、黄椒角装饰；吐司面包烤黄，放在盘子中间，用手压凹备用。

（4）把制作好的芝士球，放入油锅内炸至色泽金黄即可。

（5）炸好的芝士球放在吐司面包片上即可，配番茄少司食用。

4. 技术要点

（1）包裹芝士球要全覆盖，避免漏出芝士。

（2）炸芝士球要求色泽金黄，切开后芝士能够流出。

5. 质量标准

芝士味美，酥脆香甜，奶香浓郁，清爽不腻。

6. 酒水搭配

适宜搭配各种清淡的白葡萄酒。

7. 双语对应

（1）Mix flour and eggs into the batter.

（2）Dice the mozzarella cheese, rub it around, dip it in batter, and then wrap the bread bran.

（3）Decoration plate head decorate with dog tooth lettuce, lemon horn, black olive ring, French fragrance, and yellow pepper horn; toast bread is roasted yellow, put in the middle of the plate, and press it with your hands for use.

（4）Fry the cheese balls in the oil pan until golden.

（5）Put the fried cheese balls on the toast slices, serve with tomato sauce.

8. 知识拓展

（1）马苏里拉鲜芝士和马苏里拉芝士不同。

（2）比萨芝士和意大利马苏里拉芝士的区别。

小结

通过对香炸芝士球的实际操作学习，深入了解炸制食物的温度和时间的关系，通过手法练习达到熟悉油炸的技巧学习，深入了解芝士的种类和区别。

测试

1 芝士球制作需要把芝士搓圆吗？

2 炸芝士球什么时候炸好了？鉴别方法是什么？

六、意大利海鲜饺子配藏红花奶油汁（Seafood tortellini with saffron sauce）

意大利饺子（Tortellini）、意大利云吞（Ravioli）是传统的意大利面食，以面皮做成袋状，然后将肉类或蔬菜包起，再放入热水中煮，搭配意大利番茄酱汁或芝士奶油汁使用；一般把做成四方口袋的称为云吞，而卷起来的称为饺子。

课前阅读

课前查阅藏红花的相关资料，并思考其在本菜品中的应用。

学习目的

1 掌握意大利饺子的烹饪方法。

2 熟练掌握饺子制作的技巧。同时通过实验过程，强化藏红花奶油汁的学习。

1. 原料（成品4人份）

主料　面粉300g，鸡蛋100g，橄榄油10mL，藏红花1g，虾仁100g，鳕鱼100g，蘑菇50g，意大利乳清干酪（Ricotta）50g，洋葱50g，淡奶油200mL。

辅料　胡萝卜50g，荷兰豆30g，圣女果30g，蟹味菇30g。

调料　橄榄油30mL，鲜罗勒2g，帕玛森干酪15g，大蒜5g，盐和胡椒粉适量。

2. 设备器具

不锈钢方盘，菜板，不锈钢煮锅，菜盘，吸水纸，平底煎锅，锥形漏斗，汤盘，汤盅，煎铲，木搅板，保鲜膜，肉锤，裱花嘴，一次性裱花袋等。

3. 制作方法

（1）藏红花泡水备用。胡萝卜切小片、荷兰豆对开、圣女果对开、蟹味菇切段，焯水备用。

（2）制作饺子皮　鸡蛋、面粉、盐、橄榄油、适量藏红花水混合制成饺子皮备用。

（3）海鲜馅　虾仁粒、鳕鱼粒、蘑菇粒、洋葱粒和意大利乳清干酪、淡奶油拌匀调味后备用。

（4）擀开饺子皮，用模具压圆皮备用。

（5）饺子皮抹水，包上海鲜馅，压紧，对插斜角成意大利饺子，放入开水中煮熟，装入凹盘中。

（6）少司锅内放入黄油炒香大蒜碎，加入淡奶油、藏红花水，加盐和胡椒粉调味淋在饺子上面，最后放上焯水的各种蔬菜，撒橄榄油、鲜罗勒、帕玛森芝士片即可。

4. 技术要点

（1）饺子面必须十分硬出来的效果才好，因此可以适当加入蛋黄或藏红花水调颜色。

（2）奶油藏红花汁比较油腻，可以适当加入白汁少司使风味清淡。

（3）菜肴搭配食材和分量应该合理，特别是作为简餐的量要足。

5. 质量标准

意大利饺子成形紧实美观，饺子皮有韧性和嚼劲，馅心鲜美，汁香味浓。

6. 酒水搭配

适宜搭配各种白葡萄酒。

7. 双语对应

(1) Soak saffron in water.Slice carrots, split peas, virgin fruit, and crab mushroom.Blanch for later use.

(2) Make dumpling skin mix egg, flour, salt, olive oil, and some saffron water to make dumpling skin.

(3) Seafood stuffing shrimp, cod, mushroom, onion, ricotta, and cream mix well and season.

(4) Roll out the dumpling skin and use the mold to press the round skin for standby.

(5) Spread the dumpling skin with water, wrap the Shanghai fresh stuffing, press it tightly, insert the diagonal angle into the Italian dumpling, put it into the boiling water, cook it, and put it into the concave plate.

(6) Stir fry garlic in butter, add cream and saffron water, pour the seasoning on dumplings, and finally put all kinds of blanched vegetables, sprinkle olive oil, fresh basil, and Parmesan cheese.

8. 知识拓展

(1) 藏红花在西方人眼里是香料的一种，价格十分昂贵。

(2) 藏红花和川红花、西红花的不同品质的鉴别。

小结

通过对意大利海鲜饺子的实际操作学习，深入了解意大利饺子制作的方法和手法，了解西餐藏红花奶油少司的制作要领和口味要求。

测试

1 意大利饺子和意大利云吞的区别在哪里？

2 奶酪的分类和特点有哪些？

第八节　甜品制作

一、法式焦糖布丁（Caramel custard pudding）

这是一道口感爽滑的蛋奶布丁。具有焦糖的风味和口感，布丁的甜香嫩滑，制作简单，是西餐中常见的一款餐后甜点，深受顾客欢迎。布丁起源于英国中世纪的类似于香肠的黑白布丁，后来用豌豆粉制作出的应该是最古老的传统布丁，直到19世纪圣诞布丁出现，才奠定了用蒸的方法制作布丁。蛋奶沙司（Custard）则是古罗马人制作蛋类菜肴发现的，类似蛋糊的产品，后来出现了用玉米淀粉增稠的方法。

课前阅读 课前查阅吉士布丁的相关资料，并思考其在本菜品中的应用。

学习目的

1. 掌握西餐隔水蒸的烹饪方法。
2. 熟练掌握布丁制作技巧。同时通过实验过程，强化熬制焦糖的学习，掌握隔水焗的烹饪方法。

1. 原料（成品4人份）

主料 鸡蛋5个，牛奶500mL，白糖300g。

辅料 薄荷叶4片，草莓2个，甜奶油100mL。

调料 云尼拿香草豆荚半根。

2. 设备器具

不锈钢方盘，菜板，不锈钢煮锅，菜盘，木搅板，保鲜膜，一次性裱花袋，裱花嘴，蛋抽，模具，电子秤等。

3. 制作方法

（1）先把200g白糖放入煎锅中熬成焦糖色，加入50mL水，煮稠倒入布丁模具中备用。

（2）牛奶云尼拿香草豆荚放入锅中，煮好冷却备用。

（3）3个全蛋2个蛋黄混合，加入100g白糖搅匀，加入牛奶，过滤后倒入布丁模具内。

（4）取烤盘一个，注入热水，放入布丁模，入烤箱，上火200℃，下火160℃，烤至蛋液凝固取出，晾冷。

（5）布丁冷却后，用小刀把内壁划一圈，倒扣出模具，装入盘中，配打发的甜奶油花、草莓、薄荷叶即可。

4. 技术要点

（1）熬制焦糖切忌火大，注意不要熬出苦味。

（2）牛奶烧开后要冷却后使用，避免温度过高，熔化下面的焦糖。

（3）烤制时注意蛋液刚刚凝固就应该取出冷却，避免过老。

5. 质量标准

色泽诱人，弹韧滑嫩，形状美观，甜香适口。

6. 酒水搭配

适宜搭配各种带甜味的白葡萄酒。

7. 双语对应

（1）First, put 200g of white sugar into the frying pan to make it brown, add 50mL of water, thicken and pour into the pudding mold for standby.

（2）Put the milk and vanilla pods into the pot, boil them and cool them.

（3）Mix 3 whole eggs and 2 yolks, add 100g white sugar, mix well, add milk, filter and pour into a pudding mold.

（4）Take a baking tray, pour hot water into it, put it into the pudding mold, put it into the oven, heat it for 200 ℃, and then bake it for 160 ℃ until the egg liquid solidifies and takes out, crisp and cold.

（5）After the pudding cools down, use a knife to draw a circle on the inner wall, screw out the mold upside down, put it into the plate, and then mix with the sweet buttermilk, strawberry, and mint leaves.

8. 知识拓展

（1）布丁是西点甜品的一个大类，但是对于布丁的解释都不是特别明确。

（2）焦糖熬制方法很多，可直接熬制、加水熬制、加油熬制，但是得到的焦糖少司质量不同、颜色不同、制作难度不同。

小结

通过对法式焦糖布丁的实际操作学习，深入了解隔水焗的烹饪方法，了解西餐布丁熬制焦糖的温度与方法，熟悉布丁的种类。

测试

1 焦糖的温度是多少？

2 布丁出炉后四周起蜂窝状孔洞的原因有哪些？

二、法式火焰香蕉（Banana flambé）

这是一款由服务员当着客人面进行烹调表演的传统法式餐厅制作的甜品。典雅的法式服务，美味的菜肴，燃烧的火焰和美酒的香气扑鼻而来，深受顾客的欢迎。

课前阅读　课前查阅餐桌服务（Table service）的相关资料，并思考其在本菜品中的应用。

学习目的

1 掌握餐桌服务的操作方法和规范细则。

2 熟练掌握点燃白兰地酒的技巧。同时通过实验过程，强化焦糖熬制温度的学习，锻炼酒类燃烧的胆量。

1. 原料（成品4人份）

主料　香蕉4根，杏仁片20g，冰淇淋4颗。

辅料　安佳黄油50g，白糖80g，白朗姆酒40mL。

调料　薄荷叶4片。

2. 设备器具

不锈钢方盘，菜板，不锈钢煮锅，菜盘，木搅板，保鲜膜，一次性裱花袋，裱花嘴，蛋抽，模具，电子秤等。

3. 制作方法

（1）服务的手推车上，用小碗分别装上白糖、黄油、白朗姆酒、香蕉段、烤黄的杏仁片。

（2）四个盘子中间放上冰淇淋，装饰薄荷叶备用。

（3）煎锅内放入黄油熔化，加入白糖，熬制呈焦糖色时加入香蕉段，然后倒入白朗姆酒，倾斜煎锅，把酒点燃，燃烧完成后，香蕉装盘。

（4）汁盅内放入少许点燃的白朗姆酒，当着客人淋到盘中即可。

4. 技术要点

（1）黄油熔化，立刻放入白糖，火候不要太大，刚刚呈现焦糖色时就可以放入香蕉，适当加热让香蕉可以变软。

（2）倾斜煎锅，利用下面的明火点燃白朗姆酒，不要害怕。酒精燃烧的温度不高，十分安全。

（3）一般这个菜肴搭配冰淇淋或奶油食用。

5. 质量标准

服务典雅，色泽金黄，酒香四溢，甜软适度。

6. 酒水搭配

适宜搭配各种甜味白葡萄酒。

7. 双语对应

（1）On the service trolley, use small bowls to load sugar, butter, white rum, banana section, and roasted yellow almond slices.

（2）Put ice cream in the middle of the four plates and decorate with mint leaves.

（3）Melt the butter in the frying pan, add the sugar, add the banana section when boiling to caramel color, then pour in the white rum, tilt the frying pan, light the wine, and after burning, put the banana in the pan.

（4）Put a little light white rum in the juice cup, and pour it into the plate in front of the guests.

8. 知识拓展

（1）餐台前服务是法式餐厅的最高级别服务。

（2）朗姆酒有白色和焦糖色，都是比较烈性的酒，均可以燃烧。

小结

通过对法式火焰香蕉的实际操作学习，深入了解法式餐厅服务的要求和典雅的服务手法，了解不同质地的朗姆酒的质量鉴别和品种，学习点燃酒类的技巧，锻炼应对火焰燃烧的胆量。

测试

1 如果没有明火，酒类能不能被点燃？

2 除了火焰香蕉还可以用什么水果制作？

三、法式红酒烩啤梨（Poires au vin rouge）

这是一道经典的法式餐后甜品，新鲜的欧洲产的啤梨用法国红葡萄酒烩制后，啤梨软滑细腻，酒香袭人。

课前阅读

课前查阅梨的种类的相关资料，并思考其在本菜品中的应用。

学习目的

1 掌握烩制水果的烹饪方法。

2 熟练掌握选择啤梨的方法以及啤梨去皮、去核的技巧。同时通过实验过程，强化学习法国葡萄酒和食用水果的方法。

1. 原料（成品4人份）

主料 啤梨4个，白糖150g，法国红葡萄酒1瓶。

辅料 马斯卡彭奶酪100g，柠檬50g，杏仁片15g，薄荷叶4片。

调料 肉桂2g，八角1粒，丁香1粒。

2. 设备器具

不锈钢方盘，菜板，不锈钢煮锅，菜盘，木搅板，保鲜膜，一次性裱花袋，裱花嘴，蛋抽，模具，电子秤等。

3. 制作方法

（1）啤梨去皮、去核，放入汤锅，加入红葡萄酒、肉桂、八角、丁香、白糖烩制，梨变软上色取出；剩下的酒汁继续浓缩后使用。

（2）马斯卡彭奶酪加入白糖、柠檬汁调匀，入冰箱冷冻备用。

（3）凹盘内放上烩制好的啤梨，放上肉桂条、八角装饰，配上马斯卡彭奶酪做的冰淇淋，撒上杏仁片，装饰薄荷叶即可。

4. 技术要点

（1）如果没有欧洲的啤梨，国产的香梨也可以，只是烩制的时间比较长，梨肉才会变软。

（2）香料不要使用太多，视需要的酒汁的多少来确定实际使用量。

（3）这道菜肴可以热食也可以冷食。

5. 质量标准

色泽暗红，啤梨甜软，酒味浓郁。

6. 酒水搭配

适宜搭配各种气泡矿泉水。

7. 双语对应

（1）Peel and core the pears, put them into a soup pot, add red wine, cinnamon, star anise, clove and sugar, and stew the pears. Take out the pears when they are soft and colored. Concentrate the remaining juice and use it.

（2）Mix the cheese in musca basin with sugar and lemon juice, and refrigerate.

（3）Put the stewed pears on the concave plate, add the cinnamon strips and octagons, add the ice cream made of basin cheese, sprinkle the almond slices, and decorate the mint leaves.

8. 知识拓展

（1）啤梨甜软，适宜儿童食用。

（2）基督教认为红葡萄酒是上帝的血，是他们和上帝亲密接触的纽带。

小结

通过对法式红酒烩啤梨的实际操作学习，深入了解基督教文化和法国红酒文化的联系，了解啤梨的质量鉴别和品种，学习烩制水果的搭配技巧。

测试

1 说出啤梨、香梨、雪梨、鸭梨的特点。
2 还有哪些水果适合烩制？

四、美式苹果派（Apple pie）

起源于19世纪的派传到美国成为美国人非常喜爱的一种食物，并且演变成许多不同的派，其中最著名的有核桃派、培根芝士派。特别是法式苹果派传到美洲地区被改变成为美式的苹果派。传统的法式苹果派一般是开面的或是覆盖上苹果片的派，而美式的苹果派表面直接覆盖酥皮，简单便捷的制作方法和肉桂粉的大量使用改变了派的风味，形成独特的美式风味的苹果派。

课前阅读 课前查阅美国苹果和肉桂粉的相关资料，并思考其在本菜品中的应用。

学习目的
1 掌握糕点的烘焙方法。
2 熟练掌握混酥皮制作技巧。同时通过实验过程，强化美式苹果馅料炒制的学习和基础的烘焙温度的掌握。

1. 原料（成品4人份）

主料 黄油500g，面粉600g，糖粉250g，鸡蛋200g，杏仁粉80g。

辅料 苹果1000g，葡萄干100g，薄荷叶4片，冰淇淋300g。

调料 朗姆酒100g，白糖150g，肉桂粉20g。

2. 设备器具

不锈钢方盘，菜板，不锈钢煮锅，菜盘，木搅板，保鲜膜，一次性裱花袋，裱花嘴，蛋抽，模具，电子秤等。

3. 制作方法

（1）先把黄油软化打泡、打发，然后加入鸡蛋、面粉、杏仁粉、糖粉混合成混酥面团，冷冻备用。
（2）苹果去皮、去核，泡水备用。
（3）炒锅内放入黄油炒切片的苹果、葡萄干、肉桂粉、白糖、朗姆酒（如果水分过多，加入适量的蛋糕碎），晾冷备用。

（4）坯壳内撒面粉，把擀好的混酥面皮铺上，刷蛋液，放上苹果馅料，再刷蛋液铺混酥皮，压紧。表面刷全蛋黄，用牙签划花，插孔，入烤炉，上火180℃，下火200℃。烤熟、上色即可。

（5）等坯壳晾冷后，取出苹果派切块，装盘可以配酸奶油或冰淇淋食用。

4. 技术要点

（1）选用美国红苹果或日本富士苹果口感最好。

（2）炒苹果馅的时候，白糖可以根据苹果的酸甜口味适当添加。

（3）混酥皮烤的时候主要是底火，底火烤黄混酥皮即可取出。

5. 质量标准

酸甜咸香，色泽金黄，肉桂香浓，苹果软糯。

6. 酒水搭配

适宜搭配各种下午茶或是鸡尾酒、餐后甜酒等。

7. 双语对应

（1）First, soften and beat butter, then add egg, flour, almond powder, and sugar powder to mix into the pastry, then freeze.

（2）Peel, core, and soak the apple.

（3）Put the sliced apple, raisin, cinnamon powder, sugar, and rum wine in the frying pan and cool them for standby.

（4）Sprinkle flour in the shell, spread the rolled mixed pastry, brush the egg liquid, put on the apple filling, and then brush the egg liquid to spread the mixed pastry, and compress.Brush the whole egg yolk on the surface, use a toothpick to draw flowers and sockets, and put it into the furnace for 180℃and 200℃. Roasted and colored.

（5）When the shell is cold, take out the apple pie and cut it into pieces, then put it on a plate to serve with sour cream or ice cream.

8. 知识拓展

（1）最有名的朗姆酒是摩根船长牌的黑朗姆酒，高酒精度，带有独特的焦糖风味的甘蔗酿制酒。

（2）肉桂粉是西餐中使用比较广泛的一种香料。在美洲地区使用量特别大，人们有用得越多，风味越重的感觉。

小结

通过对美式苹果派的实际操作学习，深入了解混酥派的制作手法和烘焙技巧，了解西餐甜品冷热搭配食用的特别之处。

测试

1 混酥皮酥脆的原因是什么？

2 烘焙美式苹果派的时候，最关键是看什么来鉴定派烘焙成熟了？

五、香橙慕斯蛋糕（Orange mousse cake）

慕斯作为餐后的甜品，装盘必须包含特定的慕斯、风味少司、搭配的水果以及装饰品等。

课前阅读

课前查阅海绵蛋糕的相关资料，并思考其在本菜品中的应用。

学习目的

1 掌握慕斯制作的方法和慕斯冷冻的技巧。

2 熟练掌握西点装饰、装盘技巧。同时通过实验过程，强化学习海绵蛋糕和慕斯制作工艺，学习甜品奶油的相关知识。

1. 原料（成品4人份）

主料 新的浓缩橙汁50g，脐橙200g，鱼胶粉30g，甜奶油200g，马斯卡彭奶酪200g，蓝莓15g，薄荷叶4片。

辅料 鸡蛋250g，蛋糕油2g，面粉200g，杏仁粉100g，淀粉30g。

调料 白糖180g，植物油100g，泡打粉10g。

2. 设备器具

不锈钢方盘，菜板，不锈钢煮锅，菜盘，木搅板，保鲜膜，一次性裱花袋，裱花嘴，蛋抽，模具，电子秤等。

3. 制作方法

（1）制作蛋糕坯 淀粉30g，面粉200g，蛋糕油2g，泡打粉10g，植物油100g，蛋黄150g，杏仁粉100g，水90g，蛋白320g，白糖150g。

（2）调制慕斯 奶油200g，马斯卡彭奶酪200g，蛋白100g，白糖30g，鱼胶粉15g。

（3）调制香橙啫喱 橙肉50g，新的橙汁100g，鱼胶粉15g，蓝莓干15g。

（4）先片好蛋糕坯放入模具，刷朗姆酒；然后打发奶油、蛋清奶油，再混合奶酪，加入适量熔化的鱼胶粉，冷冻备用。

（5）慕斯上面摆放橙肉，混合橙汁和熔化的鱼胶、放上蓝莓再去冷冻。

（6）取出慕斯，分割慕斯，配盘装饰即可。

4. 技术要点

（1）适量的鱼胶水可以使慕斯冻上，但是太多则会导致慕斯太硬，口感不细腻；太少可塑性差，蛋糕不成形。

（2）覆盖的实际是香橙果冻，鱼胶粉的使用量也是菜肴成败的关键。

5. 质量标准

口感细腻，酸甜可口，造型美观，色彩亮丽。

6. 酒水搭配

适宜搭配各种红茶或咖啡饮料等。

7. 双语对应

（1）Making cake 30g starch, 200g flour, 2g cake oil, 10g baking powder; 100g salad oil, 170g egg yolk, 100g almond powder, 90g water; 320g protein, 150g sugar.

（2）Make mousse 200g cream, 200g mascarpone cheese, 100g protein, 30g white sugar, 15g fish jelly.

（3）Make orange gel 50g orange meat, 100g new orange juice, 15g fish jelly, 15g dried blueberry.

（4）First slice the cake embryo, put it into the

mold, brush rum wine, then beat the cream and egg white cream, then mix the cheese, add some melted fish jelly, and freeze.

(5) Put the orange meat on the mousse, mix the orange juice with the melted fish glue, put the blueberries on it and then freeze it.

(6) Take out mousse, divide mousse, and decorate with a plate.

8. 知识拓展

(1) 鱼胶粉和鱼胶片使用效果相同，但是实际使用对象不同。

(2) 慕斯蛋糕实际也是蛋糕的一种，是蛋糕和慕斯的结合产品。

小结

通过对香橙慕斯的实际操作学习，深入了解西餐甜品慕斯的制作手法和工艺流程，了解西餐甜品的基础装盘、装饰的要求，熟悉海绵蛋糕、慕斯制作、果冻制作的工艺。

测试

1 写出三种蛋糕的不同制作工艺。

2 慕斯制作中，鱼胶的使用原则是什么？

六、法式圣诞布丁（Christmas pudding）

圣诞布丁源自李子布丁，大约在中世纪的英格兰和罗马天主教教会的法令中就出现了要求："布丁应在三位一体之后的第二十五个星期日制作，并用十三种成分制成以代表基督和十二位使徒，并且每个家庭成员都从东到西依次搅动它，以纪念贤士和他们朝那个方向前进的路途。"

课前阅读 课前查阅圣诞节的相关资料，并思考圣诞节的主要菜品应用。

学习目的

1 掌握布丁的隔水烹饪方法。

2 熟练掌握布丁的制作技巧。同时通过实验过程，强化学习基督教对西方烹饪的重大影响。

1. 原料（成品4人份）

主料 李子100g，苹果100g，蓝莓25g，车厘子25g，面包屑150g，杏仁片25g，无花果干25g，黑加仑25g，什锦蜜饯25g，柠檬皮15g，橙皮15g，红糖50g，黑水50mL。

辅料 黄油150g，鸡蛋150g，面粉150g，白糖50g。

调料 肉桂粉1g，豆蔻粉1g，白兰地酒25mL，朗姆酒50mL。

2. 设备器具

不锈钢方盘，菜板，不锈钢煮锅，菜盘，木搅板，保鲜膜，一次性裱花袋，裱花嘴，蛋抽，模具，电子秤等。

3. 制作方法

（1）先把面包屑、李子、苹果、蓝莓、车厘子、杏仁、无花果干、黑加仑、什锦蜜饯、柠檬皮、橙皮、红糖等切碎，腌制一周左右使用。

（2）用适量的白糖炒成深褐色的糖色，即是黑水，备用。

（3）搅拌机内放入黄油、白糖打发，逐个加入鸡蛋，再打发，至发白、发泡，加入腌制好的各种水果和蜜饯，加入适量的黑水混合均匀后，加入面粉，装入布丁模具，入烤箱隔水烤熟即可。

（4）取出布丁倒扣在盘中，装饰红果树叶和红果，用滤网撒糖粉即可。

4. 技术要点

（1）黑水要求很黑，但是糖不能炒出苦味。

（2）布丁蜜饯水果碎提前腌制入味越深，口感越丰富。

（3）布丁制作的标准之一就是隔水烤或焗。

5. 质量标准

色泽深暗，装饰淡雅，酒香浓郁，风味繁多。

6. 酒水搭配

适宜搭配各种红葡萄酒或是红茶。

7. 双语对应

（1）First, cut the breadcrumbs, plums, apples, blueberries, cherries, almonds, dried figs, blackcurrants, assorted preserves, lemon peel, orange peel, brown sugar, etc.and marinate them for about a week.

（2）Stir fry the right amount of white sugar into dark black sugar color that is, black water, for standby.

（3）Put butter and sugar in the blender, add eggs one by one，then beat until white and foaming, add all kinds of preserved fruits and preserves, add the proper amount of black water to mix evenly, add flour, put into pudding mold, put into the oven and bake in water.

（4）Take out the pudding and put it on the plate. Decorate the red fruit leaves and red fruits. Sprinkle the sugar powder.

8. 知识拓展

（1）圣诞节是西方的传统节日，需要制作圣诞布丁、圣诞木材、圣诞石头、圣诞姜饼等甜品，都是既能食用又能装饰餐桌的食物。

（2）基督教、天主教、东正教的联系和区别。

小结

通过对圣诞布丁的实际操作学习，深入了解西方基督教重大节日的习俗，学习制作节日布丁的工艺，理解烹饪和文化的联系。

测试

1 西方主要的节日有哪些？

2 圣诞节厨房需要准备的菜肴有哪些？

第七章

技能拓展工艺

岗位目标

通过本章内容学习，了解西式宴会的类型和宴会设计的内容；认识和了解分子烹饪的概念、发展历程和常用的分子烹饪技术。

了解西式堂烹工艺及堂烹种类和方法，熟悉堂烹工作流程与注意事项；西餐装饰技术概念及意义。

了解西餐装盘特点，常用的装饰方法，能熟练运用综合技能在实际工作中。

了解现代烹饪中，真空低温烹饪的优点和发展趋势，能够熟练运用在实际工作中。了解现代烹饪中，各种国际流行的健康食材的烹饪应用发展趋势和动向，能熟练运用在实际工作中。

希望同学们在学习中，能够刻苦钻研，发扬中华民族勤劳勇敢、勇于创新的奋斗精神，发挥自身的主动性和创造性，严格遵守食品安全卫生标准，养成良好的职业习惯，形成良好的职业素养，熟练掌握加工步骤，熟悉并掌握专业烹饪英语知识，提高自身的综合素质。

必备知识

1. 西餐宴会相关知识；
2. 分子烹饪知识、设备、工具、常用分子烹饪方法；
3. 堂烹展示技能；
4. 装饰常用原料认识，装饰手段；
5. 目前流行装饰的运用方法。

选修知识

1. 了解宴会发展趋势；
2. 分子烹饪的技能、原理；
3. 堂烹其他手段方法；
4. 新的装饰技术的应用。

第一节　西式宴会实务

一、概述

（一）西式宴会的概念

西式宴会就是按照西方人的饮食生活习惯和礼节举办的宴会，食用西式烹饪方法制作的系列组合菜肴，饮用采用西式方法调制的酒水饮料，使用西式餐具的聚会用餐方式。

西式宴会以欧美菜式和西式酒水为主，从环境布局、厅堂风格、台面设计、餐具用品、音乐伴餐等方面均突出西洋格调，如使用刀、叉等西式餐具，餐桌为长方形，西式台面布置，席间播放背景音乐等。餐式采取分食制，采用西式服务程序和服务礼仪。随着日、韩等菜式的兴起，日、韩式宴会在我国亦被纳入西式宴会范畴。由于举办宴会的主题、规格、规模的不同，宴会的形式也有所差异。

（二）西式宴会的类型

1. 西式正式宴会

正式宴会是一种隆重、接待规格较高的宴会。注重宴会场面，如对应邀客人服饰方面的要求；讲究礼仪和次序，更注重环境气氛要配合宴会的主题形式。

正式宴会对餐具、酒水、服务礼仪等都有严格的要求。菜品设计通常选择套餐的用餐形式。

2. 自助餐宴会

自助餐宴会是西方国家较为流行的一种非正式宴会形式，按供餐方式可分为立餐和座餐两种形式，通常不排席次和座次。菜点包含冷盘、汤品、热菜、甜点等。菜点丰盛，具有品尝性，酒水饮料品种繁多。

自助餐宴会间宾客可以自由活动，或立或坐，自行到菜台前选取菜点用餐。服务员将酒水饮料端至席间巡回敬让，并负责拉椅帮客人就座，上面包黄油，撤走用过的脏盘和酒杯等。另外自助餐用餐时间很随意，目前酒店早、中、晚自助餐均有，国内甚至有24h营业的自助餐厅。

3. 西式酒会

西式酒会包括冷餐会与鸡尾酒会等形式。举办时间较为灵活，中午、下午、晚上均可。食品主要有三明治、点心、面包、开胃菜等，用牙签取食。酒水、小吃等服务员置于托盘中巡场分发或置于小桌上由客人自取。以饮为主，以吃为辅。西式酒会有时会伴舞会同时进行。

西式酒会地点灵活，既可室内进行，也可户外进行。可以作为大型宴会等活动的前奏活动；或作为记者招待会、新闻发布会等活动举办。

酒会深受人们的欢迎、推广并延续，主要由于酒会具备容易被人接受的诸多特征：

（1）不必准时　尽管酒会的请柬上标明时间，但实际上，何时到场由宾客自己掌握，不一定非要按时间到场。

（2）不限着装　参加酒会时，不必像参加正式宴会时必须着正装，做到端庄大方、干净整洁就好。

（3）食品自选 酒会就餐采用自选方式，宾客根据个人喜好选择自己需要的食品、饮品即可。

（4）不排席次 酒会上，没有固定的座位、席次，一般会设置一些简易座位，供年长者及宾客稍作休息。

（5）自由交际 由于不设固定座位，酒会具备很强的流动性，方便宾客间的自由组合与交流，是扩大交际与交友的良机。

二、西式宴会设计

（一）西餐宴会设计概述

宴会设计是根据客户要求和承办方的物质条件及技术条件等因素，对宴会场景、宴席台面、宴会菜单及宴会服务等进行统筹规划，并拟出实施方案和细则的设计过程。

宴会设计既是标准设计，又是活动设计。所谓标准设计，是对宴会这个特殊商品的质量标准（包括服务质量标准、菜点质量标准）进行的综合设计；所谓活动设计，是对宴会这种特殊的宴饮社交活动方案进行的策划、设计。

（二）宴会设计作用

1. 计划作用

西餐宴会的设计就是整体西餐宴会活动的策划书，它对宴会活动的内容、程序、形式等起到了计划作用。

2. 规范作用

宴会设计具有规范宴会工作人员的操作行为和服务工作的作用。经宴会设计产生的实施方案，对于制作和服务过程而言，就是具有高度约束力的技术性文件。

3. 保证作用

宴会设计方案是宴会完美举行的坚实保障，也是检查出品质量的标准。实施方案和工作细则将出品工作落实到了实处，各环节如果按照设计要求实施，宴会的品质就有了良好的保证。宴会设计如同质量保证书，确保宴会的质量。

（三）宴会设计的要求

1. 突出主题

宴会都有主题，根据内容，围绕宴会主题设计，是宴会设计成功的保证。如以情人节为主题举行的宴会，就要在每个细节都体现出浪漫的色彩，粉红的台布、温柔的灯光、艳丽的玫瑰花、温馨的红酒、可口的佳肴、甜蜜的巧克力，从而构成二人幸福的世界，突出爱情的主题；国宴则是各国间的沟通、交往，设计上应突出热烈、友好的主题气氛；婚宴则突出吉祥、喜庆的主题意境。

2. 强调特色

特色是设计时必须强调的，要系统地体现出来，如台面设计、菜肴出品、酒水、服务、娱乐场景布局等都要有自己的特色。

3. 安全性

安全是第一重要的，宴会设计时要考虑食品安全和人身安全及财产安全。

4. 环境高雅

西餐宴会的环境设计一定要体现品位，西方人非常重视用餐气氛，宴会场所、餐厅布置、台面设计乃至服务人员的装束，都包含着许多美学的内容。涉及的审美因素有机地组合，达到高雅、美观、和谐的要求。

5. 经济效益

按照利润要求进行设计，成本是可随宴会的目的而变动的。西餐宴会设计要考虑成本因素，科学核算，确定正常的经济效益。

（四）宴会设计的内容

1. 场境设计

西餐宴会环境包括大环境和小环境两种。不变因数：大环境就是宴会所处的场所，如古堡、海滨、游艇等。小环境就是指宴会举办的场地。可变因数：宴会场景设计就是利用灯光、色彩、装饰物、音响等为宾客创造出理想的宴会氛围，宴会场景设计对宴会主题的渲染和衬托具有举足轻重的作用。

宴会场境设计要求：

①舒适：使客人感官上和身体上感到舒适、享受。

②轻松：给人轻松方便的气氛。

③安全：使客人得到安全保障。

④卫生：卫生能让人产生安全感、舒适感和美感。

⑤典雅：环境氛围幽雅别致、风格新奇独特。

2. 台面设计

台面设计要与场景设计相配合，起到烘托气氛、突出主题、表明宴会档次的作用。可以借助装饰品深化意境。西餐宴会台面通常是方形、长条形、半圆形等，上面摆设西式餐具、酒具、烛台、花瓶、调料瓶、牙签瓶、口布等。要按宴会的主题、菜单和酒水特点、美观性的要求及卫生要求进行设计，设计时充分考虑特色、实用、美观、便捷、礼仪等原则。

3. 菜单设计

宴会菜单是宴会设计的灵魂，要以用餐标准、宾客需要，结合厨师的技术水平制定菜单。菜单设计要搭配合理，考虑菜肴的营养、味型、色泽、烹调方法等诸多因素。宴会菜单是为某种社交活动而设计的，宴会的组织者目的多样、形式多样，要依据客人的意见安排合适的菜点内容。

按价格等级可分为高档宴会、中档宴会、普通宴会；按宴会的形式可分为国宴、商务宴、家宴等；按宴会目的可分为婚宴、庆典宴、迎送宴、生日宴等；按宴会出菜方式分为自助餐、套餐点餐、酒会餐等，其宴会菜单根据以上形式进行设计，通常为：自助餐菜单、套餐菜单。

酒会（冷餐会）菜单。可以根据进餐时间、性质等不同再细化分类。菜单设计应该遵循以下原则：

（1）全面性 设计菜单时一般根据菜肴类型来编排，西餐菜肴类型由头盘和沙拉、汤、热菜、蔬菜、甜品以及饮品等组成。

①冷菜：通常造型美观、样式清新、口味清淡、形态各异。菜肴出品量不能过大，口味不能过浓，要为后面的菜肴做铺垫，要求质精味美、色泽美观、诱人食欲。

②汤：西餐的汤菜种类繁多，西方人非常重视汤菜的口味，主要分清汤、浓汤、蔬菜汤、特色汤等，汤菜应和整套菜品相搭配。

③主菜：烹饪原料以水产品、家畜家禽为主，西餐使用动物性原料通常都要去骨或去壳，用净肉制作菜肴。要求刀工细腻，烹调方法多样化，色、香、味、形俱佳，现烹现吃，烹制过程复杂。

④蔬菜：蔬菜在宴会中要选时令菜，烹调制作方法简洁明快。

⑤甜品：通常是西餐宴席中最后食用的菜肴，甜品的安排根据宴会档次要求来设计。

⑥饮品：咖啡与茶，一般宴会设计均安排饮品。

（2）多样化 在设计西餐宴会菜单时，需充分考虑菜单内容的平衡性，主要有以下几方面；

①原材料品种平衡：在菜单中使用的原材料要注意荤素的搭配、水产品与肉类的搭配、蔬菜品种的搭配。总之，要涉及面广，尽量不重复使用某一种原材料。

②烹调技法的多样化：设计菜单时要注意制作菜肴的方法多样化，要尽量采用不同的烹调方法，如烤、煎、焯、焖等，加工原材料时也要运用各种技法，如切丝、条、片、块等，每道菜之间运用的各种加工技法和烹调方法都要有所不同。

③口味口感不能重叠：不同口味是客人用餐的基本需求，一套菜单的各个菜肴要有不同的口味，如黑椒味、奶油味、咸鲜味、柠檬味、黄油味、芥末味等，绝不能一种味道反复出现。口感是菜肴入口的触感，一套好的菜单要充分考虑设计不同口感的菜品，如软、糯、硬、酥脆等。

④色彩纷呈：菜肴之间的颜色也要有所考虑，不同颜色的菜肴相互搭配才能算是完美的菜单设计，菜肴的颜色搭配反差越大，越是绚丽多彩，越能吸引食客食欲。

4. 宴会酒水设计

（1）酒水的档次与用餐标准相匹配。

（2）西餐宴会用酒通常选用红葡萄酒、白葡萄酒及烈酒、香槟酒、啤酒、鸡尾酒等。无酒精饮料通常选用鲜榨果蔬汁、苏打水、碳酸饮料、矿泉水等。

5. 服务及程序设计

服务及程序设计要根据宴会要求及特色安排服务形式，与菜肴风格保持一致，如吃法餐就要采取法式服务。西餐服务主要有法式服务、英式服务、俄式服务和美式服务，选择某种服务便应把细节之处做到完美。

6. 安全设计

安全设计要从几个方面考虑：人身安全、食品安全、财产安全、消防安全、设备设施安全、服务安全等。要根据举办场地的面积确定参加宴会的人数，重要宴会要制定安保措施及配置安保人员，生产过程要严格遵守食品卫生法进行操作。

7. 宴会音乐设计

西餐宴会音乐有现场音乐与背景音乐等形式。高档宴会都以现场音乐表演来完成；普通宴会则以背景音乐形式来完成。选用适合主题的形式来配合宴会，满足舒适需要，符合宾客欣赏水平，协调宴会环境。

三、主题宴会设计与制作实训

（一）主题设计

（1）以小组为单位的作业形式完成某个指定宴会设计实训任务。

（2）根据指定主题来完成宴会的设计：宴会菜单设计、原料采购预算、宴会菜品设计与制作和餐台布展设计。本环节重点考核学生对专业知识技能的掌握运用能力，要求系列菜品要有鲜明的文化主题，营养合理，符合色、香、味、形、器、质、价等菜品质量要求。

（二）宴会制作

（1）宴会菜肴完成后，对菜肴的原料构成（中英文）、工艺流程（中英文）、技术关键（中英文）、成菜标准（中英文）、文化主题、营养价值、成本控制、产品定价等方面进行现场阐述，完成对菜品的推介模拟销售。

（2）本环节重点考核学生理论联系实际和产品销售等综合能力，要求体态端正，表情自然，声音适中，吐字清晰，表达流畅，迎合顾客心理。

（三）归纳总结

上交一份书面设计报告，内容包括：宴会主题和形式确定、组内人员任务分工、餐单、原料、工艺流程、成本核算、环境气氛布置和餐台摆放设计思路等，要附有宴会的照片资料。

四、主题酒会（冷餐会）设计与制作实训

（一）主题设计

以小组为单位的形式完成实训任务。

（二）酒会（冷餐会）制作

（1）根据认知环节完成指定题目酒会（冷餐会）设计，在实训实验室完成酒会（冷餐会）产品制作。

（2）现场阐述其设计特点如何满足本次酒会需要。

（三）归纳总结

完成书面报告，内容包括：组内人员任务分工、酒会单、原料单、工艺流程、成本核算等，要附有酒会（冷餐会）的照片资料。

第二节 分子烹饪工艺

一、概述

（一）分子烹饪的概念

分子烹饪（Molecular gastronomy）是研究食物在烹饪过程中发生的物理及化学变化，再加以解构、重组及运用，颠覆传统烹饪厨艺与食物外貌等的食物烹调方式。

分子烹饪，简单说就是用科学的方式去理解食材分子的物理、化学特性，然后创出“精确”的美食。这是一种超越了目前人们的认知和想象，让食物不再单单只是食物，而是成为视觉、味觉、甚至触觉的新感官刺激的烹调概念。

分子美食，又称为人造美食，是指把葡萄糖、维生素C、柠檬酸钠、麦芽糖醇等可以食用的化学物质进行组合，改变食材的分子结构，重新组合，创造出与众不同的可以食用的食物。如把固体的食材变成液体甚至气体食用，或使食材的味道和外表酷似另一种食材。从分子的角度制造出无限多的食物，不再受地理、气候、产量等因素的局限。这一概念最早于1988年由匈牙利物理学家Nicholas Kurti 与法籍化学家Herve This提出。

（二）分子烹饪年表

公元前1700年，在中国已经开始使用琼脂（Agar）。

1682年法国数学家和物理学家Denis Papin发现鱼胶（Gelatine）的提炼方法。

1794年Sir Benjamin Thompson 发表他的论文：On the construction of kitchen fireplaces and kitchen utensils, together with remarks and observaions relating to the various processes of cookery, and proposal for improving that mostuseful art.

1844年诺贝尔化学奖得主Justus von Liebig发表：食品的加工、化学反应及作用。

1912年法国化学家和物理学家Louis Camille Maillard发现了含蛋白质的食品在煎烤过程中对香味的吸收，又称为美拉德反应（Maillard）。

1969年Nicholas Kurti为英国皇家做演讲：厨房里的物理学家。

1974年食品化学家Bruno Goussault和厨师Georges Pralus, Pieere Troisgrois首先运用了Sous-vide这种新的烹饪技术，即真空低温烹饪。

1984年美国科学家Harold Mc.Gee发表了他的第一个关于厨房里的科学的著作。1988年Nicholas Kurti和Herve This开始他们之间的合作，并提出分子和物理美食学，1998年Kurti去世后，改为分子美食学。

1995年Herve This在巴黎的法国学院成立了美食科学研究所。

2001年英国厨师Heston Blumenthal 在Discovery 频道开设了厨房里的化学节目。

2003年Ferran Adria，Heston Blumenthal，Emile Jung和Herve This 开始了Inicon 项目，这是国际性的。

2003年在西班牙马德里首次召开了大型的国际分子美食会议。

2003年Ferran Adria首次将他的甜瓜仿鱼子酱（Melon caviar）放入菜单，球化技术（Spherification）开始成熟。

2006年四大分子料理大师发表联合声明，定义分子料理。

2007年挪威物理学家Martin Lersch开始研究食品口味搭配。

2009中国出品分子美食与中餐结合菜品。

（三）分子烹饪常用原料

分子烹饪原料一般源自西班牙、德国、常见的如下：

1. 海藻胶（Algin）（图7-1）

一种褐藻，从（海带、巨藻类等）中提炼出来的纯天然辅助剂。这些藻类生长于爱尔兰、苏格兰，南北美洲，澳大利亚，新西兰，南非等地区。根据不同地区的精选海藻，材质跟钙粉反应都会发生相应的改变。因此，选择藻类来制作分子产品，便能制作球化（Spherification）。

特性：细腻的粉末状。在钙粉（Calcic）的溶液中成形，然后在冷温且搅拌的情况下，成为胶质稀释物。制作球类不需要加热。

图7-1 海藻胶

2. 黄原胶（Xantana）（图7-2）

黄原胶又称黄胶、汉生胶，黄单胞多糖，是一种由假黄单胞菌属发酵产生的单孢多糖，黄单胞菌以碳水化合物为主要原料，经好氧发酵生物工程技术，切断1，6-糖苷键，打开支链后，再按1，4-键合成直链组成的一种酸性胞外杂多糖。1952年由美国农业部伊利诺伊州皮奥里尔北部研究所分离得到的甘蓝黑腐病黄单胞菌，并使甘蓝提取物转化为水溶性的酸性胞外杂多糖而得到。黄原胶是由糖类经黄单胞杆菌发酵产生的胞外微生物多塘。

特性：大分子特殊结构，胶体具有多种功能，可作为乳化剂、稳定剂、凝胶增稠剂、浸润剂、膜成型剂。

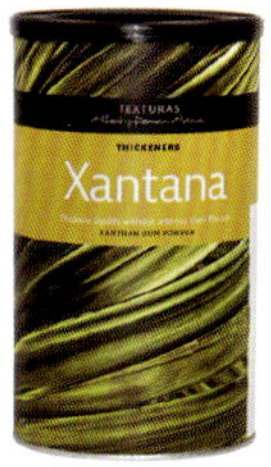

图7-2 黄原胶

3. 卡拉胶（Kappa-carrageenan）（图7-3）

卡拉胶一种从红藻（主要来源于角叉菜属和麒麟菜类）提取的凝胶。它是一种起名于角叉菜的卡拉胶（Carrageenan）。在使用海藻长达600多年的爱尔兰，在20世纪中期的时候，这个“爱尔兰摩斯”（Irish moss）已经基本上工业化地作为凝胶。KAPPA产出一种易碎、坚硬的材质胶体。

特性：呈细腻泡沫状，与冷液体混合后煮沸时，它会迅速地形成胶体包住溶液。一旦成形后，它能承受60℃的温度，但在酸性物质中，会失去其凝胶力。

图7-3 卡拉胶

4. 结冷胶（Gellan）（图7-4）

结冷胶是一种在1977年左右从鞘氨醇单胞（Sphingomonas elodea bacteria）中提炼得到的凝胶。根据提炼方式，通常有两种不同类型的

图7-4 结冷胶

结冷胶。一般用的是一种容易切割或者能够到90℃的硬胶。

特性：以粉末状呈现，加热到85℃，然后让其冷却后，发生凝胶化的效果。在盐浓度比较高的液体中会失去凝胶能力。

5. 琼脂（Agar）（图7-5）

图 7-5 琼脂

琼脂从红藻（石花菜类和江篱类）中提炼，琼脂是一种在日本流行制作胶类的凝胶，1859年，它作为一种中国式菜品而传入欧洲，并在20世纪初开始在食品工业中大量使用。因为来源是一种纤维素，所以只需少量就可以形成胶体。琼脂可以做热胶体。

特性：呈细腻粉状。与冷液体混合后煮沸时，凝胶化更快。一旦成形后，它便可承受80℃的温度。在酸性物质中，它会失去凝胶力。

6. 钙粉（Calcic）（图7-6）

图 7-6 钙粉

通常用于食品工业中钙盐，如在制作奶酪中需要。钙粉与海藻胶结合后就能产生球形物。钙粉有它独有的易溶性，所以能有很多的钙含量，能持久地制作出球形物。

特性：呈小颗粒状，易溶于水，极易受潮。

7. 柠檬酸钠（Citras）（图7-7）

图 7-7 柠檬酸钠

一种用在柑橘里提取的柠檬酸钠制作而成的辅助剂，它的功能在于防止水果或者蔬菜切口颜色变黑。也能降低食物的酸性，在分子烹饪中能把酸性很高的材料也做成球化。易溶并且时间持久。

特性：呈细腻的粉状，极易浴于水。

8. 纤维素（Metil）（图7-8）

图 7-8 纤维素

纤维素是一种从植物纤维素里提炼的胶剂，就像其他的胶剂，纤维素遇热马上就会成为胶状。在冷温的情况下，它又会成为黏稠剂。在这个方面，纤维素有广泛的运用范围，并最后能够影响凝胶的品质。纤维素被用于展现凝胶性和稳定性。

特性：与冷材料混合时，用力搅拌摇晃，然后放置于4℃的温度下冷藏，让其水合。接下来再放置于温度55 ℃的环境下，就成形了。但是做出的菜品冷却后又会变成液体状。

9. 丝毫胶（Lota）（图7-9）

图 7-9 丝毫胶

一种像其他卡拉胶一样从红藻（主要来于角叉菜属和麒麟菜类）中提取的凝胶。这些藻类是在沿北大西洋海域中发现的，在菲律宾群岛和印度尼西亚海中也能发现它们的踪迹。丝毫胶有特殊的特性，并且能制作出柔软富有弹性的胶体，也能制作出热凝胶。

特性：呈细腻粉状，在冷温度的环境下溶化，加热到80℃后成形。当溶液在搅拌时，就不能制作出胶体。如果在胶体裂开后，让其搁置一会后，又会成形。

10. 卵磷脂（Lecite）（图7-10）

卵磷脂是一种天然制作泡沫的材料，这个辅助剂在20世纪就已经在食品工业中被发现。它对于治疗动脉硬化很有帮助，同时含有各种维生素、矿物质还有抗氧化剂，卵磷脂不是一种转基因材料。

特性：呈粉状，可以在冷温的环境下溶解。在液体中有很好的溶解性。因为它的特性，卵磷脂能将果汁或者其他液体转化为泡沫状，还能乳化其材料。

图 7-10　卵磷脂

11. 甘油二酯（Glice）（图7-11）

一种从油脂中提炼的甘油酸酯和甘油二酯，也来源于甘油和脂肪酸。它被使用的原因是，它是一种很稳定地将水性物和油性物混合的乳化剂。作为乳化剂能够将油性物跟水性物辅助混合，使油、水稳定地融为一体。

特性：呈薄片状，难溶于水。在加热到60 ℃以上时溶于油性物。油和甘油二酯的混合物必须缓慢地跟水溶合才能达到完美的效果。

图 7-11　甘油二酯

12. 乳化剂（Sucro）（图7-12）

一种从蔗糖中提炼出的乳化剂，也是从蔗糖和脂肪酸的反应过程中得到的。这种辅助剂在日本被广泛使用，因为它能够使水质跟油性物很稳定地溶合。

特性：呈粉状，不溶于油性物质，难溶于水，乳化也不要任何的加温，在加温的情况下，乳化速度更快。

图 7-12　乳化剂

（四）分子烹饪的工具与设备

1. 工具

①泡沫机：更快捷方便地生产泡沫。

（图7-13）

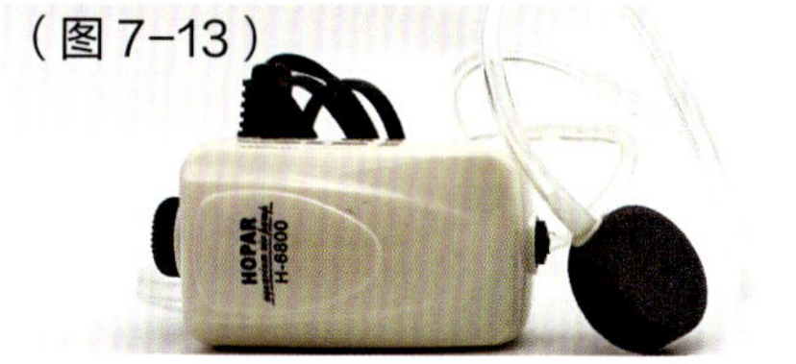

②高精度电子秤：用来更精准地称量材料，如称量钙粉等小于1g的重量。它主要用于精密测量，可以精确到零点几克，是称量分子料理原料必不可少的工具。

（图7-14）

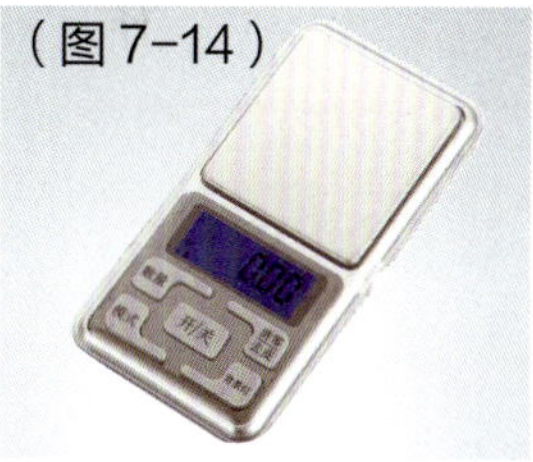

③胶囊勺：制作胶囊时使用。

（图7-15）

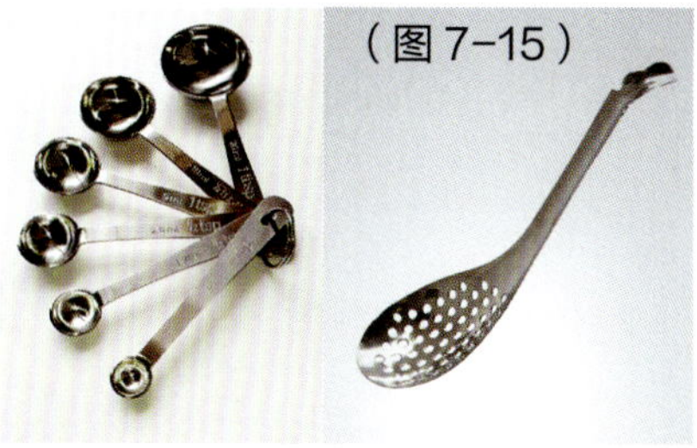

④红外线测温器：方便测量温度的仪器。

（图7-16）

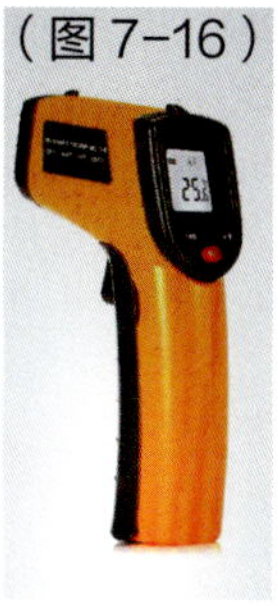

⑤鱼子酱盒子：球化技术时更方便地制作“鱼子酱”的工具。

（图7-17）

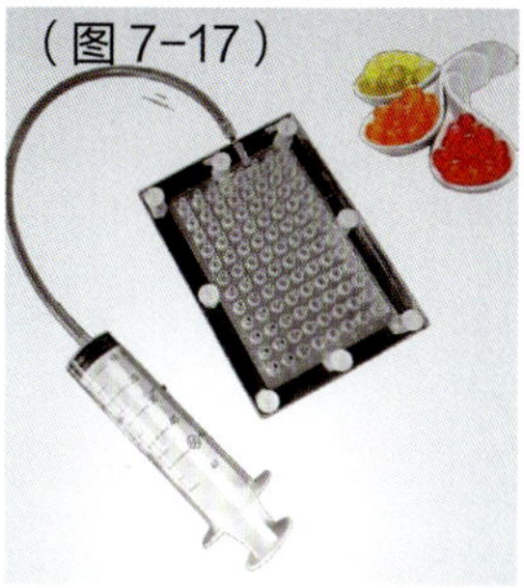

⑥虹吸瓶：改良的奶油瓶，它既可以处理冷的液体，也可以处理热的液体，载入二氧化氮，能使含黏化剂或是稳定剂的液体快速形成慕斯、泡沫等形态。用来制作慕斯，需先填气弹，打入备料产生气泡，制造出慕斯的效果。

（图7-18）

⑦液氮瓶：用于盛装液氮的装置。

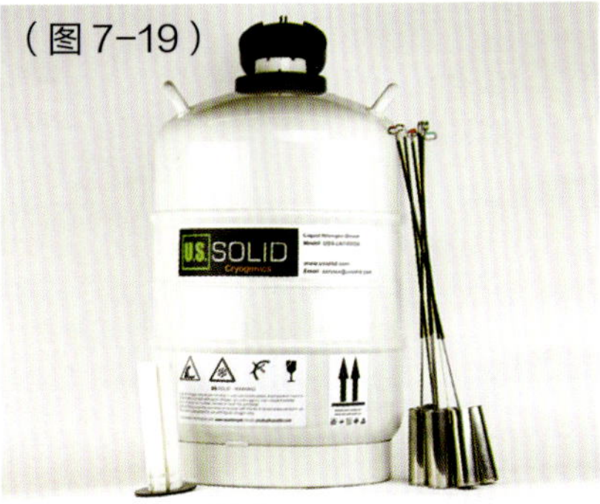
（图7-19）

⑧烟熏枪：分子烹饪中，产生烟熏的一种小装置。由风机、导管构成，装入木屑，点火，由风机将产生的烟雾吹出。

（图7-20）

⑨滴管：可用于少量制作分子料理中的人工鱼子。

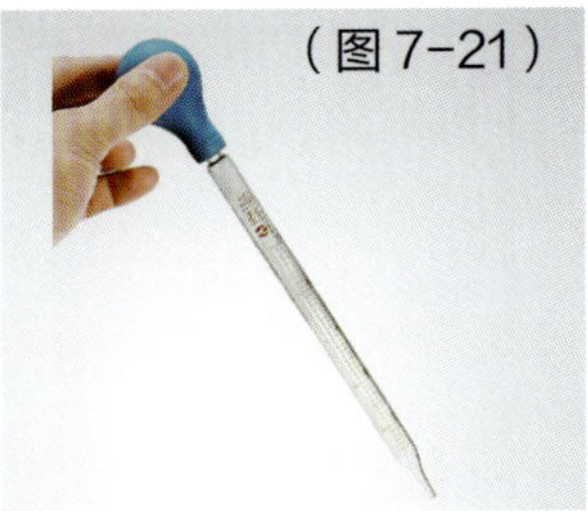
（图7-21）

2. 设备

①干发机：制作干制食品的一种设备，用来干燥食品等。常用来制作蔬菜、水果等干制食品或装饰物等。

（图7-22）

②低温慢煮机：低温慢煮（Sous-vide）烹饪方法用到的加热设备，精准恒定控制温度范围，常温到99℃。

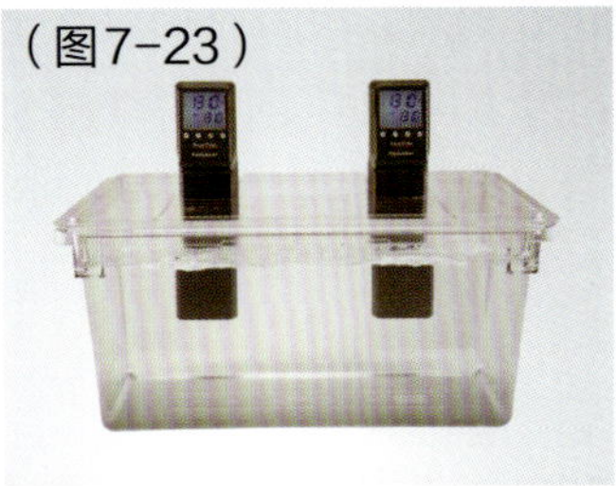
（图7-23）

③真空机：低温真空烹饪时与真空腌制食物时常用的设备。

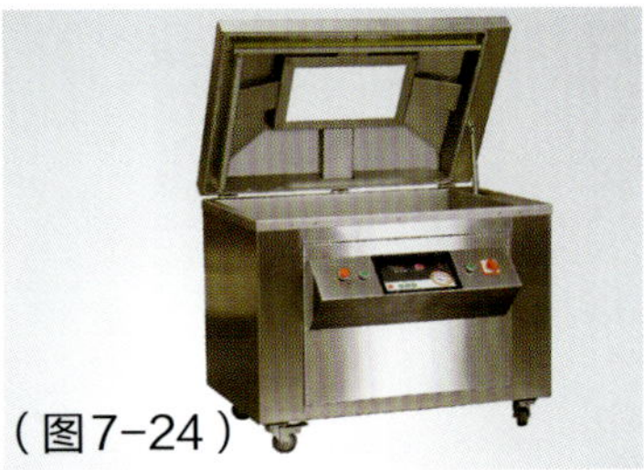
（图7-24）

④离心机：分子烹饪中常用来澄清汤汁等用的设备。其主要原理是物质分子量不同，离心沉淀的转速不同，通过离心而实现不同分子量物质的分离，主要用于离心沉淀溶液中的杂质，然后固液分离达到分离杂质的目的。

（图7-25）

⑤旋转蒸馏器：主要用于减压条件下连续蒸馏汁液体。

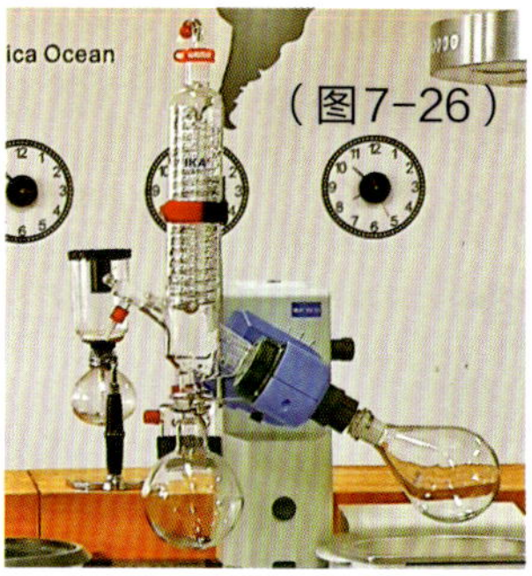

（图7-26）

⑥万能料理机：粉碎、加热、搅拌、炒、煎、低温等功能齐全的厨房烹饪设备。

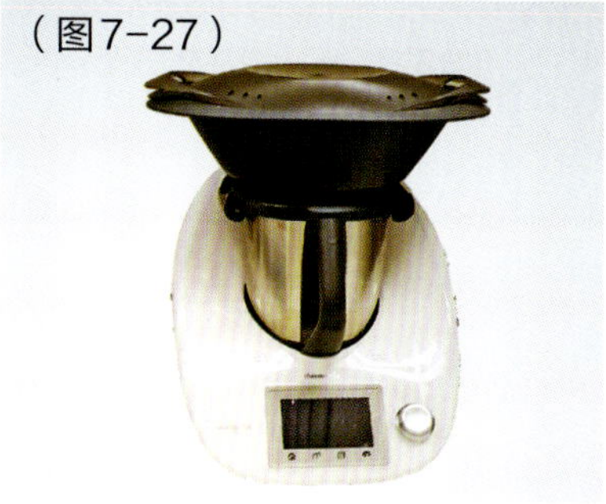
（图7-27）

⑦冰泥机：一种可以制作任何冰泥的机器，可以将汤汁、食材、奶油、水果等打成及其细腻的冰泥，传统的搅拌机无法做到。它的工作程序是先抽真空，然后按照所需要的量的多少，将旋转刀片定位在所需要出菜的量的那个位置，精准不浪费；也可以制作生牛肉与生鱼片，入口即化。

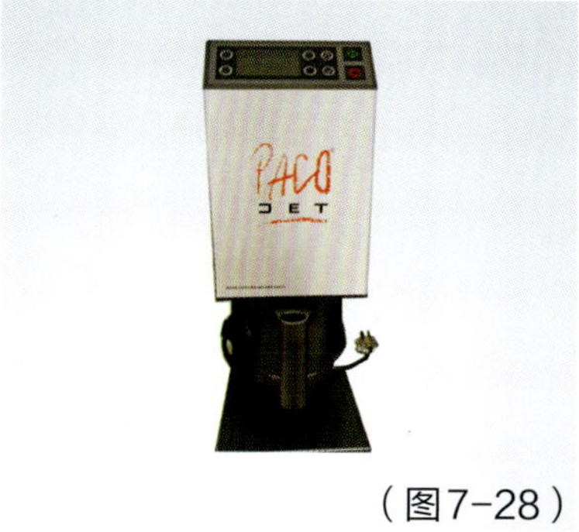

（图7-28）

⑧万能蒸烤箱：集蒸箱和烤箱等多功能于一体的厨房电器，功能齐全，操作简单，容易清理，相比几台设备同时使用更节约空间。

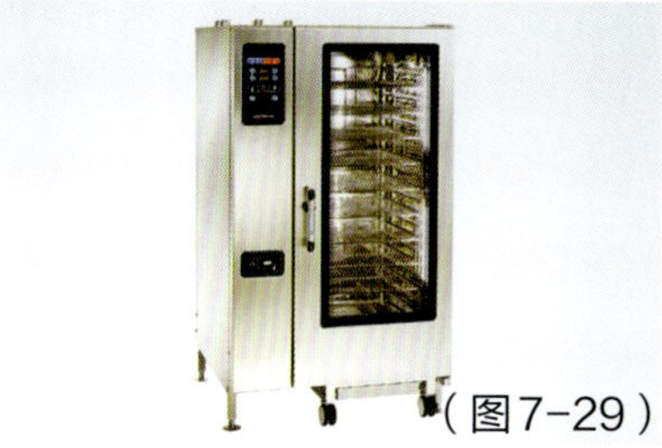
（图7-29）

二、分子烹饪技术

（一）泡沫技术

将各种液体乳化后，使其形成一种坚挺的泡沫，或是柠檬味，或是红酒味，等等。可搭配餐厅各式各样的菜品。泡沫技术主要是把液体转换成泡沫状态，吃到嘴里面还是液体。改变了传统的液体汁酱的呈现方式，增加菜肴的立体感、新奇感及食客的猎奇感。

泡沫技术主要运用卵磷脂。技术核心是将卵磷脂放入液体中，即可以打出泡沫。含有醋和酒精的液体原料用卵磷脂打不起来，要用乳化剂来打。

（二）球化技术

球化是一种西班牙斗牛犬餐厅在2003年推出的杰出烹饪方式，让客人领略到前所未有的菜品，这种烹饪方式能够做出不同类型及大小的球类物体：鱼子酱、鸡蛋、汤团、馄饨等。在制作过程中，因为原材料具有很强的可塑性，球化技术有很多种做法，按原料做法分为：一般液体球化（正向）、特殊液体（反向球化）乳制品球化、热液体球化、夹心液体球化、酸性液体等。做法配方也不相同。球化技术应用优点，可以把所有的液体变成球状，可冷可热。给人以惊奇的视觉和口感效果。食材的营养成分及质地不会发生变化，保留食材液体的原有口味及口感，在冷热菜中都可以使用。液体也可以做成任意尺寸的球状，可以做成冷的或热的球体。

（三）烟熏技术

烟熏技术属于分子烹饪器具类烹饪方法。可以解决食材快速烟熏，达到食材另类的口感与风味，质地和营养成分，给人一种新奇的体验与幻想，能增加食物的各类香料的香味，如玫瑰味、薄荷味等，还能够保留食物的色泽不变，增加口感层次和味蕾刺激。

（四）低温慢煮

低温慢煮技术（Sous-vide）源自法语，英文叫“Slow-cook”是“真空烹调法”的意思，是以科学化研究，找出每种食材的蛋白细胞受热爆破温度范围，从而计算出爆破温度以内，用恰当的时间把食物煮熟最好。在18世纪已经出现，20世纪70年代在法国正式被运用在餐厅的菜品制作上，随着分子美食的兴起，低温慢煮在国际美食界又流行起来。

低温慢煮可以烹饪厨房任何食材。最大限度地减少水分和重量的流失；保留食物的原味和香料的香味，保留食物的营养成分等。现在真空低温烹饪成为很多高级餐厅处理肉类、鱼类的主流烹饪方式，同时也可以处理蔬菜和水果及蛋类等食物。是众多米其林大厨热爱的一种烹饪技术。

（五）超低温烹饪

液氮技术主要是在-200℃左右超低温烹调。分子烹饪上用于制作冰球、冰泥、冰沙、食物脆皮、热菜冷做等。主要用液氮的气化冷冻原理来操作烹饪食品，达到意想不到的效果，改变食材的质地，把液体变成固体等。

（六）干燥技术

原料经过干燥之后，可以达到不同的口感和独特的风味，广泛地适用于肉类、海鲜、水果类、蔬菜等烹饪食材中，干发法能保持原料的原汁原味、营养成分不流失、颜色艳丽、造型方便。

（七）气化膨胀技术

气化技术源于酒吧，用来做慕斯苏打水、调酒、鸡尾酒等，后因分子美食的流行，开始用来做液氮烹饪或苏打水的气化等。应用设备有虹吸瓶与苏打瓶。

（八）凝胶技术（胶化技术）

凝胶技术是西班牙和国际流行的烹饪手法。

分子美食的凝胶技术源自西班牙，属于新型的烹饪技术，用它来烹饪菜肴可以达到很多令人惊奇的效果。在国外，凝胶技术也叫胶化技术。

凝胶技术大概分为四大类，分别为：

（1）钻石胶（把所有的液体做成钻石的形状，会闪光，并有不同的颜色）。

（2）琥珀胶体（把食材锁到胶体里面，可以看到里面的食材，像琥珀一样）。

（3）液体面条（把所有任意的汤汁做成固体的面条形状）。

（4）菜肴琉璃上胶技术（可以为菜肴保鲜，并增加菜肴的颜色光泽度，像水晶一样，舌头感觉不到胶体的嫩度）。

三、分子烹饪工艺实训

（一）红粉佳人泡沫（Carrot foam）

课前阅读

课前查阅资料了解泡沫技术。

学习目的

1 学会使用卵磷脂。

2 掌握泡沫技术的应用，结合本次实训，掌握变化品种，举一反三。

1. 原料

胡萝卜500g，卵磷脂2g，盐1g。

2. 设备器具

食品料理机，搅拌棒。

3. 制作方法

（1）胡萝卜500g加水1000g、盐1g，用食品料理机搅打成胡萝卜汁，静止后过滤备用。

（2）在胡萝卜汁中加入2g卵磷脂放入保鲜盒中。将保鲜盒一半封保鲜膜，同时用搅拌棒倾斜45° 角度进行搅打，直到溶液表面起丰富的泡沫。

（3）静止后，取表面泡沫原料装饰备用。

（4）用同样方法可制作黄瓜汁泡沫、其他汤汁泡沫。卵磷脂可以换成乳化剂。

4. 技术要点

搅拌棒搅打时，倾斜角度是为了让搅拌过程中有更多的空气进入，产生更多的泡沫。

5. 质量标准

泡沫浓厚，不易倒塌为宜。

6. 酒水搭配

适当搭配各类开胃酒。

7. 双语对应

（1）Use carrot and water to make carrot juice. Drain and set aside.

（2）Put 2g soja lecithin in the carrot juice, mix tnem with blender lean 45° to make foam.

（3）Let foam static, use the surface foam using for garnishing.

（二）橙汁蛋黄（Orange juice egg yolk）

课前阅读 课前查阅分子料理球化技术的应用及化学反应原理。

学习目的

1. 掌握球化技术的原料。
2. 掌握将液体原料制作成球化的方法。

1. 原料

橙汁500g，海藻胶5g，纯净水1000g，钙粉7g。

2. 设备器具

分子勺，微量电子秤，盆。

3. 制作方法

（1）橙汁500g，加入5g海藻胶搅拌均匀，静止去除溶液中的泡沫或抽真空去泡沫。

（2）1000g纯净水中加入7g钙粉形成“钙水”。

（3）将步骤（1）的溶液用分子蛋黄勺子盛入，泡钙水，当表面形成薄膜时慢慢摇晃直到形成蛋黄状。

4. 技术要点

橙汁加入海藻胶后一定要去除里面的泡沫，否则影响球化效果。

5. 质量标准

形如蛋黄状，结实光滑，无气泡。

6. 酒水搭配

适合搭配各类开胃酒。

7. 双语对应

（1）Add algin 5g into orange juice 500g, mix well, static, with no foam .

（2）Put 7g Calcic into 1000g water, mix well.

（3）Spoon step 1 “orange juice”, then dip into step 2 to form “orange juice egg” is ok.

（三）胶体面条（Agar spaghetti）

课前阅读　课前查阅资料了解明胶在分子烹饪中的应用。

学习目的
1. 学习琼脂的特性，学会利用琼脂技术将汤汁类产品凝固的方法。
2. 学习制作分子胶体面条的方法。

1. 原料

任意汤汁或少司200g，琼脂20g。

2. 设备器具

意大利面管，注射器。

3. 制作方法

（1）任意汤汁200g，琼脂20g。

（2）将汤汁倒入锅中，并加入琼脂搅拌，持续加热到沸腾状态，加热时不停地充分搅拌。

（3）用面条制作工具抽取汤汁，放入冰水中冷却，再用针管推出面条即可。

4. 技术要点

汤汁与琼脂以10：1为参考值，根据期望软硬度来调整。冰水降温会加速凝结。

5. 质量标准

均匀光滑，长度适中。

6. 酒水搭配

适合搭配各类开胃酒。

7. 双语对应

（1）Any stock or sauce 200g, agar 20g.

（2）Put agar into stock, mix well, then bring to a light boil mix constantly.

（3）Use injector to inhale the stock, then put it into icing water, last push out, form agar spaghetti.

（四）低温慢煮三文鱼（Sous-vide salmon）

课前阅读　课前查阅相关资料了解低温慢煮技术、真空技术的应用。

学习目的
1. 掌握低温烹饪技术。
2. 掌握真空技术。

1. 原料

主料 三文鱼100g，淡奶油100g。

辅料 淡奶油100g，橄榄油30g，刁草0.5g。

调料 青芥末10g，盐、胡椒粉各1g，百里香1g，柠檬泡沫适量。

2. 设备器具

低温慢煮机，真空机，厨刀，真空包装袋，不锈钢盆等。

3. 制作方法

（1）将三文鱼撒盐、胡椒粉、百里香、刁草，加橄榄油，放入真空袋子中用真空机抽真空腌制40min，在低温慢煮机中水浴，以48℃煮9min。

（2）同时将淡奶油、青芥末盐煮开，调味成三文鱼汁，备用。

（3）将低温慢煮的三文鱼取出后，吸干水分，放入盘中。

（4）装盘，淋三文鱼汁。用柠檬泡沫装饰。

4. 技术要点

控制低温的温度，不易过高；掌握烹饪时间。

5. 质量标准

鱼肉细嫩，色泽鲜红，成形完整。

6. 酒水搭配

适合搭配各类白葡萄酒。

7. 双语对应

（1）Coach salmon with salt, pepper, thyme, dill and olive oil, then use sous-vide, marinated for 40 minutes. Bain-marie the sous-videed salmon at 48℃ for 9 minutes.

（2）Using cream, green mustard to make sauce .

（3）Take out salmon, wipe it, place on the center of the plate.

（4）Serve with mustard and cream sauce. Garnish with lemon foam.

（五）榴莲冰皮月饼（Durian icing moon cake）

课前阅读 课前查阅资料了解液氮的性质，了解其在分子烹饪中的用法。

学习目的

1. 掌握液氮的性质与液氮的使用方法与技巧。
2. 通过学习，能够举一反三，制作更多低温产品。

1. 原料

榴莲肉400g，淡奶油200g，糖水80g，花生酱80g，坚果碎10g。

2. 设备器具

液氮气瓶，液氮，液氮盆，月饼模具。

3. 制作方法

（1）将榴莲肉、淡奶油、糖水、花生酱搅拌均匀备用。

（2）将榴莲混合物倒入液氮盆中炒制成雪芭。

（3）捞出，盛入月饼模具中成形。

（4）撒坚果碎，装饰即可。

4. 技术要点

使用液氮可以用防冻手套防止冻伤；雪芭在模具中需压实，确保成形。

5. 质量标准

冰凉爽口，成形紧实。

6. 酒水搭配

适合搭配各类白葡萄酒。

7. 双语对应

（1）Mix well the following ingredients: durian, cream, sugar, peanut paste.

（2）Put the mixture into the liquid nitrogen to frozen.

（3）Take out the frozen mixture, then put it into mooncake mould. Press hardly.

（4）Take out the frozen “moon cake”, sprinkle nuts to garnish it .

第三节　西式堂烹工艺

一、概述

（一）西餐堂烹的概念

西餐堂烹是西餐服务员或厨师，在餐厅内当顾客的面在烹调车或轻便服务桌上烹制有观赏价值的菜肴的烹饪制作方式。运用艺术切割或带有表演性的方式服务于食客。西餐堂烹的菜肴具有观赏性，烹调方法简单、烹饪迅速。

西餐堂烹能烘托餐厅气氛，增加顾客视觉享受，刺激消费，增加餐厅的收入。高档西餐厅会安排堂烹菜品。如烹制火焰香蕉、现场分切橙汁烤鸭等菜肴。

（二）西餐堂烹的种类

餐厅堂烹有许多种类和分类方法。

1. 按照表演形式分类

（1）全过程堂烹　将加工过而没有熟制的原料送至餐厅进行全过程的烹调表演。

（2）部分烹调堂烹　将厨房烹调好的菜肴送至餐厅做最后阶段的烹调、组成或调味表演。

2. 按照西餐菜肴的种类分类

（1）开胃菜堂烹　开胃菜烹调表演包括冷汤、水果、沙拉和鸡尾酒菜制作表演，方法主要是切割和组装方面的表演。

（2）副食、主食堂烹　将小块并容易制熟的海鲜、禽肉和畜肉原料，通过在服务桌的酒精炉或烹调车上的烹调表演将菜肴制熟。

（3）甜点堂烹　在餐厅服务桌上或烹调车上制作一些可以快速成熟，又有观赏价值的甜点，或者将一些已经制熟的甜点和水果等原料组装在一起的表演。

3. 按照烹调手段分类

（1）火焰类　火焰堂烹是在菜肴最后的阶段放入少许烈性酒，使酒液与烹调的锅边接触产生火焰的表演。这种烹调方法是，使用酒精度高的白兰地酒或朗姆酒等，通过将酒洒在成熟的热菜上，倾斜热过的边缘,使它与烹调炉上的火焰接触而产生火焰。火焰烹调不仅有观赏价值，还使餐厅和菜肴的本身充满了香味，同时活跃了餐厅气氛。此类方法在法餐堂烹中应用较多。

（2）非火焰类　非火焰堂烹是在顾客面前烹调一些有观赏价值又简单易制作的菜品，没有火焰的呈现，非火焰堂烹的制作目的是在顾客面前展示菜肴的整个烹调过程，或者菜肴的部分烹调过程，或者菜肴的最后组装、装盘等成菜过程。

二、西餐堂烹技术应用

（一）西餐堂烹所用的工具和设备

1. 移动操作台（餐车）

通常是移动的餐台（餐车），分层放上堂烹所需物品。带轮子，可以在餐厅任意位置进行堂烹服务，起到堂烹操作时的临时操作台功能。

2. 烹调设备

烹调炉。一般与餐车是一体的，或是分开的电磁炉、卡磁炉等。烹调需要加热的产品。

3. 烹饪餐具用具

根据需要使用的一些金属盘、餐盘、刀叉勺及调味品瓶罐等物品。

4. 烹饪调味品

与堂烹菜品所配的预制好的汤汁、少司类产品，调味品以及各种酒水，如白兰地、朗姆酒、各种与堂烹菜品所需要的酒水等。

（二）西餐堂烹的工作流程

（1）根据堂烹地点准备餐车与烹调炉，烹调设备与调味品、用具等。

（2）餐前准备（Mise en place），堂烹与正常烹饪一样，根据菜单做好餐前准备：主辅料、酱汁、配菜应提前准备。

（3）按照菜肴标准流程进行堂烹，明确放料先后顺序。

（4）焰火堂烹时，倒入烈性酒，倾斜平底锅，让锅边与炉中的火焰接触，使炉中的火焰立即点燃烈性酒，不要另外点燃（使用电磁炉除外）。

（5）用烹调勺或大餐匙将燃焰的液体重复浇在锅中的菜肴上，火焰的效果会更理想。制作甜点时，将少许白糖撒在火焰上会出现蓝色火焰。

（三）西餐堂烹注意事项

（1）确保食品安全，注意操作卫生　堂烹是当客人面现场制作的一种烹饪形式，操作前需洗手，必要时戴手套、口罩等，用工具拿取食物进行堂烹。

（2）注意操作安全，堂烹操作前检查烹调炉具设备 热菜堂烹应与客人保持一定距离，防止热油外溅、火焰烧伤等危险的发生；同时注意刀具使用安全。

（3）堂烹是带有表演性质的烹饪形式，应选择有特色的设备及器皿和工具等。

三、西餐堂烹技术实训

（一）火焰香蕉（Bananas flambé）

课前阅读

火焰烹饪是法式烹饪常见的技术，将烈酒应用与菜肴中，增加风味，酒精点燃增加现场气氛是一种烹饪形式，常用于煎制肉类（如火焰牛排），甜品（苏珊薄片）等菜肴中。

学习目的

1. 掌握烈酒的性质，使用搭配方法。
2. 菜肴的变化应用。

1. 原料

主料 香蕉500g，杏仁片30g，坚果碎30g。

辅料 白兰地10g，朗姆酒40g，油30g。

调料 糖80g，白兰地10g，朗姆酒40g。

2. 设备器具

移动餐车1辆，卡磁炉1台，厨刀1把，切菜板1块，平底锅1个，服务叉勺1套，餐盘2个。

3. 制作方法

（1）香蕉去皮，然后切成6～8cm的节，备用。

（2）锅中放油与糖，加热至焦糖状态，放入香蕉炒匀，烹入白兰地酒点燃。

（3）再烹入朗姆酒点燃，待火熄灭后用服务叉与服务勺将香蕉盛入盘中。

（4）装盘，用杏仁片与坚果碎装饰，立即送至客人面前即可。

4. 技术要点

（1）掌握制作焦糖的火候，不要将颜色炒焦，味道炒苦。

（2）用酒的技巧是：烈性酒水，无火烹饪时，需要用点火工具引燃气；有火烹饪时，高温烹入烈酒后，略倾斜锅边，让火烧到锅中酒精即可出现火焰。

（3）注意烹饪安全，与堂烹客人保持一定的安全距离；在相对安全的环境中进行火焰堂烹。

5. 质量标准

酒香微甜，焦香不腻。

6. 酒水搭配

适合搭配餐后甜酒。

7. 双语对应

（1）Peel the bananas, then cut into 6 ~ 8cm length pieces, set aside.

（2）Heat sugar till caramel, then put in the bananas, coach well, sprinkle brandy then flambé.

（3）Then sprinkle rum, flambé, last spoon out bananas on the plate.

（4）Use sliced almonds and nuts to garnish, then serve.

（二）法式羊排（Lamb chop）

课前阅读

羊排是西餐主食常用食材，法式羊排一般有7骨羊排、12骨羊排分类方法。烹调方法多样，适合煎、烤、焖、低温等多种烹饪方法。

学习目的

1 羊排的加工腌制方法。

2 掌握堂烹主食菜肴的制作及变化应用。

1. 原料

主料 12骨羊排1块，蒜40g，白葡萄酒30g。

辅料 里昂马铃薯80g，玉米粒50g，青豌豆30g，迷迭香20g，芥末20g。

调料 迷迭香少司50g，盐、胡椒粉各2g。

2. 设备器具

移动餐车，卡磁炉1台，厨刀1把，切菜板1块，平底锅1个，服务叉勺1套，餐盘1个。

3. 制作方法

（1）羊排用盐胡椒粉、蒜碎、迷迭香、芥末、白葡萄酒腌制好，堂烹前预制至七八成熟。

（2）将预制的羊排放在煎锅中加热即可，用服务叉勺将羊排置于菜板上，左手用服务叉按住羊排，右手用刀将羊排均匀切下。

（3）用服务勺将里昂马铃薯垫于盘底，摆上羊排，配上玉米粒、青豌豆，淋少司，用迷迭香装饰，立即送至客人面前即可。

4. 技术要点

（1）羊排的加工技术，堂烹动作熟练，堂烹后切割技巧的掌握。

（2）注意烹饪安全，与堂烹客人保持一定的安全距离；在相对安全的环境中进行堂烹。

5. 质量标准

肉质老嫩适中，分割均匀。

6. 酒水搭配

适合搭配各类红葡萄酒。

7. 双语对应

（1）Marinate the lamb chops with salt and pepper, minced garlic, rosemary, mustard and white wine, cooked to medium-well, set aside.

（2）Pan-fried the cooked lamb chops till hot, then put them on chopping board, cut and slice into one piece with service knife and fork.

（3）Put the Lyon potatoes on the plate, then put lamb chop, corn, green beans, rosemary sauce, garnish with fresh rosemary and serve.

（三）火腿切配分割（Slice ham）

课前阅读

课前查阅资料了解火腿相关知识及食用方法。

学习目的

1 学习堂烹中的切配技术。

2 了解火腿的相关知识。

1. 原料

意大利火腿1个。

2. 设备用具

火腿刀1把，火腿架1套，服务叉，服务勺，餐盘等。

3. 制作方法

（1）将火腿放在火腿架上，整皮面向上，用干净的口布包裹火腿蹄部，左手握住火腿，右手拿刀片去表皮与肥肉。

（2）用火腿刀快速、均匀地将火腿片成1mm厚的薄片，放入盘中，立即分享给客人即可。

4. 技术要点

片切的手法要稳，掌握片刀法。

5. 质量标准

切片后有透视感，分割均匀不断裂。

6. 酒水搭配

适合搭配红葡萄酒、啤酒等。

7. 双语对应

（1）Put the whole ham on the ham rack, let the whole skin up, rap the ham with napkin, use the left hand to hold it, the right hand with knife to peel off the ham skin.

（2）Then slice the ham into 1mm thickness slices, put hams on the plates and serve.

第四节　西餐装饰工艺

一、概述

（一）西餐装饰的概念

合理运用一系列器皿、辅助原料、方法技巧等，达到美化菜肴，提高菜肴食用价值、艺术价值等目的科学手段。

（二）装饰的意义

在饮食时，不仅要注重菜品的香、味、质，还要注重菜品的色、形等。“眼睛先吃”，对食物的第一印象很重要，一盘装饰精美的食品更能刺激人们的食欲。

菜肴装饰能提高菜肴食用价值、营养价值、艺术价值等，促进饮食文化与美学的结合发展。

（三）西餐装盘的特点

1. 主次分明，和谐统一

西餐的摆盘强调菜肴中原料的主次关系，主料与配料层次分明、和谐统一。

2. 几何造型，简洁明快

几何造型是西餐最常用的装盘技法，它是主要利用点、线、面进行造型的方法。几何造型的目的是挖掘几何图形中的美，追求简洁明快的装盘效果。

3. 立体表现，空间发展

西餐的摆盘除了在平面上表现外，也在立体上进行造型。从平面到立体，展示菜肴之美的空间扩大了。这种立体造型的方法也是西餐摆盘常用的方法，是西餐摆盘的一大特色。

4. 讲究突破

整齐划一、对称有序的装盘会给人以秩序之感，是创造美的一种手法。不过，这样的摆盘也会缺乏动感。为了动中求静，西餐在装盘技术上常采取破规的表现方法。例如，在排列整齐的菜肴上，突然斜放两三根长长的细葱，或是新鲜食用花草、香料等。这种长线形的出现，破坏了盘中已有的平衡，使盘面活跃起来。

5. 讲究变异

变异，从美学角度来说，是指具象的变形。常用的手法是对具体事物进行抽象的概括，即通过高度整理和概括，以神似而并非形似来表现。变异的手法，也是西餐中摆盘的技法之一。

通过对菜肴原料的组合，形成一种既像又不像的造型，从而进一步引起食客的遐想。亚洲菜常用写实装盘手法来表现，例如，将原料摆成花、鸟、虫等逼真的形状，与写实装盘不同，西餐的变异装盘技法，会留下更加广阔的想象空间。

6. 盘饰点缀，回归自然

西方菜肴的盘饰喜欢使用天然的花草树木，这样的装饰，目的是体现自然。

在装盘的点缀上，西餐遵从点到为止的装饰理念。装饰料在盘中仅仅是点缀而已，在使用上少而精。现代西餐一般不主张太过缤纷复杂的点缀，认为这样会掩盖菜肴的实质，给人一种华而不实的感觉。

二、装饰着手的点

西餐装饰通常在以下几个方面进行。

1. 器皿

《随园食单》中“美食不如美器，斯语是也”。器皿在菜肴装饰中显得尤为重要，在器皿的选择上除了器皿的形状、颜色、造型外，还应遵循以下原则。

①实用性：餐具器皿，以实用为原则来选择餐具的材质、档次。

②灵活性：装饰时，无须固定菜肴搭配固定盘子，灵活选择。

③艺术性：艺术餐具更能衬托菜肴的整体美观性，在装饰时，应择优选择。

④安全、卫生：在装饰时需选择使用安全与食用安全的餐具。

2. 原料

①色泽搭配协调：一个盘中，有两种与两种以上的颜色会比一种颜色更有吸引力，色泽搭配时应考虑食材间顺色与撞色的组合搭配。不同色泽食材良好的组合搭配更能激发人们食欲，对菜品的销售也有着重要意义。

②风味、口感搭配和谐：一道菜肴在突出口味的同时，应该考虑食材口感的搭配原则，配菜与主菜风味上的搭配原则。如菜肴中主食口感以软、糯为主，配菜则应该考虑脆、硬等不同口感的搭配。

③价值搭配合理：菜肴整体的营养价值、食材自身价值搭配应遵循均衡的原则。

3. 造型

空间发展、几何造型、打破传统。

三、西餐装饰常见食材

西餐烹饪选料广泛，大都可用作装饰，装饰物是放在盘上或碗中附加于主食的食品，可使食物美观，有增加营养、风味等作用，常用如下：

（一）新鲜香料、花卉类

薄荷（Mint）、迷迭香（Rosemary）、百里香（Thyme）、鼠尾草（Sage）、罗勒（Basil）、莳萝（Dill）、欧芹（Parsley）、三色堇（Herb trinity）、酸模叶（Sorrel leaf）、各种菜苗（Shoots）等。

（二）果类

菠萝（Pineapple）、榅桲等（Quince）、苹果（Apple）、梨子（Pear）等。

（三）浆果类

蓝莓（Blueberry）、树莓（Rasbery）等。

（四）蔬菜

各种菌类（Mushroom）、芦笋（Asparagus）、朝鲜蓟（Artichoke）、彩椒（Colour pepper）、茄子（Eggplant）、各色的三月瓜（Courgette）、螺旋纹菜头（Colour stripe turnip）、手指胡萝卜（Mini carrot）。

（五）干果坚果类

核桃（Walnut）、榛子（Hazel）、杏仁（Almond）、松子（Pine nut）、葡萄干（Raisin）、开心果（Pistachio）等。

（六）谷物及产品

米（Rice）、面（Pasta）及其副产品等。

（七）其他

鱼子（Caviar）、松露（Truffe）、奶酪（Cheese）、巧克力（Chocolate）、少司（Sauce）、浓汁（Le coulis）等。

四、装饰手段

（一）构图设计法

1. 中央构图法（图7-30）

将主食放入盘子中央，装饰物、酱汁等随意地摆放在周围即可。

2. 直线构图法（图7-31）

通常是圆盘的摆盘装饰手法，将食物摆放成一字型，并进行设计。

3. 对角线构图法（图7-32）

通常在方形、长方形餐盘里常用的一种装饰摆放方法，将食物以方形餐具对角线方向进行摆盘设计。

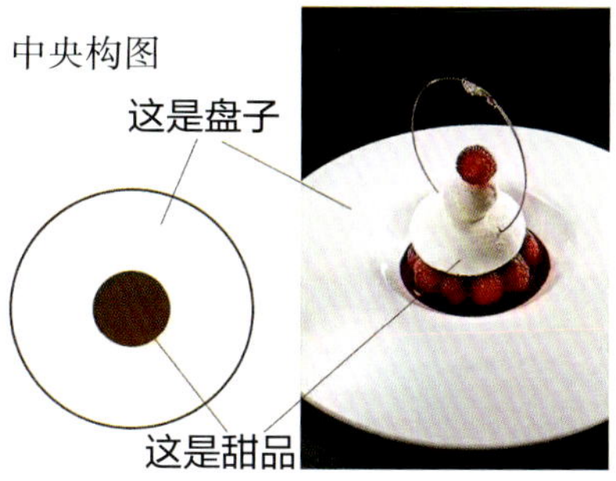

（1）　（2）

图 7-30
中央构图法

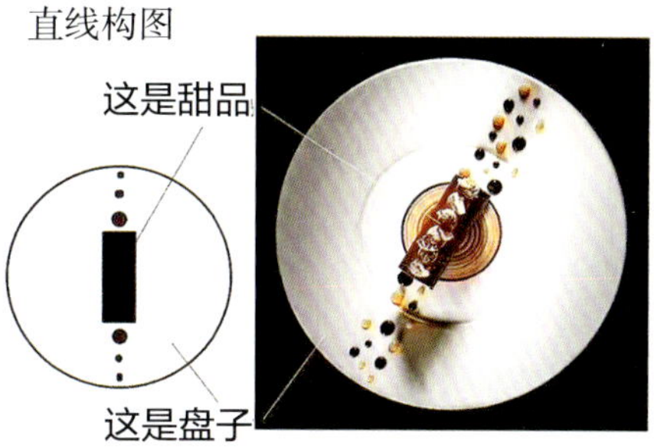

（1）　（2）

图 7-31
直线构图法

（1）　（2）

图 7-32
对角线构图法

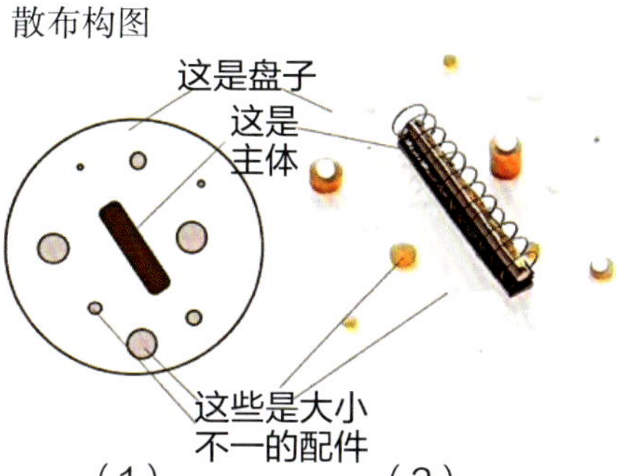

（1）　（2）

图 7-33
散布构图法

4. 散布构图法（图7-33）

主食摆放在盘中央，四周分布不规则大小的装饰物即可，又称为棋盘式摆盘。

（二）摆盘设计

1. 放射状摆盘（扇形）（图7-34）

以一个主要食物为主，周围的食物呈放射状摆盘。注意食材间的色彩搭配。

2. 分隔摆盘（分区域摆盘）（图7-35）

适用于不同风味、不同口感的食物，装入不同的格状器具中，以达到整体美观，同时食物不易混味的效果。现代烹饪装饰中，也会将食物放在一个大盘子中，分区域摆放装饰。

3. 平面摆盘（图7-36）

通常用在冷肉、奶酪、冷鱼等经过不同的刀工处理后，平放在盘中的一种摆盘装饰手法。摆盘前应事先设计草图，使设计带运动感，有焦点。各食品间要有适当的比例。

4. 立体式摆盘（图7-37）

通过构思、设计和想象，把食物摆成各式各样立体的造型。再用其他装饰物搭配出高低有序、层次错落、色彩艳丽的立体造型。

5. 圆柱摆盘（图7-38）

通常食物借助于模具摆在盘中，堆成丘状，形成圆柱等形状，周围再以配菜加以装饰，使菜品具有相应的立体感。

6. 混合摆盘（图7-39）

将不同颜色、不同风味的食材，用调料汁等混合拌匀再堆放的装饰摆盘方法。

图 7-34　放射状摆盘

图 7-35　分隔摆盘

图 7-36　平面摆盘

图 7-37　立体式摆盘

图 7-38　圆柱摆盘

图 7-39　混合摆盘

五、其他流行装饰技术

当下西餐菜肴装饰技术融合了诸多方法，如将传统的面塑技术与西餐装饰的融合（图7-40）；糖艺技术与菜肴装饰的结合（图7-41）；分子技术的应用，如液氮（图7-42）、烟熏（图7-43）、食品3D打印（图7-44）等；无国界创新装饰、中西融合（图7-45）等都是西餐装饰的一种趋势。

图 7-40　面塑

图 7-41　糖艺

图 7-42　液氮技术

图 7-43　分子烟熏

图 7-44　3D 食品打印

图 7-45　创新融合装饰

六、西餐装饰工艺实训

（一）浓汁酱的制作（Coulis）

课前阅读

课前查阅资料了解西餐中少司汁酱的装饰作用。

学习目的

1 认识西餐中浓汁酱的概念，掌握汁的浓稠度。

2 学会一般浓汁酱的制作并掌握该汁酱的变化。

1. 原料

主料　红甜椒300g。
辅料　洋葱40g，白葡萄酒30mL，油30g。
调料　盐2g，胡椒粉1g。

2. 设备用具

西餐刀，菜板，少司锅，滤网，搅拌机，夹子等。

3. 制作方法

（1）将甜椒洗净擦干水分，切去种子，然后再切成小块；将洋葱切成丝，备用。
（2）锅烧热加油炒香洋葱丝，然后放甜椒继续炒制，变软后加入白葡萄酒，浓缩，待收至1/4时，加入清水，烧沸腾转为小火，直到煮至熟软后，用搅拌机打蓉。
（3）将打蓉的汤汁用细滤网过滤后浓缩至可以挂勺的浓稠度，用盐、胡椒粉调味即可。

4. 技术要点

（1）打蓉的浓汁因含红椒皮等，必须用细滤网过滤。
（2）少司的浓稠度是可以挂盘，也就是能粘食物的浓稠度。
（3）可选变化用黄色灯笼椒制作黄椒浓汁酱。

5. 质量标准

光滑细腻，浓稠适宜，味道鲜美。

6. 酒水搭配

作为少司、装饰物使用，无须酒水的搭配。

7. 双语对应

（1）Wash the red peppers, wipe the water, take out the seeds, then cut into cubes; slice the onions, set aside.
（2）Heat the oil in the sauce pan, put the onions for a few minutes then put red peppers, saute till soft, then the white wine, concentrate to 1/4, pour in the water,bring to a boil till the peppers soft and cooked, mix well with a blander.
（3）Using a fine strainer to filter it, then heat again to concentrate which can be thickened the spoon, seasoning with salt and peppers.

（二）薄脆的制作（The crispy）

课前阅读 课前查阅资料了解装饰中薄脆饰品相关知识及加工的方法。

学习目的 会使用干发机，掌握薄脆饰品的制作相关方法。

1. 原料

柠檬1个，罗勒叶，苹果，猕猴桃。

2. 设备用具

西餐刀，彩板，盘子，盆，干发机，油锅，滤网，夹子，吸油纸等。

3. 制作方法

（1）将柠檬切薄片、苹果切薄片、猕猴桃切薄片、罗勒整理大片叶子备用。

（2）准备干发机，温度预热50℃，时间设置9h，备用。

（3）将切片原料放入机器内，直到完全干燥即可。

（4）干燥的水果、蔬菜片用来做装饰插片。

4. 技术要点

（1）水果原料切均匀薄片，干燥后轻取原料。

（2）蔬菜叶子，如罗勒叶可在油锅中炸，来制作透明薄脆插片。

5. 质量标准

成形完整，色泽鲜艳。

6. 酒水搭配

装饰品不需配酒。

7. 双语对应

（1）Slice the lemon, apple, kiwifruit, tear the basil leaf set aside.

（2）Preheat the food drier, set 50℃ for 9 hours。

（3）Put the ingredients into the food drier to dry them till dried and crispy.

（3）Use the dried crispies for decorating

（三）蔬菜泥的制作（Vegetable puree）

课前阅读 课前查阅资料了解蔬菜泥等在菜肴装饰中的制作及应用方法。

学习目的

1 学习不同颜色蔬菜泥的制作方法。

2 装饰中颜色的搭配技巧。

1. 原料

主料 紫薯300g，豌豆300g，胡萝卜300g。

辅料 洋葱90g，淡奶油90g，黄油40g。

调料 盐3g，胡椒粉1g。

2. 设备用具

西餐刀，菜板，食品搅拌机，滤网，少司锅，餐盘，刮板等。

3. 制作方法

（1）蔬菜原料洗净，紫薯、胡萝卜去皮切大块。

（2）将蔬菜原料分别放入锅中加盐煮软，然后取出过滤。

（3）用食品搅拌机将蔬菜搅打泥状，加入淡奶油、盐、胡椒粉、黄油调味即可。

4. 技术要点

蔬菜搅打成泥，必要时需过滤以确保蔬菜泥的细腻。制作绿色蔬菜泥时注意要保持不变颜色。

5. 质量标准

光滑细腻，颜色鲜艳。

6. 酒水搭配

装饰原料不要配酒水。

7. 双语对应

（1）Wash and clean the vegetables, cut the purple sweet potatos and carrots into big pieces.

（2）Put the vegetables separately into pot, and salt, boil till soft, take out, drain.

（3）Use food mixer to make vegetable puree, add cream, salt, peppers, and butter to seasoning.

（四）坚果烤酿牛肉卷（Roasted beefroll with nuts）

课前阅读 课前查阅资料了解西餐中肉卷制作的相关方法。

学习目的

1 学习肉卷类菜肴的制作方法及组合装饰手法。

2 学习配菜颜色，造型等装饰技巧。

1. 原料

主料 净牛柳300g。

辅料 坚果碎40g，鸡肉馅料120g，芦笋40g，南瓜泥40g，黑米饭50g，青豆泥50g，小圆番茄30g，欧芹10g，胡萝卜分子泡沫5g，风干橙片适量。

调料 面包糠100g，黄油40g，迷你胡萝卜40g，迷迭香10g，百里香10g，红酒少司100g。

2. 设备用具

西餐刀，菜板，餐盘，刮板，圈模，煎锅，木铲，夹子，烤箱等。

3. 制作方法

（1）面包糠中加坚果碎、黄油、欧芹、迷迭香碎、百里香碎、盐、胡椒粉，拌匀成香草面包糠，备用。

（2）胡萝卜、芦笋切节，加盐焯水备用。

（3）牛柳切片放鸡肉料制作成牛肉卷。将牛肉卷包裹均匀香草面包糠，然后将牛柳入250℃的烤箱中烤制5～10min（或根据需要的成熟度调整时间）。

（4）将牛柳切成2份，断面平整，牛肉酱不散、不断。

（5）置盘中，中间用圈模盛入黑米饭，制成圆柱形垫底，上面放牛柳，配芦笋、迷你胡萝卜、小番茄、迷迭香、南瓜泥，淋入红酒汁，再用胡萝卜分子泡沫、风干橙片等装饰。

4. 技术要点

牛柳切配薄厚均匀，确保卷紧，这样制作的肉卷美观。综合利用配料装饰料的组合搭配。

5. 质量标准

肉卷紧致，色彩鲜艳。

6. 酒水搭配

适合搭配各类红酒。

7. 双语对应

（1）Mix bread crumbs, nuts, butter, parley, rosemary, thyme, salt, pepper, set aside.

（2）Cut carrot, asparagus, add salt then boil them, set aside。

（3）Slice the beef, then stuffed with the chicken stuffs, make a beef roll, coat with herbs breadcrumbs. Put into oven at 250℃ roast 5～10minutes（according desired cooked）.

（4）Cut beef roll into two, keep form .

（5）Put black rice onto the plate center use a round mould, the put the beef roll, asparagus, carrot, tomato, pumpkin puree, pour the red wine sauce, garnish with the carrot foam, dried orange slice.

第五节　真空低温烹饪工艺

一、概述

真空低温烹饪（Sous vide/Slow cooking）是为防止食材的风味、水分、营养以及口感等变化，将未经加工的食材，在适当的真空密封状态下，使用现代专业的烹饪设备加热，使其能够在非常精确的温度下达到完美烹饪效果的方法。

真空低温烹饪是一种现代厨房普遍使用的精准烹饪技术。早在20世纪60年代，美国宇航局为了减轻航天食物的包装，从而想出了用耐高温塑料袋来替代罐装容器，再通过将食物储存在真空袋中密封保存，使用时低温加热后食用的方法。

早在1985年，传奇的法国厨师乔尔·侯布雄(Joël Robuchon)，就在他的巴黎的餐厅雅明(Jamin)开始使用了一种新式烹调和保存食物的方式，让厨师能更好地保存烹饪准备的食材，同时还可以根据需要，对食材进行再加热，而且不易损害食物的风味和质地。这项技术最核心的是将食物在烹饪前用专门的塑料袋进行真空密封，然后用相当精准的烹饪设备进行加热烹饪，如水浴加热、万能烤箱等。Sous vide一词源于法语，是指真空的状态。

真空包装时，排净袋子里的空气，是为了更好地热传递，由于食物的不同质地，会造成食物变形，因此往往不可能完全抽净袋子里的空气。

这种用外皮包裹进行温度控制的烹饪方式，其实并不稀奇，中国烹饪中自古有很多关于低温烹饪的方法。周代“八珍”之一的“炮豚”也与低温烹饪方法相似，“炮豚”就是指用黏土把乳猪包裹起来，再进行烧烤烹调，然后加工而成的菜。比如：江苏传统名菜叫花鸡，将鸡腌制后，用荷叶包裹，再用泥土包裹，在炭火中慢慢烤熟。可见在我国传统烹饪技艺中，也有很多低温烹饪工艺的积淀，这为现代中国烹饪的创新打下了基础。现代中国烹饪也使用了很多精准烹饪的设备，目前低温烹饪技术被广泛运用于融合料理中，这种发展趋势逐渐走向全球化。

值得注意的是，真空低温烹饪的特征不仅在于封装或抽真空密封，更重要的是使用了当今高科技的恒温加热和测量温度的烹饪设备，在烹饪五成熟的牛里脊时，先用57.2℃真空低温水浴慢煮，再煎、烤上色，得到的牛肉不但多汁，而且可以做到传统烹饪牛排不能达到的完美口感。这种精准技术的出现，使现代厨师可以更好地继承和诠释传统烹饪，同时也可以展示更多新的烹饪变化，使烹饪领域让人大开眼界。

二、真空低温烹饪的优点

现在不论西餐或中餐厨师都逐渐接受了真空低温烹饪所带来的好处。使用真空低温烹饪方法，可以控制时间，把食物加热到所需要的温度，使食物每个部分都均匀受热。真空低温烹饪不需要像传统烹饪那样，使用复杂的程序，设置烹饪流程来获得所需要的成熟度。

在烹饪肉和海鲜时，真空低温烹饪效果特别明显。当用传统工艺制作一块鱼的时候，会通过先煎再烤的方法，往往很难控制想要的理想的中心温度。相比之下，真空低温烹饪却可以通过精准的控制，将鱼肉抽真空，放入水浴锅或是万能蒸烤箱中，设定所需要的温度和时间，即可得到表面温度和中心温度相同的鱼肉了。完美的烹饪控制可以产生完美的一致性，因为真空低温烹饪的温度变化很慢，所以具有可重复性。

如果食物放在传统的烹饪设备中，如：明火灶上或是烤箱内，即使经验丰富的厨师，也很难控制其温度的迅速变化，从而无法保证烹饪工艺的一致性。

另外，真空低温烹饪技术在厨房生产过程中，使厨房的准备工作更加便捷。食物的分量、品质和食品卫生方面都有很大程度的提高，能通过良好的食品安全卫生条件，标准的食谱比例，通过真空低温烹饪，延长食物口感品质的最佳时间。其味道也因为抽真空密封后，调味料可以均匀地分布于食物每个部位。在烹饪许多植物性原材料时，真空低温烹饪还可以阻断空气中的氧气与植物性原材料的反应，使其保持更加鲜艳的颜色。

在真空低温烹饪过程中，由于与空气隔绝，可以更好地保持食物的汁液。同时在食物储存期间，更不容易交叉污染，保证食品安全。因此，真空低温烹饪过程中的稳定控制，成品质量的一致性，高质量的菜肴品质和食品安全都是其重要的优点，掌握好真空低温烹饪技术，可以更好地展现厨师的烹饪理念，满足食客对美食的追求。

三、常用的真空低温烹饪设备

在厨房中，有很多设备是可用于低温烹饪制作的，例如:万能蒸烤箱、食品真空包装机、恒温加热池等。现在简单介绍如下。

1. 真空压缩包装机（图7-46）

真空压缩包装机是食品生产中常见包装设备。其工作原理是将包装袋放在气室内，通过空压机抽取气室的空气，达到真空状态，然后再通过封口装置加热，使真空袋密封，当打开气室时，袋子内部就形成了密封的真空状态。

图 7-46　真空压缩包装机

主要作用是抽取固定空间里的空气，使物体处于真空状态下，在日常的生活和普通的厨房中，此设备经常用于保存原材料；而在低温烹饪中，真空压缩包装机的主要作用是作为一种媒介的方式存在于原料、水浴或者油浴烹饪介质中。在国外的一些专业书籍资料中，低温烹饪的英文通常为Sous vide 或Slow cooking。食物抽真空需要注意，通常只有冷却后的食物才能够抽真空密封。袋子中的空气被抽走80%，水的沸点会变成60℃以下，温度如果高于这个温度，其中的汁液会出现沸腾，不利于密封食材。

使用真空压缩包装机的目的是，在低温烹饪的过程中，让原料的任何一个表面都可以均匀地浸泡在一个非常恒温的状态中，并且保持原料的水分和营养成分不流失，这个作用是非常重要的。

真空压缩包装是通过调节真空压缩包装机的抽真空时间和压力大小，来实现不同的真空抽取状态。不同的食材在真空低温烹饪过程中的抽真空程度不同，这是由原料质地、调料状态等多重因素决定的。

普通的低真空状态不适用于低温烹饪，而中等的真空状态主要用于肉类和家禽类的低温烹饪，高真空状态多应用于蔬菜和水果类的烹制，如胡萝卜、洋葱以及各种水果等。

2. 水浴低温烹饪机（图7-47）

水浴低温烹饪机的主要原理在于可以长时间地控制温度，从而达到恒温的效果，其主要的恒温温度在25～99℃之间，恒温的温度控制范围在0.1～1℃之间，并且质量可靠、操控稳定。其工作原理是通过浸入到水里的热敏元件恒温器，连接加热装置发热管加热，自动控制水温。同时会有一个如同螺旋桨一样的水循环装置，使水温在加热过程中一致。

图 7-47　水浴低温烹饪机

3. 万能蒸烤箱（图7-48）

万能蒸烤箱也是厨房中常用的精准烹饪设备，通过对温度和时间的控制，将食材真空包装后进行低温烹饪。万能蒸烤箱内部空间较大，所以适合长时间、大批量低温烹饪一些食材。

温度控制范围相对没有水浴烹饪精准，通常控制在1℃。万能蒸烤箱通过电热管加热，并可以喷入水形成蒸汽，所以可以完成烤、蒸烤和蒸三个不同的功能，可以设置不同的状态、温度和时间进行烹饪。

图7-48 万能蒸烤箱

4．食品真空包装袋（图7-49）

在真空低温烹饪时，需要注意的是“真空包装”。其实在不同的低温烹饪时，不完全是所有的低温烹饪都是真空状态，有的可能因为受食材质地的影响，不可能完全达到真空状态，因为食材受压力后会改变其形状。因此，很多时候应当是将空气抽出后的低温烹饪。

用真空袋装食物进行低温烹饪是烹饪中最常用的办法。真空包装袋有不同的材质和型号。常用的通常是食品级的通用真空机袋，它有不同的大小型号，常用于厨房食品包装储存，这种真空袋，只能用于带有气室的真空包装机。另外，家庭常用的一种小型家用真空机使用的真空袋，表面有格子纹，可用于外部直接抽真空。此外，还会用一些热收缩袋、食品密封袋等用于不同的低温烹饪。

图7-49 食品真空包装袋

四、真空低温烹饪的工序

真空低温烹饪的烹饪工艺设计是根据每个厨房的实际需要，对不同食物进行特殊处理。优秀的厨师会充分利用厨房中的各种不同设备，合理安排和设计真空低温烹饪的程序。通常可以分为以下几个步骤：

（一）食物前期处理

不同的食材进行真空低温烹饪前，需要做初加工处理，然后进行各种前期加工，经过分切、腌制、预烤、预煮、调味等工序。例如：在低温烹饪三文鱼时，常用盐、糖水进行一定的时间腌制。

低温烹饪相比普通烹饪会更加入味，所以烹饪前，不需要长时间的腌制过程，尤其在烹饪有些原料时，只需要加入盐调味，甚至不需要任何的调味和腌制。

（二）真空包装

经过前期处理后的食物，用真空包装机进行排除空气处理。在此过程需要冷却食物，并使用较柔软的耐高温食品真空包装袋，选用适合的抽真空时间，以便保持完整的形状。

（三）设置相应的低温烹饪温度

不同食物、不同部位的真空低温烹饪的温度都有所不同，因此在设置低温烹饪的温度时，根据需要烹饪的食物最终状态来设定中心温度，制定相应的烹饪工艺策略，然后开启并设置水浴装置。

（四）设置低温烹饪时间

真空低温烹饪的时间需要通过食谱来设定，这些数据往往是通过很多不同的低温烹饪实验得到的结果。在烹饪过程中需要监测温度的变化，通常使用较细的探针电子温度计（图7-50），插进正在真空低温烹饪的食物中心，来监测温度的变化，从而确定需要煮制的时间。

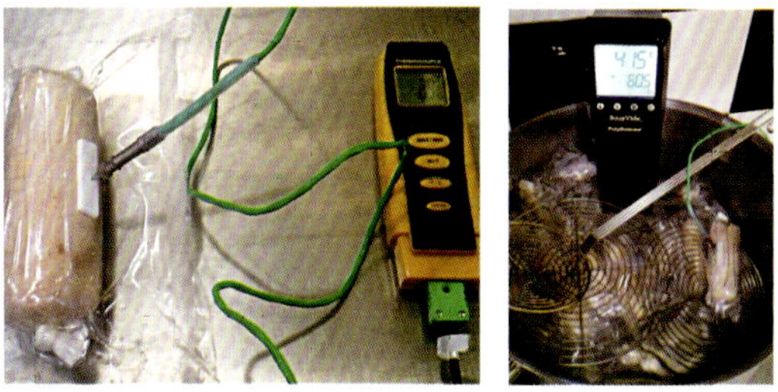

（1）　（2）

图 7-50　探针电子温度计

（五）低温烹饪后的处理

经过低温烹饪后的食物，根据其使用目的，将有不同的处理。可以直接摆盘出菜；冰水降温后冷藏备用；有的可能需要再加热，经过煎扒上色，或是碳烤，再装盘，等等。要清楚低温烹饪是厨房中的一种处理食物的烹饪技术，而这种技术可以根据不同需要，去处理不同工艺过程中的食物。

五、真空低温烹饪的食品安全

在真空低温烹饪过程中，需要很清楚地知道在每个环节中，应该怎么样控制食品微生物的危害。根据HACCP对厨房生产环节的要求，控制好整个制作过程。通常需要注意以下环节。

（1）确保供应商有专业的操作规范，以及食物在配送过程中有规范的冷藏、冷冻设备，防止食物交叉污染带来的风险。

（2）真空包装袋应保存在清洁、密封的容器内，防止污染。

（3）在分切、加工食物的过程中，需要使用消毒过的菜板、刀具和盛器。

（4）在设定真空低温烹饪策略程序时，需要考虑到温度与灭菌的关系。例如：低温烹饪鸡蛋的时候，常会用65℃，使其可以杀死鸡蛋表面残留的少数沙门菌。经过低温烹饪过的海鲜，通常为了风味和色泽经过碳烤。低温烹饪技术在设置烹饪策略时，需要同时考虑食品安全的要求。

（5）经过降温冷藏过的低温烹饪食物，需要进行再加热，并达到相应的中心温度后，再进行烹饪制作菜肴，以确保食物的温度、口感及食品安全。

（6）真空低温烹饪红肉类的生熟程度（图7-51）根据习惯常以奇数区分，以牛肉为例，主要分为以下几种。

全生（Raw/Cru）：完全未煮过的生牛肉，这种做法只会用于某菜式，例如塔塔牛肉或生牛肉沙拉。

一成熟（Rare/Bleu）48.9℃（120℉）：仅表面煎熟，呈灰啡色，切面为血红色。

三成熟（Medium-rare/Rose）52.2℃（126℉）：外围呈灰啡色，切面为血红色。

五成熟（Medium/Saignant）57.2℃（135℉）：外围呈灰啡色，切面为粉红色，里面是血红色。

七成熟（Medium-well/A point）62.8℃（145℉）：大部分呈灰啡色，里面是粉红色。

全熟（Well-done/Bien Cuit）73.9℃（165℉）：表面少量烧焦，切面完全为灰啡色。

图 7-51 真空低温烹饪牛肉的生熟程度

六、真空低温烹饪应用实训

(一)芦笋汤配温泉蛋

课前阅读 课前查阅相关资料，了解低温慢煮技术、真空技术的应用。

学习目的

1 掌握使用低温烹饪技术烹饪鸡蛋。

2 了解低温烹饪鸡蛋时，不同时间和温度的变化对鸡蛋产生的影响。

1. 原料(1人份)

主料 绿芦笋100g，总统奶油100g，全脂牛奶100g，鸡蛋1个。

辅料 伊比利亚火腿。

调料 鸡基础汤100mL，盐5g，白胡椒粉2g，黄油10g，海盐片1g。

2. 设备器具

低温慢煮机，真空机包装机，厨刀，真空包装袋，不锈钢盆，打皮刀等。

3. 制作方法

(1)低温水浴锅温度控制在65℃，低温烹饪鸡蛋40min。取出过冰水备用。

(2)将芦笋清洗，去根部，切大丁备用。牛奶和奶油煮开，下芦笋丁，略煮。迅速用冰水降温。再用搅拌机搅至细腻状，用滤网过细后备用。

(3)取少许芦笋去皮切丁，用盐水煮后，过冰水备用。

(4)另取锅加热过滤后的芦笋汤，加入适量的盐、胡椒调味，用黄油增稠。鸡蛋在上菜前放入水浴中以65℃恒温加热10min。

（5）用黄油、鸡汤加盐、胡椒制成乳剂，加入去皮煮后的芦笋丁，烩制。

（6）装盘成菜：芦笋丁垫底，打入完整的温泉蛋，在表面撒上少许海盐片，加入芦笋汤，在鸡蛋上放一小片伊比利亚火腿即可。

4. 技术要点

（1）精确控制煮鸡蛋的温度和煮制时间，煮好后用冰水冷却，确保成菜火候。

（2）上菜前，将煮过的温泉蛋用同样的温度再次煮热，保证上菜的温度。

5. 质量标准

温泉蛋细嫩软滑，芦笋鲜嫩适口，清爽不腻。

6. 酒水搭配

适宜搭配各种白葡萄酒。

7. 双语对应

（1）Set the sous vide precision cooker to 65℃. Gently place the eggs into the water bath and set the timer for 40 minutes. When the timer goes off, gently remove the eggs from the water bath. Set aside.

（2）Cut the woody end off each asparagus and dice them all to the same length.Peel the bottom part of the asparagus, where the skin is tough.Bring the milk and cream to boil,and put in the diced asparagus and cook slightly. Quickly cool down with ice water. Use a blender to stir until it is fine. After passing through a fine strainer, set aside.

（3）Peel and dice the asparagus.Boil in hot salted water,then quickly cool down with ice cold water.

（4）Boil the asparagus soup, season with salt and pepper, and thicken with butter. Before serving, place the eggs in a 65 ℃ water bath and heat at a constant temperature for 10 minutes.

（5）Add butter, chicken broth, salt and pepper to the pot and bring to boil, add the peeled diced asparagus and simmer for 3 minutes.

（6）Place the diced asparagus in the bottom of the dish, put the whole hot spring egg, sprinkle a little sea salt on the surface, pour the asparagus soup, and put a small piece of Iberian ham on the egg to serve.

8. 知识拓展

（1）了解并学习真空低温慢煮鸡蛋菜肴的类型和特点。

（2）了解并学习低温慢煮鸡蛋和西式水波蛋的区别和联系。

（二）真空低温烹饪安格斯牛里脊

课前阅读　课前查阅相关资料，了解低温慢煮技术、真空技术的应用。

学习目的

1. 掌握低温烹饪牛肉的技术。
2. 了解牛肉不同部位在低温烹饪过程中使用的温度和时间。

1. 原料（1人份）

主料 澳洲牛里脊200g。

辅料 迷你胡萝卜30g，芦笋50g。松露马铃薯泥泡沫：马铃薯泥100g，奶油50g，生粉1g，琼脂1g，鸡基础汤50g，松露油1g。

调料 黄汁粉10g，新鲜百里香5g，带皮蒜头10g，橄榄油50g，片状海盐1g，小洋葱30g，干红葡萄酒30mL，黑胡椒碎5g，盐、胡椒、黄油适量。

2. 设备器具

低温慢煮机，真空机，厨刀，真空包装袋，不锈钢盆，氮气气弹，耐热奶油瓶等。

3. 制作方法

（1）牛柳去边角料，切成约200g，用肉绳拴好。并用盐、现磨胡椒、黄油、百里香、蒜腌制5min。放入真空包装袋，抽真空约40～50s。（如果没有真空包装机，可利用水的压力，将空气排出，用夹子夹在水浴盆的边上。）

（2）低温水浴温度控制57.2℃，放入真空包装牛排低温烹饪60min。

（3）取出后用橄榄油煎，上色后，改小火。再放入蒜、百里香、黄油，用勺子将油浇在两面，使蒜和百里香风味的黄油可以渗入牛肉的表面，增加香味和风味。然后进180℃烤箱，烤到需要的成熟度后，取出并在温的焗炉上静置，时间需要与所烤的时间相当，使中心的血水可以分布均匀，切开后不流血水，色泽均匀。

（4）马铃薯洗净，用180℃烤箱烤到整个马铃薯粑软，取出后去皮，过筛，备用。

（5）取汤锅，加入松露马铃薯泥泡沫配方中的所有原料，调味后，混合均匀，加热到沸腾，灌入奶油瓶中，并打入氮气。充分摇晃，并放入恒温水浴中保温。

（6）将牛肉完成静置以后，切成条状。

（7）用黄汁粉和小洋葱做一个简易的牛肉黑胡椒酱汁。

（8）配菜蔬菜经初加工以后，盐水煮至刚熟，并用黄油乳剂烩制备用。同上。

（9）装盘：放入配菜的三种蔬菜，再放入两条切好的牛肉，在牛肉上放海盐片，再把马铃薯泥从奶油瓶中喷在盘中。最后淋上少许酱汁即可。

4. 技术要点

（1）精确控制低温煮牛扒的温度和煮制时间，煮好后若暂时不用，需要立刻低温冷藏，确保成菜火候。

（2）上菜前，用加有香草大蒜的油脂快煎牛扒增香，即刻成菜。

5. 质量标准

牛扒外焦内嫩，肉汁丰厚，鲜香可口，清爽不腻。

6. 酒水搭配

适宜搭配各种啤酒、白葡萄酒、红葡萄酒。

7. 双语对应

（1）Trim the beef tenderloin, cut into pieces of about 200 grams, tie it with a rope, add salt, freshly ground pepper, butter, thyme and garlic and marinate for 5 minutes. Put in a vacuum bag and evacuate for about 40～50 seconds.

（2）Set the sous vide precision cooker to 57.2℃. Put in the vacuum-packed steak and cook slowly at low temperature for 60 minutes.

（3）Take it out and sear with olive oil. After coloring, reduce to low heat. Then add garlic, thyme and butter, and pour oil on both sides with a spoon, so that garlic and thyme butter can penetrate the surface of the beef to increase the flavor . Then put it in the oven at 180℃ to bake till it is cooked to desired doneness, take it out and let it stand on the warm salamander oven. The time needs to be the same as the baking time, so that the blood in the center can be evenly distributed.

(4) Wash the potatoes and bake them in a 180℃ oven until the whole potatoes are soft. Peel the potatoes, grind them in a sieve and set aside.

(5) Add all the ingredients in the truffle mashed potato foam receipe to the saucepan, season and mix well, heat to a boil, pour into cream whipper siphon, and pour in nitrogen. Shake well and keep warm in a constant temperature water bath.

(6) After the beef is finished standing, cut it into strips.

(7) Make a simple beef black pepper sauce with demi-glace powder and small onions.

(8) After triming the side dishes and vegetables, put them in the salted boiling water and cook until just cooked, add butter sauce and simmer until flavored.

(9) Put the cooked vegetables in the plate, then add in two pieces of cut beef, sprinkle the beef with sea salt slices, and then spray the mashed potatoes from the cream whipper siphon on the plate. Finally drizzle with a little sauce and serve.

8. 知识拓展

(1) 了解并学习真空低温慢煮菜肴的类型和特点。

(2) 真空低温慢煮适用的原料有哪些类型？如何保障真空低温慢煮菜肴的食品卫生安全标准？

第六节 加拿大牛肉工艺

一、加拿大牛肉概述

(一) 加拿大牛肉产业概况

加拿大跨越了七个半时区，濒临三大洋，境内有250万个湖泊及河流。此外，加拿大还有巍峨的落基山脉、广袤的大草原以及古老的加拿大地盾。加拿大气候宜人、环境优美，有新鲜的空气和纯净的水源，非常适宜饲养牧牛。

1. 加拿大的农业传统

300多年来，牧牛生产始终是加拿大农业传统中不可或缺的一部分。17世纪迁往加拿大的移民依赖牧牛所提供的牛肉、牛奶和牛皮生活。随着生产的发展壮大，目前加拿大全国有超过68,500个牧牛农场和牧场。加拿大牛肉产业始终致力于为全球的消费者们生产营养、优质和安全的牛肉及小牛肉产品。

2. 加拿大的牧牛饲养

用于产出牛肉的牧牛饲养过程从母牛牛犊的繁育开始，通常在夏季进行育种，而牛犊会在来年春季出生。断奶后，牛犊开始食用饲料，在铺有草垫的牛舍里度过加拿大的严冬。在这期间，大雪和寒冷的气温，形成对抗疾病的天然屏障。当牧牛重量达到300～350kg后，开始在育肥场内用精心配制的谷物餐单进行饲养，以提升牛肉的油花度、肉味、柔嫩度及脂肪的结实程度。

（二）加拿大牛肉的特点

1. 充足的谷物供应

加拿大是世界上最大的谷物生产国之一。在西部省份有超过75,000户农户种植大麦和小麦，加拿大东部的气候则有助于玉米的大量生长。由于谷物饲料的充足供给，可使加拿大出产食用大麦、小麦或玉米的谷饲牛肉和小牛肉。

2. 卓越的食用品质

采用玉米、大麦和小麦饲养的牧牛，产出的加拿大牛肉具有良好的油花度、浓郁的肉味、柔嫩的肉质及结实、洁白的脂肪。加拿大的饲养方式使超过85%的牧牛，在两年或不到两年的牛龄时进行屠宰以产出牛肉。在牧牛较年轻时进行屠宰，可提升牛肉的柔嫩度和整体食用品质。

3. 国际公认的家畜遗传学

加拿大约有1万个纯种育种场。这些育种场为养殖牧牛而感到自豪，同时专注于改良每一代牧牛的遗传基因。加拿大被公认为是牧牛养殖的世界领导者，向世界各地出口基因遗传技术。

加拿大的环境非常适合养殖牧牛，比较寒冷的气候更适合养殖Bos Taurus牛种，如安格斯牛（Angus）、海福特牛（Hereford）、西门塔尔牛（Simmental）、利木赞牛（Limousin）和夏洛来牛（Charolais）。这些牛种与其他牛种杂交可为世界各地的消费者带来肉质柔嫩、口感浓郁的牛肉产品。

加拿大有超过30种Bos Taurus牛，通过杂交繁育最优良的牛种。再加上加拿大先进的牧牛养殖系统，这些牛种成为世界上最具饲料利用率的牛种，用较少的投入即可生产出优质的产品，从而降低对环境的影响。

二、加拿大优质牛肉等级

（一）加拿大牛肉分级系统

牛屠体经过检测并盖上肉类检验章后，表示已满足所有食品安全要求，方可进行等级评定。只有经加拿大牛肉评级署（CBGA）认证的评级员，才能对屠体进行质量和出肉率的评级。每名评级员必须成功完成一个全面的培训课程。经认证后，必须由CBGA的官方人员通过加拿大食品检验署（CFIA）执行的全国性等级监察计划，定期对评级员进行核查。这些持续的核查，保证了评级执行情况的一致性，并能准确地反映加拿大国家标准。

加拿大是牛肉分级的全球领导者。为了满足消费者对产品一致性的需求，加拿大人通过结合世界各地的最佳实践设计了自己的牛肉分级系统。必须满足每项质量特质要求，才能被评定为Canada A、Canada AA、Canada AAA和Canada Prime等级，且任何缺陷都不可由其他特质代替。分级的目的是基于质量、出肉率和价值将牛肉分为不同等级，这有助于促进市场推广和生产的决策，并为消费者提供一致的产品食用体验。

（二）加拿大牛肉出肉量和品质等级的评定

来自年轻屠体的加拿大优质牛肉等级包括Canada A、Canada AA、Canada AAA 及Canada

Prime。评定这些等级时，由经认证的评级员对冷藏后的屠体进行详细检评。接受检评的特质包括成熟度、性别、肉色、脂肪色泽、肌肉度、脂肪分布和质感、肉质感和油花分布。

出肉量等级是对牛屠体瘦肉量或肌肉量的一种测量。在加拿大，最高值的瘦肉出肉量百分比被评定为Canada1的出肉量等级。出肉量等级通过测量第12、13节肋骨间评级点出的脂肪厚度和肉眼肌的大小来确定。

（三）加拿大牛肉油花分布标准（图7-52）

为了满足消费者的需求，加拿大在1996年将其油花分布标准与美国使用的油花分布标准进行了统一。加拿大按照Canada Prime、Canada AAA和Canada AA等级来区别年轻牧牛的屠体，美国农业部的Prime（油花度稍多量）、Choice（油花度少量）和Select（油花度较少量）等级采用的最低油花分布标准和加拿大相同。

（四）年轻牧牛的质量等级标准（图7-53）

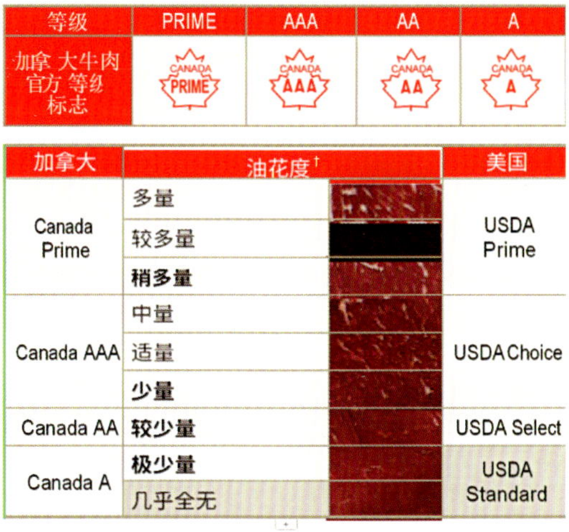

† 以上图片源于美国国家养牛及牛肉协会供美国农业部使用的USDA美国官方油花图片。

图 7-52　加拿大牛肉油花分布标准

年轻牧牛的质量等级标准*

等级	油花度**	成熟度***	肉色	脂肪色感	肌肉度	肉质感**
加拿大†						
Prime	稍多量	年轻	鲜红	不允许黄色	良好或更好	结实
AAA	少量	年轻	鲜红	不允许黄色	良好或更好	结实
AA	较少量	年轻	鲜红	不允许黄色	良好或更好	结实
A	极少量	年轻	鲜红	不允许黄色	良好或更好	结实
美国†						
Prime	稍多量	成熟度A和B级	淡红	允许黄色	无最低要求	中等结实
Choice	少量	成熟度A和B级	允许深暗肉色	允许黄色	无最低要求	稍微松软
Select	较少量	成熟度A级	允许深暗肉色	允许黄色	无最低要求	中等松软
Standard	几乎全无	成熟度A和B及	允许深暗肉色	允许黄色	无最低要求	松软

* 加拿大的油花标准在1996年做了修改，以对照已登记专利的USDA美国油花标准。用于USDA Prime（稍多量）、Chioce（少量）及Select（较少量）的各等级最低油花标准，与加拿大区分年轻品质牛屠体的对应Canada Prime、AAA及AA等级中的最低油花标准相同。
** 品质等级类别可允许的最低油花度。
*** 成熟度类别反映了本土要求。
† 以上为2017年3月的标准。

图 7-53　年轻牧牛的质量等级标准

三、加拿大牧牛身份标识

加拿大强制性的全国牧牛身份标识系统是加拿大制定的，旨在监测动物健康的解决方案，并根据联邦法规执行，在北美地区也是首创。

（一）加拿大牲畜查证系统

1. 加拿大牧牛标识署

加拿大牧牛标识署（CCIA）成立于1998 年，作为一个行业领导的非营利性机构，致力于为加拿大全国性牧牛标识计划的实施提供技术与服务。该署由董事会领导，其成员由加拿大牛肉产业的各界代表担任，包括母牛/牛犊饲养场、育肥场、竞卖场、生产加工厂及兽医业的代表。得益于行业和政府对其工作的有力支持，加拿大牧牛标识署成为全球动物标识领域的领导者。

2. 动物身份识别

与传统的条码系统不同，RFID标签不需要扫描来辨识读取。使用被呼式的RFID技术，标签无须电池即可存储唯一的动物身份标识数据，确保动物在生存期内的相关信息可被使用。

（二）帮助根除疾病

加拿大一直致力于通过国家动物健康计划来控制并根除严重的动物疾病。该项计划由加拿大食品检验署(CFIA) 管理实施，对动物疾病进行持续监控。加拿大牲畜查证系统对追源查证可报告疾病和其他情况至关重要。

四、加拿大食品安全

（一）加拿大的危害分析和关键控制点计划牛肉安全系统（HACCP）

加拿大因其安全和保障措施而闻名。加拿大的食品安全系统是多年来对世界最好体系研究的结果，并在此基础上创建了行之有效的解决方案。

加拿大的食品安全促进计划基于由国际食品法典委员会制定的HACCP体系的各项原则。国际食品法典委员会或“食品法典”由联合国粮食及农业组织（FAO）和世界卫生组织于1963设立，负责协调国际食品标准，以保护消费者健康，并推动食品贸易的公平惯例。

通过业界与政府的密切合作，加拿大致力于持续加强其食品安全系统。危害分析和关键监控点(HACCP)食品安全系统的发展，是传统肉类检查项目之上的一项附加要求。HACCP旨在防止由食品产生的疾病，它将继续成为加拿大牛肉产业的重中之重。

（二）前提计划和HACCP方案

对所有的加拿大肉类生产厂来说，一个完整的HACCP系统是强制性的，并须具备前提计划和HACCP方案。只有经联邦检测的牛肉生产厂才被允许在国内各省之间运送产品，或向各个国际市场出口牛肉产品。前提计划是能够提高所有肉类生产流程食品安全性的通用程序或良好操作规范(GMPs)。HACCP方案是建立在前提计划基础上，并为每一生产流程而特别设计的。

（三）关键监控点（CCPs）

HACCP方案通过使用CCPs发挥其功能，这些CCPs由特别训练的员工监察，以控制潜在的食品安全风险。CCPs通过一个全面的分析来确定，分析针对肉类生产流程的每一环节中可能涉及的生物的、物理的或化学性的危害。利用实验室测试的查证程序或由加拿大食品检验署（CFIA）审批的其他可衡量的方法，来检查HACCP方案的有效性。

（四）由加拿大食品检验署进行查证

肉类产品在其生产流程的HACCP方案开发完成之前不能出售。肉类原料、冷藏储存和冷冻设备的供应商都须拥有HACCP 系统。为确保这些HACCP系统的正确运作，每项操作都由加拿大食品检验署进行查证程序。这些查证包括检查HACCP文件和记录，并对CCPs的监控和查证程序进行现场视察。

HACCP 食品安全系统与加拿大牛肉分级系统保障着加拿大牛肉的质量与安全。

五、加拿大牛肉应用实训

（一）红烩加拿大牛肉

课前阅读　课前查阅相关资料了解加拿大的风土人情和牛肉产业概况。

学习目的

1 掌握加拿大牛肉的烹调技术。

2 了解牛肉不同部位在烹饪过程中风味和口感的变化以及烹调的要领。

1. 原料

主料　加拿大牛肉块200g。

辅料　大番茄200g，马铃薯100g，洋葱50g，胡萝卜50g。

调料　番茄膏20g，色拉油、盐、黑胡椒、白糖适量。

2. 设备器具

烤炉，厨刀，燃气灶，不锈钢盆，厨房用纸等。

3. 制作方法

（1）牛肉切块　牛肉切成3cm见方的块状备用；马铃薯、胡萝卜切滚刀块，番茄切丁，洋葱切丁。

（2）煎牛肉　锅内倒入少许的油，放入牛肉块煎至表面金黄即可取出，放置盘中备用。

（3）红烩牛肉　锅内倒入少许油，依次放入番茄、洋葱、胡萝卜炒香上色再加入番茄膏，放入煎好的牛肉块加入热水盖过菜品。

（4）烩制　放入两片香叶，加入少许盐、白糖，在炖煮牛肉入味酥烂后，可以放入马铃薯煮熟，再加入少许湿淀粉，收汁过程中要不断搅拌，最后装盘。

4. 技术要点

（1）适合烩制的牛肉部位很多，注意把握烩制时间和火候。

（2）牛肉烩制前，煎香上色后，味道更香浓。

（3）牛肉烩制好后，若马铃薯淀粉质重，汤汁浓稠适度，也可以不用加湿淀粉收汁。

5. 质量标准

牛肉软嫩酥烂，马铃薯形整不烂，酱汁浓稠适度，清爽不腻。

6. 酒水搭配

适宜搭配各种啤酒、白葡萄酒、红葡萄酒。

7. 双语对应

（1）Cut the beef into pieces　cut the beef into

3cm square pieces and set aside; Cut the potatoes and carrots into pieces, cut the tomatoes and cut the onions.

(2) Fry beef pour a little oil into the pot, add the beef to fry the surface golden, can be removed, set aside in plate.

(3) Beef stew add a little oil in the pot, then in proper order add tomato, onion, carrot, stir-fry to fragrant and colour, then add tomato paste, add the fried beef to add hot water over the dish.

(4) Chowder add two pieces of fragrant leaves, add a little salt, sugar, after the stew beef flavor crisp, can be cooked in potatoes in the process of adding a little wet starch to continue stirring, the final plate, can be eaten.

8. 知识拓展

(1) 对比法式红酒焖牛肉与红烩牛肉在制法和风味上的联系。

(2) 了解并学习加拿大牛肉的特点及适宜的烹制方法。

(二) 香煎加拿大牛排

课前阅读

课前查阅相关资料了解加拿大的风土人情和牛肉产业概况。

学习目的

1 掌握加拿大牛肉的烹调技术。

2 了解牛肉不同部位在烹饪过程中风味和口感的变化，掌握其烹调的要领。

1. 原料

加拿大牛板腱（也可用加拿大菲力、肉眼、西冷、牛小排）400g，西蓝花30g，胡萝卜20g，马铃薯50g，黄芥末10g，大蒜1个，迷迭香2枝。

2. 设备器具

炸炉，烤炉，厨刀，燃气灶，不锈钢盆，厨房用纸等。

3. 制作方法

(1) 热锅下油放入牛排，撒上盐和黑胡椒调味，放入迷迭香。

(2) 牛排煎至表面略微有汁水流出即可翻面，再次撒上盐和黑胡椒。

(3) 放入大蒜（大蒜无须去皮）。

(4) 牛排煎至喜欢的成熟度，盛出静置90s左右。

(5) 黄芥末加盐、黑胡椒、橄榄油打发待用。

(6) 另起锅，炒熟西蓝花、胡萝卜、马铃薯，加盐和黑胡椒调味。

(7) 切开牛排，淋上黄芥末酱摆盘上桌。

4. 技术要点

(1) 注意牛排煎制的火候控制，注意把握牛排煎制时翻面的时机控制。

(2) 煎制牛排时，油中放入大蒜和迷迭香，可以一并增香浓味。

（3）牛排煎制至所需的成熟度，需要静置，以便内部的肉汁均匀分布。

5. 质量标准

外焦内嫩，酸甜微辣，鲜香可口，清爽不腻。

6. 酒水搭配

适宜搭配各种啤酒、白葡萄酒、红葡萄酒。

7. 双语对应

（1）Heat the oil in a hot pan. Season with salt and black pepper. Add rosemary.

（2）Fry the steak until the surface is a slight outflow of juice and turn over. Sprinkle with salt and black pepper.

（3）Add garlic（garlic does not need to be peeled）.

（4）Fry the steak until degree of your choice. Out and Set aside for about 90 seconds.

（5）Add salt, black pepper and olive oil into yellow mustard to whip standby.

（6）Another pot, Stir-fry broccoli, carrots, potatoes to ripe, seasoned with salt and black pepper.

（7）Incision the steak and serve it with mustard sauce.

8. 知识拓展

（1）学习并了解加拿大牛肉的部位特点和烹调适用范围。

（2）学习并了解煎制牛排的操作要领和技巧。

第七节 美国马铃薯工艺

一、美国马铃薯概述

（一）美国马铃薯及产品介绍

从美国农业部的网站可以看到，美国对马铃薯的标准有几百项，从种薯到鲜薯，从储存到加工，都要经过检测和认证。所有操作均以美国食品药品管理局（FDA）及美国农业部的规定为依据。每个工序需通过美国农业部的检查，而所有厂房都符合HACCP操作规范，以确保食物的安全水平。

美国50个州都种植马铃薯，但主产区有科罗拉多、爱达荷、华盛顿、威斯康星等中西部的10个州。因为那里有理想的栽种温度、肥沃的土壤、完善的科研体系、现代化的机械设备以及代代相承的专业经验，令美国马铃薯产品出类拔萃。

美国的马铃薯不论在品质、供应量还是选择上，都处于一流水平。马铃薯从栽种到采收，都依托丰富的经验与科学研究成果，以采取最佳的马铃薯栽培方法。有品质认证的马铃薯种薯方法能够培育出更健康的马铃薯，并帮助种植者降低对生态的影响。此外，各种先进的技术与工具也可以确保容易受环境影响的马铃薯在整个种植周期都能够获得足够的水分、养分与空气。另外，采收的马铃薯皆需通过美国农业部审查，并依照马铃薯的用途，进行符合官方标准的马铃薯分级。

（二）美国马铃薯的种植

1. 高品质认证的美国马铃薯种薯

所有美国的商业用马铃薯皆培育自认证过的马铃薯种薯。美国马铃薯种薯认证是美国农业部正式的认证机制，确保所有产品符合全国标准。美国马铃薯种薯种植者必须达到下列规定：

（1）培育繁殖高品质种苗（Quality stocks）的种薯，在实验室与温室控制的种植条件下，能排除所有潜在病原。

（2）用于繁殖的种薯（Starting material）百分之百都是源自组织培养实验室，此外，全部通过疾病测试且零残留。

（3）由于在年限限制生产系统的规定下，美国的种薯批（Seed lot）的种植周期不得超过五年。这使得美国马铃薯在种植时能有效控制病害，并维持品种单纯。

（4）马铃薯种薯符合卫生、种薯批保存与检查的严格标准，包括多次实地检查、储藏检查、收成后检查以及运输端的检查。

2. 多元的马铃薯品种

美国的马铃薯种植者生产上百种的马铃薯品种。此外，不论是新鲜马铃薯或马铃薯加工产品，都不断进行创新研发，确保马铃薯品种的多样性，以满足消费者的多元需求。

3. 理想的种植环境

美国富饶肥沃的土壤与理想气候，提供种植马铃薯优良的种植条件。美国的夏天白昼很长，傍晚天气凉爽，正是马铃薯最适合生长的气候。漫长寒冷的冬天则能够将害虫与疾病减至最低。这些条件让美国马铃薯种植者能使用最少的农药与肥料，并能采用更加永续的栽种方法。

4. 精密土壤与作物管理

美国的马铃薯种植者非常注重栽种马铃薯的土壤品质。他们会交替种植马铃薯作物，也就是在3～5年间，只有相同品种的马铃薯才会种植在同一块土地上，以确保马铃薯农场的健康与永续性。种植季节初期，农夫与经认证的农艺学家共同监测土壤的营养值。另外，全球定位系统(GPS)帮助农夫能够在最需要的地方施放最适量的肥料，以避免施肥过量或不足。此外，农夫与农艺学家也会共同监测马铃薯块茎在土壤中的成长情形，测量其含水量、固态含量与糖分含量。

（三）美国马铃薯的营养

一个中等大小（约148g）的带皮马铃薯：仅含110cal热量，不含脂肪、钠、胆固醇，含30%人体每日所需的维生素C，钾含量（620mg）超过同等质量的香蕉、菠菜和西蓝花，富含膳食纤维，富含碳水化合物。

（四）美国马铃薯产品

美国的马铃薯种植者与加工业者提供丰富多样的高品质马铃薯与马铃薯产品，主要可分为五大类。

1. 美国新鲜马铃薯

在美国，有超过100种以上的马铃薯品种，大致可分为下列七大类：褐皮马铃薯（US russet

potatoes)、红皮马铃薯(US red rotatoes)、白肉马铃薯(US white potatoes)、黄肉马铃薯(US yellow potatoes)、紫皮马铃薯(US blue/purple potatoes)、拇指马铃薯(US fingerling potatoes)与迷你马铃薯(US petite potatoes)。不同种类的马铃薯大小、颜色、口感以及味道都不一样，适合各种用途。因此，马铃薯能够作为许多创新且营养食谱的主要材料，且容易行销推广。

2. 美国加工用薯

美国的高品质加工用薯遍布全球马铃薯加工业。全球的马铃薯业者都可以取得这些高品质的切片马铃薯，再进行加工。美国加工用薯为买家提供多元的选择，而且由于美国的种植区很多，全年供应无忧。

3. 美国冷冻马铃薯

种类多元的美国冷冻马铃薯适合各种场合使用，不论是在早餐、午餐、晚餐或点心，都应用广泛。

其中销量大、效益高的冷冻直切薯条只是个开始，美国冷冻马铃薯业者提供了更丰富的样式选择，包括适合当代创意料理的花式切法薯条、油炸后存放时间长的裹面衣马铃薯、节省人力的整颗冷冻烘烤马铃薯、美国薯盅、薯碗、薯格、薯圈、薯泥或是美国马铃薯丝、加工用薯和马铃薯丁等，种类繁多。

4. 美国脱水马铃薯

脱水马铃薯产品是真正的马铃薯，只是去除了其中的水分。脱水马铃薯产品含有马铃薯的所有风味、营养及多功能性，且有着更为便利的包装——并且它还是所有菜品的完美配料，从汤羹至沙拉再到主菜及甜点。包括各种变化类型：

(1)雪花全粉　标准雪花全粉，研磨标准雪花全粉，团状雪花全粉，不充分去皮/低漂洗雪花全粉。

(2)薯粉　细粉，颗粒状粉。

(3)颗粒全粉　标准颗粒全粉，团状颗粒全粉。

(4)马铃薯切割产品　薯片，薯丁，薯丝。

(5)其他特殊产品。

5. 美国马铃薯种薯

美国的马铃薯农民生产上百种的马铃薯种薯。每一种生长条件、每一种产品都有其适合的种薯，不论是新鲜马铃薯、加工用薯或冷冻薯条。

二、美国马铃薯应用实训

(一)美国炸薯条

课前阅读　课前查阅相关资料了解美国的风土人情和马铃薯产业概况。

学习目的

1 掌握美国炸薯条的技术关键与核心要点。

2 了解美国马铃薯的分类和品质特点。

1. 原料

美国冷冻薯条适量，煎炸油。

2. 设备器具

炸炉，烤炉，不锈钢盆，厨房用纸等。

3. 制作方法

（1）炸制美国冷冻薯条时，每篮只装一半。
仅装入半篮薯条，太多会导致烹饪不均匀。
（2）用一锅油炸两篮薯条时使用交替法。
若使用两个炸篮，等待15～20s后放入第二篮以防止油温不适。
（3）油炸30s后晃动炸篮，前后晃动三次。
将炸篮浸入油中30s后晃动炸篮，以防薯条相互粘连。
（4）使用定时器以确保油炸时间正确。
严格遵守油炸时间。注意烹饪时间而非色泽。共炸2.5～2.75min。
（5）薯条炸好后沥干10s。
烹饪后，将炸篮倾斜一定角度，保持10s，以去除多余油脂。勿将盛满烹调后产品的炸篮放在热油之上。
（6）在放置盘上方撒调味品，防止盐掉入油炸锅。
切勿在油上撒盐，这会降低油的品质。在制备台上给产品加入调味料，立即奉客。
（7）炸好的薯条在7min内给顾客享用。

4. 技术要点

（1）使用专用的油炸锅和适当的温度。
油炸是炸薯条最常用制备程序，薯饼和薯片也一样。为获得最好产品，确保油温达到合适位置。用外部温度计检查油温是否达到177℃。
（2）在冷冻状态而非解冻状态下烹饪。
始终谨记大多数美国马铃薯产品应在冷冻状态而非解冻状态下烹饪。拿取需要用的数量并立即使用。
（3）避免在同一锅油中烹饪如鱼类等其他产品，防止混用炸制可能带来的异味。

5. 质量标准

外香脆内软嫩，鲜香可口，清爽不腻。

6. 酒水搭配

适宜搭配各种啤酒、白葡萄酒、红葡萄酒。

7. 双语对应

（1）When frying American frozen chips, only half per basket.
Only half a basket of chips, too much will lead to uneven cooking.
（2）Use alternate methods when frying two baskets of fries in one pan.
If you use two baskets, wait 15～20 seconds to put in the second basket to prevent oil temperature discomfort.
（3）Shake the basket after deep-fried 30 seconds. Shake it back and forth three times.
Immerse the basket in oil for 30 seconds and shake it to prevent chips from sticking together.
（4）Use a timer to make sure the frying time is

correct.

Strictly observe the frying time. Pay attention to cooking time rather than color. Altogether deep-fried 2 minutes 30 seconds to 2 minutes 45 seconds.

(5) Drain the chips for 10 seconds after fried done.

After cooking, tilt the frying basket at a certain angle and hold for 10 seconds to remove redundant grease. Don't put a basket full of cooking products on top of hot oil.

(6) Place seasoning on above the plate to prevent salt from falling into a frying pan.

Do not sprinkle salt on the oil, which will reduce the quality of the oil. Add seasoning to the preparation table and serve immediately.

(7) French fries served to customers in 7 minutes.

8. 知识拓展

(1) 学习并了解美式炸薯条和法式炸薯条在马铃薯品种选料、制作方法和成品风味上的区别和联系。

(2) 学习并了解美式炸薯条，除了用盐调味以外，还可以与什么蘸料及味料搭配?

(二) 美国马铃薯焙盘

课前阅读

课前查阅相关资料，了解美国的风土人情和马铃薯产业概况。

学习目的

1 掌握美国奶酪焗马铃薯角的技术关键核心要点。

2 了解美国马铃薯的分类和品质特点。

1. 原料

美国冷冻薯角4杯，黄油3汤匙，面粉3汤匙，牛奶1.5杯，帕玛森奶酪1.5杯，切碎的欧芹1.5杯，辣椒粉1茶匙，油浸金枪鱼，控油2罐，煎炸油。

2. 设备器具

炸炉，烤炉，厨刀，燃气灶，不锈钢盆，厨房用纸等。

3. 制作方法

(1) 将黄油与面粉混合，煮至棕色，一点点加入牛奶，直到混合均匀；用盐和胡椒调味，加入一半的帕马森奶酪。

(2) 将足量的油加热至180℃，将薯角炸至金棕色，放在厨房用纸上控油，撒上辣椒粉。

(3) 将薯角放入4个平底锅，加入金枪鱼，倒上调味汁，撒上欧芹和奶酪，在200℃下烘烤5min即成。

4. 技术要点

(1) 与制作传统的法式白汁少司不同，这里美国奶酪焗薯角制作的黄油炒面粉需要炒成棕色，注意火候控制。

（2）薯角炸成金棕色，香味才浓郁。

（3）注意焗烤奶酪薯角的时间，上色出味即可，保证香浓的风味。

5. 质量标准

薯角软熟，奶酪味浓厚，奶香味适口，香鲜不腻。

6. 酒水搭配

适宜搭配各种啤酒、白葡萄酒、红葡萄酒。

7. 双语对应

（1）Mix the butter with flour, boil until brown, add a little milk until mixed well; season with salt and pepper and add half of the parmanson cheese.

（2）Heat enough oil to 180℃, deep-fry potato horn until golden brown, put on kitchen paper to control oil, and sprinkle with chili powder.

（3）Put the potato horn in 4 pans, add the tuna fish, pour the sauce, sprinkle with parsley and cheese. Bake at 200℃ for 5 minutes.

8. 知识拓展

（1）学习美国马铃薯焙盘与法式多菲内奶酪焗马铃薯菜式的区别和联系。

（2）学习并了解美国马铃薯的生长期和成品特点，了解不同的美国马铃薯品种与适宜烹调方法的应用技巧。

（三）蒜香美国薯条

课前阅读　课前查阅相关资料，了解美国的风土人情和马铃薯产业概况。

学习目的

1. 掌握炸美国薯条的技术关键与核心要点。
2. 了解美国马铃薯的分类和品质特点。

1. 原料

美国波浪冷冻薯条4杯，大蒜粉1茶匙，去籽红辣椒干3个，黑胡椒半茶匙，孜然小茴香半茶匙，油适量。

2. 设备器具

炸炉，厨刀，燃气灶，不锈钢盆，厨房用纸等。

3. 制作方法

（1）在香料研磨机或咖啡研磨机中将辣椒干、干胡椒和孜然磨碎，与大蒜粉混合。

（2）将油加热至180℃，炸美国薯条，放在漏勺中沥干，撒上盐和胡椒混合物，立即享用。

4. 技术要点

（1）精确把握蒜粉混合调料的配比，把握好蒜香风味的调制标准。

（2）薯条炸好后，立刻撒上蒜香味拌匀，即可食用，可以突出脆香的风味，不宜久放。

5. 质量标准

外焦内嫩，酸甜微辣，鲜香可口，清爽不腻。

6. 酒水搭配

适宜搭配各种啤酒、白葡萄酒、红葡萄酒。

7. 双语对应

（1）Grind dried chili, dried pepper and cumin in a spice grinder or coffee grinder and mix with garlic powder.

（2）Heat oil to 180℃, fry American fries, drain in a spoon and sprinkle with a mixture of salt and pepper. Enjoy immediately.

8. 知识拓展

学习并了解美式炸薯条，除了蒜香风味的蘸料以外，还可以与什么味料搭配？

（四）美国薯格汉堡

课前阅读

课前查阅相关资料，了解美国的风土人情和马铃薯产业概况。

学习目的

1 掌握美国薯格汉堡的技术关键与核心要点。

2 了解美国马铃薯的分类和品质特点。

1. 原料

美国冷冻薯饼16 片，生菜8片，番茄8片，碎牛肉400g，切碎的欧芹半杯，高达奶酪片2片，洋葱1个（切成楔形），鸡蛋2 个，面粉1杯，煎炸油。

2. 设备器具

炸炉，烤炉，厨刀，燃气灶，不锈钢盆，厨房用纸等。

3. 制作方法

（1）将牛肉与欧芹和鸡蛋混合，用盐和胡椒调味，做成8个马铃薯大小的小饼。

（2）将油加热至160℃，将切成楔形的洋葱裹上面粉，炸至金黄色，放在厨房用纸上控油。

（3）将牛肉饼放在烤盘上烘烤，加少许油。

（4）同时，将油加热至180℃，将美国薯格炸至金黄色，放在厨房用纸上控油，用它们代替做汉堡的面包即成。

4. 技术要点

（1）注意牛肉汉堡肉饼的调整要领。

（2）用炸制的薯格代替汉堡面包制作薯格汉堡，创意满满，注意控制成菜的装盘效果。

5. 质量标准

汉堡形状美观，外香内脆，鲜嫩，口感丰富，适口不腻。

6. 酒水搭配

适宜搭配各种啤酒、白葡萄酒、红葡萄酒。

7. 双语对应

(1) Mix beef with parsley and eggs, season with salt and pepper to make 8 potato-size cookies.

(2) Heat the oil to 160℃. Wrap chopped wedge-shaped onions in flour, fry until golden, and place on kitchen paper to control oil.

(3) Bake the potato cookies on a baking tray with a little oil.

(4) At the same time, heat the oil to 180℃, fry the American potato lattices until golden, and put them in the kitchen paper to control the oil.

8. 知识拓展

学习并了解美国汉堡的类型与变化，除了薯格的搭配以外，还有哪些汉堡的变化配搭类型？

(五) 罗勒美国马铃薯泥蟹肉饼

课前阅读 课前查阅相关资料，了解美国的风土人情和马铃薯产业概况。

学习目的

1. 掌握美国马铃薯泥粉制作的技术关键与核心要点。
2. 了解美国马铃薯的分类和品质特点。

1. 原料

美国马铃薯泥粉100g，水300mL，罐头蟹肉80g，甘笋50g，西芹50g，罗勒30g，冬菇20g，辣味茄汁80g，鸡蛋1只，法式芥末1茶匙，柠檬半只（挤汁），盐、黑椒粉少许。

2. 设备器具

炸炉，焗炉，厨刀，燃气灶，不锈钢盆，厨房用纸等。

3. 制作方法

(1) 用清水慢火将美国马铃薯泥粉煮成薯泥。

(2) 将甘笋、西芹、冬菇切成方粒。用牛油炒熟待用。

(3) 鸡蛋打均匀后加入美国马铃薯泥，再加入上述炒好的蔬菜。法式芥末、黑椒粉、柠檬汁、盐、蟹肉一起搅拌，最后加入切碎的罗勒。

(4) 用模具将其定型后放入0～4℃冷藏冰箱1h。1h后取出去模具，用烧热平底锅加油煎至金黄色，再放入焗炉焗10min即可。

(5) 出炉提盘，放入辣味茄汁即成。

4. 技术要点

(1) 掌握用美国马铃薯泥粉制作薯泥的技巧。

(2) 注意混合制作薯泥饼的手法，搅匀即可。

(3) 控制好煎、焗薯泥饼的火候，保证成菜口感。

5. 质量标准

马铃薯饼外干香、内软嫩，口感丰富适口。

6. 酒水搭配

适宜搭配各种啤酒、白葡萄酒、红葡萄酒。

7. 双语对应

（1）Boil American mashed potatoes with water over low heat.

（2）Cut the bamboo shoots, celery and mushrooms into square grains. Stir-fry with butter to ripe and standby.

（3）Stir the eggs evenly and then add the mashed potatoes, then add the aforesaid vegetables. Stir in French mustard, black pepper powder, lime juice, salt, crab meat, the last add chopped basil.

（4）Use the mold to finalize it and put it in 0 ~ 4℃ refrigerated for 1 hour. After 1 hour, take out the mold and fry in a hot pan add oil until golden brown, then bake in oven for 10 minutes.

（5）Bring the dish out of the oven and add the spicy eggplant juice.

8. 知识拓展

（1）美国马铃薯饼的风味浓厚，还有哪些适合的搭配方法可以用于美国马铃薯饼的制作？

（2）若批量制作美国马铃薯饼时，需要如何批量加工和保存？

（六）美国马铃薯班尼迪克蛋

课前阅读　课前查阅相关资料，了解美国的风土人情和马铃薯产业概况。

学习目的

1 掌握美国薯饼制作的技术关键与核心要点。

2 了解美国马铃薯的分类和品质特点。

1. 原料

美国薯饼2片，火腿2片，白醋1茶匙，鸡蛋2个，黄油半杯，蛋黄2个，奶油1汤匙，辣椒粉少许，盐1/2茶匙，青柠汁1茶匙，黄油50g，新鲜菠菜100g，盐和胡椒少许。

2. 设备器具

炸炉，烤炉，厨刀，燃气灶，不锈钢盆，厨房用纸等。

3. 制作方法

（1）中高火煎火腿，直到两面金黄。用黄油翻炒菠菜几分钟，加入盐和胡椒调味。

（2）在大的平底锅内加入约7.5cm（3in）高的水，用文火慢慢煮，倒入白醋。将两个鸡蛋打入水中煮2 ~ 3min至蛋白凝固、蛋黄溏心时取出鸡蛋。

（3）同时，用微波炉或小平底锅将黄油熔化，在黄油变成棕色之前倒出黄油。把蛋黄、奶油、辣椒粉和盐放入搅拌机或调理机内搅拌成光滑的液体，然后慢慢加入一半的热黄油，再加入青柠汁，最后加入剩下的黄油，制成奶油少司。

（4）将炸好的美国薯饼放入浅盘中，分别铺上火腿，炒菠菜和荷包蛋，最后淋上奶油少司，直至表面呈浅棕色。

4. 技术要点

（1）注意控制氽煮水波蛋的火候。

（2）注意奶油少司调制技巧，在蛋黄和奶油混合汁打发泡后，才逐渐加入热黄油。

5. 质量标准

水波蛋质感柔嫩，蛋黄呈溏心状，奶油酱细腻润滑，鲜香可口，清爽不腻。

6. 酒水搭配

适宜搭配各种啤酒、白葡萄酒、红葡萄酒。

7. 双语对应

（1）Pan-fry ham over medium heat until golden on both sides. Stir-fry spinach in butter for a few minutes. Season with salt and pepper.

（2）Add about 3 inches of water to a large pan, use slowly over mild heat and pour in white vinegar. Boil two eggs in water for 2 ~ 3 minutes until the egg is frozen and egg is loose remove the egg.

（3）At the same time, melt the butter in a microwave or pan and pour out the butter before it turns brown. Put the egg yolk, cream, chili powder and salt in a blender or conditioner and stir into a smooth liquid, then slowly add half of the hot butter, then add lime juice, and finally add the remaining butter.

（4）Add the fried American hash browns to a shallow plate, spread ham, stir-fry spinach and poached egg, and sprinkle with cream sauce until the surface is light brown.

8. 知识拓展

学习并了解美国马铃薯班尼迪克蛋和传统的班尼迪克蛋的区别和联系。

第八节　美国加州葡萄干工艺

一、美国加州葡萄干概述

（一）美国加州葡萄干产业概况

美国生产的葡萄干全部来自加州，是手工采摘并经阳光晒干的天然干果，占全球供应量的35%。加州葡萄干外观饱满，色泽均匀，含有高天然糖分、食物纤维和天然果香，食品制造商将其广泛应用于烘焙、糖果、小食、即食谷物早餐、乳制品中。同时由于其方便食用，加州葡萄干也成为烹饪的上佳选料。

在加州夫勒斯诺市方圆97公里以内的地区（被称为中部的“圣华金河谷”），2500个加州葡萄干种植户生产出100%的美国葡萄干，绝大部分加州葡萄干由阳光自然晒干而成，葡萄种植面积约115万亩，葡萄干年产量达26.3万吨（2018年8月—2019年7月统计），有23家包装商，40%的加州葡萄干出口到全球56个国家。

加州圣华金河谷是全球农业资源最富集的地方，这里夏天炎热干燥，冬天凉爽，适合农业种植，农民依靠山脉积雪和地下水进行灌溉。作为世界上最大的葡萄干生产地，圣华金河谷的发展在很大程度上要归功于19世纪末移居此地的亚美尼亚人。作为传承了古波斯第一代葡萄种植技术的农夫们的后裔，这些亚美尼亚人在世界最优秀的葡萄培育专家中占据了一席之地。直至今天，许多加州葡萄种植者都是亚美尼亚后裔。

加州葡萄每年12月底修剪葡萄藤，3月初开始发芽，8月成熟的葡萄被采摘，置于纸盘上，9月干燥气候会使葡萄变成美味的葡萄干。

加州葡萄干不含饱和脂肪及胆固醇，是丰富的铁、钾、磷、钙、镁及适量维生素B的来源。含有丰富的天然果糖，有益口腔、心血管和消化系统健康，是天然能量的极佳来源。

（二）美国加州葡萄干功能（表7-1）

表7-1　加州葡萄干功能表

特征	价值	益处
风味稳定性	甜蜜的果香味在2~3周日晒过程中被逐渐开发出来。在推荐储存条件下存放时，这种风味能持续15个月	• 一种消费者认可且重视的食品中的天然风味 • 存放过程中不会发生变化 • 不被制造工艺所影响
风味强化	加州葡萄干含2.2%酒石酸，是一种增味剂。它也含有美拉德反应前体，能在糖的褐变过程中表现出来	• 可作为增味剂使用 • 烧烤、烘焙及微波产品的风味强化剂
风味兼容性	加州葡萄干与甜香草、肉桂及柑橘的味道和谐。它也很适合淡咸味及辛辣味	• 咸味菜肴及民族食品卓越的陪衬风味 • 与所有的甜食相配
水分活性	同一水分含量下，由于其完好无损的表皮及果糖、葡萄糖含量，加州葡萄干的水分活性通常比其他蔓生果干更低	• 低水分活性使其能用于低水分零食、蜜饯及谷类食品中 • 易适应焙烤食品 • 易制定配方
化学性质	自然产生包括酒石酸、丙酸及谷氨酸等在内的有机酸，为制造商提供有价值的利益	• 增强风味 • 抑制霉菌增长 • 天然防腐剂
稳定性	细心收割及最先进的加工方式，确保了年复一年品质如一的产品	• 始终如一的色泽及风味 • 始终如一的咀嚼性 • 肉多紧实
品质控制	严格的检验程序支持着加州葡萄干的高品质，使其成为世界最优	• 黄曲霉素阴性 • 低菌落总数

（三）加州葡萄干储存

1. 最佳储存温度：低于7.5℃
2. 最佳相对湿度：45%~55%
3. 密封存放：阴凉干燥处
4. 远离面粉、大米和其他谷物

二、加州葡萄干应用实训

（一）加州葡萄干玛格丽特比萨

课前阅读

课前查阅相关资料，了解加州葡萄干的产业概况。

学习目的

1 掌握加州葡萄干比萨制作搭配的技术关键与核心要点。

2 了解加州葡萄干的分类和品质特点。

1. 原料

薄底比萨底1个，加州葡萄干20g，比萨酱40mL，马苏里拉芝士50g，罗勒酱10g。

2. 设备器具

烤炉，厨刀，燃气灶，不锈钢盆，厨房用纸等。

3. 制作方法

（1）比萨底上涂抹上比萨酱。

（2）然后撒上葡萄干，再撒上马苏里拉芝士备用。

（3）烤箱预热至200℃，放入之前准备好的比萨。

（4）将比萨放入烤箱烤制，当芝士略焦（约8min）时取出，淋上罗勒酱即可。

4. 技术要点

注意在烤制葡萄干比萨时，加州葡萄干与马苏里拉芝士的配比，以搭配出最好的风味。

5. 质量标准

比萨皮薄香脆，葡萄干风味浓厚，香甜适口，清爽不腻。

6. 酒水搭配

适宜搭配各种啤酒、白葡萄酒、红葡萄酒。

7. 双语对应

（1）Put pizza sauce on the bottom.

（2）Then sprinkle with raisins and mozzarella cheese to standby.

（3）Preheat the oven to 200℃ and place the previously prepared pizza.

（4）Bake the pizza in the oven and remove it when the cheese is slightly scorched (about 8 minutes). Sprinkle with basil sauce.

8. 知识拓展

（1）了解并学习加州葡萄干的产品风味特点。

（2）了解并学习加州葡萄干的产品在烹饪中的应用技巧和变化类型。

（二）芦笋佐香棕黄油加州葡萄干

课前阅读

课前查阅相关资料，了解加州葡萄干的产业概况。

学习目的

1 掌握加州葡萄干菜肴制作搭配的技术关键与核心要点。

2 了解加州葡萄干的分类和品质特点。

1. 原料

鲜芦笋453g，盐0.625g，黄油15g，低盐酱油5mL，香醋5mL，加州葡萄干235g，黑胡椒、油适量。

2. 设备器具

炸炉，烤炉，厨刀，燃气灶，不锈钢盆，厨房用纸等。

3. 制作方法

（1）烤箱预热至204℃。

（2）芦笋平铺烤盘上，喷油，撒上盐和胡椒。

（3）将芦笋放入烤箱，204℃烘烤12min，或至松软后取出。

（4）在平底锅内用中火熔化黄油，约3min，直至变成棕黄色。烹调过程中可时不时摇晃锅子，防止粘底。

（5）锅离火，加入酱油、醋和葡萄干，翻炒。

（6）将上一步骤做好的酱汁淋到芦笋上，翻面，让芦笋充分吸收酱汁，即可上桌。

4. 技术要点

（1）做焦香棒子黄油时，注意黄油加热的火候，切忌黄油煳掉。

（2）在焦香榛子黄油中加葡萄干翻炒出味，香味更浓郁。

5. 质量标准

芦笋鲜嫩，葡萄干榛子黄油甜酸适口，清爽不腻。

6. 酒水搭配

适宜搭配各种啤酒、白葡萄酒、红葡萄酒。

7. 双语对应

（1）Preheat oven to 204℃.

（2）Asparagus tiled on baking pan, spray oil, sprinkle with salt and pepper.

（3）Put the asparagus to the oven and bake for 12 minutes at 204℃, remove until soft.

（4）Melt butter over medium heat in a pan for about 3 minutes until brownish. You can shake the pot from time to time during cooking to prevent sticking to the bottom.

（5）The pot remove from heat, add soy sauce, vinegar and raisins, stir-fry.

（6）Sprinkle the sauce done in the previous step on the asparagus, turn over, can be used the asparagus fully absorb the sauce, can be served.

8. 知识拓展

（1）了解并学习加州葡萄干的产品风味特点。

（2）了解并学习加州葡萄干的产品在烹饪中的应用技巧和变化类型。

参考文献

［1］李晓．西式烹调工艺［M］．北京：科学出版社，2015.

［2］丁建军，张虹薇.西式烹调工艺与实训［M］．北京：高等教育出版社,2015.

［3］李晓．西餐烹饪基础［M］．北京：化学工业出版社，2014.

［4］叶伯平．宴会设计与管理［M］．北京：清华大学出版社，2013.

［5］李晓．西菜制作技术［M］．北京：科学出版社，2009.

［6］阎红．烹饪调味应用手册［M］．北京：化学工业出版社，2008.

［7］Wayne Gisslen. Professional Cooking[M]. 9th Edition. New York: Wiley, 2018.

［8］Samin Nosrat, Wendy MacNaughton. Salt, Fat, Acid, Heat: Mastering the Elements of Good Cooking[M]. New York: Simon & Schuster, 2017.

［9］Institut Paul Bocuse.Institut Paul Bocuse Gastronomique: The Definitive Step–By–Step Guide to Culinary Excellence[M]. Lyon: Hamlyn, 2016.

［10］Guy Crosby. The Science of Good Cooking: Master 50 Simple Concepts to Enjoy a Lifetime of Success in the Kitchen[M]. New York: Cook's Illustrated, 2012.

［11］Julia Child, Louisette Bertholle. Mastering the Art of French Cooking[M]. Volume 1. New York:Knopf, 2011.

［12］The Culinary Institute of America.The professional chef[M]. 8th Edition. New York: Wiley, 2006.

［13］Michel Maincent. La cuisine réfé rence[M]. Paris: Editions BPI, 2002.

［14］Yannik Masson&Jean luc Danjou. La Cuisine Professionnelle[M]. Paris: Delagrave EDITION, 2003.